Springer-Lehrbuch

Karl Jug

Mathematik in der Chemie

Zweite, völlig überarbeitete und erweiterte Auflage

Springer-Verlag
Berlin Heidelberg New York
London Paris Tokyo
Hong Kong Barcelona Budapest

Prof. Dr. Karl Jug
Theoretische Chemie
Universität Hannover
Am Kleinen Felde 30
3000 Hannover 1

ISBN-13:978-3-540-55771-5   e-ISBN-13:978-3-642-77692-2
DOI: 10.1007/978-3-642-77692-2

Die Deutsche Bibliothek - CIP Einheitsaufnahme
Jug, Karl: Mathematik in der Chemie / Karl Jug. - 2., völlig überarb. und aktualisierte Aufl.
Berlin; Heidelberg; NewYork; London; Paris; Tokyo; HongKong; Barcelona; Budapest:
Springer, 1993
   (Springer-Lehrbuch)

Satz: Reproduktionsfertige Vorlage des Autors
Druck: Color-Druck Dorfi GmbH , Berlin; Bindearbeiten: Lüderitz & Bauer, Berlin
51/3020 - 5 4 3 2 1 0 - Gedruckt auf säurefreiem Papier

Vorwort zur zweiten Auflage

Nachdem die erste Auflage des Buches nach Erscheinen positiv aufgenommen worden war, ließen sich Inhalt und Darstellung im Laufe der Jahre besonders in Hannover immer wieder testen. Dabei hat sich das Buch bewährt. Allerdings fiel den Studenten das Selbststudium wegen der Begrenzung des Inhalts und der gestrafften Darstellung etwas schwer. Andererseits stieg das Interesse an Mathematik für Fortgeschrittene bei Chemiestudenten weiter an. Von Seiten meiner Mitarbeiter kam deshalb der Vorschlag, das Buch gründlich zu überarbeiten, zu ergänzen und anschaulicher zu machen. Dies wurde in der zweiten Auflage versucht. Dabei haben konkrete Vorschläge und aktive Mitarbeit der Herren Dipl.-Chem. T. Bredow, G. Geudtner, A.M. Köster, M. Krack, F. Neumann, A. Poredda, H.P. Schluff und U. Wolf wesentlich zur Beseitigung vorhandener Mängel und zu Ergänzungen beigetragen. Insbesondere wurden zahlreiche neue Beispiele und Abbildungen in den ersten drei Kapiteln hinzugenommen. Der Anhang wurde um Korrelationstabellen und Laplacetransformierte, sowie umfangreichere Lösungen für alle Aufgaben ergänzt. Vom Inhalt her wurde der Integralteil der Vektoranalysis vervollständigt, Generatoren in der Gruppentheorie und numerische Lösungsmethoden bei Differentialgleichungen neu hinzugenommen. Bei partiellen Differentialgleichungen wurden Diffusionsgleichung und Schrödingergleichung anhand grundlegender Beispiele behandelt.
Allen, die zur Gestaltung und Verbesserung dieser Auflage beigetragen haben, möchte ich an dieser Stelle danken.

Hannover, im August 1992   Karl Jug

Vorwort zur ersten Auflage

Dieses Buch ist für Chemiestudenten nach dem Diplomvorexamen geschrieben (ab dem 5. Semester). Es soll ihnen jene Gebiete der Mathematik vermitteln, die in den verschiedenen Sparten der Chemie, nicht zuletzt Technischer und Theoretischer Chemie, gebraucht werden. Der Inhalt des Buches basiert auf Vorlesungen, die ich seit 1970 in St. Louis und Hannover gehalten habe. Er wendet sich an Studenten, die in einer einsemestrigen zwei- bis dreistündigen Fortgeschrittenen-Vorlesung mit Übungen oder im Selbststudium einen Überblick über mathematische Techniken gewinnen wollen. Als Voraussetzung wird eine Grundvorlesung in Mathematik erwartet, in der unendliche Reihen, sowie Differential- und Integralrechnung behandelt worden sind.

Das Buch ist in drei Teilgebiete

Vektoren und Matrizen, Gruppentheorie, Differentialgleichungen

gegliedert. Die Kapitel können fast unabhängig voneinander studiert werden. Diese Reihenfolge bietet die Möglichkeit, Matrizen in der Gruppentheorie und krummlinige Koordinaten in Differentialgleichungen anzuwenden.

Die Grundlagen für jedes Kapitel werden in kurzen Zügen fixiert. Die folgenden Unterabschnitte sind aufeinander aufbauend entwickelt. Dabei werden mathematische Beweise auf ein Minimum reduziert. Ebenso wird auf eine detaillierte Anwendung in der Chemie verzichtet, weil die Erfahrung zeigt, daß dem Studenten eine Trennung von mathematischen, physikalischen und chemischen Zusammenhängen oft nicht einwandfrei gelingt. Einige von den zahlreichen Beispielen, die Gelegenheit zur Übung geben, sind aus Physik und Chemie gewählt. Schließlich ist am Ende jedes Kapitels eine Aufgabensammlung enthalten.

Für die kritische Durchsicht des Manuskripts und wertvolle Anregungen danke ich meinen Kollegen Prof. J. Hinze, Prof. E.A. Reinsch und Prof. E.O. Steinborn. Meine Mitarbeiter G. Hahn, P. Müller und G. Nowak haben zahlreiche Fehler und Mängel beseitigen geholfen. Danken möchte ich nicht zuletzt meiner Frau, deren verständnisvolle Unterstützung dieses Buch möglich gemacht hat.

Hannover, im Oktober 1980   Karl Jug

Inhaltsverzeichnis

I. Vektoren und Matrizen 1

A. Vektoren 1
1. Vektoralgebra 1
1.1 Vektoraddition 1
1.2 Vektormultiplikation 3
2. Vektoranalysis 7
2.1 Vektordifferentiation 7
2.2 Vektorintegration 17
3. Krummlinige Koordinaten 25

B. Matrizen 34
4. Typen von Matrizen 34
5. Determinanten 41
6. Rang einer Matrix 45
6.1 Elementare Transformationen 45
6.2 Inverse Matrix 47
6.3 Lineare Abhängigkeit 50
7. Lineare Gleichungen 52
7.1 Inhomogene Gleichungen 54
7.2 Homogene Gleichungen 55
7.3 Allgemeine Lösungen 56
8. Vektorräume 57
8.1 Dimension eines Vektorraumes 57
8.2 Basis und Koordinaten 58
9. Lineare Transformationen 59
9.1 Basistransformation 59
9.2 Vektortransformation 60
9.3 Äquivalenztransformationen 63
9.4 Vektoren mit reellen und komplexen Komponenten 63
10. Eigenwertgleichungen 65
10.1 Eigenwerte und Eigenvektoren 65
10.2 Ähnlichkeit mit einer Diagonalmatrix 68
11. Orthogonalisierungsverfahren 70
11.1 Gram-Schmidt-Orthogonalisierung 70
11.2 Löwdin-Orthogonalisierung 73
12. Anwendung 74

12.1   Thermodynamische Kreisprozesse 74
12.2   Hückel-Methode 78

C. Aufgaben 80

II. Gruppentheorie 86

A. Abstrakte Gruppen 86
1.   Grundlagen 86
1.1   Mengen 86
1.2   Abbildungen 87
1.3   Binäroperationen 88
2.   Gruppen 89
2.1   Eigenschaften von Gruppen 89
2.2   Konstruktion von Gruppen 92
3.   Untergruppen 96
4.   Konjugierte Elemente 100
4.1   Klassen 100
4.2   Invariante Untergruppen 102
5.   Homomorphismus und Isomorphismus 102
5.1   Homomorphismus 102
5.2   Isomorphismus 104

B. Molekülsymmetrie 105
6.   Symmetrieoperationen 105
6.1   Symmetrieoperationen und Permutationen 105
6.2   Bestimmung von Symmetrieoperationen 108
6.3   Koordinatensysteme 110
6.4   Sukzessive Symmetrieoperationen 111
7.   Punktgruppen 112
7.1   Klassifizierung von Punktgruppen 113
7.1.1   Die Gruppen $\mathbf{C}_n$ 113
7.1.2   Die Gruppen $\mathbf{C}_{nv}$ 114
7.1.3   Die Gruppen $\mathbf{C}_{nh}$ 115
7.1.4   Die Gruppen $\mathbf{S}_{2n}$ 116
7.1.5   Die Gruppen $\mathbf{D}_n$ 117
7.1.6   Die Gruppen $\mathbf{D}_{nd}$ 118
7.1.7   Die Gruppen $\mathbf{D}_{nh}$ 119
7.1.8   Die Tetraeder- und Oktaedergruppen 120
7.1.9   Die Ikosaedergruppen 121
7.1.10 Die Gruppen linearer Moleküle und Atome 121
7.2   Eigenschaften von Punktgruppen 122
7.2.1   Generatoren 122
7.2.2   Untergruppen 123
7.3   Bestimmung von Punktgruppen 124

C. Darstellungstheorie 126
8.   Matrixdarstellung von Punktgruppen 126

8.1   Lagevektoren und Koordinaten 126
8.2   Darstellung endlicher Gruppen 128
9.   Reduzible und irreduzible Darstellungen 132
9.1   Basen für reduzible Darstellungen 132
9.2   Globale und lokale reduzible Darstellungen 134
9.3   Klassifizierung irreduzibler Darstellungen 136
10.   Eigenschaften irreduzibler Darstellungen 139
10.1   Charakter einer Darstellung 139
10.2   Orthogonalität und Entwicklung 141
10.3   Direkte Produkte 144
10.4   Auswahlregeln 146
10.5   Korrelation von Gruppen und Untergruppen 147
11.   Anwendung 148
11.1   Schwingungen 148
11.2   Molekülorbitaltheorie 149
11.3   Ligandenfeldtheorie 153
11.4   Spinzustände 156

D. Aufgaben 157

III. Differentialgleichungen und spezielle Funktionen 163

A. Gewöhnliche Differentialgleichungen 163
1.   Einführung 163
2.   Differentialgleichungen erster Ordnung 166
2.1   Separation von Variablen 166
2.2   Exakte Differentialgleichungen 168
2.3   Homogene Differentialgleichungen 169
2.4   Variation von Konstanten 170
3.   Differentialgleichungen höherer Ordnung 171
3.1   Operatorenmethode 171
3.2   Potenzreihenentwicklung 175
3.3   Fourierreihen 177
4.   Integraltransformationen 181
4.1   Fouriertransformation 181
4.2   Laplacetransformation 186
4.3   Faltungssatz 189
5.   Numerische Lösung von Differentialgleichungen 192
5.1   Konversion einer Differentialgleichung n-ter Ordnung 192
5.2   Taylorreihenentwicklung 193
5.3   Runge-Kutta-Methoden 194

B. Spezielle Funktionen 197
6.   Integraldarstellung von Funktionen 197
6.1   Gammafunktion 197
6.2   Fehlerfunktion 198
7.   Spezielle Funktionen aus Differentialgleichungen . . . 200
7.1   Hypergeometrische Differentialgleichung 200

7.1.1 Legendresche Polynome 201
7.1.2 Zugeordnete Legendresche Funktionen 205
7.2   Kummersche Differentialgleichung 206
7.2.1 Hermitesche Polynome und Funktionen 208
7.2.2 Laguerresche Polynome und Funktionen 210
7.2.3 Besselfunktionen 212

C. Partielle Differentialgleichungen 215
8.   Eigenschaften 215
8.1   Separation von Variablen 216
8.2   Substitution von Variablen 217
8.3   Doppelreihenentwicklung 218
9.   Spezielle partielle Differentialgleichungen zweiter Ordnung . 219
9.1   Laplacegleichung 219
9.2   Wellengleichung 220
9.3   Diffusionsgleichung 221
9.4   Schrödingergleichung 223
10.   Rand- und Eigenwertprobleme 224
11.   Anwendungen 228
11.1   Reaktorsysteme 228
11.2   Wellenbewegung 231
11.3   Wärmeleitung 233
11.4   Harmonischer Oszillator 236

D. Aufgaben 237

IV. Anhang 243
1.   Komplexe Zahlen und Funktionen 243
1.1   Komplexe Zahlen 243
1.2   Komplexe Funktionen 244
2.   Charaktertabellen von Punktgruppen 250
2.1   Die Gruppen $\mathbf{C}_n$ 250
2.2   Die Gruppen $\mathbf{C}_{nv}$ 251
2.3   Die Gruppen $\mathbf{C}_{nh}$ 252
2.4   Die Gruppen $\mathbf{S}_n$ 254
2.5   Die Gruppen $\mathbf{D}_n$ 255
2.6   Die Gruppen $\mathbf{D}_{nd}$ 256
2.7   Die Gruppen $\mathbf{D}_{nh}$ 258
2.8   Die Tetraeder- und Oktaedergruppen 260
2.9   Die Ikosaedergruppen 262
2.10   Die Gruppen linearer Moleküle 263
3.   Korrelationstabellen von Punktgruppen 264
3.1   Die Gruppen $\mathbf{C}_n$ 264
3.2   Die Gruppen $\mathbf{C}_{nv}$ 264
3.3   Die Gruppen $\mathbf{C}_{nh}$ 265
3.4   Die Gruppen $\mathbf{S}_n$ 265
3.5   Die Gruppen $\mathbf{D}_n$ 265

3.6   Die Gruppen $\mathbf{D}_{nd}$ 266
3.7   Die Gruppen $\mathbf{D}_{nh}$ 267
3.8   Die Tetraeder- und Oktaedergruppen 268
4.   Laplacetransformierte 269
5.   Aufgabenlösungen 271
5.1   Lösungen zu Kapitel I 271
5.2   Lösungen zu Kapitel II 280
5.3   Lösungen zu Kapitel III 286

Literaturverzeichnis 298

Symbolverzeichnis 300

Sachverzeichnis 304

I. Vektoren und Matrizen

A. Vektoren

1. Vektoralgebra

1.1 Vektoraddition

Ein Skalar ist durch eine Maßzahl bestimmt. Bei einem Vektor muß zusätzlich zu seiner Maßzahl seine *Richtung* bekannt sein. Die Maßzahl eines Vektors wird *Länge* genannt. Um die Richtung festzulegen, definiert man einen Vektor als geordnetes Punktepaar mit einem Anfangspunkt P und einem Endpunkt Q. Der Vektor wird als Pfeil gezeichnet, der bei P beginnt und bei Q seine Spitze hat (Abb. 1.1). Die Richtung geht dann von P nach Q. Wir schreiben einen Vektor als Buchstaben in Fettdruck $\mathbf{A} = (P, Q)$.

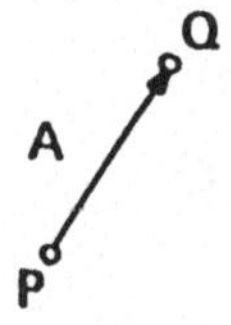

Abb. 1.1.

In einem kartesischen Koordinatensystem stellt man einen Vektor durch seine Projektionen auf die drei Achsen x, y und z dar. Man nennt diese Projektionen *Komponenten*.

$$\mathbf{A} = (A_x, A_y, A_z) \tag{1.1}$$

Die Länge des Vektors $\mathbf{A}$ ist dann

$$|\mathbf{A}| = (A_x^2 + A_y^2 + A_z^2)^{1/2} \tag{1.2}$$

Zwei Vektoren $\mathbf{A}$ und $\mathbf{B}$ sind gleich, wenn ihre Komponenten gleich sind.

$$\mathbf{A} = \mathbf{B} \iff A_x = B_x, \; A_y = B_y, \; A_z = B_z \tag{1.3}$$

Abb. 1.2 veranschaulicht dies.
Gleichheit zweier Vektoren bedeutet also nicht deren Identität. Gleiche Vektoren gehen durch Parallelverschiebung auseinander hervor. Da zwei gleiche

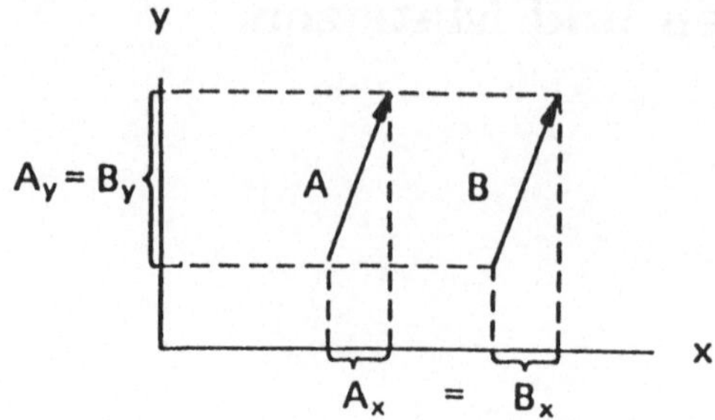

Abb. 1.2.

Vektoren verschiedene Anfangs- und Endpunkte haben können, ist die Lage eines Vektors im Raum nicht eindeutig durch Länge und Richtung gegeben. Eindeutigkeit ist erst vorhanden, wenn man alle Vektoren auf einen gemeinsamen Anfangspunkt, z.B. auf den Koordinatenursprung eines Koordinatensystems, bezieht. Solche Vektoren werden *Ortsvektoren* genannt und häufig mit **r** bezeichnet.

Die folgenden Definitionen dienen zur Entwicklung der Vektoralgebra.

Definition 1: Die Summe **A** + **B** ist ein Vektor, dessen Komponenten die Summen der Komponenten von **A** und **B** sind.

$$\mathbf{A} + \mathbf{B} = (A_x + B_x, A_y + B_y, A_z + B_z) \tag{1.4}$$

Anschaulich bedeutet dies (Abb. 1.3)

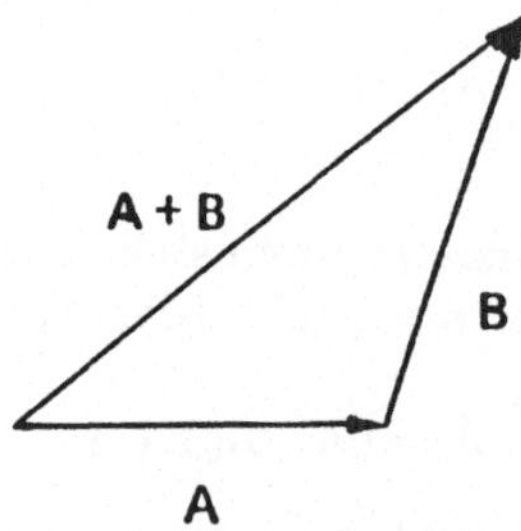

Abb. 1.3.

Definition 2: Das Vielfache $c\,\mathbf{A}$ eines Vektors **A** ist ein Vektor, dessen Komponenten Vielfache der Komponenten von **A** sind.

$$c\,\mathbf{A} = (cA_x, cA_y, cA_z) \tag{1.5}$$

Beispiele für die Definition 2 sind der Vektor $-\mathbf{A}$, der die gleiche Länge wie $\mathbf{A}$, aber entgegengesetzte Richtung hat, und der Nullvektor $\mathbf{0}$, dessen Komponenten alle null sind.

Aus diesen beiden Definitionen ergeben sich folgende Regeln:

$$\mathbf{A} + \mathbf{B} = \mathbf{B} + \mathbf{A} \qquad \text{kommutatives Gesetz}$$

$$\mathbf{A} + (\mathbf{B} + \mathbf{C}) = (\mathbf{A} + \mathbf{B}) + \mathbf{C} \qquad \text{assoziatives Gesetz}$$

$$m\,\mathbf{A} = \mathbf{A}\,m \tag{1.6}$$

$$m\,(n\,\mathbf{A}) = (m\,n)\,\mathbf{A}$$

$$(m + n)\,\mathbf{A} = m\,\mathbf{A} + n\,\mathbf{A}$$

$$m\,(\mathbf{A} + \mathbf{B}) = m\,\mathbf{A} + m\,\mathbf{B}$$

Unter einem Einheitsvektor in Richtung eines Vektors $\mathbf{A}$ versteht man einen Vektor $\mathbf{E}$, der die Länge eins und die gleiche Richtung wie $\mathbf{A}$ hat. Für $\mathbf{A} \neq \mathbf{0}$ ist $\mathbf{E}$ gegeben als

$$\mathbf{E} = \frac{\mathbf{A}}{|\mathbf{A}|} \tag{1.7}$$

Die Einheitsvektoren, die die Richtung der x-, y- und z-Achse kennzeichnen, werden mit $\mathbf{i}$, $\mathbf{j}$ und $\mathbf{k}$ bezeichnet. Man schreibt

$$\mathbf{e}_x = \mathbf{i}, \quad \mathbf{e}_y = \mathbf{j}, \quad \mathbf{e}_z = \mathbf{k}$$

Der Ortsvektor $\mathbf{r}$ läßt sich dann in einem kartesischen Koordinatensystem darstellen als

$$\mathbf{r} = x\,\mathbf{i} + y\,\mathbf{j} + z\,\mathbf{k} \tag{1.8}$$

1.2 Vektormultiplikation

Es gibt zwei Definitionen eines Produktes von zwei Vektoren, das Skalarprodukt und das Vektorprodukt.

Definition 3: Das Skalarprodukt $\mathbf{A} \cdot \mathbf{B}$ (A Punkt B) zweier Vektoren $\mathbf{A}$ und $\mathbf{B}$ ist ein Skalar, und zwar das Produkt der Länge von $\mathbf{A}$ und der Projektion von $\mathbf{B}$ auf $\mathbf{A}$.

$$\mathbf{A} \cdot \mathbf{B} = |\mathbf{A}||\mathbf{B}| \cos \vartheta \tag{1.9}$$

Veranschaulicht wird dies in Abb. 1.4.

Der Winkel ϑ wird hierbei von $\mathbf{A}$ nach $\mathbf{B}$ durchlaufen. Folgende Regeln gelten für das Skalarprodukt.

$$\mathbf{A} \cdot \mathbf{B} = \mathbf{B} \cdot \mathbf{A} \qquad \text{kommutativ}$$

$$\mathbf{A} \cdot (\mathbf{B} + \mathbf{C}) = \mathbf{A} \cdot \mathbf{B} + \mathbf{A} \cdot \mathbf{C} \qquad \text{distributiv} \tag{1.10}$$

$$m\,(\mathbf{A} \cdot \mathbf{B}) = (m\,\mathbf{A}) \cdot \mathbf{B} = \mathbf{A} \cdot (m\,\mathbf{B}) = (\mathbf{A} \cdot \mathbf{B})\,m$$

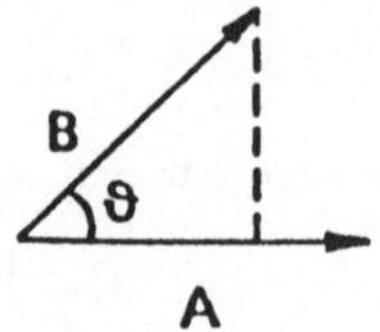

Abb. 1.4.

Für die Einheitsvektoren **i**, **j**, **k** gilt

$$\mathbf{i}\cdot\mathbf{i} = \mathbf{j}\cdot\mathbf{j} = \mathbf{k}\cdot\mathbf{k} = 1 \qquad \text{Normierung}$$

$$\mathbf{i}\cdot\mathbf{j} = \mathbf{j}\cdot\mathbf{k} = \mathbf{k}\cdot\mathbf{i} = 0 \qquad \text{Orthogonalität} \qquad (1.11)$$

Dies bedeutet, die drei Vektoren haben die Länge eins und stehen senkrecht zueinander. In kartesischen Koordinaten kann das Skalarprodukt jetzt leicht berechnet werden.

$$\mathbf{A} = A_x\,\mathbf{i} + A_y\,\mathbf{j} + A_z\,\mathbf{k}$$

$$\mathbf{B} = B_x\,\mathbf{i} + B_y\,\mathbf{j} + B_z\,\mathbf{k}$$

$$\cdot \implies \quad \mathbf{A}\cdot\mathbf{B} = A_x B_x + A_y B_y + A_z B_z \qquad (1.12)$$

Wenn das Skalarprodukt zweier Vektoren **A** und **B** verschwindet, dann steht **A** senkrecht auf **B**.

$$\mathbf{A}\cdot\mathbf{B} = 0 \qquad \mathbf{A}, \mathbf{B} \neq 0 \qquad \implies \qquad \mathbf{A} \perp \mathbf{B}$$

Man sagt auch, **A** und **B** sind *orthogonal*. Wenn das Skalarprodukt zweier Vektoren **A** und **B** mit einem dritten Vektor **C** gleich ist, folgt nicht, daß **A** = **B** ist (Abb. 1.5).

$$\mathbf{A}\cdot\mathbf{C} = \mathbf{B}\cdot\mathbf{C} \quad \nRightarrow \quad \mathbf{A} = \mathbf{B}$$

Definition 4: Das Vektorprodukt **A** × **B** (A Kreuz B) zweier Vektoren **A** und **B** ist ein Vektor, der orthogonal zu **A** und **B** ist, wobei **A**, **B** und **C** ein *Rechtssystem* bilden (Abb. 1.6). Die Orientierung der Vektoren ist dabei wie die von Daumen, Zeigefinger und gekrümmtem Mittelfinger der rechten Hand. Die Länge von **C** ist durch die Maßzahl der Fläche des Parallelogramms gegeben, das von **A** und **B** aufgespannt wird.

$$\mathbf{A} \times \mathbf{B} = \mathbf{C} = |\mathbf{A}||\mathbf{B}| \sin\vartheta\, \mathbf{e}_C \qquad (1.13)$$

$\mathbf{e}_C$ ist der Einheitsvektor in Richtung von **A** × **B**. ϑ ist ein positiver Winkel $\leq 180°$ zwischen **A** und **B** (Abb. 1.6).
C wird ein *axialer Vektor* oder Pseudovektor genannt, weil seine Richtung durch einen Drehsinn festgelegt wird. Im Unterschied dazu wird ein

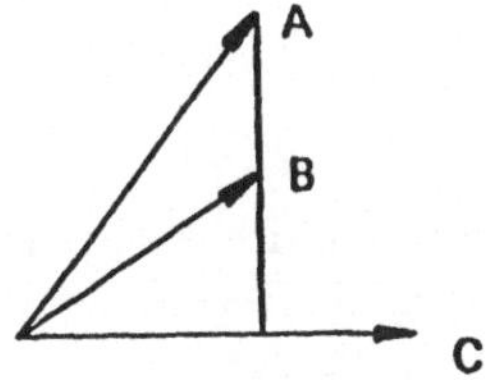

Abb. 1.5.

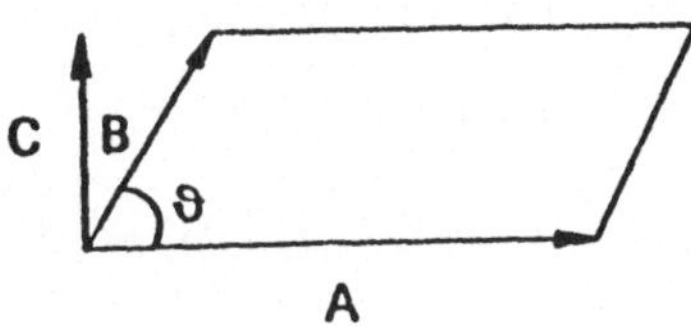

Abb. 1.6.

gewöhnlicher Vektor, der eine Verschiebung beschreibt, ein *polarer Vektor* genannt. Bei einer Spiegelung an einer Ebene, die den Vektor enthält, ändert sich der Drehsinn und damit die Richtung eines axialen Vektors, während die Richtung eines polaren Vektors unverändert bleibt.

Aus obiger Definition ergeben sich folgende Regeln:

$$\mathbf{A} \times \mathbf{B} = -\mathbf{B} \times \mathbf{A} \qquad \text{antikommutativ}$$

$$\mathbf{A} \times (\mathbf{B} + \mathbf{C}) = \mathbf{A} \times \mathbf{B} + \mathbf{A} \times \mathbf{C} \qquad \text{distributiv} \qquad (1.14)$$

$$m\,(\mathbf{A} \times \mathbf{B}) = (m\,\mathbf{A}) \times \mathbf{B} = \mathbf{A} \times (m\,\mathbf{B}) = (\mathbf{A} \times \mathbf{B})\,m$$

Für Einheitsvektoren in kartesischen Koordinaten gilt

$$\mathbf{i} \times \mathbf{i} = \mathbf{j} \times \mathbf{j} = \mathbf{k} \times \mathbf{k} = 0$$

$$\mathbf{i} \times \mathbf{j} = \mathbf{k}, \quad \mathbf{j} \times \mathbf{k} = \mathbf{i}, \quad \mathbf{k} \times \mathbf{i} = \mathbf{j} \qquad (1.15)$$

Damit kann man das Vektorprodukt in kartesischen Koordinaten berechnen.

$$\mathbf{A} = A_x\,\mathbf{i} + A_y\,\mathbf{j} + A_z\,\mathbf{k}$$

$$\mathbf{B} = B_x\,\mathbf{i} + B_y\,\mathbf{j} + B_z\,\mathbf{k}$$

$$\mathbf{A} \times \mathbf{B} = (A_y B_z - A_z B_y)\,\mathbf{i} + (A_z B_x - A_x B_z)\,\mathbf{j} + (A_x B_y - A_y B_x)\,\mathbf{k}$$

$$= \begin{vmatrix} \mathbf{i} & \mathbf{j} & \mathbf{k} \\ A_x & A_y & A_z \\ B_x & B_y & B_z \end{vmatrix} \tag{1.16}$$

Die letztere Schreibweise stellt eine dreireihige Determinante dar, die formal berechnet den obigen Vektor ergibt. Regeln zur Berechnung von Determinanten können dem Abschnitt 5 dieses Kapitels entnommen werden. Wenn das Vektorprodukt zweier Vektoren $\mathbf{A}$ und $\mathbf{B}$ verschwindet, sind $\mathbf{A}$ und $\mathbf{B}$ parallel zu einander.

$$\mathbf{A} \times \mathbf{B} = 0 \qquad \mathbf{A}, \mathbf{B} \neq 0 \qquad \Longrightarrow \qquad \mathbf{A} \parallel \mathbf{B}$$

Bei der Kombination von Skalar- und Vektorprodukt ergeben sich folgende Regeln:

$$\mathbf{A} \cdot (\mathbf{B} \times \mathbf{C}) = \mathbf{B} \cdot (\mathbf{C} \times \mathbf{A}) = \mathbf{C} \cdot (\mathbf{A} \times \mathbf{B}) = \begin{vmatrix} A_x & A_y & A_z \\ B_x & B_y & B_z \\ C_x & C_y & C_z \end{vmatrix} \tag{1.17}$$

Dieses Produkt wird Spatprodukt genannt. Das Spatprodukt ist ein Skalar mit anschaulicher geometrischer Bedeutung. Es stellt das Volumen eines Parallelepipeds dar, eines Körpers, der durch drei Paare paralleler Ebenen begrenzt wird. Die Vektoren $\mathbf{A}$, $\mathbf{B}$, $\mathbf{C}$ bilden dabei drei Kanten dieses Körpers (Abb. 1.7).

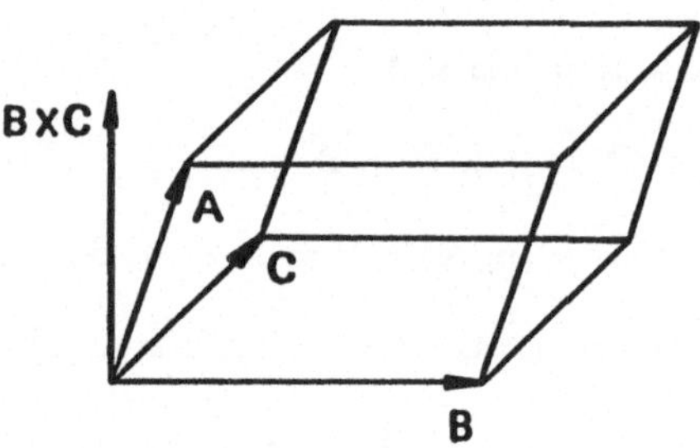

Abb. 1.7.

Die zweite Formel betrifft das doppelte Kreuzprodukt.

$$\mathbf{A} \times (\mathbf{B} \times \mathbf{C}) = (\mathbf{A} \cdot \mathbf{C})\,\mathbf{B} - (\mathbf{A} \cdot \mathbf{B})\,\mathbf{C}$$

$$\neq (\mathbf{A} \times \mathbf{B}) \times \mathbf{C} = (\mathbf{A} \cdot \mathbf{C})\,\mathbf{B} - (\mathbf{B} \cdot \mathbf{C})\,\mathbf{A} \tag{1.18}$$

Zum Verständnis des doppelten Kreuzprodukts geht man folgendermaßen vor. Der Vektor $\mathbf{A} \times (\mathbf{B} \times \mathbf{C})$ muß senkrecht zum Vektor $\mathbf{B} \times \mathbf{C}$ stehen. Da $\mathbf{B} \times \mathbf{C}$ sowohl zu $\mathbf{B}$ als auch zu $\mathbf{C}$ senkrecht steht, kann $\mathbf{A} \times (\mathbf{B} \times \mathbf{C})$ nur in der durch die Vektoren $\mathbf{B}$ und $\mathbf{C}$ gebildeten Ebene liegen. Es folgt

$$\mathbf{A} \times (\mathbf{B} \times \mathbf{C}) = x\,\mathbf{B} + y\,\mathbf{C}$$

Da $\mathbf{A} \times (\mathbf{B} \times \mathbf{C})$ senkrecht zu $\mathbf{A}$ steht, muß das Skalarprodukt mit $\mathbf{A}$ null sein.

$$0 = \mathbf{A} \cdot (\mathbf{A} \times (\mathbf{B} \times \mathbf{C})) = x\,(\mathbf{A} \cdot \mathbf{B}) + y\,(\mathbf{A} \cdot \mathbf{C})$$

Diese Gleichung ist erfüllt für $x = a\,(\mathbf{A} \cdot \mathbf{C})$ und $y = -a\,(\mathbf{A} \cdot \mathbf{B})$, wobei a konstant ist. Die Bestimmung der Konstanten a erfolgt durch folgenden speziellen Fall:

$$\mathbf{A} = \mathbf{i}, \quad \mathbf{B} = \mathbf{i}, \quad \mathbf{C} = \mathbf{j}$$

$$\mathbf{i} \times (\mathbf{i} \times \mathbf{j}) = a\,(\mathbf{i} \cdot \mathbf{j})\,\mathbf{i} - a\,(\mathbf{i} \cdot \mathbf{i})\,\mathbf{j}$$

$$\implies \quad \mathbf{i} \times \mathbf{k} = -a\,\mathbf{j}$$

$$\implies \quad a = 1$$

2. Vektoranalysis

2.1 Vektordifferentiation

Wenn $\mathbf{R}(t)$ eine Vektorfunktion ist, die stetig und ohne Knicke von einer skalaren Variablen t abhängt, dann kann man folgenden Differenzenquotienten wie bei Skalarfunktionen $\Phi(t)$ einer Variablen bilden.

$$\frac{\Delta \mathbf{R}}{\Delta t} = \frac{\mathbf{R}(t + \Delta t) - \mathbf{R}(t)}{\Delta t} \tag{2.1}$$

Dies wird in Abb. 2.1 veranschaulicht.

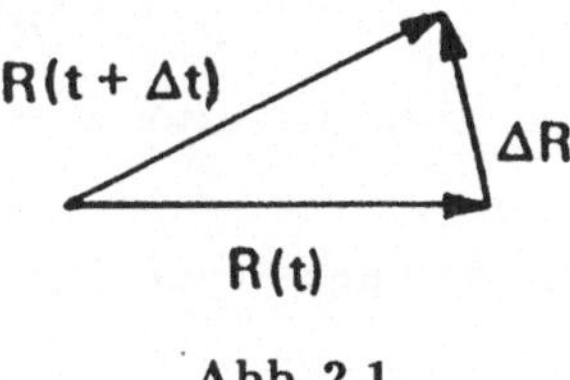

Abb. 2.1.

Die Definition der Ableitung ist analog der einer Skalarfunktion.

Definition 5: Die Ableitung einer Vektorfunktion $\mathbf{R}(t)$ ist gegeben als der Limes des Differenzenquotienten.

$$\frac{d\mathbf{R}}{dt} = \lim_{\Delta t \to 0} \frac{\Delta \mathbf{R}}{\Delta t} \tag{2.2}$$

Wir müssen hierbei beachten, daß die Ableitung $\frac{d\mathbf{R}}{dt}$ eine neue Vektorfunktion ist, die i.a. eine andere Richtung als $\mathbf{R}(t)$ hat. In kartesischen Koordinaten gilt:

$$\mathbf{R} = R_x\,\mathbf{i} + R_y\,\mathbf{j} + R_z\,\mathbf{k}$$

$$\frac{d\mathbf{R}}{dt} = \frac{dR_x}{dt}\mathbf{i} + \frac{dR_y}{dt}\mathbf{j} + \frac{dR_z}{dt}\mathbf{k} \tag{2.3}$$

Beispiel: Bewegung eines Teilchens längs einer Raumkurve (Abb. 2.2).

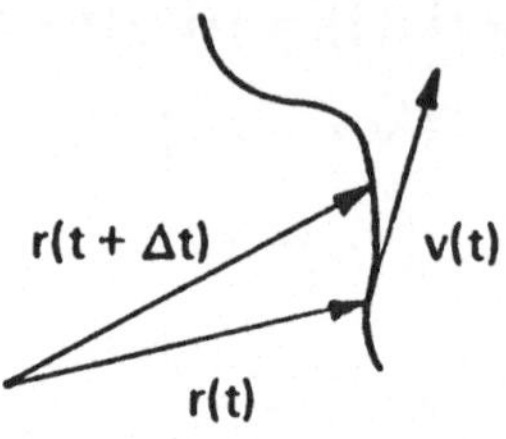

Abb. 2.2.

Hier ist $\mathbf{R} = \mathbf{r}$ und t bedeutet die Zeit. Der Ortsvektor $\mathbf{r}$ ist in Abhängigkeit von der Zeit t bekannt. Die Bewegung des Teilchens längs dieser Raumkurve $\mathbf{r}(t)$ kann durch Bestimmung der Geschwindigkeit $\mathbf{v}$ und Beschleunigung $\mathbf{a}$ verfolgt werden.

$$\mathbf{r}(t) = x(t)\,\mathbf{i} + y(t)\,\mathbf{j} + z(t)\,\mathbf{k}$$

$$\mathbf{v} = \frac{d\mathbf{r}}{dt} = \frac{dx}{dt}\,\mathbf{i} + \frac{dy}{dt}\,\mathbf{j} + \frac{dz}{dt}\,\mathbf{k}$$

$$\mathbf{a} = \frac{d^2\mathbf{r}}{dt^2} = \frac{d^2x}{dt^2}\,\mathbf{i} + \frac{d^2y}{dt^2}\,\mathbf{j} + \frac{d^2z}{dt^2}\,\mathbf{k}$$

Die Geschwindigkeit wird durch einen Vektor $\mathbf{v}$ tangential zur Raumkurve beschrieben.

Beispiel: Bewegung eines Massenpunktes auf einer Parabel $y = x^2$ mit $x = t$ (Abb. 2.3).

$$\mathbf{r} = t\,\mathbf{i} + t^2\,\mathbf{j}$$

$$\mathbf{v} = \mathbf{i} + 2t\,\mathbf{j}$$

$$\mathbf{a} = 2\,\mathbf{j}$$

Die Geschwindigkeit ist immer tangential zur Parabel. Der Absolutwert nimmt für $t < 0$ ab und für $t > 0$ zu. Die Beschleunigung ist konstant positiv. Wie man aus Abb. 2.3 erkennt, wirkt die Beschleunigung für $t < 0$ verzögernd und führt zu einer Verringerung der Geschwindigkeit, während für $t > 0$ das

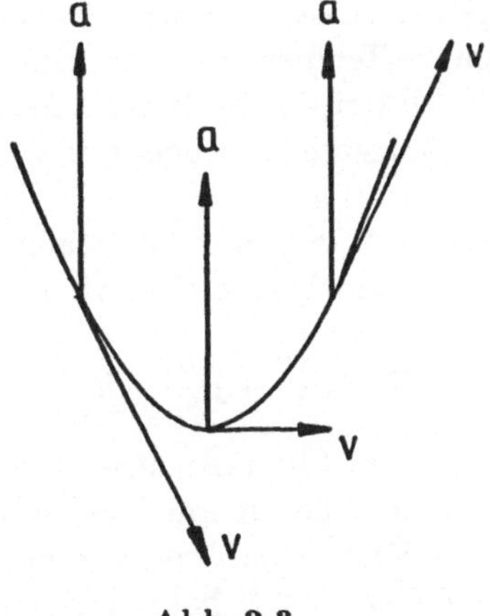

Abb. 2.3.

Gegenteil der Fall ist. Für $t = 0$ steht die Beschleunigung senkrecht zur Geschwindigkeit, die hier am geringsten ist.

Folgende Regeln lassen sich analog zu den Differentiationsregeln einer skalaren Funktion unter Beibehaltung der Reihenfolge ableiten:

$$\frac{d}{dt}(\mathbf{A} + \mathbf{B}) = \frac{d\mathbf{A}}{dt} + \frac{d\mathbf{B}}{dt}$$

$$\frac{d}{dt}(\mathbf{A} \cdot \mathbf{B}) = \mathbf{A} \cdot \frac{d\mathbf{B}}{dt} + \frac{d\mathbf{A}}{dt} \cdot \mathbf{B}$$

$$\frac{d}{dt}(\mathbf{A} \times \mathbf{B}) = \mathbf{A} \times \frac{d\mathbf{B}}{dt} + \frac{d\mathbf{A}}{dt} \times \mathbf{B}$$

$$\frac{d}{dt}(\Phi\,\mathbf{A}) = \Phi\,\frac{d\mathbf{A}}{dt} + \frac{d\Phi}{dt}\,\mathbf{A} \tag{2.4}$$

Da das Kreuzprodukt nicht kommutativ ist, darf die Reihenfolge der Vektoren bei den Ableitungen nicht geändert werden.

Bisher haben wir nur Vektorfunktionen von einer Variablen t betrachtet. Bei mehreren Variablen lassen sich partielle Ableitungen bestimmen. Es sei z.B. $\mathbf{A} = \mathbf{A}(x, y, z)$ eine Funktion der drei kartesischen Koordinaten. Die partielle Ableitung nach x lautet dann

$$\frac{\partial \mathbf{A}}{\partial x} = \lim_{\Delta x \to 0} \frac{\mathbf{A}\,(x + \Delta x, y, z) - \mathbf{A}\,(x, y, z)}{\Delta x} \tag{2.5}$$

Analog werden die partiellen Ableitungen nach y und z gebildet.

Viele physikalische Größen haben verschiedene Werte an verschiedenen Punkten im Raum. Wenn jedem Punkt $P(x, y, z)$ eines Gebietes im Raum eine physikalische Größe zugeordnet ist, sprechen wir von einem Feld. Es gibt *skalare Felder* $\Phi(x, y, z)$, wie die Temperatur, oder *Vektorfelder* $\mathbf{A}(x, y, z)$, wie die Geschwindigkeit oder die elektrische Feldstärke. *Feldlinien* von Vektorfeldern sind Raumkurven, deren Tangenten in jedem Punkt die Richtung des dortigen Feldvektors haben.

Zur Bestimmung der lokalen Änderungen von skalaren Feldern und Vektorfeldern hat sich der Vektoroperator Nabla ∇ bewährt. Er lautet in kartesischen Koordinaten

$$\nabla = \mathbf{i}\frac{\partial}{\partial x} + \mathbf{j}\frac{\partial}{\partial y} + \mathbf{k}\frac{\partial}{\partial z} \tag{2.6}$$

Ein Operator ist eine Vorschrift für eine mathematische Operation. Der Operator wird auf eine Funktion, die Operand genannt wird, angewandt. Wir sagen, der Operator ∇ hat Vektorcharakter, weil er aus den Einheitsvektoren ähnlich wie ein Vektor aufgebaut ist. ∇ hat jedoch keine Länge oder Richtung. Die Richtungseigenschaft ergibt sich erst nach Anwendung auf entsprechende Funktionen. Nabla ist ein Differentialoperator, weil er skalare Funktionen oder Vektorfunktionen differenziert.

Tabelle 2.1 gibt eine Übersicht.

Tabelle 2.1. Anwendung des Vektoroperators ∇

Formel	Name	formale Bedeutung
$\nabla \Phi = \operatorname{grad} \Phi$	Gradient	Vielfaches
$\nabla \cdot \mathbf{A} = \operatorname{div} \mathbf{A}$	Divergenz	Skalarprodukt
$\nabla \times \mathbf{A} = \operatorname{rot} \mathbf{A}$	Rotation	Vektorprodukt

Wir wollen zunächst den Gradienten eines skalaren Feldes Φ bestimmen. Aus (2.6) ergibt sich in kartesischen Koordinaten

$$\nabla \Phi = \mathbf{i}\frac{\partial \Phi}{\partial x} + \mathbf{j}\frac{\partial \Phi}{\partial y} + \mathbf{k}\frac{\partial \Phi}{\partial z}$$

$$= \frac{\partial \Phi}{\partial x}\mathbf{i} + \frac{\partial \Phi}{\partial y}\mathbf{j} + \frac{\partial \Phi}{\partial z}\mathbf{k} \tag{2.7}$$

Der Gradient ist ein Vektor, der in jedem Raumpunkt die Änderung einer skalaren Verteilung angibt. Mit Hilfe der Kettenregel kann man diese Änderung schreiben als

$$d\Phi = \frac{\partial \Phi}{\partial x}\,dx + \frac{\partial \Phi}{\partial y}\,dy + \frac{\partial \Phi}{\partial z}\,dz$$

$$= \nabla \Phi \cdot d\mathbf{r}$$

$$= |\nabla \Phi|\,|d\mathbf{r}|\cos\vartheta \tag{2.8}$$

Betrachten wir jetzt Niveauflächen $\Phi = $ konst, dann ändert sich bei einer Bewegung auf dieser Fläche der Wert von Φ nicht. Da die Bewegungsänderung $d\mathbf{r}$

tangential zu dieser Fläche verlaufen muß, damit die Bewegung auf der Fläche bleibt, steht der Gradient von Φ in jedem Punkt senkrecht zur Niveaufläche.

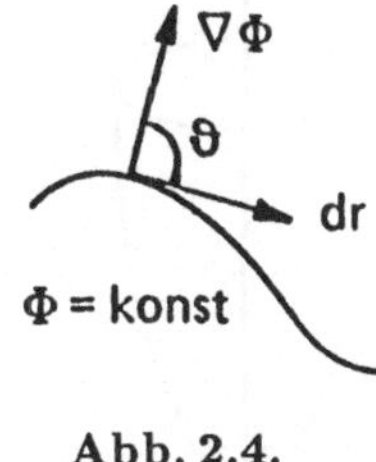

Abb. 2.4.

Abb. 2.4 zeigt einen Schnitt durch eine Niveaufläche Φ = konst, sowie den Gradienten der Funktion Φ in einem Punkt und die Bewegung $d\mathbf{r}$ von diesem Punkt aus. Aus der Abbildung erkennen wir, daß eine Bewegung $d\mathbf{r}$ parallel zum Gradienten mit $\vartheta = 0$ die größte Änderung $d\Phi$ mit sich bringt. $\nabla\Phi$ weist also in Richtung des größten Anstiegs von Φ, $-\nabla\Phi$ in Richtung des größten Gefälles.

Beispiel: Berechnung des Gradienten der Funktion $\Phi(x, y, z) = x^2 + y^2 - z$ +1 im Punkt (0,0,0).

Im Punkt (0,0,0) ist der Wert der Funktion $\Phi(0,0,0) = 1$. Wir bestimmen die Richtung der größten Änderung der Funktion Φ im Punkte (0,0,0) als Vektor $-\mathbf{k}$, der in diesem Punkte senkrecht zur Niveaufläche $\Phi(x, y, z) = 1$ steht (Abb. 2.5).

$$\Phi(x, y, z) = 1 \implies z = x^2 + y^2 \qquad \text{Paraboloid}$$

$$[\nabla\Phi]_{(0,0,0)} = [2x\,\mathbf{i} + 2y\,\mathbf{j} - \mathbf{k}]_{(0,0,0)} = -\mathbf{k}$$

Weitere Anwendung findet der Gradient bei der sogenannten *Richtungsableitung*. Darunter versteht man die Ableitung längs einer Raumkurve $\mathbf{r}(s)$. s ist die Maßzahl längs der Kurve wie x längs der x-Achse. $\frac{d\mathbf{r}}{ds} = \mathbf{e}_s$ ist der Einheitsvektor in Richtung der Raumkurve, so wie $\mathbf{i}$ der Einheitsvektor längs der Richtung der x-Achse ist. Man muß dabei beachten, daß bei der Raumkurve der Einheitsvektor $\mathbf{e}_s$ von Punkt zu Punkt seine Richtung ändern kann. Er ist nämlich tangential zur Raumkurve wie der Geschwindigkeitsvektor. Wir schreiben jetzt (2.8) in folgender Form:

$$\frac{d\Phi}{ds} = \nabla\Phi \cdot \frac{d\mathbf{r}}{ds} = \nabla\Phi \cdot \mathbf{e}_s \qquad (2.9)$$

Die Änderung der Funktion Φ in einer beliebigen Richtung kann also für jeden Punkt mit Hilfe der Projektionen des Gradienten auf diese Richtung ermittelt werden.

Beispiel: Die Funktion $\Phi = x^2 + y^2 + y$ soll längs der Raumkurve $C : x = \cos s$, $y = \sin s$, $z = 0$ abgeleitet werden. Diese Kurve stellt einen Kreis dar,

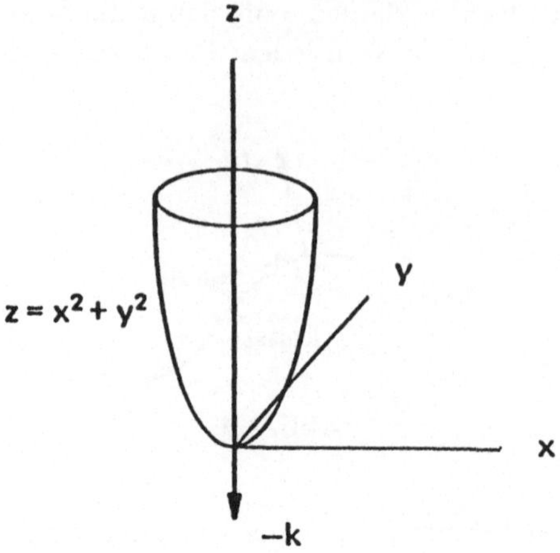

Abb. 2.5.

der bei $s = 0$ beginnt und bei $s = 2\pi$ den Anfangspunkt wieder erreicht (Abb. 2.6).

$$\nabla\Phi = 2x\,\mathbf{i} + (2y+1)\mathbf{j} = 2\cos s\,\mathbf{i} + (2\sin s + 1)\mathbf{j}$$

$$\mathbf{e}_s = \frac{dx}{ds}\,\mathbf{i} + \frac{dy}{ds}\,\mathbf{j} = -\sin s\,\mathbf{i} + \cos s\,\mathbf{j} \qquad \text{Kreis}$$

$$\frac{d\Phi}{ds} = \nabla\Phi \cdot \mathbf{e}_s = \cos s$$

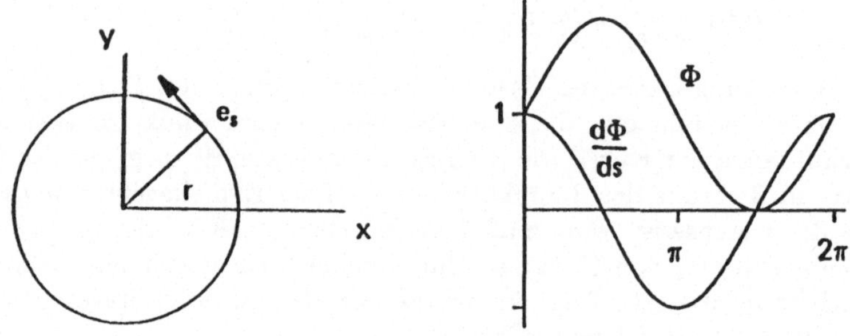

Abb. 2.6.

Im allgemeinen sind Raumkurven nicht in Abhängigkeit vom *Bogenmaß s* gegeben, sondern in Abhängigkeit von einem Parameter u. Zur Veranschaulichung wollen wir für diesen Parameter die Zeit t wählen, also speziell $u = t$.

Das Differential des Bogenmaßes s ist definiert als

$$ds = |d\mathbf{r}|$$

Die Raumkurve sei gegeben als

$$\mathbf{r}(t) = x(t)\mathbf{i} + y(t)\mathbf{j} + z(t)\mathbf{k}$$

Die Raumkurve wird von Anfangszeitpunkt $t = t_0$ bis zu einem Endzeitpunkt $t = t_1$ durchlaufen. Für jeden Zeitpunkt t sei eine Funktion $\Phi(s)$ gegeben, wobei s die Länge der durchlaufenen Strecke darstellt. s ist eine Funktion von t. Umgekehrt ist t auch als Funktion von s darstellbar. Dann lautet die Ableitung der Funktion $\Phi(x, y, z)$ nach der Bogenlänge s

$$\frac{d\Phi}{ds} = \nabla\Phi \cdot \frac{d\mathbf{r}}{ds}$$

$$= \nabla\Phi \cdot \frac{d\mathbf{r}}{dt} \frac{dt}{ds}$$

$$= \nabla\Phi \cdot \frac{d\mathbf{r}}{dt} \bigg/ \frac{ds}{dt}$$

$$= \nabla\Phi \cdot \frac{d\mathbf{r}}{dt} \bigg/ \left|\frac{d\mathbf{r}}{dt}\right|$$

Der zweite Schritt ist durch die Kettenregel, der dritte Schritt durch die Umkehrbarkeit der Abhängigkeit der beiden Variablen s und t voneinander gegeben. Schließlich kann man s in Abhängigkeit von t berechnen.

$$s = \int \left|\frac{d\mathbf{r}}{dt}\right| dt$$

Beispiel: Die Raumkurve sei die in Abb. 2.3 dargestellte Parabel $x = t, y = t^2$, die Funktion sei $\Phi(x, y, z) = x$

$$\implies \quad \frac{d\mathbf{r}}{dt} = \mathbf{i} + 2t\mathbf{j} \ , \quad \left|\frac{d\mathbf{r}}{dt}\right| = \left(1 + 4t^2\right)^{1/2}$$

$$\nabla\Phi = \mathbf{i}$$

$$\implies \quad \frac{d\Phi}{ds} = \nabla\Phi \cdot \frac{d\mathbf{r}}{dt} \bigg/ \left|\frac{d\mathbf{r}}{dt}\right|$$

$$= \mathbf{i} \cdot (\mathbf{i} + 2t\mathbf{j}) \bigg/ \left(1 + 4t^2\right)^{1/2}$$

$$= \left(1 + 4t^2\right)^{-1/2}$$

$$s = \int \left|\frac{d\mathbf{r}}{dt}\right| dt$$

$$= \int \left(1 + 4t^2\right)^{1/2} dt$$

$$= t\left(1 + 4t^2\right)^{1/2} + \frac{1}{2} \ln\left(2t + \left(1 + 4t^2\right)^{1/2}\right) + c$$

Wir stellen die Kurven für $\frac{d\Phi}{ds}$ und s mit $c = 0$ in Abhängigkeit von t in Abb. 2.7a und 2.7b dar. Analog zur Parameterdarstellung einer Raumkurve

$$\mathbf{r} = x(t)\mathbf{i} + y(t)\mathbf{j} + z(t)\mathbf{k}$$

können wir die Abhängigkeit zwischen $\frac{d\Phi}{ds}$ und s als Kurve in der Ebene durch

$$\mathbf{r} = s(t)\,\mathbf{i} + w(t)\,\mathbf{j}$$

darstellen, weil beide Funktionen von t abhängig sind. Hier ist $w(t) = \frac{d\Phi}{ds}$. Abb. 2.7c zeigt diesen funktionalen Zusammenhang. Die Kurve sieht so ähnlich aus wie die Kurve in Abb. 2.7a, allerdings fällt sie langsamer ab, weil s nicht linear, sondern eher quadratisch mit t ansteigt. Als nächstes soll die Divergenz berechnet werden. In kartesischen Koordinaten ergibt sich

$$\nabla \cdot \mathbf{A} = \left(\mathbf{i}\,\frac{\partial}{\partial x} + \mathbf{j}\,\frac{\partial}{\partial y} + \mathbf{k}\,\frac{\partial}{\partial z}\right) \cdot (A_x\,\mathbf{i} + A_y\,\mathbf{j} + A_z\,\mathbf{k})$$

$$= \frac{\partial A_x}{\partial x} + \frac{\partial A_y}{\partial y} + \frac{\partial A_z}{\partial z} \tag{2.10}$$

Die Divergenz wird angewandt zur Beschreibung von Quellen und Senken physikalischer Größen. Wenn $\mathbf{A}$ z.B. den Fluß, d.h. Geschwindigkeit mal Dichte, einer Flüssigkeit darstellt, dann bedeutet eine positive Divergenz eine Quelle zur Erzeugung von Fluß und eine negative Divergenz eine Senke, wo Fluß vernichtet wird. Man kann sich die Erzeugung und Vernichtung durch chemische Prozesse vorstellen. Ebenso sind Ladungen als Quellen und Senken elektrischer Felder geläufig. Bei Quellen fließt durch ein kleines Volumen um einen Punkt, an dem die Divergenz berechnet wird, mehr heraus als herein, bei Senken ist es umgekehrt. Verschwindende Divergenz bedeutet, daß keine Quellen oder Senken an den betrachteten Punkten der Ableitung vorhanden sind. Die Rotation eines Vektorfeldes ist analog dem Kreuzprodukt folgendermaßen zu berechnen

$$\nabla \times \mathbf{A} = \begin{vmatrix} \mathbf{i} & \mathbf{j} & \mathbf{k} \\ \dfrac{\partial}{\partial x} & \dfrac{\partial}{\partial y} & \dfrac{\partial}{\partial z} \\ A_x & A_y & A_z \end{vmatrix} \tag{2.11}$$

$$= \left(\frac{\partial A_z}{\partial y} - \frac{\partial A_y}{\partial z}\right)\mathbf{i} + \left(\frac{\partial A_x}{\partial z} - \frac{\partial A_z}{\partial x}\right)\mathbf{j} + \left(\frac{\partial A_y}{\partial x} - \frac{\partial A_x}{\partial y}\right)\mathbf{k}$$

Die Rotation wird in der Physik zur Beschreibung der Drehung von Massenpunkten, starren Körpern oder Flüssigkeiten angewandt. Verallgemeinert wird

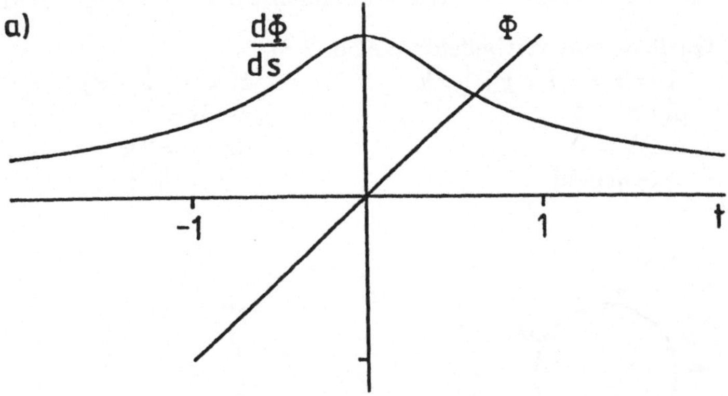

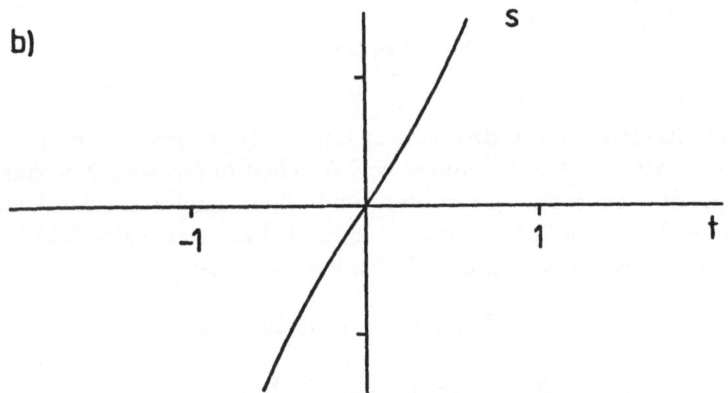

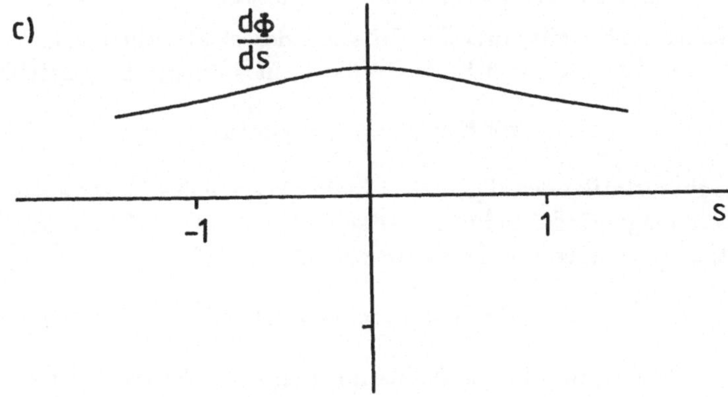

Abb. 2.7.

sie auf Felder, deren Vektoren sich wirbelförmig ausbreiten. Eine hinreichende Bedingung für ein Wirbelfeld ist das Vorhandensein geschlossener Feldlinien.

Beispiel: Quellen- und Wirbelfelder (Abb. 2.8)

$$\mathbf{A} = \mathbf{r} = x\,\mathbf{i} + y\,\mathbf{j} + z\,\mathbf{k} \qquad\qquad \mathbf{B} = -y\,\mathbf{i} + x\,\mathbf{j}$$

$$\operatorname{div}\mathbf{A} = 3 \qquad\qquad\qquad\qquad\qquad \operatorname{div}\mathbf{B} = 0$$

$$\operatorname{rot}\mathbf{A} = 0 \qquad\qquad\qquad\qquad\qquad \operatorname{rot}\mathbf{B} = 2\,\mathbf{k}$$

Quellenfeld $\qquad\qquad\qquad\qquad\qquad\qquad$ Wirbelfeld

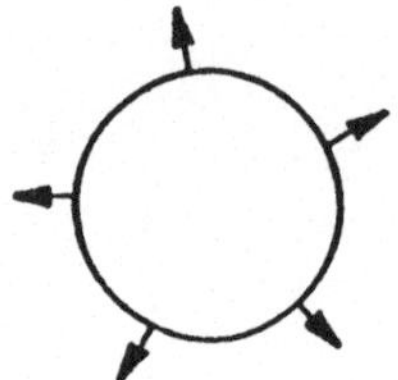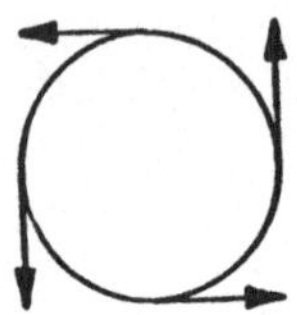

Abb. 2.8.

Die Abbildung zeigt für **A** den Schnitt durch eine Kugel, für **B** den Schnitt durch einen Zylinder. Die Feldlinien von **A** gehen radial vom Koordinatenursprung aus, die von **B** sind geschlossen und bilden Kreise um den Ursprung. Wie man mit Hilfe von (2.11) erkennen kann, hat ein Gradientenfeld $\nabla\varPhi$ keine Wirbel und ein reines Wirbelfeld $\nabla \times \mathbf{A}$ keine Quellen.

$$\nabla \times \nabla\varPhi = \operatorname{rot}\operatorname{grad}\varPhi = \mathbf{0}$$

$$\nabla \cdot (\nabla \times \mathbf{A}) = \operatorname{div}\operatorname{rot}\mathbf{A} = 0 \tag{2.12}$$

Beispiel: Elektrische Feldstärke **E** und magnetische Induktion **B**

In der Elektrostatik gilt, daß die Rotation der elektrischen Feldstärke verschwindet. Daraus folgt, daß **E** als Gradient eines Potentials darstellbar ist.

$$\operatorname{rot}\mathbf{E} = 0 \implies \mathbf{E} = \operatorname{grad}\varPhi$$

In der Magnetostatik oder allgemeiner in der Theorie des Elektromagnetismus gilt, daß die magnetische Induktion **B** keine Quellen hat. Daraus folgt, daß **B** als Rotation eines magnetischen Potentials **A** darstellbar ist.

$$\operatorname{div}\mathbf{B} = 0 \implies \mathbf{B} = \operatorname{rot}\mathbf{A}$$

Das formale Skalarprodukt von Nabla mit sich selbst ist der Laplaceoperator ∇^2, der auf skalare Funktionen folgendermaßen angewandt wird:

$$\nabla^2\varPhi = \nabla \cdot \nabla\varPhi = \frac{\partial^2\varPhi}{\partial x^2} + \frac{\partial^2\varPhi}{\partial y^2} + \frac{\partial^2\varPhi}{\partial z^2} \tag{2.13}$$

Dieser Operator spielt in Differentialgleichungen wie der Laplacegleichung, der Wellengleichung, der Diffusionsgleichung oder der Schrödingergleichung eine große Rolle (Kap. III, Abschnitt 9).
Die wichtigsten Formeln sind im folgenden angegeben:

$$\nabla(\Phi + \Psi) = \nabla\Phi + \nabla\Psi$$

$$\nabla \cdot (\mathbf{A} + \mathbf{B}) = \nabla \cdot \mathbf{A} + \nabla \cdot \mathbf{B}$$

$$\nabla \times (\mathbf{A} + \mathbf{B}) = \nabla \times \mathbf{A} + \nabla \times \mathbf{B}$$

$$\nabla \cdot (\Phi\mathbf{A}) = (\nabla\Phi) \cdot \mathbf{A} + \Phi(\nabla \cdot \mathbf{A}) \tag{2.14}$$

$$\nabla \times (\Phi\mathbf{A}) = (\nabla\Phi) \times \mathbf{A} + \Phi(\nabla \times \mathbf{A})$$

$$\nabla \cdot (\mathbf{A} \times \mathbf{B}) = \mathbf{B} \cdot (\nabla \times \mathbf{A}) - \mathbf{A} \cdot (\nabla \times \mathbf{B})$$

$$\nabla \times (\mathbf{A} \times \mathbf{B}) = (\mathbf{B} \cdot \nabla)\mathbf{A} - \mathbf{B}(\nabla \cdot \mathbf{A}) - (\mathbf{A} \cdot \nabla)\mathbf{B} + \mathbf{A}(\nabla \cdot \mathbf{B})$$

$$\nabla \times (\nabla \times \mathbf{A}) = \nabla(\nabla \cdot \mathbf{A}) - \nabla^2\mathbf{A}$$

Die letzte Gleichung entspricht der in (1.18), die vorletzte enthält dagegen zwei weitere Terme, weil Nabla als Operator sowohl auf $\mathbf{A}$, als auch auf $\mathbf{B}$ wirken kann.

2.2 Vektorintegration

Für eine Vektorfunktion $\mathbf{R}(t) = R_x(t)\mathbf{i} + R_y(t)\mathbf{j} + R_z(t)\mathbf{k}$, deren Komponenten unmittelbar von einer Variablen t abhängen, kann man die gewöhnliche skalare Integration anwenden

$$\int \mathbf{R}(t)dt = \mathbf{i} \int R_x(t)dt + \mathbf{j} \int R_y(t)dt + \mathbf{k} \int R_z(t)dt \tag{2.15}$$

indem man über die drei Komponenten integriert. Wir wollen jetzt ein Vektorfeld $\mathbf{A}(x, y, z)$ betrachten. Die gewöhnliche Integration wäre über x, y oder z, d.h. in der Richtung der Einheitsvektoren $\mathbf{i}, \mathbf{j}$ oder $\mathbf{k}$. Wir können aber auch längs beliebiger Wege im dreidimensionalen Raum integrieren, wenn wir Anfangspunkt P_1 und Endpunkt P_2 sowie die sie verbindende Raumkurve $\mathbf{r}(t)$ festlegen. Dazu führen wir folgende Definition ein.

Definition 6: Wenn in einem Vektorfeld $\mathbf{A}(x, y, z) = A_x\mathbf{i} + A_y\mathbf{j} + A_z\mathbf{k}$ eine Raumkurve C gelegt wird, die durch den Ortsvektor $\mathbf{r}(t) = x(t)\mathbf{i} + y(t)\mathbf{j} + z(t)\mathbf{k}$ beschrieben wird und deren Anfangspunkt P_1 und Endpunkt P_2 sind (Abb. 2.9), dann nennen wir das Integral längs dieses Weges ein *Linienintegral* oder *Kurvenintegral* und berechnen es wie folgt:

$$\int_C \mathbf{A} \cdot d\mathbf{r} = \int_{P_1}^{P_2} \mathbf{A} \cdot d\mathbf{r} = \int_{t_1}^{t_2} \mathbf{A}\big(x(t), y(t), z(t)\big) \cdot \frac{d\mathbf{r}}{dt}\, dt \tag{2.16}$$

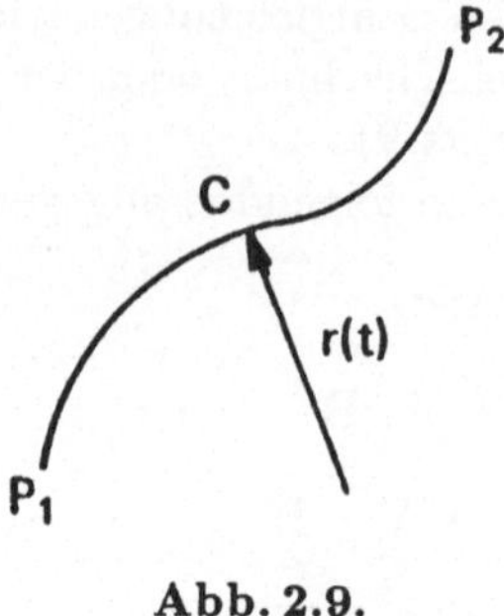

Abb. 2.9.

Das Integral über eine Raumkurve wird also über den Parameter t der Raumkurve wieder auf ein skalares Integral der Art (2.15) zurückgeführt.

Beispiel: Wegabhängiges Linienintegral längs einer nicht geschlossenen Kurve

$$\mathbf{A} = (x^2 + y)\,\mathbf{i} + z\,\mathbf{j} + xz\,\mathbf{k}$$

$$\mathbf{r} = t\,\mathbf{i} + t^2\,\mathbf{j} + 2t\,\mathbf{k}$$

$$C : P_1 = (0,0,0)\,,\ P_2 = (1,1,2) \qquad t_1 = 0\,,\ t_2 = 1$$

$$\int\limits_{P_1}^{P_2} \mathbf{A} \cdot d\mathbf{r} = \int\limits_{t_1}^{t_2} \mathbf{A} \cdot \frac{d\mathbf{r}}{dt}\, dt = \int\limits_{t_1}^{t_2} \left(A_x \frac{dx}{dt} + A_y \frac{dy}{dt} + A_z \frac{dz}{dt} \right) dt$$

$$= \int\limits_0^1 (t^2 + t^2 + 2t \cdot 2t + t \cdot 2t \cdot 2)\, dt = \int\limits_0^1 10\,t^2\, dt = \frac{10}{3}$$

Es tritt aber ein wesentlicher Unterschied zur skalaren Integration auf. Bei (2.15) bedeutet $P_1 = P_2$, daß $t_1 = t_2$ wird und das Integral verschwindet. Bei einer Raumkurve ist es möglich, über einen geschlossenen Weg P_1 und P_2 zusammenfallen zu lassen, ohne daß t_1 gleich t_2 wird. Integrale über solche geschlossenen Kurven werden mit dem Zeichen $\oint$ versehen. Solche Integrale sind i.a. von null verschieden.

Beispiel: Wegabhängiges Linienintegral längs einer geschlossenen Kurve (Kreis)

$$\mathbf{A} = -y\,\mathbf{i} + x\,\mathbf{j} + z\,\mathbf{k}$$

$$\mathbf{r} = \cos t\,\mathbf{i} + \sin t\,\mathbf{j} \qquad \text{Kreis}$$

$$C : \quad P_1 = (1,0,0)\,,\ P_2 = (1,0,0) \qquad t_1 = 0\,,\ t_2 = 2\pi$$

$$\oint \mathbf{A} \cdot d\mathbf{r} = \oint \left(A_x \frac{dx}{dt} + A_y \frac{dy}{dt} + A_z \frac{dz}{dt} \right) dt$$

$$= \int\limits_0^{2\pi} \Big[(-\sin t) \cdot (-\sin t) + \cos t \cdot \cos t \Big] dt = \int\limits_0^{2\pi} dt = 2\pi$$

Integrale über geschlossene Wege verschwinden, wenn $\mathbf{A}$ als Gradient einer Skalarfunktion Φ dargestellt werden kann. Solche Vektorfelder werden *konservativ* genannt. Für konservative Felder ist das Integral zwischen zwei Punkten wegunabhängig.

$$\int\limits_{P_1}^{P_2} \mathbf{A} \cdot d\mathbf{r} = \int\limits_{P_1}^{P_2} \nabla\Phi \cdot d\mathbf{r} = \int\limits_{P_1}^{P_2} d\Phi = \Phi(x_2, y_2, z_2) - \Phi(x_1, y_1, z_1) \qquad (2.17)$$

Es ist allein durch die Differenz der Werte von Φ in P_2 und P_1 gegeben. Durch Vertauschen von P_1 und P_2 ändert sich das Vorzeichen des Integralwertes. Ein geschlossener Weg wird nun konstruiert, indem man zunächst von P_1 nach P_2 läuft und dann von P_2 nach P_1. Die Summe dieser beiden Integrale ist null. Für jeden geschlossenen Weg über ein Gradientenfeld gilt also

$$\oint \mathbf{A} \cdot d\mathbf{r} = \oint \nabla\Phi \cdot d\mathbf{r} = \oint d\Phi = 0 \qquad (2.18)$$

Beispiel: Wegunabhängiges Linienintegral längs einer geschlossenen Kurve (Kreis)

$$\mathbf{A} = x\,\mathbf{i} + y\,\mathbf{j} + z\,\mathbf{k}$$

$$\mathbf{r} = \cos t\,\mathbf{i} + \sin t\,\mathbf{j}$$

$$C: \quad P_1 = (1,0,0),\ P_2 = (1,0,0) \qquad t_1 = 0,\ t_2 = 2\pi$$

$$\oint \mathbf{A} \cdot d\mathbf{r} = \oint \left(A_x \frac{dx}{dt} + A_y \frac{dy}{dt} + A_z \frac{dz}{dt} \right) dt$$

$$= \int\limits_0^{2\pi} \big[\cos t(-\sin t) + \sin t \cos t \big] dt$$

$$= 0$$

Hier ist $\mathbf{A} = \operatorname{grad}\Phi$ mit $\Phi = \frac{1}{2}(x^2 + y^2 + z^2)$. Dieses Feld hat nach (2.12) eine verschwindende Rotation, also keine Wirbel. Reine Quellenfelder ergeben wegunabhängige Integrale. Dies wird im später folgenden Theorem 2 noch deutlicher.

Linienintegrale sind eindimensionale Integrale. Zweidimensionale Integrale über Vektorfelder heißen Flächenintegrale, dreidimensionale heißen Raumintegrale. Die Integrale über skalare Felder $\iint_S \Phi dS$, $\iiint_V \Phi dV$ sind die üblichen zweidimensionalen Integrale über Flächen S und dreidimensionalen Integrale über Volumina V. Integrale über Vektorfelder $\mathbf{A}$ definieren wir folgendermaßen.

Definition 7: Ein *Flächenintegral* über ein Vektorfeld $\mathbf{A}$ ist definiert als ein Skalar, der berechnet wird als

$$\iint_S \mathbf{A} \cdot d\mathbf{S} = \iint_S \mathbf{A} \cdot \mathbf{n}_S \, dS \tag{2.19}$$

Hierbei ist S die Fläche und $\mathbf{n}_S$ der Einheitsvektor in Richtung der Normale, d.h. senkrecht zum Flächenelement dS (Abb. 2.10).

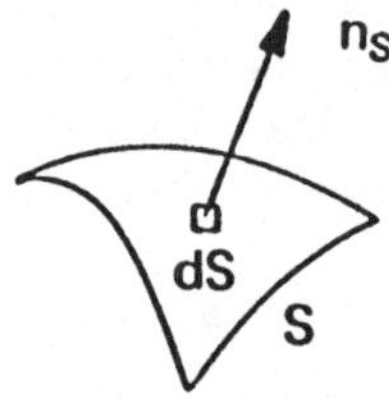

Abb. 2.10.

Eine Raumkurve war dadurch gegeben, daß man den Ortsvektor $\mathbf{r}$ in Abhängigkeit von einem Parameter t kennt. Eine Fläche im Raum kann man dadurch beschreiben, daß man den Ortsvektor in Abhängigkeit von zwei Parametern u und v festlegt.

$$\mathbf{r}(u,v) = x(u,v)\mathbf{i} + y(u,v)\mathbf{j} + z(u,v)\mathbf{k}$$

Analog zur totalen Ableitung $\frac{d\mathbf{r}}{dt}$ bei einer Raumkurve sind die partiellen Ableitungen $\frac{\partial \mathbf{r}}{\partial u}$ und $\frac{\partial \mathbf{r}}{\partial v}$ Tangenten zur Fläche. Die Normale $\mathbf{n}$ steht senkrecht zu diesen beiden Richtungen und kann dann folgendermaßen definiert werden.

$$\mathbf{n}(u,v) = \frac{\frac{\partial \mathbf{r}}{\partial u} \times \frac{\partial \mathbf{r}}{\partial v}}{\left|\frac{\partial \mathbf{r}}{\partial u} \times \frac{\partial \mathbf{r}}{\partial v}\right|} \tag{2.20}$$

Wenn die Fläche durch eine Funktion $\Phi(x,y,z) = \text{konst}$ beschrieben wird, so können wir in Anlehnung an Abb. 2.4 die Normale angeben als

$$\mathbf{n} = \frac{\nabla \Phi}{|\nabla \Phi|} \tag{2.21}$$

Der Gradient weist also in Richtung der Flächennormale.

Beispiel: Die Vektorfunktion $\mathbf{A} = \mathbf{i} + \mathbf{j} + \mathbf{k}$ soll über die Fläche des Einheitskreises in der xy-Ebene integriert werden.

Für die Fläche des Einheitskreises gilt $x^2 + y^2 \leq 1$, $z = 0$. Der Vektor $\mathbf{n}_S$ der Flächennormale ist $\mathbf{k}$.

$$\iint_S \mathbf{A} \cdot d\mathbf{S}$$

$$= \iint_S (\mathbf{i} + \mathbf{j} + \mathbf{k}) \cdot \mathbf{k} \, dS$$

$$= \iint_S dS$$

$$= S$$

$$= \pi$$

Definition 8: Ein *Raumintegral* oder *Volumenintegral* über ein Vektorfeld ist ein Vektor, der berechnet wird als

$$\iiint_V \mathbf{A} \, dV \tag{2.22}$$

Beispiel: Die Vektorfunktion $\mathbf{A} = x\mathbf{i} + y\mathbf{j} + z\mathbf{k}$ soll über das Volumen des Einheitswürfels mit einer Ecke im Koordinatenursprung und mit drei Kanten längs der x-, y- und z-Achse integriert werden.

$$\iiint_V \mathbf{A} \, dV$$

$$= \int_0^1 \int_0^1 \int_0^1 (x\,\mathbf{i} + y\,\mathbf{j} + z\,\mathbf{k}) \, dx \, dy \, dz$$

$$= \mathbf{i} \int_0^1 x \, dx \int_0^1 dy \int_0^1 dz + \mathbf{j} \int_0^1 dx \int_0^1 y \, dy \int_0^1 dz + \mathbf{k} \int_0^1 dx \int_0^1 dy \int_0^1 z \, dz$$

$$= \frac{1}{2} (\mathbf{i} + \mathbf{j} + \mathbf{k})$$

Die Berechnung von Linien-, Flächen- und Raumintegralen läßt sich häufig dadurch vereinfachen, daß man ein Flächenintegral in ein Linienintegral oder ein Raumintegral in ein Flächenintegral umwandelt. Man kann auch den umgekehrten Weg einschlagen, wenn dies vorteilhaft erscheint. Die Zusammenhänge sind in den sogenannten Integraltheoremen enthalten. Das Theorem, das den Zusammenhang zwischen einem Raumintegral und einem Flächenintegral angibt, stammt von Gauß und wird Divergenztheorem genannt.

Theorem 1 (Divergenztheorem): Wird ein Volumen V von einer geschlossenen Fläche S begrenzt, so wird das Raumintegral über die Divergenz einer Vektorfunktion $\mathbf{A}$ gleich dem Flächenintegral über $\mathbf{A}$.

$$\iiint_V \nabla \cdot \mathbf{A}\, dV = \oiint \mathbf{A} \cdot d\mathbf{S} \tag{2.23}$$

Das Integral auf der rechten Seite von (2.23) ist ein Doppelintegral über eine geschlossene Fläche.

Beispiel: Die Vektorfunktion $\mathbf{A} = x\mathbf{i} + y\mathbf{j} + z\mathbf{k}$ (Abb. 2.8) soll über die Fläche der Einheitskugel integriert werden.
Die Einheitskugel ist definiert als $x^2 + y^2 + z^2 \leq 1$

$$\oiint \mathbf{A} \cdot d\mathbf{S}$$
$$= \iiint_V \nabla \cdot \mathbf{A}\, dV$$
$$= \iiint_V 3\, dV$$
$$= 3\, V$$
$$= 4\, \pi$$

Da dieser Zahlenwert positiv ist, befindet sich in dem Volumen eine Quelle. Falls ein negativer Wert auftritt, handelt es sich um eine Senke. Aus (2.23) geht unmittelbar hervor, daß ein Flächenintegral eines quellenfreien Vektorfeldes über eine geschlossene Fläche verschwindet.
Das folgende Theorem heißt Stokessches Theorem. Es verknüpft ein Flächenintegral mit einem Linienintegral.

Theorem 2 (Stokessches Theorem): Wird eine offene, zweiseitige Fläche S von einer geschlossenen, sich nicht schneidenden Kurve begrenzt, so ist das Flächenintegral über die Rotation einer Vektorfunktion $\mathbf{A}$ gleich dem Linienintegral über $\mathbf{A}$.

$$\iint_S (\nabla \times \mathbf{A}) \cdot d\mathbf{S} = \oint \mathbf{A} \cdot d\mathbf{r} \tag{2.24}$$

Beispiel: Magnetfeld eines stromdurchflossenen Drahtes
Das Linienintegral der magnetischen Feldstärke $\mathbf{H}$ über eine geschlossene Kurve ist proportional dem Flächenintegral der Stromdichte $\mathbf{I}$ über die umschlossene Fläche.

$$\oint \mathbf{H} \cdot d\mathbf{r} = a \iint_S \mathbf{I} \cdot d\mathbf{S}$$

Daraus kann man nach dem Stokesschen Theorem die erste Maxwellsche Gleichung herleiten (Abb. 2.11).

$$\mathrm{rot}\,\mathbf{H} = a\,\mathbf{I}$$

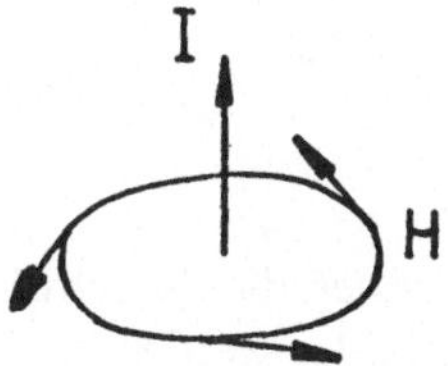

Abb. 2.11.

Zur Anwendung dieses Theorem von links nach rechts können wir das Beispiel des Flächenintegrals nach Abb. 2.10 heranziehen.

Beispiel: $\mathbf{A}$ soll als rot $\mathbf{B}$ gegeben sein. Aus $\mathbf{A} = \mathbf{i} + \mathbf{j} + \mathbf{k}$ kann man $\mathbf{B} = -y\,\mathbf{i} - z\,\mathbf{j} - x\,\mathbf{k}$ berechnen. Der Einheitskreis ist $x = \cos t, y = \sin t, z = 0$ mit $0 \le t \le 2\pi$.

$$\iint_S \mathbf{A} \cdot d\mathbf{S}$$

$$= \iint_S \mathrm{rot}\,\mathbf{B} \cdot d\mathbf{S}$$

$$= \oint \mathbf{B} \cdot d\mathbf{r}$$

$$= \oint (-y\,\mathbf{i} - z\,\mathbf{j} - x\,\mathbf{k}) \cdot \frac{d\mathbf{r}}{dt}\,dt$$

$$= \int_0^{2\pi} (-\sin t)(-\sin t)\,dt$$

$$= \pi.$$

Wie schon erwähnt, geht aus (2.24) unmittelbar hervor, daß das Linienintegral eines wirbelfreien Vektorfeldes über einen geschlossenen Weg verschwindet. Denn dann ist $\mathbf{A} = \mathrm{grad}\,\Phi$.

Für die Anwendung des Theorems von rechts nach links ist das folgende Beispiel illustrativ.

Beispiel: Ein starrer Körper drehe sich mit konstanter Winkelgeschwindigkeit ω um eine Achse. Seine Geschwindigkeit $\mathbf{v}$ beträgt dann

$$\mathbf{v} = \omega \times \mathbf{r}$$

Daraus folgt

$$\operatorname{rot}\mathbf{v} = (\mathbf{r} \cdot \nabla)\,\omega - \mathbf{r}\,(\nabla \cdot \omega) - (\omega \cdot \nabla)\,\mathbf{r} + \omega\,(\nabla \cdot \mathbf{r})$$

$$= 0 - 0 - \omega + 3\,\omega$$

$$= 2\,\omega$$

Es soll nun das Linienintegral über das Geschwindigkeitsfeld längs des Einheitskreises in der xy-Ebene gebildet werden

$$C : \mathbf{r} = \cos t\,\mathbf{i} + \sin t\,\mathbf{j} \qquad 0 \le t \le 2\pi$$

$$\oint \mathbf{v} \cdot d\mathbf{r} = \iint_S \operatorname{rot}\mathbf{v} \cdot d\mathbf{S} = 2 \iint_S \omega \cdot d\mathbf{S} = 2\,\pi\,\omega \cos\vartheta$$

ϑ ist der Winkel zwischen der Drehachse des starren Körpers und der z-Achse. Der Vollständigkeit halber wollen wir noch die Greenschen Theoreme nennen, die aus dem Divergenztheorem hervorgehen.

Theorem 3 (Greensche Theoreme): Raumintegrale über den Laplaceoperator und Gradientenprodukte lassen sich folgendermaßen in Flächenintegrale umwandeln:

$$\iiint_V \left[\Phi\nabla^2\Psi + (\nabla\Phi) \cdot (\nabla\Psi)\right] dV = \oiint (\Phi\nabla\Psi)\,d\mathbf{S} \qquad (2.25)$$

$$\iiint_V \left[\Phi\nabla^2\Psi - \Psi\nabla^2\Phi\right] dV = \oiint (\Phi\nabla\Psi - \Psi\nabla\Phi)\,d\mathbf{S} \qquad (2.26)$$

Beispiel: Die Funktionen $\Phi = r^{-1}$ und $\Psi = r^2$ sollen über das Volumen der Einheitskugel nach (2.25) integriert werden.

$$\nabla\Phi = -r^{-3}\mathbf{r}\,, \quad \nabla\Psi = 2\mathbf{r}\,, \quad \nabla^2\Psi = 6\,, \quad \mathbf{n}_S = r^{-1}\mathbf{r}$$

$$\implies \iiint_V \left[r^{-1}6 + (-r^{-3}\mathbf{r}) \cdot 2\mathbf{r}\right] dV = \oiint r^{-1}2\mathbf{r} \cdot (r^{-1}\mathbf{r})\,dS$$

$$\implies \iiint_V 4r^{-1}\,dV = 8\,\pi$$

3. Krummlinige Koordinaten

Vektorgleichungen sind zur Beschreibung physikalischer Gesetze bequem wegen ihrer invarianten Form. Bei Lösungen zu speziellen Problemen wird jedoch die Wahl eines geeigneten Koordinatensystems wichtig. Der Lösungsweg wird einfacher, wenn das Koordinatensystem auf die Symmetrie des speziellen Problems zugeschnitten ist. Für die Chemie sind Polarkoordinaten und Zylinderkoordinaten am wichtigsten. In diesem Abschnitt wollen wir deshalb die Transformation zwischen Koordinatensystemen und ihre Konsequenzen für Vektorgleichungen behandeln.

Die Lage eines Punktes $P(x, y, z)$ im Raum läßt sich in kartesischen Koordinaten als Schnitt dreier zueinander senkrecht stehender Ebenen $x = $ konst, $y = $ konst, $z = $ konst angeben. Der Ortsvektor von P ist $\mathbf{r} = x\mathbf{i} + y\mathbf{j} + z\mathbf{k}$. x, y, z sind die kartesischen Koordinaten von P. Wir wollen nun x, y, z als Funktion dreier Variablen q_1, q_2, q_3 angeben.

$$x = x(q_1, q_2, q_3)$$
$$y = y(q_1, q_2, q_3)$$
$$z = z(q_1, q_2, q_3) \tag{3.1}$$

Wenn diese Transformation umkehrbar ist

$$q_1 = q_1(x, y, z)$$
$$q_2 = q_2(x, y, z)$$
$$q_3 = q_3(x, y, z) \tag{3.2}$$

nennen wir q_1, q_2, q_3 *krummlinige Koordinaten* des Punktes P. Der Ortsvektor ist eine Funktion von q_1, q_2, q_3 also $\mathbf{r} = \mathbf{r}(q_1, q_2, q_3)$ oder explizit

$$\mathbf{r} = q_1\mathbf{e}_1 + q_2\mathbf{e}_2 + q_3\mathbf{e}_3 \tag{3.3}$$

In Analogie zu kartesischen Koordinaten werden $q_1 = $ konst, $q_2 = $ konst, $q_3 = $ konst *Koordinatenflächen* genannt. Jedes Paar von Flächen schneidet sich in *Koordinatenlinien*. Wir definieren nun *Koordinatenachsen* als Tangenten zu den Koordinatenlinien im Schnittpunkt der drei Koordinatenflächen. Anders als bei kartesischen Koordinaten sind die Koordinatenachsen i.a. nicht raumfest, d.h. ihre Richtung kann sich von Punkt zu Punkt ändern.

Beispiele:
a) Polarkoordinaten r, ϑ, φ $r \geq 0$, $0 \leq \vartheta \leq \pi$, $0 \leq \varphi \leq 2\pi$

$$x = r \sin\vartheta \cos\varphi$$
$$y = r \sin\vartheta \sin\varphi$$
$$z = r \cos\vartheta \tag{3.4}$$

Koordinatenflächen   Koordinatenlinien
$r = $ konst   konzentrische Kugeln $r, \vartheta = $ konst   Kreise

$\vartheta = \text{konst}$ Kreiskegel $r, \varphi = \text{konst}$ Halbkreise
$\varphi = \text{konst}$ Halbebenen $\vartheta, \varphi = \text{konst}$ Geraden

b) Zylinderkoordinaten ρ, φ, z $\rho \geq 0$, $0 \leq \varphi \leq 2\pi$, $-\infty < z < \infty$

$$x = \rho \cos \varphi$$
$$y = \rho \sin \varphi$$
$$z = z \tag{3.5}$$

Koordinatenflächen   Koordinatenlinien
$\rho = \text{konst}$ Kreiszylinder $\rho, \varphi = \text{konst}$ Geraden
$\varphi = \text{konst}$ Halbebenen $\rho, z = \text{konst}$ Kreise
$z = \text{konst}$ Ebenen $z, \varphi = \text{konst}$ Halbgeraden

Einheitsvektoren sind Vektoren der Länge 1 in Richtung der Koordinatenachsen. Aus Abschnitt 2.1 wissen wir, daß die Tangente an eine Raumkurve
die Ableitung des Ortsvektors ist. Der Ortsvektor $\mathbf{r} = \mathbf{r}(q_1, q_2 = \text{konst}, q_3 = \text{konst})$ beschreibt die Koordinatenlinie q_1. Die Koordinatenachse von q_1 ist
$\frac{\partial \mathbf{r}}{\partial q_1}$. Die Einheitsvektoren der krummlinigen Koordinaten sind

$$\mathbf{e}_i = \frac{\partial \mathbf{r}}{\partial q_i} \left/ \left| \frac{\partial \mathbf{r}}{\partial q_i} \right| \right.   i = 1, 2, 3 \tag{3.6}$$

Wir nennen die Länge des Vektors jeder partiellen Ableitung einen Skalenfaktor h_i

$$h_i = \left| \frac{\partial \mathbf{r}}{\partial q_i} \right| \tag{3.7}$$

Mit (3.6) und (3.7) ergibt sich das totale Diffential $d\mathbf{r}$

$$d\mathbf{r} = \sum_{i=1}^{3} \frac{\partial \mathbf{r}}{\partial q_i} \, dq_i = \sum_{i=1}^{3} h_i \, \mathbf{e}_i \, dq_i \tag{3.8}$$

Das Abstandsquadrat zwischen zwei benachbarten Punkten ist

$$ds^2 = (d\mathbf{r})^2 = \sum_{i=1}^{3} \sum_{j=1}^{3} \frac{\partial \mathbf{r}}{\partial q_i} \cdot \frac{\partial \mathbf{r}}{\partial q_j} \, dq_i \, dq_j \tag{3.9}$$

Wir wollen uns im folgenden auf orthogonale Koordinaten beschränken, bei
denen die Einheitsvektoren senkrecht zueinander stehen. Dann gilt $\frac{\partial \mathbf{r}}{\partial q_i} \cdot \frac{\partial \mathbf{r}}{\partial q_j} = 0$
für $i \neq j$. (3.9) vereinfacht sich zu

$$ds^2 = \sum_{i=1}^{3} \left(\frac{\partial \mathbf{r}}{\partial q_i} \right)^2 \, dq_i^2 = \sum_{i=1}^{3} h_i^2 \, dq_i^2 \tag{3.10}$$

Das Volumenelement dV ist definiert als

$$dV = ds_1 ds_2 ds_3 = h_1 h_2 h_3 dq_1 dq_2 dq_3 \tag{3.11}$$

mit

$$ds_1 = (ds)_{q_2 = konst, q_3 = konst}$$

Das Volumenelement ist ein Parallelepiped, dessen Volumen bei Orthogonalität der Koordinaten nach (1.17) berechnet werden kann als

$$dV = h_1 \, dq_1 \, \mathbf{e}_1 \cdot (h_2 \, dq_2 \, \mathbf{e}_2 \times h_3 \, dq_3 \, \mathbf{e}_3) \tag{3.12}$$

Mit (3.6) und (3.7) kann (3.12) umgeschrieben werden als

$$dV = \frac{\partial \mathbf{r}}{\partial q_1} \cdot \left(\frac{\partial \mathbf{r}}{\partial q_2} \times \frac{\partial \mathbf{r}}{\partial q_3} \right) dq_1 dq_2 dq_3$$

$$= \frac{\partial(x,y,z)}{\partial(q_1, q_2, q_3)} \, dq_1 dq_2 dq_3 \tag{3.13}$$

Die Determinante $\frac{\partial(x,y,z)}{\partial(q_1,q_2,q_3)}$ heißt *Jacobi-Determinante* oder *Funktionaldeterminante* der Transformation von kartesischen Koordinaten x, y, z zu krummlinigen Koordinaten q_1, q_2, q_3.

Aus (3.11) und (3.13) folgt in einem rechtshändigen krummlinigen Koordinatensystem

$$\frac{\partial(x,y,z)}{\partial(q_1, q_2, q_3)} = h_1 h_2 h_3 \tag{3.14}$$

Die Transformation (3.1) ist genau dann umkehrbar, wenn die Funktionaldeterminante nicht verschwindet.

Beispiel: Es sollen h_i, ds^2, dV für

$$\mathbf{r} = x(q_1, q_2, q_3)\mathbf{i} + y(q_1, q_2, q_3)\mathbf{j} + z(q_1, q_2, q_3)\mathbf{k}$$

in verschiedenen Koordinatensystemen berechnet werden.

a) Polarkoordinaten

$$h_r = 1, \; h_\vartheta = r, \; h_\varphi = r \sin \vartheta$$

$$ds^2 = dr^2 + r^2 \, d\vartheta^2 + r^2 \sin^2 \vartheta \, d\varphi^2$$

$$dV = r^2 \sin \vartheta \, dr \, d\vartheta \, d\varphi \tag{3.15}$$

b) Zylinderkoordinaten

$$h_\rho = 1, \; h_\varphi = \rho, \; h_z = 1$$

$$ds^2 = d\rho^2 + \rho^2 \, d\varphi^2 + dz^2$$

$$dV = \rho \, d\rho \, d\varphi \, dz \tag{3.16}$$

c) Kartesische Koordinaten

$$h_x = 1, \; h_y = 1, \; h_z = 1$$

$$ds^2 = dx^2 + dy^2 + dz^2$$

$$dV = dx\,dy\,dz \tag{3.17}$$

Die Berechnung von h_i und $\mathbf{e}_i$ soll nun in Polarkoordinaten skizziert werden.

$$\frac{\partial \mathbf{r}}{\partial q_i} = \frac{\partial x}{\partial q_i}\,\mathbf{i} + \frac{\partial y}{\partial q_i}\,\mathbf{j} + \frac{\partial z}{\partial q_i}\,\mathbf{k}$$

$$q_1 = r, \; q_2 = \vartheta, \; q_3 = \varphi \tag{3.18}$$

Aus (3.4) ergibt sich

$$\frac{\partial x}{\partial r} = \sin\vartheta\cos\varphi \qquad \frac{\partial y}{\partial r} = \sin\vartheta\sin\varphi \qquad \frac{\partial z}{\partial r} = \cos\vartheta$$

$$\frac{\partial x}{\partial \vartheta} = r\cos\vartheta\cos\varphi \qquad \frac{\partial y}{\partial \vartheta} = r\cos\vartheta\sin\varphi \qquad \frac{\partial z}{\partial \vartheta} = -r\sin\vartheta$$

$$\frac{\partial x}{\partial \varphi} = -r\sin\vartheta\sin\varphi \qquad \frac{\partial y}{\partial \varphi} = r\sin\vartheta\cos\varphi \qquad \frac{\partial z}{\partial \varphi} = 0$$

Aus (3.7) und (3.18) ergibt sich

$$h_r = \left(\sin^2\vartheta\cos^2\varphi + \sin^2\vartheta\sin^2\varphi + \cos^2\vartheta\right)^{1/2} = 1$$

$$h_\vartheta = \left(r^2\cos^2\vartheta\cos^2\varphi + r^2\cos^2\vartheta\sin^2\varphi + r^2\sin^2\vartheta\right)^{1/2} = r$$

$$h_\varphi = \left(r^2\sin^2\vartheta\sin^2\varphi + r^2\sin^2\vartheta\cos^2\varphi\right)^{1/2} = r\sin\vartheta$$

$$\mathbf{e}_r = \sin\vartheta\cos\varphi\,\mathbf{i} + \sin\vartheta\sin\varphi\,\mathbf{j} + \cos\vartheta\,\mathbf{k}$$

$$\mathbf{e}_\vartheta = \cos\vartheta\cos\varphi\,\mathbf{i} + \cos\vartheta\sin\varphi\,\mathbf{j} - \sin\vartheta\,\mathbf{k}$$

$$\mathbf{e}_\varphi = -\sin\varphi\,\mathbf{i} + \cos\varphi\,\mathbf{j} \tag{3.19}$$

Die Einheitsvektoren sind in Abb. 3.1 dargestellt.

Beispiel: Umrechnung des Ortsvektors

$$\mathbf{r} = x\mathbf{i} + y\mathbf{j} + z\mathbf{k}$$

in Polarkoordinaten.

Wir müssen zunächst $\mathbf{i}, \mathbf{j}$ und $\mathbf{k}$ in Abhängigkeit von $\mathbf{e}_r, \mathbf{e}_\vartheta$ und $\mathbf{e}_\varphi$ suchen. Aus (3.19) ergibt sich

$$\mathbf{i} = \sin\vartheta\cos\varphi\,\mathbf{e}_r + \cos\vartheta\cos\varphi\,\mathbf{e}_\vartheta - \sin\varphi\,\mathbf{e}_\varphi$$

$$\mathbf{j} = \sin\vartheta\sin\varphi\,\mathbf{e}_r + \cos\vartheta\sin\varphi\,\mathbf{e}_\vartheta + \cos\varphi\,\mathbf{e}_\varphi$$

$$\mathbf{k} = \cos\vartheta\,\mathbf{e}_r - \sin\vartheta\,\mathbf{e}_\vartheta \tag{3.20}$$

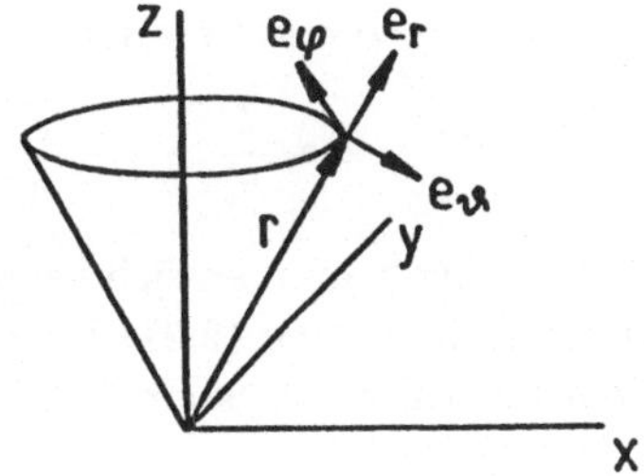

Abb. 3.1.

Wir setzen dies zusammen mit (3.4) in die obige Gleichung für **r** ein. Es ergibt sich

$$\mathbf{r} = r\,\mathbf{e}_r \tag{3.21}$$

d.h. der Ortsvektor liegt immer in Richtung des Einheitsvektors $\mathbf{e}_r$ in Polarkoordinaten.

Wir wollen nun den Vektoroperator Nabla in krummlinigen Koordinaten angeben und damit Gradient, Divergenz, Rotation und Laplaceoperator berechnen.

Die Kettenregel ergibt

$$d\Phi = \sum_i \frac{\partial \Phi}{\partial q_i}\, dq_i \tag{3.22}$$

Andererseits ist nach (2.8) und (3.8) in orthogonalen Koordinaten

$$d\Phi = \nabla\Phi \cdot d\mathbf{r} = \sum_i (\nabla\Phi)_{q_i}\,\mathbf{e}_i \cdot \sum_j h_j\, dq_j\, \mathbf{e}_j$$

$$= \sum_i (\nabla\Phi)_{q_i}\, h_i\, dq_i \tag{3.23}$$

Die Komponente des Gradienten von Φ in Richtung des Einheitsvektors $\mathbf{e}_i$ ergibt sich aus (3.22) und (3.23) als

$$(\nabla\Phi)_{q_i} = \frac{1}{h_i} \frac{\partial \Phi}{\partial q_i}$$

Der Vektoroperator *Nabla* hat demnach die Form

$$\nabla = \mathbf{e}_1 \frac{1}{h_1} \frac{\partial}{\partial q_1} + \mathbf{e}_2 \frac{1}{h_2} \frac{\partial}{\partial q_2} + \mathbf{e}_3 \frac{1}{h_3} \frac{\partial}{\partial q_3} \tag{3.24}$$

und der *Gradient* wird berechnet als

$$\nabla\Phi = \sum_i \mathbf{e}_i \frac{1}{h_i} \frac{\partial \Phi}{\partial q_i} \tag{3.25}$$

Setzen wir in dieser Formel $\Phi = q_i$, so erhalten wir

$$\nabla q_i = \mathbf{e}_i \, \frac{1}{h_i} \tag{3.26}$$

Zur Interpretation dieser Gleichung kann man sich vergegenwärtigen, daß $q_i =$ konst die Koordinatenflächen sind. Wegen (2.21) können wir also feststellen, daß die $\mathbf{e}_i$ bei orthogonalem Koordinatensystem Normalen zu den Koordinatenflächen sind.

Bei nicht orthogonalen Koordinaten muß man unterscheiden zwischen den Einheitsvektoren

$$\mathbf{e}_i = \frac{\partial \mathbf{r}}{\partial q_i} \bigg/ \left| \frac{\partial \mathbf{r}}{\partial q_i} \right|$$

und

$$\mathbf{E}_i = \nabla q_i / |\nabla q_i|$$

Diese sind dann in der Richtung verschieden.

Man kann einen beliebigen Vektor $\mathbf{A}$ schreiben als

$$\mathbf{A} = \sum_i c_i \frac{\partial \mathbf{r}}{\partial q_i} = \sum_i C_i \nabla q_i$$

Wir nennen die c_i die *kontravarianten* Komponenten und die C_i die *kovarianten* Komponenten. Bei orthogonalen Koordinatensystemen sind die kovarianten gleich den kontravarianten Komponenten, wenn die zu den Koordinaten gehörenden Skalenfaktoren $h_i = 1$ sind.

Beispiel: Berechnung von $\operatorname{grad} r$, $\operatorname{grad} \vartheta$ und $\operatorname{grad} \varphi$ in Polarkoordinaten

$$h_r = 1, \quad h_\vartheta = r, \quad h_\varphi = r \sin \vartheta$$

$$\Longrightarrow \nabla r = \mathbf{e}_r, \nabla \vartheta = r^{-1} \mathbf{e}_\vartheta, \nabla \varphi = (r \sin \vartheta)^{-1} \mathbf{e}_\varphi$$

Zur Ableitung der Rotation müssen wir den Gradienten benutzen. Wir wissen aus (2.12), daß die Rotation eines Gradientenfeldes verschwindet. Mit Hilfe der Formel aus (2.14)

$$\nabla \times (\Phi \mathbf{A}) = \nabla \Phi \times \mathbf{A} + \Phi (\nabla \times \mathbf{A})$$

ergibt sich für $\Phi = 1$ und $\mathbf{A} = \nabla q_1$ unter Zuhilfenahme von (3.26) schließlich

$$\mathbf{0} = \nabla \times \nabla q_i = \nabla \times \left(\mathbf{e}_i \, \frac{1}{h_i} \right) = \frac{1}{h_i} \nabla \times \mathbf{e}_i - \mathbf{e}_i \times \nabla \left(\frac{1}{h_i} \right)$$

$$\Longrightarrow \nabla \times \mathbf{e}_i = h_i \, \mathbf{e}_i \times \nabla \left(\frac{1}{h_i} \right) \tag{3.27}$$

Die *Rotation* in krummlinigen Koordinaten ist nun berechenbar als

$$\nabla \times \mathbf{A} = \sum_i \nabla \times (A_i \, \mathbf{e}_i) = \sum_i \left[(\nabla A_i) \times \mathbf{e}_i + A_i \, (\nabla \times \mathbf{e}_i) \right] \tag{3.28}$$

Beispiel: Berechnung von rot $\mathbf{e}_\vartheta$ in Polarkoordinaten

$$A_r = A_\varphi = 0 \ , \quad A_\vartheta = 1 \ , \quad h_\vartheta = r$$

$$\Longrightarrow \quad \nabla \times \mathbf{e}_\vartheta = h_\vartheta \, \mathbf{e}_\vartheta \times \nabla \left(\frac{1}{h_\vartheta} \right)$$

$$= r \, \mathbf{e}_\vartheta \times \nabla \left(\frac{1}{r} \right)$$

$$= r \, \mathbf{e}_\vartheta \times \left(-\frac{1}{r^2} \, \mathbf{e}_r \right)$$

$$= \frac{1}{r} \, \mathbf{e}_\varphi$$

Die Berechnung der *Divergenz* geht über die Rotation

$$\nabla \cdot \mathbf{e}_i = \nabla \cdot (\mathbf{e}_j \times \mathbf{e}_k) = \mathbf{e}_k \cdot (\nabla \times \mathbf{e}_j) - \mathbf{e}_j \cdot (\nabla \times \mathbf{e}_k) \tag{3.29}$$

und man erhält schließlich

$$\nabla \cdot \mathbf{A} = \sum_i \nabla \cdot (A_i \, \mathbf{e}_i) = \sum_i \left[(\nabla A_i) \cdot \mathbf{e}_i + A_i (\nabla \cdot \mathbf{e}_i) \right] \tag{3.30}$$

Beispiel: Berechnung von div $\mathbf{e}_\varphi$ in Polarkoordinaten

$$A_r = A_\vartheta = 0 \ , \quad A_\varphi = 1$$

$$\Longrightarrow \quad \nabla \cdot \mathbf{e}_\varphi = \mathbf{e}_\vartheta \cdot (\nabla \times \mathbf{e}_r) - \mathbf{e}_r \cdot (\nabla \times \mathbf{e}_\vartheta)$$

$$= \mathbf{e}_\vartheta \cdot \mathbf{0} - \mathbf{e}_r \cdot \frac{1}{r} \, \mathbf{e}_\varphi$$

$$= 0$$

Der *Laplaceoperator* wird wie folgt angewandt

$$\nabla^2 \Phi = \sum_{i,j} \frac{1}{h_j} \, \mathbf{e}_j \, \frac{\partial}{\partial q_j} \, \frac{1}{h_i} \, \mathbf{e}_i \, \frac{\partial \Phi}{\partial q_i} \tag{3.31}$$

Durch sukzessives Einsetzen erhält man schließlich folgende Formeln, die jetzt explizit zusammengestellt sind.

$$\nabla \Phi = \operatorname{grad} \Phi = \frac{1}{h_1} \frac{\partial \Phi}{\partial q_1} \mathbf{e}_1 + \frac{1}{h_2} \frac{\partial \Phi}{\partial q_2} \mathbf{e}_2 + \frac{1}{h_3} \frac{\partial \Phi}{\partial q_3} \mathbf{e}_3$$

$$\nabla \cdot \mathbf{A} = \operatorname{div} \mathbf{A} = \frac{1}{h_1 h_2 h_3} \left[\frac{\partial}{\partial q_1} (h_2 h_3 A_1) + \frac{\partial}{\partial q_2} (h_3 h_1 A_2) + \frac{\partial}{\partial q_3} (h_1 h_2 A_3) \right]$$

$$\nabla \times \mathbf{A} = \operatorname{rot} \mathbf{A} = \frac{1}{h_1 h_2 h_3} \begin{vmatrix} h_1 \mathbf{e}_1 & h_2 \mathbf{e}_2 & h_3 \mathbf{e}_3 \\ \dfrac{\partial}{\partial q_1} & \dfrac{\partial}{\partial q_2} & \dfrac{\partial}{\partial q_3} \\ h_1 A_1 & h_2 A_2 & h_3 A_3 \end{vmatrix} \tag{3.32}$$

$$\nabla^2 \Phi = \frac{1}{h_1 h_2 h_3} \left[\frac{\partial}{\partial q_1} \left(\frac{h_2 h_3}{h_1} \frac{\partial \Phi}{\partial q_1} \right) + \frac{\partial}{\partial q_2} \left(\frac{h_3 h_1}{h_2} \frac{\partial \Phi}{\partial q_2} \right) + \frac{\partial}{\partial q_3} \left(\frac{h_1 h_2}{h_3} \frac{\partial \Phi}{\partial q_3} \right) \right]$$

Beispiele:

a) Berechnung von $\operatorname{div} \mathbf{e}_\rho$ in Zylinderkoordinaten

$$A_\rho = 1, \ A_\varphi = A_z = 0 \qquad h_\rho = h_z = 1, \ h_\varphi = \rho$$

$$\implies \ \nabla \cdot \mathbf{e}_\rho = \frac{1}{h_\rho h_\varphi h_z} \frac{\partial}{\partial \rho} (h_\varphi h_z A_\rho) = \frac{1}{\rho}$$

b) Berechnung von $\operatorname{rot} \mathbf{e}_\varphi$ in Polarkoordinaten

$$A_r = A_\vartheta = 0, \ A_\varphi = 1, \ h_r = 1, \ h_\vartheta = r, \ h_\varphi = r \sin \vartheta$$

$$\nabla \times \mathbf{e}_\varphi = \frac{1}{r^2 \sin \vartheta} \begin{vmatrix} \mathbf{e}_r & r \mathbf{e}_\vartheta & r \sin \vartheta \, \mathbf{e}_\varphi \\ \dfrac{\partial}{\partial r} & \dfrac{\partial}{\partial \vartheta} & \dfrac{\partial}{\partial \varphi} \\ 0 & 0 & r \sin \vartheta \end{vmatrix} = \frac{1}{r} (\cot \vartheta \, \mathbf{e}_r - \mathbf{e}_\vartheta)$$

Die Ableitungen der Einheitsvektoren sind von null verschieden, weil sich ihre Richtung von Punkt zu Punkt ändert.

c) Berechnung des Laplaceoperators ∇^2 in Polarkoordinaten

$$\nabla^2 = \frac{1}{r^2 \sin \vartheta} \left[\frac{\partial}{\partial r} \left(r^2 \sin \vartheta \frac{\partial}{\partial r} \right) + \frac{\partial}{\partial \vartheta} \left(\frac{r \sin \vartheta}{r} \frac{\partial}{\partial \vartheta} \right) + \frac{\partial}{\partial \varphi} \left(\frac{r}{r \sin \vartheta} \frac{\partial}{\partial \varphi} \right) \right]$$

$$= \frac{\partial^2}{\partial r^2} + \frac{2}{r} \frac{\partial}{\partial r} + \frac{1}{r^2} \left(\frac{\partial^2}{\partial \vartheta^2} + \cot \vartheta \frac{\partial}{\partial \vartheta} \right) + \frac{1}{r^2 \sin^2 \vartheta} \frac{\partial^2}{\partial \varphi^2}$$

Bei der Transformation von einem Satz krummliniger Koordinaten q_1, q_2, q_3 in einen anderen Satz krummliniger Koordinaten q_1', q_2', q_3' geht man folgendermaßen vor. Nach der Kettenregel gilt für totale Differentiale

$$dq_i' = \sum_j \frac{\partial q_i'}{\partial q_j}\, dq_j \tag{3.33}$$

und für partielle Ableitungen

$$\frac{\partial \Phi}{\partial q_i'} = \sum_j \frac{\partial \Phi}{\partial q_j}\frac{\partial q_j}{\partial q_i'} \tag{3.34}$$

Man kann die Elemente $\frac{\partial q_i'}{\partial q_j}$ in der entsprechenden Funktionaldeterminante zusammenfassen

$$\frac{\partial(q_1', q_2', q_3')}{\partial(q_1, q_2, q_3)} = \begin{vmatrix} \dfrac{\partial q_1'}{\partial q_1} & \dfrac{\partial q_1'}{\partial q_2} & \dfrac{\partial q_1'}{\partial q_3} \\[2ex] \dfrac{\partial q_2'}{\partial q_1} & \dfrac{\partial q_2'}{\partial q_2} & \dfrac{\partial q_2'}{\partial q_3} \\[2ex] \dfrac{\partial q_3'}{\partial q_1} & \dfrac{\partial q_3'}{\partial q_2} & \dfrac{\partial q_3'}{\partial q_3} \end{vmatrix} \tag{3.35}$$

und zur Transformation von Raumintegralen verwenden. Dabei gilt

$$\int f(q_1', q_2', q_3')\, dq_1'\, dq_2'\, dq_3' = \int g(q_1, q_2, q_3) \frac{\partial(q_1', q_2', q_3')}{\partial(q_1, q_2, q_3)}\, dq_1\, dq_2\, dq_3 \tag{3.36}$$

g ist die Funktion f nach Substitution von q_i' durch q_j. Andererseits können wir mit Hilfe der Volumenelemente dV' und dV nach (3.11) herleiten

$$\int f(q_1', q_2', q_3')\, h_1' h_2' h_3'\, dq_1'\, dq_2'\, dq_3' = \int g(q_1, q_2, q_3)\, h_1 h_2 h_3\, dq_1\, dq_2\, dq_3 \tag{3.37}$$

Beispiel: Umrechnung eines Raumintegrals von kartesischen Koordinaten in Polarkoordinaten

$$\frac{\partial(x, y, z)}{\partial(r, \vartheta, \varphi)} = \begin{vmatrix} \dfrac{\partial x}{\partial r} & \dfrac{\partial x}{\partial \vartheta} & \dfrac{\partial x}{\partial \varphi} \\[2ex] \dfrac{\partial y}{\partial r} & \dfrac{\partial y}{\partial \vartheta} & \dfrac{\partial y}{\partial \varphi} \\[2ex] \dfrac{\partial z}{\partial r} & \dfrac{\partial z}{\partial \vartheta} & \dfrac{\partial z}{\partial \varphi} \end{vmatrix}$$

$$= \begin{vmatrix} \sin\vartheta\cos\varphi & r\cos\vartheta\cos\varphi & -r\sin\vartheta\sin\varphi \\ \sin\vartheta\sin\varphi & r\cos\vartheta\sin\varphi & r\sin\vartheta\cos\varphi \\ \cos\vartheta & -r\sin\vartheta & 0 \end{vmatrix}$$

$$= \sin\vartheta\cos\varphi\,(0 + r^2\sin^2\vartheta\cos\varphi)$$
$$\quad - r\cos\vartheta\cos\varphi\,(0 - r\sin\vartheta\cos\vartheta\cos\varphi)$$
$$\quad - r\sin\vartheta\sin\varphi\,(-r\sin^2\vartheta\sin\varphi - r\cos^2\vartheta\sin\varphi)$$

$$= r^2\sin\vartheta$$

$$\Longrightarrow \iiint \left(x^2 + y^2 + z^2\right) \, dx \, dy \, dz = \iiint r^2 r^2 \sin\vartheta \, dr \, d\vartheta \, d\varphi$$

Soll z.B. über eine Kugel mit dem Radius r_0 integriert werden, kann das Integral auf der linken Seite nicht durch unabhängige Integration über x, y und z berechnet werden.

Im obigen Beispiel war $\frac{\partial(q_1', q_2', q_3')}{\partial(q_1, q_2, q_3)} = h_1 h_2 h_3$. Wegen $dV' = dV$ muß allgemein gelten

$$\frac{\partial(q_1', q_2', q_3')}{\partial(q_1, q_2, q_3)} = \frac{h_1 h_2 h_3}{h_1' h_2' h_3'} \tag{3.38}$$

Beispiel: Transformation eines Volumenelements von Zylinderkoordinaten in Polarkoordinaten

$$dV = dV'$$
$$\Longrightarrow h_\rho h_\varphi h_z \, d\rho \, d\varphi \, dz = h_r h_\vartheta h_\varphi \, dr \, d\vartheta \, d\varphi$$
$$\Longrightarrow \quad d\rho \, d\varphi \, dz = \frac{h_r h_\vartheta h_\varphi}{h_\rho h_\varphi h_z} \, dr \, d\vartheta \, d\varphi$$
$$= \frac{r^2 \sin\vartheta}{\rho} \, dr \, d\vartheta \, d\varphi$$
$$= \frac{r^2 \sin\vartheta}{r \sin\vartheta} \, dr \, d\vartheta \, d\varphi$$
$$= r \, dr \, d\vartheta \, d\varphi$$

Andererseits gilt

$$\frac{\partial(\rho, \varphi, z)}{\partial(r, \vartheta, \varphi)} = \begin{vmatrix} \dfrac{\partial\rho}{\partial r} & \dfrac{\partial\rho}{\partial\vartheta} & \dfrac{\partial\rho}{\partial\varphi} \\[2mm] \dfrac{\partial\varphi}{\partial r} & \dfrac{\partial\varphi}{\partial\vartheta} & \dfrac{\partial\varphi}{\partial\varphi} \\[2mm] \dfrac{\partial z}{\partial r} & \dfrac{\partial z}{\partial\vartheta} & \dfrac{\partial z}{\partial\varphi} \end{vmatrix}$$

$$= \begin{vmatrix} \sin\vartheta & r\cos\vartheta & 0 \\ 0 & 0 & 1 \\ \cos\vartheta & -r\sin\vartheta & 0 \end{vmatrix}$$

$$= r$$

B. Matrizen

4. Typen von Matrizen

Definition 9: Eine Matrix **A** ist ein rechteckiges Feld von Zahlen oder Funktionen, die durch ein Paar Klammern eingeschlossen werden.

$$\mathbf{A} = \begin{pmatrix} a_{11} & a_{12} & \cdots & a_{1n} \\ a_{21} & a_{22} & \cdots & a_{2n} \\ \vdots & & & \\ a_{m1} & a_{m2} & \cdots & a_{mn} \end{pmatrix} = (a_{ij}) \qquad (4.1)$$

Die a_{ij} werden Elemente der Matrix genannt. Der erste Index gibt die Zeile, der zweite die Spalte an. Eine Matrix mit m Zeilen und n Spalten hat die Ordnung $m \times n$.

Vektoren werden im folgenden als Spezialfälle von Matrizen betrachtet. Für $m = 1$ ergibt sich ein Zeilenvektor, für $n = 1$ ein Spaltenvektor. Die Zahl der Elemente, d.h. Komponenten, nennen wir die Dimension des Vektors.

Beispiele:

$$\text{a)} \quad (2 \quad 3 \quad 7) \qquad \text{b)} \quad \begin{pmatrix} 1 \\ 2 \\ 3 \end{pmatrix} \qquad \text{c)} \quad \begin{pmatrix} 1 & 0 \\ 1 & 1 \end{pmatrix}$$

Hier ist ein Zeilenvektor, ein Spaltenvektor und eine quadratische Matrix dargestellt. Eine *quadratische Matrix* hat ebenso viele Zeilen wie Spalten, d.h. es ist $m = n$. Die Elemente a_{ii} für $i = 1 \ldots n$ heißen Diagonalelemente. Die Summe der Diagonalelemente heißt die Spur der Matrix.

$$\text{Spur } \mathbf{A} = \sum_{i=1}^{n} a_{ii} \qquad (4.2)$$

Definition 10: Zwei Matrizen $\mathbf{A}$ und $\mathbf{B}$ sind gleich, und wir schreiben $\mathbf{A} = \mathbf{B}$, wenn für alle Elemente gilt

$$a_{ij} = b_{ij} \qquad (4.3)$$

Definition 11: Die Summe $\mathbf{C} = \mathbf{A} + \mathbf{B}$ zweier Matrizen $\mathbf{A}$ und $\mathbf{B}$ ist definiert als eine Matrix, deren Elemente

$$c_{ij} = a_{ij} + b_{ij} \qquad (4.4)$$

sind.

Beide Definitionen setzen voraus, daß die Matrizen $\mathbf{A}$ und $\mathbf{B}$ die gleiche Ordnung $m \times n$ haben.

Definition 12: Das skalare Vielfache $\mathbf{C} = k\mathbf{A}$ einer Matrix $\mathbf{A}$ ist eine Matrix, deren Elemente

$$c_{ij} = ka_{ij} \qquad (4.5)$$

sind.

Aus Definition 12 ergibt sich für $k = 0$ die Nullmatrix, deren Elemente alle null sind, und für $k = -1$ das Negative einer Matrix $\mathbf{A}$.

Aus Definition 11 und 12 lassen sich folgende Regeln ableiten.

$$\mathbf{A} + \mathbf{B} = \mathbf{B} + \mathbf{A} \qquad \text{kommutatives Gesetz}$$

$$\mathbf{A} + (\mathbf{B} + \mathbf{C}) = (\mathbf{A} + \mathbf{B}) + \mathbf{C} \qquad \text{assoziatives Gesetz}$$

$$k(\mathbf{A} + \mathbf{B}) = k\mathbf{A} + k\mathbf{B} \qquad \text{Linearität}$$

Definition 13: Das Produkt $\mathbf{C} = \mathbf{AB}$ zweier Matrizen $\mathbf{A}$ und $\mathbf{B}$ ist eine Matrix, deren Elemente

$$c_{ij} = \sum_k a_{ik} b_{kj} \tag{4.6}$$

sind.

Die Multiplikation ist nur durchführbar, wenn $\mathbf{A}$ die gleiche Zahl Spalten n_A wie $\mathbf{B}$ Zeilen m_B hat. Die neue Matrix $\mathbf{C}$ hat dann m_A Zeilen und n_B Spalten.

Um die Form der Matrizen besser zu übersehen und die Multiplikation der Matrizen möglichst einfach durchführen zu können, kann man als Hilfe folgendes Schema verwenden. Hier setzen wir $m_A = m$, $n_A = m_B = k$, $n_B = n$.

$$\begin{pmatrix} b_{11} & \cdots & \left| b_{1j} \right| & \cdots & b_{1n} \\ \vdots & & \vdots & & \vdots \\ b_{k1} & \cdots & \left| b_{kj} \right| & \cdots & b_{kn} \end{pmatrix}$$

$$\begin{pmatrix} a_{11} & \cdots & a_{1k} \\ \vdots & & \\ \overline{a_{i1}} & \cdots & \overline{a_{ik}} \\ \vdots & & \\ a_{m1} & \cdots & a_{mk} \end{pmatrix} \quad \begin{pmatrix} c_{11} & \cdots & c_{1j} & \cdots & c_{1n} \\ \vdots & & & & \\ c_{i1} & \cdots & \boxed{c_{ij}} & \cdots & c_{in} \\ \vdots & & & & \\ c_{m1} & \cdots & c_{mj} & \cdots & c_{mn} \end{pmatrix}$$

Das Element c_{ij} ergibt sich dann durch Multiplikation der Zeilenvektoren $\mathbf{A}_i$ mit den Spaltenvektoren $\mathbf{B}_j$.

Beispiele: Struktur von Produktmatrizen

a)
$$\begin{pmatrix} a_{11} & a_{12} \\ a_{21} & a_{22} \\ a_{31} & a_{32} \end{pmatrix} \begin{pmatrix} b_{11} & b_{12} \\ b_{21} & b_{22} \end{pmatrix} = \begin{pmatrix} c_{11} & c_{12} \\ c_{21} & c_{22} \\ c_{31} & c_{32} \end{pmatrix}$$

c_{11} wird berechnet als $a_{11} b_{11} + a_{12} b_{21}$

b)
$$(a_{11} \quad a_{12} \quad a_{13}) \begin{pmatrix} b_{11} \\ b_{21} \\ b_{31} \end{pmatrix} = (c_{11}) = (a_{11} b_{11} + a_{12} b_{21} + a_{13} b_{31})$$

c) $\quad \begin{pmatrix} b_{11} \\ b_{21} \\ b_{31} \end{pmatrix} (a_{11} \quad a_{12} \quad a_{13}) = \begin{pmatrix} c_{11} & c_{12} & c_{13} \\ c_{21} & c_{22} & c_{23} \\ c_{31} & c_{32} & c_{33} \end{pmatrix}$

Hier ist $c_{11} = b_{11} a_{11}$ etc.

d) $\quad \begin{pmatrix} a_{11} \\ a_{21} \\ a_{21} \end{pmatrix} \begin{pmatrix} b_{11} & b_{12} & b_{13} \\ b_{21} & b_{22} & b_{23} \end{pmatrix}$ nicht definiert

Fall b) ist das in Abschnitt 1 behandelte Skalarprodukt zweier Vektoren. Auch das Vektorprodukt zweier Vektoren läßt sich über Matrizen darstellen. Dem Vektorprodukt $\mathbf{C} = \mathbf{A} \times \mathbf{B}$ mit $\mathbf{A} = (A_x, A_y, A_z)$ und $\mathbf{B} = (B_x, B_y, B_z)$ entspricht der *Kommutator* des Produkts zweier Matrizen

$$\mathbf{C} = \mathbf{AB} - \mathbf{BA}$$

wobei die Matrizen $\mathbf{A}$ und $\mathbf{B}$ folgende Form haben

$$\mathbf{A} = \begin{pmatrix} 0 & -A_x & -A_y \\ A_x & 0 & -A_z \\ A_y & A_z & 0 \end{pmatrix} \quad , \quad \mathbf{B} = \begin{pmatrix} 0 & -B_x & -B_y \\ B_x & 0 & -B_z \\ B_y & B_z & 0 \end{pmatrix}$$

Die Komponenten C_x, C_y und C_z sind in beiden Darstellungen gleich. Folgende Regeln gelten für die Multiplikation:

$$\mathbf{A}(\mathbf{B} + \mathbf{C}) = \mathbf{AB} + \mathbf{AC} \qquad \text{distributiv}$$
$$(\mathbf{A} + \mathbf{B})\mathbf{C} = \mathbf{AC} + \mathbf{BC} \qquad \text{distributiv}$$
$$\mathbf{A}(\mathbf{BC}) = (\mathbf{AB})\mathbf{C} \qquad \text{assoziativ} \qquad (4.7)$$

Man beachte jedoch, daß im allgemeinen gilt

$$\mathbf{AB} \neq \mathbf{BA}$$
$$\mathbf{AB} = 0 \nRightarrow \mathbf{A} = 0 \quad \text{oder} \quad \mathbf{B} = 0,$$
$$\mathbf{AB} = \mathbf{AC} \nRightarrow \mathbf{B} = \mathbf{C}$$

Die vorletzte Beziehung entspricht der Orthogonalität von Vektoren, die letzte Beziehung der Projektion zweier Vektoren auf einen dritten (Abb. 1.5). Unter welchen einschränkenden Bedingungen die Gleichheit gilt, werden wir in Theorem 18 sehen. Für die Spur des Produktes $\mathbf{AB}$ gilt

$$\text{Spur} (\mathbf{AB}) = \text{Spur} (\mathbf{BA}) \qquad (4.8)$$

Diese Gleichung wird in der Darstellungstheorie von Gruppen (Kap. II, Abschnitt 10) gebraucht.
Wir stellen jetzt einige Typen von Matrizen zusammen. Zunächst werden quadratische Matrizen aufgeführt.

Einheitsmatrix **E**:

$$a_{ij} = \delta_{ij} = \begin{cases} 1 & i = j \\ & \text{für} \\ 0 & i \neq j \end{cases} \tag{4.9}$$

Das δ wird Kronecker-Delta genannt.

Skalare Matrix: $\qquad\qquad\qquad\qquad a_{ij} = k\,\delta_{ij}$ $\qquad\qquad$ (4.10)

Diagonale Matrix: $\qquad\qquad\qquad\quad a_{ij} = a_{ii}\delta_{ij}$ $\qquad\qquad$ (4.11)

Die Einheitsmatrix **E** entspricht der Eins bei den Zahlen. Multiplikation mit der Einheitsmatrix läßt eine Matrix **A** unverändert. Die skalare Matrix ist ein Vielfaches der Einheitsmatrix. Eine diagonale Matrix enthält nur in der Diagonale von null verschiedene Elemente. Weitere Typen quadratischer Matrizen **A**, **B** sind

Kommutative Matrizen: $\qquad\qquad\qquad \mathbf{AB} = \mathbf{BA}$ $\qquad\qquad$ (4.12)

Antikommutative Matrizen: $\qquad\qquad \mathbf{AB} = -\mathbf{BA}$ $\qquad\qquad$ (4.13)

Periodische Matrix: $\qquad\qquad\qquad \mathbf{A}^k = \mathbf{E} \quad k$ ganze Zahl $\quad$ (4.14)

Idempotente Matrix: $\qquad\qquad\qquad \mathbf{A}^2 = \mathbf{A}$ $\qquad\qquad$ (4.15)

Nilpotente Matrix: $\qquad\qquad\qquad \mathbf{A}^p = \mathbf{0} \quad p$ ganze Zahl $\quad$ (4.16)

Inverse Matrix: $\qquad\qquad\qquad\quad \mathbf{A}^{-1}\mathbf{A} = \mathbf{A}\mathbf{A}^{-1} = \mathbf{E}$ $\qquad$ (4.17)

Beispiel: Inverse Matrix

$$\begin{pmatrix} 1 & 2 \\ 1 & 3 \end{pmatrix} \begin{pmatrix} 3 & -2 \\ -1 & 1 \end{pmatrix} = \begin{pmatrix} 3 & -2 \\ -1 & 1 \end{pmatrix} \begin{pmatrix} 1 & 2 \\ 1 & 3 \end{pmatrix} = \begin{pmatrix} 1 & 0 \\ 0 & 1 \end{pmatrix}$$

Theorem 4: Das Inverse des Produktes zweier Matrizen **A** und **B** ist das Produkt der Inversen in umgekehrter Reihenfolge.

$$(\mathbf{AB})^{-1} = \mathbf{B}^{-1}\mathbf{A}^{-1} \tag{4.18}$$

Beweis:

$$(\mathbf{AB})\,(\mathbf{AB})^{-1} = \mathbf{E}$$

$$\mathbf{B}^{-1}\,(\mathbf{A}^{-1}\,\mathbf{A})\,\mathbf{B}\,(\mathbf{AB})^{-1} = \mathbf{B}^{-1}\,\mathbf{A}^{-1}\,\mathbf{E}$$

$$\mathbf{B}^{-1}\,\mathbf{B}\,(\mathbf{AB})^{-1} = \mathbf{B}^{-1}\,\mathbf{A}^{-1}$$

$$(\mathbf{AB})^{-1} = \mathbf{B}^{-1}\,\mathbf{A}^{-1}$$

Für eine beliebige rechteckige Matrix **A** wird die *transponierte Matrix* $\tilde{\mathbf{A}}$ durch Vertauschung von Zeilen und Spalten gewonnen.

$$\tilde{\mathbf{A}} = (a_{ji}) \tag{4.19}$$

Für transponierte Matrizen gelten folgende Regeln

$$\tilde{\tilde{\mathbf{A}}} = \mathbf{A}$$

$$\widetilde{(k\,\mathbf{A})} = k\,\tilde{\mathbf{A}}$$

$$\widetilde{(\mathbf{A} + \mathbf{B})} = \tilde{\mathbf{A}} + \tilde{\mathbf{B}}$$

$$\widetilde{(\mathbf{A}\,\mathbf{B})} = \tilde{\mathbf{B}}\,\tilde{\mathbf{A}} \tag{4.20}$$

Transponierte Matrizen werden zur Definition der *symmetrischen Matrix*

$$\tilde{\mathbf{A}} = \mathbf{A} \tag{4.21}$$

und der *schiefsymmerischen Matrix*

$$\tilde{\mathbf{A}} = -\mathbf{A} \qquad a_{ii} = 0,\; a_{ij} = -a_{ji} \quad \text{für} \quad i \neq j \tag{4.22}$$

benutzt.
Wenn man jedes Element einer Matrix $\mathbf{A}$ komplex konjugiert, so erhält man
die *konjugiert komplexe Matrix* $\mathbf{A}^*$

$$\mathbf{A}^* = (a_{ij}^*) \tag{4.23}$$

Beispiel:

$$\mathbf{A} = \begin{pmatrix} 1 + 2i & i \\ 3 & 2 - 3i \end{pmatrix} \qquad \mathbf{A}^* = \begin{pmatrix} 1 - 2i & -i \\ 3 & 2 + 3i \end{pmatrix}$$

Folgende Regeln gelten

$$(\mathbf{A}^*)^* = \mathbf{A}$$

$$(k\,\mathbf{A})^* = k^*\,\mathbf{A}^*$$

$$(\mathbf{A} + \mathbf{B})^* = \mathbf{A}^* + \mathbf{B}^*$$

$$(\mathbf{A}\,\mathbf{B})^* = \mathbf{A}^*\,\mathbf{B}^* \tag{4.24}$$

Die Kombination von transponierter und konjugiert komplexer Matrix ist die
adjungierte Matrix (engl. adjoint matrix)

$$\mathbf{A}^\dagger = (\tilde{\mathbf{A}})^* \tag{4.25}$$

Beispiel:

$$\mathbf{A} = (1 \quad i) \qquad \mathbf{A}^\dagger = \begin{pmatrix} 1 \\ -i \end{pmatrix}$$

Eine Matrix, die zu sich selbst adjungiert ist, heißt *hermitesche Matrix*

$$\mathbf{A}^\dagger = \mathbf{A} \tag{4.26}$$

Eine hermitesche Matrix kann nur quadratisch sein.

Beispiel:

$$\mathbf{A} = \begin{pmatrix} 1 & 1-i \\ 1+i & 3 \end{pmatrix} \qquad \mathbf{A}^\dagger = \begin{pmatrix} 1 & 1-i \\ 1+i & 3 \end{pmatrix}$$

Hermitesche Matrizen werden in der Quantenchemie zur Berechnung der Wellenfunktion und Energie von Molekülen gebraucht. Sie sind zur Darstellung von physikalischen und chemischen Meßgrößen (Observablen) geeignet.
Neben den hermiteschen Matrizen spielen auch *antihermitesche Matrizen* eine Rolle. Sie sind zum Vergleich von Meßgenauigkeiten nötig. Ihre Definition lautet

$$\mathbf{A}^\dagger = -\mathbf{A} \tag{4.27}$$

Häufig werden antihermitesche Matrizen dargestellt als sogenannte *Kommutatoren*

$$\mathbf{C} = \mathbf{AB} - \mathbf{BA} = [\mathbf{A}, \mathbf{B}] \tag{4.28}$$

wobei $\mathbf{A}$ und $\mathbf{B}$ hermitesche Matrizen sind. Daß Kommutatoren antihermitesch sind, kann man folgendermaßen beweisen.

$$\mathbf{C}^\dagger = (\mathbf{AB} - \mathbf{BA})^\dagger$$

$$= (\mathbf{AB})^\dagger - (\mathbf{BA})^\dagger$$

$$= \mathbf{B}^\dagger\mathbf{A}^\dagger - \mathbf{A}^\dagger\mathbf{B}^\dagger$$

$$= \mathbf{BA} - \mathbf{AB}$$

$$= -\mathbf{C}$$

Allgemein kann man jede quadratische Matrix $\mathbf{X}$ in einen hermiteschen und einen antihermiteschen Anteil zerlegen.

$$\mathbf{X} = \frac{1}{2}(\mathbf{X} + \mathbf{X}^\dagger) + \frac{1}{2}(\mathbf{X} - \mathbf{X}^\dagger) \tag{4.29}$$

Der erste Term ist hermitesch, der zweite antihermitesch. Analog kann man jedes Produkt hermitescher Matrizen in einen hermiteschen und einen antihermiteschen Anteil zerlegen.

$$\mathbf{AB} = \frac{1}{2}(\mathbf{AB} + \mathbf{BA}) + \frac{1}{2}[\mathbf{A}, \mathbf{B}] \tag{4.30}$$

Man kann auch Matrizen über Beziehungen von transponierter bzw. adjungierter und inverser Matrix definieren. Eine Matrix $\mathbf{A}$ mit reellen Elementen heißt *orthogonale Matrix*, wenn die inverse Matrix gleich der transponierten Matrix ist.

$$\mathbf{A}^{-1} = \tilde{\mathbf{A}} \tag{4.31}$$

Analog erhält man bei komplexen Elementen eine *unitäre Matrix* **A**, wenn die inverse Matrix gleich der adjungierten Matrix ist.

$$\mathbf{A}^{-1} = \mathbf{A}^{\dagger} \tag{4.32}$$

Beispiele:
a) Orthogonale Matrix

$$\mathbf{A} = \frac{1}{\sqrt{2}} \begin{pmatrix} 1 & 1 \\ -1 & 1 \end{pmatrix} \quad \Longrightarrow \quad \mathbf{A}^{-1} = \frac{1}{\sqrt{2}} \begin{pmatrix} 1 & -1 \\ 1 & 1 \end{pmatrix}$$

b) Unitäre Matrix

$$\mathbf{A} = \frac{1}{\sqrt{2}} \begin{pmatrix} 1 & i \\ 1 & -i \end{pmatrix} \quad \Longrightarrow \quad \mathbf{A}^{-1} = \frac{1}{\sqrt{2}} \begin{pmatrix} 1 & 1 \\ -i & i \end{pmatrix}$$

Orthogonale und unitäre Matrizen werden zur Beschreibung von Drehungen und Spiegelungen gebraucht.

5. Determinanten

Eine Permutation von n Gegenständen ist eine Anordnung, in der die Reihenfolge der Gegenstände eine Rolle spielt. Diese werden Elemente genannt. Wir wollen hier als Elemente die positiven Zahlen betrachten. Für die drei Zahlen 1, 2, 3 gibt es folgende Permutationen:

$$123, 132, 213, 231, 312, 321 \tag{5.1}$$

Andere Schreibweisen sind

$$\begin{pmatrix} 1 & 2 & 3 \\ 1 & 2 & 3 \end{pmatrix}, \begin{pmatrix} 1 & 2 & 3 \\ 1 & 3 & 2 \end{pmatrix}, \begin{pmatrix} 1 & 2 & 3 \\ 2 & 1 & 3 \end{pmatrix}, \begin{pmatrix} 1 & 2 & 3 \\ 2 & 3 & 1 \end{pmatrix}, \begin{pmatrix} 1 & 2 & 3 \\ 3 & 1 & 2 \end{pmatrix}, \begin{pmatrix} 1 & 2 & 3 \\ 3 & 2 & 1 \end{pmatrix}$$

$$\tag{5.2}$$

oder

$$(1)(2)(3), (1)(23), (12)(3), (123), (132), (13)(2) \tag{5.3}$$

Jede der drei Zahlen 1, 2, 3 wird einer dieser drei Zahlen zugeordnet. Für Determinanten werden wir Schreibweise (5.1) benutzen. Die Zahl der Permutationen von n Zahlen ist $n!$. Eine *Inversion* liegt vor, wenn eine größere Zahl vor einer kleineren Zahl steht. Wir nennen eine Permutation gerade (ungerade), wenn die Zahl der Inversionen gerade (ungerade) ist. Die Zahl der Inversionen der sechs Permutationen von (5.1) ist 0, 1, 1, 2, 2, 3. Die erste, vierte und fünfte Permutation sind gerade, die übrigen ungerade.

Zwei Permutationen der Zahlen $1, 2, \ldots, n$ heißen *konjugiert*, wenn jede Zahl und Zahl der Stelle, an der sie in einer Permutation steht, in der anderen Permutation miteinander vertauscht sind.

Beispiel: 231 und 312 sind konjugiert, 321 ist selbstkonjugiert.

Konjugierte Permutationen haben die gleiche Zahl von Inversionen.
Wir führen nun die *Determinante* einer quadratischen Matrix durch folgende
Schreibweise ein

$$\det \mathbf{A} = |\mathbf{A}| = \begin{vmatrix} a_{11} & \cdots & a_{1n} \\ \vdots & & \\ a_{n1} & \cdots & a_{nn} \end{vmatrix} \tag{5.4}$$

Wenn die Elemente der Matrix Zahlen sind, dann ist die Determinante eine
Zahl, die folgendermaßen berechnet wird:

$$\det \mathbf{A} = \sum_{(j_1 j_2 \cdots j_n)} \epsilon_{j_1 j_2 \cdots j_n}\, a_{1 j_1} a_{2 j_2} \cdots a_{n j_n} \tag{5.5}$$

Summiert wird über alle Permutationen $j_1 j_2 \cdots j_n$

$$\epsilon_{j_1 j_2 \cdots j_n} = \begin{cases} 1 & \text{gerade} \\ & \text{für} \qquad\qquad \text{Permutationen} \\ -1 & \text{ungerade} \end{cases} \tag{5.6}$$

Die Zahl der Terme in der Summe in (5.5) ist somit $n!$. Die Ordnung der
Determinante ist n.

Beispiele:

$$\begin{vmatrix} a_{11} & a_{12} \\ a_{21} & a_{22} \end{vmatrix}$$

$$= \epsilon_{12} a_{11} a_{22} + \epsilon_{21} a_{12} a_{21}$$

$$= a_{11} a_{22} - a_{12} a_{21}$$

$$\begin{vmatrix} a_{11} & a_{12} & a_{13} \\ a_{21} & a_{22} & a_{23} \\ a_{31} & a_{32} & a_{33} \end{vmatrix}$$

$$= \epsilon_{123} a_{11} a_{22} a_{33} + \epsilon_{132} a_{11} a_{23} a_{32} + \epsilon_{213} a_{12} a_{21} a_{33}$$

$$\quad + \epsilon_{231} a_{12} a_{23} a_{31} + \epsilon_{312} a_{13} a_{21} a_{32} + \epsilon_{321} a_{13} a_{22} a_{31}$$

$$= a_{11}\,(a_{22} a_{33} - a_{23} a_{32}) - a_{12}\,(a_{21} a_{33} - a_{23} a_{31}) + a_{13}\,(a_{21} a_{32} - a_{22} a_{31})$$

$$= a_{11} \begin{vmatrix} a_{22} & a_{23} \\ a_{32} & a_{33} \end{vmatrix} - a_{12} \begin{vmatrix} a_{21} & a_{23} \\ a_{31} & a_{33} \end{vmatrix} + a_{13} \begin{vmatrix} a_{21} & a_{22} \\ a_{31} & a_{32} \end{vmatrix}$$

Wir wollen jetzt die Eigenschaften von Determinanten durch die folgenden
sechs Theoreme charakterisieren.

Theorem 5: Wenn jedes Element einer Zeile (Spalte) i einer quadratischen
Matrix $\mathbf{A}$ null ist, dann ist $\det \mathbf{A} = 0$.

Beweis: $a_{i j_i} = 0$ für alle j_i Dies bedeutet, daß in (5.5) jeder Term der Summe
einen Faktor null enthält. Somit wird die rechte Seite von (5.5) null.

Theorem 6: Wenn jedes Element einer Zeile (Spalte) i einer Determinante einen Faktor k enthält, dann kann k aus der Determinante herausgezogen werden.

Beweis: ka_{ij_i} ist ein Faktor in jedem Term der Summe von (5.5). Somit kann k vor die Summe gezogen werden.

Beispiel:

$$\begin{vmatrix} a_{11} & k\,a_{12} \\ a_{21} & k\,a_{22} \end{vmatrix} = k \begin{vmatrix} a_{11} & a_{12} \\ a_{21} & a_{22} \end{vmatrix}$$

Für Vielfache von Matrizen ergibt sich deshalb

$$(k\,\mathbf{A}) = k\,\mathbf{A}$$

$$\implies \det(k\,\mathbf{A}) = k^n \det \mathbf{A} \tag{5.7}$$

Theorem 7: Vertauschung zweier Zeilen (Spalten) ändert das Vorzeichen der Determinante.

Beweis: Bei der Vertauschung ändert sich die Zahl der Inversionen um eine ungerade Zahl.

Theorem 8: Wenn zwei Zeilen (Spalten) einer Determinante gleich sind, dann ist $\det \mathbf{A} = 0$.

Beweis: Aus Theorem 7 folgt $\det \mathbf{A} = -\det \mathbf{A}$ bei Vertauschung der beiden gleichen Zeilen.

Theorem 9: Die Determinante bleibt unverändert, wenn ein Vielfaches einer Zeile (Spalte) zu einer anderen Zeile (Spalte) addiert wird.

Beweis:

$$\mathbf{A} = \begin{pmatrix} a_{11} & \cdots & a_{1n} \\ \vdots & & \\ a_{n1} & \cdots & a_{nn} \end{pmatrix}, \quad \mathbf{A}' = \begin{pmatrix} a_{11} + k\,a_{i1} & \cdots & a_{1n} + k\,a_{in} \\ \vdots & & \\ a_{n1} & \cdots & a_{nn} \end{pmatrix}$$

$$\det \mathbf{A}' = \sum \epsilon_{j_1 \ldots j_n} \left(a_{1j_1} + k\,a_{ij_i} \right) a_{2j_2} \ldots a_{nj_n}$$

$$= \sum \epsilon_{j_1 \ldots j_n}\, a_{1j_1} \ldots a_{ij_i} \ldots a_{nj_n}$$

$$+ k \sum \epsilon_{j_1 \ldots j_n}\, a_{ij_i} \ldots a_{ij_i} \ldots a_{nj_n}$$

$$= \det \mathbf{A}$$

Die zweite Summe ist null, weil sie eine Determinante darstellt, die zwei gleiche Zeilen hat.

Theorem 10: Die Determinante einer Matrix ist gleich der Determinante der transponierten Matrix

$$\det \tilde{\mathbf{A}} = \det \mathbf{A} \tag{5.8}$$

Beweis: Die transponierte Matrix ergibt sich durch Spiegelung an der Diagonale. Jeder Term von $\det \mathbf{A}$ kann nur ein einziges Element von jeder Zeile und jeder Spalte von $\mathbf{A}$ enthalten. Diese Eigenschaft bleibt bei Spiegelung an der Diagonale erhalten. Deshalb muß jeder Term von $\tilde{\mathbf{A}}$ auch ein Term von $\mathbf{A}$ sein. Da zu jedem Term einer Determinante ein Term existiert, der durch Vertauschung von Zeilen und Spalten der Elemente im Produkt von (5.5) entsteht, ist zu prüfen, ob diese Vertauschung zu einem Vorzeichenwechsel führt oder nicht. Da durch Zeilen- und Spaltenvertauschung konjugierte Permutationen entstehen, die die gleichen Inversionen haben, ändert sich das Vorzeichen der Terme durch Spiegelung nicht. Damit bleibt die Summe der Terme und somit die Determinante der transponierten Matrix $\tilde{\mathbf{A}}$ gegenüber der Matrix $\mathbf{A}$ unverändert.

Die *Unterdeterminante* $|\mathbf{A}_{ij}|$ des Elements a_{ij} ergibt sich durch Streichung der i-ten Zeile und der j-ten Spalte. Die Ordnung der Unterdeterminante ist $n - 1$.

$$|\mathbf{A}_{ij}| = \begin{vmatrix} a_{11} & \cdots & a_{1j} & \cdots & a_{1n} \\ \overline{a_{i1}} & \cdots & \overline{a_{ij}} & \cdots & \overline{a_{in}} \\ & & & & \\ a_{n1} & \cdots & a_{nj} & \cdots & a_{nn} \end{vmatrix} \tag{5.9}$$

Der *Kofaktor* α_{ij} eines Elements a_{ij} ist die mit Vorzeichen versehene Unterdeterminante.

$$\alpha_{ij} = (-1)^{i+j} |\mathbf{A}_{ij}| \tag{5.10}$$

Um das Vorzeichen $(-1)^{i+j}$ auf bequeme Weise zu erhalten, kann man folgendes Schachbrettmuster zugrunde legen

$$\begin{array}{cccccc} + & - & + & - & \cdots & \\ - & + & - & + & & \\ + & - & + & - & & \\ - & + & - & + & & \\ \vdots & & & & \ddots & \\ & & & & + & - \\ & & & & - & + \end{array}$$

Man sieht, daß z.B. $\alpha_{34} = -|\mathbf{A}_{34}|$ ist.

Mit Hilfe der Definition von Kofaktoren kann man die Berechnung der Determinante analog zu (5.5) durch die sogenannte Laplaceentwicklung verallgemeinern

$$\det \mathbf{A} = \sum_{k=1}^{n} a_{ik}\, \alpha_{ik} \qquad i \text{ beliebig} \tag{5.11}$$

Beispiel: Vergleich der Laplaceentwicklung und der Umformung nach Theorem 9.

a) Laplaceentwicklung

$$\begin{vmatrix} 1 & 2 & 3 \\ 4 & 5 & 6 \\ 7 & 8 & 9 \end{vmatrix} = 1 \begin{vmatrix} 5 & 6 \\ 8 & 9 \end{vmatrix} - 2 \begin{vmatrix} 4 & 6 \\ 7 & 9 \end{vmatrix} + 3 \begin{vmatrix} 4 & 5 \\ 7 & 8 \end{vmatrix}$$

$$= -3 + 12 - 9 = 0$$

b) Umformung der Determinate

$$\begin{vmatrix} 1 & 2 & 3 \\ 4 & 5 & 6 \\ 7 & 8 & 9 \end{vmatrix} = \begin{vmatrix} 1 & 0 & 0 \\ 4 & -3 & -6 \\ 7 & -6 & -12 \end{vmatrix} = \begin{vmatrix} 1 & 0 & 0 \\ 0 & -3 & -6 \\ 0 & 0 & 0 \end{vmatrix} = 0$$

Bei größeren Determinanten ist die Anwendung des Theorems 9 wesentlich effektiver als die Laplaceentwicklung, die letztendlich wieder auf $n!$ Terme führt. Für die Determinate eines Produktes gilt

$$\det (\mathbf{A}\mathbf{B}) = \det \mathbf{A} \det \mathbf{B} \tag{5.12}$$

Eine ähnliche Formel für die Summe gilt dagegen nicht.

$$\det (\mathbf{A} + \mathbf{B}) \neq \det \mathbf{A} + \det \mathbf{B}$$

6. Rang einer Matrix

6.1 Elementare Transformationen

Wir wollen nun *elementare Transformationen* einer Matrix betrachten. Darunter versteht man

a) Vertauschung von Zeilen (Spalten)
b) Multiplikation jedes Elementes einer Zeile (Spalte) mit einem von null verschiedenen Faktor k
c) Addition eines Vielfachen einer Zeile (Spalte) zu einer anderen Zeile (Spalte).

Um elementare Transformationen charakterisieren zu können, muß man den Rang einer Matrix einführen.

Definition 14: Eine Matrix der Ordnung $m \times n$ hat den Rang $r \leq \min(m, n)$, wenn mindestens eine ihrer Unterdeterminanten der Ordnung r von null verschieden ist.

Beispiel:

$$A = \begin{pmatrix} 1 & 2 & 3 \\ 2 & 3 & 4 \\ 3 & 5 & 7 \end{pmatrix}, \quad |A| = 0, \quad \begin{vmatrix} 1 & 2 \\ 2 & 3 \end{vmatrix} \neq 0$$

Der Rang ist $r = 2$.

Für quadratische Matrizen heißt die Matrix *singulär*, wenn $r < n$ gilt. Für $r = n$ heißt die Matrix nicht singulär oder *regulär*.

Theorem 11: Das Produkt von zwei oder mehr quadratischen Matrizen der Ordnung $n \times n$ ist singulär, wenn mindestens eine dieser Matrizen singulär ist.

Beweis: Es ist A singulär $\Longrightarrow \det A = 0$. Dann ist auch $\det(AB) = \det A \cdot \det B = 0$.

Das folgende Theorem charakterisiert die wichtigste Eigenschaft elementarer Transformationen.

Theorem 12: Elementare Transformationen ändern die Ordnung und den Rang einer Matrix nicht.

Der Beweis kann mit den Determinantentheoremen 7 und 9 geführt werden. Das Inverse einer elementaren Transformation ist eine Operation, die den Effekt der elementaren Transformation rückgängig macht. Aus der Definition der elementaren Transformation ergibt sich leicht, daß zu jeder Transformation eine inverse Transformation existiert.

Zwei Matrizen A und B heißen *äquivalent*, und wir schreiben $A \sim B$ (A äquivalent B), wenn die eine Matrix aus der andern durch eine Folge von elementaren Transformationen erhalten werden kann.

Beispiel:

$$A = \begin{pmatrix} 1 & 2 \\ 3 & 4 \end{pmatrix} \qquad B = \begin{pmatrix} 1 & 4 \\ 2 & 6 \end{pmatrix}$$

Beweis:

$$\begin{pmatrix} 1 & 2 \\ 3 & 4 \end{pmatrix} \sim \begin{pmatrix} 1 & 4 \\ 3 & 10 \end{pmatrix} \sim \begin{pmatrix} 1 & 4 \\ 2 & 6 \end{pmatrix}$$

Im ersten Schritt wird das Doppelte der ersten Spalte zur zweiten Spalte addiert. Im zweiten Schritt wird die erste Zeile von der zweiten Zeile subtrahiert. Äquivalente Matrizen haben die gleiche Ordnung und den gleichen Rang, weil sie durch elementare Transformationen auseinander hervorgehen.

Theorem 13: Zwei Matrizen A und B sind nur dann äquivalent, wenn es reguläre Matrizen P und Q gibt, so daß gilt:

$$B = PAQ \tag{6.1}$$

Wir wollen den Beweis dieses Theorems in beiden Richtungen skizzieren. Zunächst stellen wir fest, daß die regulären Matrizen P und Q den Rang von A nicht ändern, weil ihre Determinanten von null verschieden sind. Wenn es P und Q gibt, die (6.1) erfüllen, dann müssen A und B also äquivalent sein. Wir müssen jetzt nur noch zeigen, daß auch der umgekehrte Schluß gültig ist, nämlich daß $\mathbf{P}$ und $\mathbf{Q}$ existieren, wenn $\mathbf{A}$ und $\mathbf{B}$ äquivalent sind. Dazu stellen wir die elementaren Transformationen durch reguläre Matrizen dar. Wir erläutern dies am Beispiel einer dreireihigen quadratischen Matrix.

a) Vertauschung von Spalte 1 und 3

$$\begin{pmatrix} a & b & c \\ d & e & f \\ g & h & i \end{pmatrix} \begin{pmatrix} 0 & 0 & 1 \\ 0 & 1 & 0 \\ 1 & 0 & 0 \end{pmatrix} = \begin{pmatrix} c & b & a \\ f & e & d \\ i & h & g \end{pmatrix}$$

Bei Zeilenvertauschung wird von links multipliziert.

b) Multiplikation von Spalte 1 mit $k \neq 0$.

$$\begin{pmatrix} a & b & c \\ d & e & f \\ g & h & i \end{pmatrix} \begin{pmatrix} k & 0 & 0 \\ 0 & 1 & 0 \\ 0 & 0 & 1 \end{pmatrix} = \begin{pmatrix} ka & b & c \\ kd & e & f \\ kg & h & i \end{pmatrix}$$

Bei Zeilenmultiplikation wird von links multipliziert.

c) Addition eines Vielfachen k von Spalte 3 zu Spalte 1

$$\begin{pmatrix} a & b & c \\ d & e & f \\ g & h & i \end{pmatrix} \begin{pmatrix} 1 & 0 & 0 \\ 0 & 1 & 0 \\ k & 0 & 1 \end{pmatrix} = \begin{pmatrix} a+kc & b & c \\ d+kf & e & f \\ g+ki & h & i \end{pmatrix}$$

Bei Zeilenaddition eines Vielfachen wird von links multipliziert.

Die Matrizen $\mathbf{P}$ in (6.1) ändern die Zeilen und $\mathbf{Q}$ die Spalten von $\mathbf{A}$. Wir benutzen nun eine Folge von elementaren Transformationen, um sowohl $\mathbf{A}$ als auch $\mathbf{B}$ in diagonale Matrizen $\mathbf{A}'$ und $\mathbf{B}'$ umzuwandeln. Wenn $\mathbf{A}$ und $\mathbf{B}$ äquivalent sind, dann müssen $\mathbf{A}'$ und $\mathbf{B}'$ die gleiche Anzahl von null verschiedener Diagonalelemente haben. Solche Matrizen kann man aber leicht ineinander umwandeln, indem man z.B. $\mathbf{A}'$ mit einer Matrix $\mathbf{P} = (b_i a_i^{-1} \delta_{ij})$ multipliziert, wenn $\mathbf{A}' = (a_i \delta_{ij})$ und $\mathbf{B}' = (b_i \delta_{ij})$ ist.

6.2 Inverse Matrix

Die inverse Matrix $\mathbf{A}^{-1}$ haben wir schon in Abschnitt 4 eingeführt. Es ist für die Lösung von linearen Gleichungssystemen, die im nächsten Abschnitt behandelt werden, außerordentlich wichtig zu wissen, ob eine Matrix ein Inverses hat und wie es berechnet wird. Wir gehen dabei von den Kofaktoren α_{ij} in (5.10) aus und führen damit die *transponierte Kofaktormatrix* (engl. adjugate matrix) ein.

$$\hat{\mathbf{A}} = (\alpha_{ji}) \tag{6.2}$$

$\hat{\mathbf{A}}$ (A Dach) bedeutet, daß zu jedem Element der Kofaktor berechnet und die entstehende Matrix transponiert wird.

Theorem 14: Wenn $\mathbf{A}$ eine reguläre Matrix der Ordnung $n \times n$ ist, dann gilt

$$|\hat{\mathbf{A}}| = |\mathbf{A}|^{n-1} \tag{6.3}$$

Beispiel:

$$\mathbf{A} = \begin{pmatrix} 1 & 1 & -1 \\ 2 & 1 & -1 \\ 2 & 2 & -1 \end{pmatrix} \Rightarrow (\alpha_{ij}) = \begin{pmatrix} 1 & 0 & 2 \\ -1 & 1 & 0 \\ 0 & -1 & -1 \end{pmatrix}$$

$$\Rightarrow \hat{\mathbf{A}} = \begin{pmatrix} 1 & -1 & 0 \\ 0 & 1 & -1 \\ 2 & 0 & -1 \end{pmatrix}$$

Einige Theoreme sollen die Eigenschaften der transponierten Kofaktormatrix charakterisieren.

Für das vorstehende Beispiel ist $|\mathbf{A}| = -1$ und $|\hat{\mathbf{A}}| = |\mathbf{A}|^2 = 1$.

Theorem 15: Wenn $\mathbf{A}$ eine singuläre Matrix der Ordnung $n \times n$ ist, dann gilt

$$\mathbf{A}\hat{\mathbf{A}} = \hat{\mathbf{A}}\mathbf{A} = \mathbf{0} \tag{6.4}$$

Beweis:

$$\text{Sei} \quad \mathbf{B} = \mathbf{A}\hat{\mathbf{A}}$$
$$\Longrightarrow \quad |\mathbf{B}| = |\mathbf{A}|\,|\hat{\mathbf{A}}|$$
$$= |\mathbf{A}|\,|\mathbf{A}|^{n-1}$$
$$= |\mathbf{A}|^n$$

Weil $\mathbf{A}$ singulär ist, d.h. $|\mathbf{A}| = 0$ gilt, ist die Singularität von $\mathbf{B}$ entsprechend der Potenz n höher. Sie ist damit die höchst mögliche, d.h. der Rang von $\mathbf{B}$ ist null. Damit sind alle Elemente von $\mathbf{B}$ gleich null.

Theorem 16: Die transponierte Kofaktormatrix eines Produktes ist das Produkt der transponierten Kofaktormatrizen in umgekehrter Reihenfolge.

$$(\widehat{\mathbf{A}\mathbf{B}}) = \hat{\mathbf{B}}\hat{\mathbf{A}} \tag{6.5}$$

Aus der Definition der inversen Matrix folgt

$$\mathbf{A}\mathbf{A}^{-1} = \mathbf{A}^{-1}\mathbf{A} = \mathbf{E}$$

$$\det(\mathbf{A}\mathbf{A}^{-1}) = \det \mathbf{E} \tag{6.6}$$

$$\det \mathbf{A}^{-1} = \frac{1}{\det \mathbf{A}} \tag{6.7}$$

Aus (6.7) ergibt sich sofort das folgende Theorem.

Theorem 17: Eine quadratische Matrix hat nur dann ein Inverses, wenn sie regulär ist.

Rechteckige Matrizen können keine Inversen haben, weil die Vertauschung von zwei rechteckigen Matrizen die Ordnung der Produktmatrix ändert. Dies darf jedoch gemäß (6.6) nicht der Fall sein.

Das folgende Theorem stellt die Verbindung zur Projektionsformel für Vektoren im Anschluß an (1.12) sowie Abb. 1.5 und Matrizen im Anschluß an (4.7) her.

Theorem 18: Wenn $\mathbf{A}$ eine reguläre Matrix ist, dann folgt aus $\mathbf{AB} = \mathbf{AC}$, daß $\mathbf{B} = \mathbf{C}$ ist.

Man kann nämlich bei regulären Matrizen von links mit $\mathbf{A}^{-1}$ multiplizieren. Das Inverse läßt sich nach folgender Formel explizit angeben als

$$\mathbf{A}^{-1} = \frac{\hat{\mathbf{A}}}{|\mathbf{A}|} \tag{6.8}$$

Ein Beweis soll hier nur über Determinanten angedeutet werden. Aus (6.8) folgt (6.3)

$$\det \mathbf{A}^{-1} = \det \left(\frac{\hat{\mathbf{A}}}{|\mathbf{A}|} \right)$$

$$\frac{1}{|\mathbf{A}|} = |\mathbf{A}|^{-n}\, |\hat{\mathbf{A}}|$$

$$|\hat{\mathbf{A}}| = |\mathbf{A}|^{n-1}$$

Wir wollen jetzt zwei Beispiele für inverse Matrizen geben.

Beispiele:
a) Diagonale Matrix

$$\mathbf{A} = (k_i\, \delta_{ij})$$

$$\hat{\mathbf{A}} = (a_i\, \delta_{ij})$$

$$\text{mit} \quad a_i = \prod_{j \neq i} k_j$$

$$|\mathbf{A}| = \prod_j k_j$$

$$\mathbf{A}^{-1} = (k_i^{-1}\, \delta_{ij})$$

b) Dreireihige quadratische Matrix

$$\mathbf{A} = \begin{pmatrix} 1 & 1 & -1 \\ 2 & 1 & -1 \\ 2 & 2 & -1 \end{pmatrix} , \; \hat{\mathbf{A}} = \begin{pmatrix} 1 & -1 & 0 \\ 0 & 1 & -1 \\ 2 & 0 & -1 \end{pmatrix} , \; |\mathbf{A}| = -1$$

$$\Longrightarrow \quad \mathbf{A}^{-1} = \begin{pmatrix} -1 & 1 & 0 \\ 0 & -1 & 1 \\ -2 & 0 & 1 \end{pmatrix}$$

Die Berechnung der inversen Matrix wird für größere Matrizen nach (6.8) sehr aufwendig, weil sie n^2 Unterdeterminanten der Ordnung $n-1$ erfordert. Es gibt eine Anzahl numerischer Methoden, z.B. die Gauß-Jordan-Eliminierung (Carnahan-Luther-Wilkes [C1]), die als Computerprogramme eingesetzt werden, um inverse Matrizen zu berechnen. Das Gauß-Jordan-Verfahren besteht darin, die Matrix $\mathbf{A}$ durch eine Folge von Zeilentransformationen zur Einheitsmatrix $\mathbf{E}$ zu transformieren und parallel dazu die Einheitsmatrix $\mathbf{E}$ in $\mathbf{A}^{-1}$ zu überführen. Die Zeilentransformationen führen die erweiterte Matrix $(\mathbf{AE})$ in die äquivalente Matrix $(\mathbf{EA})^{-1}$ über.

Beispiel:

$$(\mathbf{AE}) = \left(\begin{array}{ccc|ccc} 1 & 1 & -1 & 1 & 0 & 0 \\ 2 & 1 & -1 & 0 & 1 & 0 \\ 2 & 2 & -1 & 0 & 0 & 1 \end{array} \right)$$

$$\sim \left(\begin{array}{ccc|ccc} 1 & 1 & -1 & 1 & 0 & 0 \\ 0 & -1 & 1 & -2 & 1 & 0 \\ 0 & 0 & 1 & -2 & 0 & 1 \end{array} \right)$$

$$\sim \left(\begin{array}{ccc|ccc} 1 & 0 & 0 & -1 & 1 & 0 \\ 0 & -1 & 1 & -2 & 1 & 0 \\ 0 & 0 & 1 & -2 & 0 & 1 \end{array} \right)$$

$$\sim \left(\begin{array}{ccc|ccc} 1 & 0 & 0 & -1 & 1 & 0 \\ 0 & -1 & 0 & 0 & 1 & -1 \\ 0 & 0 & 1 & -2 & 0 & 1 \end{array} \right)$$

$$\sim \left(\begin{array}{ccc|ccc} 1 & 0 & 0 & -1 & 1 & 0 \\ 0 & 1 & 0 & 0 & -1 & 1 \\ 0 & 0 & 1 & -2 & 0 & 1 \end{array} \right) = (\mathbf{EA}^{-1})$$

Hier wird durch Abziehen von Zeilen und Multiplikation einer Zeile mit einem von null verschiedenen Faktor links die Einheitsmatrix generiert. Rechts ergibt sich dann die inverse Matrix, wie man aus dem vorherigen Beispiel b) erkennt.

6.3 Lineare Abhängigkeit

Wir wollen uns jetzt näher mit Zeilen- und Spaltenvektoren als speziellen Matrizen befassen. Wir werden einen Vektor n-dimensional nennen, wenn er n Komponenten hat.

Definition 15: Eine Menge von m n-dimensionalen Vektoren $\mathbf{X}_i$ ist linear abhängig, wenn es Zahlen k_i gibt, die nicht alle null sind und die die Gleichung erfüllen

$$k_1\mathbf{X}_1 + k_2\mathbf{X}_2 + \ldots + k_m\mathbf{X}_m = \mathbf{0} \tag{6.9}$$

Wenn alle k_i null sein müssen, um die Gleichung (6.9) zu erfüllen, dann sind die Vektoren linear unabhängig.

Beispiel: Die Vektoren $\mathbf{X}_1 = (1\ 0\ 0)$, $\mathbf{X}_2 = (0\ 1\ 0)$ und $\mathbf{X}_3 = (0\ 0\ 1)$ sind linear unabhängig, weil aus

$$k_1\mathbf{X}_1 + k_2\mathbf{X}_2 + k_3\mathbf{X}_3 = (k_1 k_2 k_3) = (0\ 0\ 0)$$

folgt, daß $k_1 = k_2 = k_3 = 0$ ist.

Theorem 19: Wenn m Vektoren linear abhängig sind, so können einige von ihnen als Linearkombination der anderen angegeben werden.

Zum Beweis nehmen wir an, daß k_j von null verschieden ist und schreiben $\mathbf{X}_j$ als

$$\mathbf{X}_j = -\sum_{i \neq j}^{m} \frac{k_i}{k_j}\mathbf{X}_i$$

$\mathbf{X}_j$ muß nicht durch alle der übrigen $\mathbf{X}_i$ dargestellt werden.

Beispiel: Vier linear abhängige Vektoren

$$\mathbf{X}_1 = (1\ 0\ 0),\ \mathbf{X}_2 = (2\ 1\ 0),\ \mathbf{X}_3 = (0\ 1\ 0),\ \mathbf{X}_4 = (0\ 0\ 3)$$

$$\Longrightarrow 2\mathbf{X}_1 - \mathbf{X}_2 + \mathbf{X}_3 + 0 \cdot \mathbf{X}_4 = 0$$

Die Vektoren $\mathbf{X}_1, \mathbf{X}_2$ und $\mathbf{X}_4$ sind dagegen linear unabhängig. Im Rahmen dieses Beispiels versteht man auch das folgende Theorem.

Theorem 20: Wenn unter den m Vektoren $\mathbf{X}_1 \ldots \mathbf{X}_m$ eine Menge von $r < m$ linear abhängigen Vektoren existiert, dann ist die ganze Menge linear abhängig.

Zwei weitere Theoreme gestatten es, mit Hilfe des Rangs die lineare Abhängigkeit oder Unabhängigkeit festzustellen.

Theorem 21: Wenn der Rang r der Matrix der m Vektoren $\mathbf{X}_1, \ldots \mathbf{X}_m$

$$\mathbf{A} = \begin{pmatrix} x_{11} & \cdots & x_{1n} \\ \vdots & & \\ x_{m1} & \cdots & x_{mn} \end{pmatrix}$$

kleiner als m ist, dann gibt es genau r linear unabhängige Vektoren. Die gesamte Menge der m Vektoren ist linear abhängig. Für $r = m$ sind die Vektoren linear unabhängig.

Da der Rang einer rechteckigen Matrix der Ordnung $m \times n$ höchstens gleich $\min(m, n)$ sein kann, ist eine Menge von m n-dimensionalen Vektoren für $m > n$ linear abhängig. Andererseits kann man sagen, daß mit einer Menge von linear unabhängigen Vektoren auch jede Untermenge linear unabhängig ist.

Wir werden in Kapitel III ausführlich zeigen, daß es Analogien zwischen Funktionen und Vektoren gibt, die die Anschauung von speziellen Funktionen erleichtern. Als erster Schritt soll hier der Begriff der linearen Unabhängigkeit von Funktionen eingeführt werden.

Definition 16: Eine Menge von m Funktionen ist linear unabhängig, wenn aus

$$k_1 f_1(x) + k_2 f_2(x) + \ldots k_m f_m(x) = 0 \tag{6.10}$$

folgt, daß alle k_i null sind.

Die Bestimmung erfolgt hier durch die Berechnung folgender Determinante.

Theorem 22: Eine Menge von Funktionen ist nur dann linear unabhängig, wenn ihre Wronski-Determinante

$$W = \begin{vmatrix} f_1(x) & \cdots & f_m(x) \\ f_1'(x) & \cdots & f_m'(x) \\ \vdots & & \\ f_1^{(m-1)}(x) & \cdots & f_m^{(m-1)}(x) \end{vmatrix} \tag{6.11}$$

nicht verschwindet.

Beispiele:

a) $f_1 = \sin x$, $f_2 = \cos x$

$$W = \begin{vmatrix} \sin x & \cos x \\ \cos x & -\sin x \end{vmatrix} = -1$$

Die Funktionen $\sin x$ und $\cos x$ sind linear unabhängig.

b) $f_1 = x^2$, $f_2 = (x+1)^2$, $f_3 = (x+2)^2$, $f_4 = (x+3)^2$

$$\begin{vmatrix} x^2 & (x+1)^2 & (x+2)^2 & (x+3)^2 \\ 2x & 2(x+1) & 2(x+2) & 2(x+3) \\ 2 & 2 & 2 & 2 \\ 0 & 0 & 0 & 0 \end{vmatrix} = 0$$

Die Funktionen sind linear abhängig.

7. Lineare Gleichungen

Ein Gleichungssystem heißt *linear*, wenn die Unbekannten nur in der ersten Potenz vorkommen und keine gemischten Terme auftreten. Wir wollen ein System von m linearen Gleichungen mit n Unbekannten $x_1, x_2 \ldots x_n$ und Konstanten $a_{ij}(i = 1 \ldots m, j = 1 \ldots n)$ und $h_i(i = 1 \ldots m)$ betrachten.

$$\begin{aligned} a_{11}x_1 &+ a_{12}x_2 &+ &\ldots & a_{1n}x_n &= h_1 \\ a_{21}x_1 &+ a_{22}x_2 &+ &\ldots & a_{2n}x_n &= h_2 \\ &\vdots & & & & \\ a_{m1}x_1 &+ a_{m2}x_2 &+ &\ldots & a_{mn}x_n &= h_m \end{aligned} \tag{7.1}$$

Eine Lösung dieser Gleichungen ist eine Menge von $x_1, x_2 \ldots x_n$, die gleichzeitig alle m Gleichungen erfüllen. Wenn es eine Lösung gibt, heißen die Gleichungen *konsistent*, andernfalls *inkonsistent*. Zur Bestimmung der Lösung ist es bequemer, mit Matrizen zu arbeiten. Wir schreiben (7.1) in der Form

$$\begin{pmatrix} a_{11} & a_{12} & \cdots & a_{1n} \\ a_{21} & a_{22} & \cdots & a_{2n} \\ \vdots & & & \\ a_{m1} & a_{m2} & \cdots & a_{mn} \end{pmatrix} \begin{pmatrix} x_1 \\ x_2 \\ \vdots \\ x_n \end{pmatrix} = \begin{pmatrix} h_1 \\ h_2 \\ \vdots \\ h_m \end{pmatrix} \tag{7.2}$$

oder

$$\mathbf{AX} = \mathbf{H} \tag{7.3}$$

m und n können verschieden sein.

Wir wollen jetzt das Gaußsche Eliminierungsverfahren zur Lösung eines linearen Gleichungssystems anwenden. Dazu betrachten wir die *erweiterte Matrix* $(\mathbf{AH})$.

$$(\mathbf{AH}) = \begin{pmatrix} a_{11} & a_{12} & \cdots & a_{1n} & h_1 \\ \vdots & & & & \\ a_{m1} & a_{m2} & \cdots & a_{mn} & h_m \end{pmatrix} \tag{7.4}$$

Um $\mathbf{AX} = \mathbf{H}$ zu lösen, wenden wir elementare Zeilentransformationen auf die Matrix $(\mathbf{AH})$ in der Form an, daß die *Koeffizientenmatriz* $\mathbf{A}$ schließlich in Diagonalform $\mathbf{E}_r$ vorliegt. $\mathbf{E}_r$ hat r von null verschiedene Diagonalelemente, wobei r der Rang von $\mathbf{A}$ ist. Aus dem *Konstantenvektor* $\mathbf{H}$ wird durch die Zeilentransformationen ein Konstantenvektor $\mathbf{K}$. Aus den Elementen a wird durch die Transformation 1, 0 oder b.

$$(\mathbf{AH}) \sim (\mathbf{E}_r\mathbf{K}) = \left(\begin{array}{ccc|cccc} 1 & \cdots & 0 & b_{1,r+1} & \cdots & b_{1n} & k_1 \\ \vdots & & & & & & \\ 0 & \cdots & 1 & b_{r,r+1} & \cdots & b_{r,n} & k_r \\ \hline 0 & \cdots & 0 & 0 & \cdots & 0 & k_{r+1} \\ \vdots & & & & & & \\ 0 & \cdots & 0 & 0 & \cdots & 0 & k_m \end{array} \right) \tag{7.5}$$

Die erweiterte Matrix $(\mathbf{E}_r\mathbf{K})$ stellt nun ebenfalls ein lineares Gleichungssystem für die Unbekannten $\mathbf{X}$ dar.

$$\mathbf{E}_r\mathbf{X} = \mathbf{K} \tag{7.6}$$

Es enthält die Lösungen. Falls $r < m$ ist, muß für ein konsistentes Gleichungssystem gelten $k_{r+1} = \ldots k_m = 0$. Die Unbekannten $x_{r+1}, \ldots x_n$ können beliebige Werte annehmen. Die übrigen Unbekannten sind dann

$$x_1 = k_1 - b_{1,r+1}x_{r+1} - \ldots b_{1n}x_n$$
$$\vdots$$
$$x_r = k_r - b_{r,r+1}x_{r+1} - \ldots b_{rn}x_n$$

Falls einer der Werte $k_{r+1}, \ldots k_m$ von null verschieden ist, z.B. k_t, dann ergibt sich nach (7.5) aus der Gleichung

$$0 \cdot x_1 + 0 \cdot x_2 + \ldots 0 \cdot x_n = k_t \neq 0$$

ein Widerspruch, und das Gleichungssystem ist inkonsistent. Für $r = m$ ist das Gleichungssystem immer konsistent.

Beispiel:

$$\begin{array}{rcrcrcl}
x_1 & + & 2x_2 & + & x_3 & = & 2 \\
3x_1 & + & x_2 & - & 2x_3 & = & 1 \\
4x_1 & - & 3x_2 & - & x_3 & = & 3 \\
2x_1 & + & 4x_2 & + & 2x_3 & = & 4
\end{array}$$

Die Lösung geht in folgenden Schritten

$$(\mathbf{AH}) = \begin{pmatrix} 1 & 2 & 1 & 2 \\ 3 & 1 & -2 & 1 \\ 4 & -3 & -1 & 3 \\ 2 & 4 & 2 & 4 \end{pmatrix} \sim \begin{pmatrix} 1 & 2 & 1 & 2 \\ 0 & -5 & -5 & -5 \\ 0 & -11 & -5 & -5 \\ 0 & 0 & 0 & 0 \end{pmatrix} \sim \begin{pmatrix} 1 & 2 & 1 & 2 \\ 0 & 1 & 1 & 1 \\ 0 & -11 & -5 & -5 \\ 0 & 0 & 0 & 0 \end{pmatrix}$$

$$\sim \begin{pmatrix} 1 & 0 & -1 & 0 \\ 0 & 1 & 1 & 1 \\ 0 & 0 & 6 & 6 \\ 0 & 0 & 0 & 0 \end{pmatrix} \sim \begin{pmatrix} 1 & 0 & -1 & 0 \\ 0 & 1 & 1 & 1 \\ 0 & 0 & 1 & 1 \\ 0 & 0 & 0 & 0 \end{pmatrix} \sim \begin{pmatrix} 1 & 0 & 0 & 1 \\ 0 & 1 & 0 & 0 \\ 0 & 0 & 1 & 1 \\ 0 & 0 & 0 & 0 \end{pmatrix}$$

$$= (\mathbf{E_3 K})$$

Die Schritte waren Subtraktion der ersten Zeile von den anderen, Division der zweiten Zeile durch -5, Subtraktion der zweiten Zeile von der ersten und dritten, Division der dritten Zeile durch 6, Subtraktion der dritten Zeile von der ersten und zweiten.

Das Gleichungssystem ist konsistent mit der Lösung $x_1 = 1, x_2 = 0, x_3 = 1$. Wir formulieren nun folgende Theoreme über konsistente Gleichungssysteme.

Theorem 23: Ein System $\mathbf{AX} = \mathbf{H}$ von m linearen Gleichungen in n Unbekannten x_i ist nur dann konsistent, wenn die Koeffizientenmatrix $\mathbf{A}$ und die erweiterte Matrix $\mathbf{AH}$ den gleichen Rang haben.

Theorem 24: In einem konsistenten linearen Gleichungssystem mit n Unbekannten von Rang $r < n$ können $n - r$ Unbekannte beliebige Werte annehmen.

7.1 Inhomogene Gleichungen

Das Gleichungssystem (7.3) heißt *inhomogen*, wenn $\mathbf{H}$ nicht der Nullvektor ist. Für den Fall von n Gleichungen in n Unbekannten gilt folgendes Theorem.

Theorem 25: Ein System $\mathbf{AX} = \mathbf{H}$ von n inhomogenen linearen Gleichungen in n Unbekannten x_i hat nur dann eine eindeutige Lösung, wenn der Rang von $\mathbf{A}$ gleich n ist.

In diesem Fall hat $\mathbf{A}$ eine von null verschiedene Determinante. Es gibt zwei Lösungsmethoden.

a) Anwendung des Inversen

$$\mathbf{AX} = \mathbf{H} \implies \mathbf{X} = \mathbf{A}^{-1}\mathbf{H} \tag{7.7}$$

b) Cramersche Regel

$$x_i = \frac{|\mathbf{A}_i|}{|\mathbf{A}|}$$

Die Matrix $\mathbf{A}_i$ entsteht aus $\mathbf{A}$ durch Ersetzen der i-ten Spalte durch $\mathbf{H}$.

Beispiel:

$$2x_1 + 3x_2 = 7$$
$$3x_1 - 2x_2 = 4$$

a) $\quad \mathbf{A} = \begin{pmatrix} 2 & 3 \\ 3 & -2 \end{pmatrix}, \quad \mathbf{H} = \begin{pmatrix} 7 \\ 4 \end{pmatrix}, \quad |\mathbf{A}| = -13, \quad \hat{\mathbf{A}} = \begin{pmatrix} -2 & -3 \\ -3 & 2 \end{pmatrix}$

$$\mathbf{A}^{-1} = \frac{1}{13} \begin{pmatrix} 2 & 3 \\ 3 & -2 \end{pmatrix}, \quad \begin{pmatrix} x_1 \\ x_2 \end{pmatrix} = \frac{1}{13} \begin{pmatrix} 2 & 3 \\ 3 & -2 \end{pmatrix} \begin{pmatrix} 7 \\ 4 \end{pmatrix} = \begin{pmatrix} 2 \\ 1 \end{pmatrix}$$

b) $\quad \mathbf{A} = \begin{pmatrix} 2 & 3 \\ 3 & -2 \end{pmatrix}, \quad \mathbf{A}_1 = \begin{pmatrix} 6 & 3 \\ 4 & -2 \end{pmatrix}, \quad \mathbf{A}_2 = \begin{pmatrix} 2 & 7 \\ 3 & 4 \end{pmatrix}$

$$|\mathbf{A}| = -13, \quad |\mathbf{A}_1| = -26, \quad |\mathbf{A}_2| = -13$$

$$x_1 = 2, \quad x_2 = 1$$

7.2 Homogene Gleichungen

Das Gleichungssystem (7.3) heißt *homogen*, wenn $\mathbf{H}$ der Nullvektor ist. Ein homogenes Gleichungssystem ist immer konsistent, weil die Matrizen $\mathbf{A}$ und $(\mathbf{AH})$ den gleichen Rang haben. Wenn der Rang gleich n ist, dann ergibt sich nur die triviale Lösung $x_1 = \ldots x_n = 0$. Denn aus

$$\mathbf{AX} = \mathbf{0} \tag{7.8}$$

folgt

$$\mathbf{X} = \mathbf{A}^{-1}\mathbf{0} = \mathbf{0} \tag{7.9}$$

Für eine nicht-triviale Lösung muß der Rang r von $\mathbf{A}$ kleiner als n sein. In diesem Falle existieren $n - r$ unabhängige Sätze von Lösungen.

Man kann zeigen, daß sich für $r = n - 1$ ergibt

$$x_i = \alpha_{ij} \tag{7.10}$$

7.3 Allgemeine Lösungen

Es sei zunächst in Tabelle 7.1 eine Übersicht über die Lösungen linearer Gleichungen gegeben. Wir beschränken uns dabei zunächst auf quadratische Koeffizientenmatrizen A, für die $m = n$ gilt. Ein rechteckiges Gleichungssystem $m < n$ läßt sich auf ein quadratisches Gleichungssystem durch Wiederholung von Gleichungen erweitern und nach Fall 2 in der Tabelle 7.1 behandeln. Für $m > n$ lassen sich wieder die Fälle 1 und 2 unterscheiden.
Einen Zusammenhang zwischen homogenen und inhomogenen Lösungen liefert das folgende Theorem.

Theorem 26: Die allgemeine Lösung eines inhomogenen linearen Gleichungssystems ist gleich einer speziellen Lösung des inhomogenen Gleichungssystems plus der allgemeinen Lösung des homogenen Gleichungssystems.

Der Beweis ist einfach.

$$AX = H$$

$$AX' = 0$$

$$A(X + X') = H \tag{7.11}$$

(7.11) führt bei n Gleichungen mit n Unbekannten zu keiner neuen Information, weil die Lösbarkeit der inhomogenen Gleichung eine nicht verschwindende Determinante der Koeffizientenmatrix A voraussetzt und dies nur die triviale Lösung der homogenen Gleichung zur Folge hat. Bei m Gleichungen mit n Unbekannten treten für $m < n$ nicht triviale Lösungskombinationen nach (7.11) auf. Wir werden später bei linearen Differentialgleichungen (Kap. III, Abschnitt 3) einen ähnlichen Zusammenhang wie (7.11) wiederfinden.

Tabelle 7.1. Klassifizierung der Lösungen für $m = n$

		Homogen	Inhomogen
1	$|A| \neq 0$ regulär $r(AH) = r(A) = n$	eindeutige Lösung $x = 0$ trivial	eindeutige Lösung $x \neq 0$
2	$|A| = 0$ singulär		
2a	$r(AH) = r(A) < n$	unendlich viele Lösungen je nach Rang	unendlich viele Lösungen je nach Rang
2b	$r(AH) \neq r(A) < n$	———	keine Lösung

8. Vektorräume

8.1 Dimension eines Vektorraums

Wir betrachten im folgenden nur eine Art von Vektoren, z.B. Zeilenvektoren oder Spaltenvektoren der Dimension n.

Wir nennen die Menge von n-dimensionalen Vektoren *abgeschlossen* unter Addition, wenn die Summe von zwei Vektoren wieder ein Vektor der Menge ist. Die Menge heißt abgeschlossen unter skalarer Multiplikation, wenn jedes Vielfache eines Vektors wieder ein Vektor der Menge ist. Wir definieren nun den Begriff des Vektorraums.

Definition 17: Ein Vektorraum ist eine Menge von n-dimensionalen Vektoren, die unter Addition und skalarer Multiplikation abgeschlossen ist.

Aus der Definition folgt, daß mit zwei Vektoren eines Vektorraumes jede Linearkombination ein Vektor dieses Vektorraumes ist.

Beispiele:
a) Die Menge aller zweidimensionalen Vektoren (x, y) in der xy-Ebene.
b) Die Menge aller dreidimensionalen Vektoren (x, y, z) im Raum.
c) Die Menge aller dreidimensionalen Vektoren (x_1, x_2, x_3) mit gleichen Komponenten $x_1 = x_2 = x_3$, die auf einer Geraden liegen.

Allgemein gilt, daß die Menge aller Linearkombinationen von m n-dimensionalen Vektoren $\mathbf{X}_1, \ldots \mathbf{X}_m$

$$\mathbf{V} = k_1 \mathbf{X}_1 + k_2 \mathbf{X}_2 + \ldots k_m \mathbf{X}_m$$

einen Vektorraum $\mathbf{V}$ bildet. Damit ist der Nullvektor in jedem Vektorraum. Die Gesamtheit $\mathbf{V}_n$ aller n-dimensionalen Vektoren heißt n-dimensionaler Vektorraum.

Eine Menge von Vektoren des $\mathbf{V}_n$ heißt *Unterraum* von $\mathbf{V}_n$, wenn sie unter Addition und skalarer Multiplikation abgeschlossen ist.

Beispiele:
a) Nullvektor
b) Menge aller Vektoren $(x, y, 0)$ im $\mathbf{V}_3$.

Ein Vektorraum wird von m n-dimensionalen Vektoren aufgespannt, wenn die $\mathbf{X}_i$ in $\mathbf{V}$ liegen und jeder Vektor in $\mathbf{V}$ als Linearkombination der $\mathbf{X}_i$ dargestellt werden kann. Die Vektoren $\mathbf{X}_1 \ldots \mathbf{X}_m$ brauchen nicht linear unabhängig zu sein.

Definition 18: Die *Dimension* eines Vektorraumes $\mathbf{V}$ ist die maximale Zahl linear unabhängiger Vektoren in $\mathbf{V}$ oder die minimale Zahl linear unabhängiger Vektoren, um $\mathbf{V}$ aufzuspannen.

Wir wollen einen r-dimensionalen Unterraum des Vektorraumes $\mathbf{V}_n$ mit $\mathbf{V}_n^r$ bezeichnen.

Die Summe zweier Vektorräume $\mathbf{V}_n^h$ und $\mathbf{V}_n^k$ ist die Gesamtheit aller Vektoren $\mathbf{X} + \mathbf{Y}$ mit $\mathbf{X}$ aus $\mathbf{V}_n^h$ und $\mathbf{Y}$ aus $\mathbf{V}_n^k$. Der Durchschnitt zweier Vektorräume ist ein Vektorraum aus Vektoren, die beiden Vektorräumen angehören.

8.2 Basis und Koordinaten

Eine Menge von r linear unabhängigen Vektoren des $\mathbf{V}_n^r$ heißt eine *Basis* des Vektorraumes. Da es viele verschiedene Mengen von linear unabhängigen Vektoren gibt, ist eine Basis eines Vektorraumes nicht eindeutig.

Beispiel: Die Vektoren $\mathbf{i}, \mathbf{j}, \mathbf{k}$ bilden eine Basis des dreidimensionalen Raumes, eine andere Basis wäre $\mathbf{i} + \mathbf{j}, \mathbf{i} - \mathbf{j}, \mathbf{k}$.

Wenn wir aus n linear unabhängigen Vektoren $\mathbf{X}_1 \ldots \mathbf{X}_n$ durch folgende Linearkombination

$$\mathbf{Y}_i = \sum_{j=1}^n a_{ij} \mathbf{X}_j \quad i = 1 \ldots n \tag{8.1}$$

n Vektoren $\mathbf{Y}_1 \ldots \mathbf{Y}_n$ erzeugen, dann sind die $\mathbf{Y}_i$ nur dann linear unabhängig, wenn die Matrix $\mathbf{A} = (a_{ij})$ nicht singulär ist. In diesem Fall bilden die $\mathbf{Y}_i$ ebenso wie die $\mathbf{X}_i$ eine Basis für einen n-dimensionalen Vektorraum. Bei singulärem $\mathbf{A}$ sind die $\mathbf{Y}_i$ nicht mehr linear unabhängig und bilden keine Basis. Die Menge der Linearkombinationen der $\mathbf{Y}_i$ bildet einen Vektorraum, dessen Dimension kleiner als n ist.
Wir wollen jetzt eine Menge von n linear unabhängigen n-dimensionalen Spaltenvektoren wählen, die orthogonal sind und die Länge eins haben. Diese Einheitsvektoren bilden eine Basis des $\mathbf{V}_n$. Wir schreiben sie als

$$\mathbf{E}_1 = \begin{pmatrix} 1 \\ \vdots \\ 0 \end{pmatrix} \quad \ldots \quad \mathbf{E}_n = \begin{pmatrix} 0 \\ \vdots \\ 1 \end{pmatrix} \tag{8.2}$$

Jeder Vektor $\mathbf{X}$ des Vektorraums $\mathbf{V}_n$ kann eindeutig als Linearkombination der Einheitsvektoren (8.2) dargestellt werden.

$$\mathbf{X} = \sum_{i=1}^n x_i \mathbf{E}_i \tag{8.3}$$

Die Komponenten $x_1, \ldots x_n$ von $\mathbf{X}$ heißen *Koordinaten* bezüglich der $\mathbf{E}$-Basis. Wir wollen jetzt einen Vektor $\mathbf{X}$ in zwei verschiedenen Koordinatensystemen betrachten. Es seien $\mathbf{Z}_1 \ldots \mathbf{Z}_n$ und $\mathbf{W}_1 \ldots \mathbf{W}_n$ zwei Basen, bezüglich derer $\mathbf{X}$ die Koordinaten a_i und b_i hat.

$$\mathbf{X} = \sum_{i=1}^n a_i \mathbf{Z}_i \quad \text{und} \quad \mathbf{X} = \sum_{i=1}^n b_i \mathbf{W}_i \tag{8.4}$$

Dann sind die Koordinatenvektoren

$$\mathbf{X}_Z = \begin{pmatrix} a_1 \\ \vdots \\ a_n \end{pmatrix} \quad \text{und} \quad \mathbf{X}_W = \begin{pmatrix} b_1 \\ \vdots \\ b_n \end{pmatrix} \tag{8.5}$$

Die Darstellungen von $\mathbf{X}$ bezüglich der $\mathbf{Z}$- und $\mathbf{W}$-Basis schreibt man in Matrixform als

$$\mathbf{X} = \mathbf{ZX}_Z \quad \text{und} \quad \mathbf{X} = \mathbf{WX}_W \tag{8.6}$$

$\mathbf{Z}$ und $\mathbf{W}$ sind Matrizen, in denen die Vektoren $\mathbf{Z}_1 \ldots \mathbf{Z}_n$ und $\mathbf{W}_1 \ldots \mathbf{W}_n$ als Spaltenvektoren nebeneinander geschrieben werden.

$$\mathbf{Z} = \begin{pmatrix} z_{11} & \cdots & z_{1n} \\ \vdots & & \\ z_{n1} & \cdots & z_{nn} \end{pmatrix} \qquad \mathbf{W} = \begin{pmatrix} w_{11} & \cdots & w_{1n} \\ \vdots & & \\ w_{n1} & \cdots & w_{nn} \end{pmatrix} \tag{8.7}$$

Um die Komponenten der Vektoren in beiden Basen angeben zu können, muß man sie als Koordinaten einer gemeinsamen Basis z.B. einer $\mathbf{E}$-Basis kennen: $z_{ij} = \tilde{\mathbf{Z}}_j \mathbf{E}_i$ und $w_{ij} = \tilde{\mathbf{W}}_j \mathbf{E}_i$. Aus (8.6) folgt dann für Spaltenvektoren

$$\mathbf{X}_W = \mathbf{PX}_Z \quad \text{mit} \quad \mathbf{P} = \mathbf{W}^{-1}\mathbf{Z} \tag{8.8}$$

Für Zeilenvektoren $\tilde{\mathbf{Z}}_i$ und $\tilde{\mathbf{W}}_i$ läßt sich eine ähnliche Beziehung finden

$$\tilde{\mathbf{X}}_W = (\widetilde{\mathbf{PX}_Z}) = \tilde{\mathbf{X}}_Z \tilde{\mathbf{P}} \quad \text{mit} \quad \tilde{\mathbf{P}} = \tilde{\mathbf{Z}}\tilde{\mathbf{W}}^{-1} \tag{8.9}$$

Hier sind die Basisvektoren als Zeilen angeordnet.
Wir nennen (8.8) und (8.9) eine *Koordinatentransformation*. Der gleiche Vektor $\mathbf{X}$ hat verschiedene Koordinaten in den Basen $\mathbf{Z}$ und $\mathbf{W}$. Die Vektoren $\mathbf{X}_Z$ und $\mathbf{X}_W$, sowie $\tilde{\mathbf{X}}_Z$ und $\tilde{\mathbf{X}}_W$, die die Koordinaten enthalten, lassen sich durch Matrixmultiplikationen mit Matrizen $\mathbf{P}$ und $\tilde{\mathbf{P}}$ ineinander überführen.

9. Lineare Transformationen

Wir betrachten im folgenden zwei Arten von Transformationen. Die erste beschreibt Transformationen, die eine Basis $\mathbf{Z}$ in eine Basis $\mathbf{W}$ überführen (Basistransformation); die zweite behandelt Transformationen, die einen Vektor $\mathbf{X}$ bei gegebener Basis in einen Vektor $\mathbf{Y}$ überführen (Vektortransformation). Die erste Transformation ist nach (8.8) durch $\mathbf{P} = \mathbf{W}^{-1}\mathbf{Z}$ gegeben, die zweite wollen wir als $\mathbf{Y} = \mathbf{AX}$ schreiben.

9.1 Basistransformation

Die wichtigsten Basistransformationen in der Chemie sind Drehungen (Rotationen) und Verschiebungen (Translationen). Wir wollen jetzt die Drehung eines Koordinatensystems behandeln. Dazu schreiben wir die zweite Gleichung von (8.8) in folgender Form.

$$\mathbf{W} = \mathbf{ZP}^{-1} \tag{9.1}$$

Man sieht, daß die Basistransformation invers zur Koordinatentransformation $\mathbf{X}_W = \mathbf{P}\mathbf{X}_Z$ ist. Die Transformation erfolgt hier von rechts, während sie bei der Koordinatentransformation von links erfolgt.

Beispiel: Drehung um die z-Achse um den Winkel φ (Abb. 9.1)

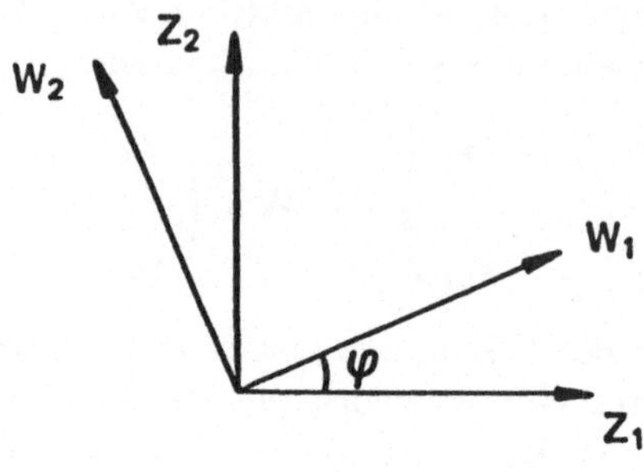

Abb. 9.1.

Hier gilt

$$\mathbf{Z}_1 = \begin{pmatrix} 1 \\ 0 \end{pmatrix}, \ \mathbf{Z}_2 = \begin{pmatrix} 0 \\ 1 \end{pmatrix}, \ \mathbf{W}_1 = \begin{pmatrix} \cos\varphi \\ \sin\varphi \end{pmatrix}, \ \mathbf{W}_2 = \begin{pmatrix} -\sin\varphi \\ \cos\varphi \end{pmatrix}$$

$$\mathbf{Z} = \begin{pmatrix} 1 & 0 \\ 0 & 1 \end{pmatrix}, \ \mathbf{W} = \begin{pmatrix} \cos\varphi & -\sin\varphi \\ \sin\varphi & \cos\varphi \end{pmatrix}, \ \mathbf{P} = \begin{pmatrix} \cos\varphi & \sin\varphi \\ -\sin\varphi & \cos\varphi \end{pmatrix}$$

Die Koordinaten eines Vektors $\mathbf{X}$ transformieren sich dann von $\mathbf{Z}$ nach $\mathbf{W}$ mit der Matrix $\mathbf{P}$ nach

$$\mathbf{X}_W = \mathbf{P}\mathbf{X}_Z$$

Die Transformation der Koordinaten ist also invers zu der Transformation der Basisvektoren.

9.2 Vektortransformation

Es seien

$$\mathbf{X} = \begin{pmatrix} x_1 \\ \vdots \\ x_n \end{pmatrix} \quad \text{und} \quad \mathbf{Y} = \begin{pmatrix} y_1 \\ \vdots \\ y_n \end{pmatrix}$$

Vektoren mit Koordinaten zur gleichen Basis, die durch eine Matrixmultiplikation mit einer Matrix $\mathbf{A}$ verknüpft sind.

$$\mathbf{Y} = \mathbf{A}\mathbf{X} \tag{9.2}$$

Dann nennen wir die Beziehung (9.2) eine Vektortransformation. Wir wollen nun beweisen, daß diese Transformation linear ist.

$$A(k_1 X_1 + k_2 X_2) = k_1 A X_1 + k_2 A X_2$$
$$= k_1 Y_1 + k_2 Y_2$$

Eine lineare Transformation heißt regulär, wenn verschiedene X in verschiedene Y transformiert werden.

Theorem 27: Eine lineare Transformation ist regulär, wenn ihre Transformationsmatrix A regulär ist.

Eine Menge linear unabhängiger Vektoren wird dann in eine andere Menge linear unabhängiger Vektoren transformiert. Ein Beispiel für eine lineare Transformation ist eine Basistransformation in einem Vektorraum nach (8.1). Wir wollen diesen Fall noch einmal genauer betrachten. Es sei eine lineare Transformation in einer Basis Z gegeben

$$Y_Z = A X_Z \tag{9.3}$$

Nach (8.8) muß P existieren, so daß gilt

$$\begin{aligned} X_W &= P X_Z \\ Y_W &= P Y_Z \end{aligned} \tag{9.4}$$

Wir setzen (9.4) in (9.3) ein und erhalten

$$Y_W = B X_W \quad \text{mit} \quad B = P A P^{-1} \tag{9.5}$$

Beispiel: Der Vektor X und die Transformationsmatrix A seien in einer Z-Basis gegeben (Abb. 9.2).

$$X = 2 Z_1 + Z_2, \quad A = \begin{pmatrix} 1 & -1 \\ 1 & 0 \end{pmatrix}$$

Wir wollen Z_1 und Z_2 als Einheitsvektoren betrachten. Dann folgt

$$Z = \begin{pmatrix} 1 & 0 \\ 0 & 1 \end{pmatrix}, \quad X_Z = \begin{pmatrix} 2 \\ 1 \end{pmatrix}, \quad Y_Z = \begin{pmatrix} 1 \\ 2 \end{pmatrix}$$

Die W-Basis sei definiert als

$$W_1 = Z_1 + Z_2, \quad W_2 = Z_1 - Z_2$$

Dann ergibt sich

$$W = \begin{pmatrix} 1 & 1 \\ 1 & -1 \end{pmatrix}, \quad P = W^{-1} Z = \begin{pmatrix} 1/2 & 1/2 \\ 1/2 & -1/2 \end{pmatrix}, \quad P^{-1} = \begin{pmatrix} 1 & 1 \\ 1 & -1 \end{pmatrix}$$
$$X_W = \begin{pmatrix} 3/2 \\ 1/2 \end{pmatrix}, \quad Y_W = \begin{pmatrix} 3/2 \\ -1/2 \end{pmatrix}, \quad B = \begin{pmatrix} 1/2 & 3/2 \\ -1/2 & 1/2 \end{pmatrix}$$

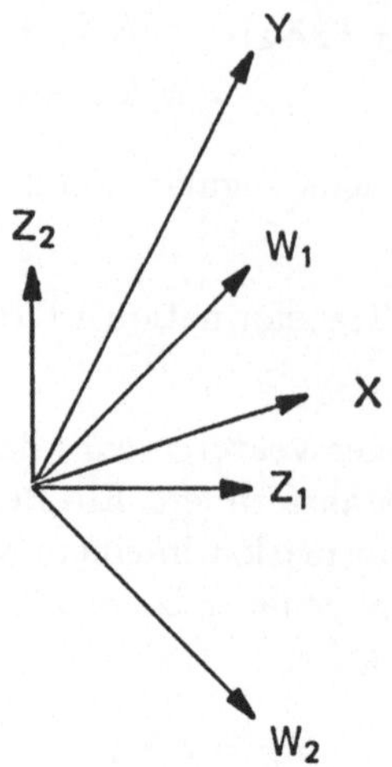

Abb. 9.2.

Wir können an dieser Stelle die Transformation von krummlinigen Koordinaten q_1, q_2, q_3 in andere krummlinige Koordinaten q_1', q_2', q_3' nochmals betrachten. Dazu schreiben wir (3.33) in Matrixform

$$
\begin{pmatrix} dq_1' \\ dq_2' \\ dq_3' \end{pmatrix} = \begin{pmatrix} \dfrac{\partial q_1'}{\partial q_1} & \dfrac{\partial q_1'}{\partial q_2} & \dfrac{\partial q_1'}{\partial q_3} \\[2mm] \dfrac{\partial q_2'}{\partial q_1} & \dfrac{\partial q_2'}{\partial q_2} & \dfrac{\partial q_2'}{\partial q_3} \\[2mm] \dfrac{\partial q_3'}{\partial q_1} & \dfrac{\partial q_3'}{\partial q_2} & \dfrac{\partial q_3'}{\partial q_3} \end{pmatrix} \begin{pmatrix} dq_1 \\ dq_2 \\ dq_3 \end{pmatrix} \tag{9.6}
$$

Die Matrix $\mathbf{F}$ der Ableitungen heißt Funktionalmatrix. Ihre Determinante wurde bereits als Funktionaldeterminante in Abschnitt 3 eingeführt. Die Transformation von q_i nach q_j' ist dann eindeutig, wenn die Funktionalmatrix regulär ist, also die Funktionaldeterminante nicht verschwindet. In diesem Falle ist es möglich, die inverse Transformationsmatrix $\mathbf{F}^{-1}$ zu bilden. Multipliziert man beide Seiten von (9.6) mit $\mathbf{F}^{-1}$, so erhält man dq_i in Abhängigkeit von q_j'.

Für die Transformation der kontravarianten Komponenten gilt

$$
c_j' = \sum_i \frac{\partial q_j'}{\partial q_i} c_i \tag{9.7}
$$

während die kovarianten Komponenten sich transformieren als

$$
C_j' = \sum_i \frac{\partial q_i}{\partial q_j'} C_i \tag{9.8}
$$

Beispiel: Transformation des Ortsvektors $\mathbf{r}$ von Polarkoordinaten in Zylinderkoordinaten

$$\mathbf{r} = c_r \frac{\partial \mathbf{r}}{\partial r} = C_r \nabla r$$

$$\implies \frac{\partial \mathbf{r}}{\partial r} = \nabla r = \mathbf{e}_r$$

$$\implies c_r = C_r = r$$

$$\rho = r \sin \vartheta \, , \quad \varphi = \varphi \, , \quad z = r \cos \vartheta$$

$$c_\rho = \frac{\partial \rho}{\partial r} C_r \implies c_\rho = \sin \vartheta \, r = \rho$$

$$c_\varphi = \frac{\partial \varphi}{\partial r} c_r \implies c_\varphi = 0$$

$$c_z = \frac{\partial z}{\partial r} c_r \implies c_z = \cos \vartheta \, r = z$$

$$C_\rho = \frac{\partial r}{\partial \rho} C_r \implies C_\rho = \frac{\rho}{r} r = \rho$$

$$C_\varphi = \frac{\partial r}{\partial \varphi} C_r \implies C_\varphi = 0$$

$$C_z = \frac{\partial r}{\partial z} C_r \implies C_z = \frac{z}{r} r = z$$

In diesem Fall sind die kontravarianten und kovarianten Komponenten gleich. Sie werden verschieden, wenn c_φ bzw. C_φ ungleich null sind. In diesem Fall ist nämlich der Skalenfaktor $h_\varphi \neq 1$. Aus (3.26) folgt, daß dann $\frac{\partial \mathbf{r}}{\partial \varphi} \neq \nabla \varphi$ ist.

9.3 Äquivalenztransformationen

Als Erweiterung der bisherigen Formulierung von Transformation nach (9.5) wollen wir eine Kombination von Zeilen- und Spaltentransformationen verstehen, so daß gilt

$$\mathbf{B} = \mathbf{PAQ} \tag{9.9}$$

$\mathbf{B}$ ist die transformierte Matrix. $\mathbf{B}$ ist äquivalent zu $\mathbf{A}$, wenn es durch Transformation mit regulären Matrizen $\mathbf{P}$ und $\mathbf{Q}$ aus $\mathbf{A}$ erzeugt wird. Tabelle 9.1 gibt eine Übersicht über Äquivalenztransformationen.

9.4 Vektoren mit reellen und komplexen Komponenten

Wir wollen jetzt das Skalarprodukt zweier reeller Spaltenvektoren

$$\mathbf{X} \cdot \mathbf{Y} = \tilde{\mathbf{X}} \mathbf{Y} \tag{9.10}$$

auf den Fall ausdehnen, daß die Komponenten der Vektoren komplex sind. Wir definieren dann

Tabelle 9.1. Äquivalenztransformationen

Name	Relation
Ähnlichkeitstransformation	$\mathbf{P} = \mathbf{Q}^{-1}$
kongruente Transformation	$\mathbf{P} = \mathbf{Q}$
konjunktive Transformation	$\mathbf{P} = \mathbf{Q}^{\dagger}$
orthogonale Transformation	$\mathbf{P} = \tilde{\mathbf{Q}} = \mathbf{Q}^{-1}$
unitäre Transformation	$\mathbf{P} = \mathbf{Q}^{\dagger} = \mathbf{Q}^{-1}$

$$\mathbf{X} \cdot \mathbf{Y} = \mathbf{X}^{\dagger}\mathbf{Y} = \tilde{\mathbf{X}}^{*}\mathbf{Y} \tag{9.11}$$

Zwei Vektoren sind orthogonal, wenn ihr Skalarprodukt verschwindet:

$$\mathbf{X} \cdot \mathbf{Y} = 0 \tag{9.12}$$

Die Länge eines Vektors ist

$$|\mathbf{X}| = \sqrt{\mathbf{X} \cdot \mathbf{X}} \tag{9.13}$$

Auch hier gelten zwei bekannte Ungleichungen, die *Dreiecksungleichung*, die besagt, daß die Summe zweier Seiten im Dreieck größer als die dritte Seite ist,

$$|\mathbf{X} + \mathbf{Y}| \leq |\mathbf{X}| + |\mathbf{Y}| \tag{9.14}$$

und die *Schwarzsche Ungleichung*, die besagt, daß das Skalarprodukt $\mathbf{X} \cdot \mathbf{Y}$ zweier Vektoren wegen (1.9) höchstens gleich dem Produkt der Längen der beiden Vektoren ist.

$$|\mathbf{X} \cdot \mathbf{Y}| \leq |\mathbf{X}||\mathbf{Y}| \tag{9.15}$$

Eine Matrix, die aus einer Basis von orthogonalen Einheitsvektoren aufgebaut ist, ist orthogonal für reelle Vektoren und unitär für komplexe Vektoren. Für eine orthogonale Matrix gilt nach (4.31)

$$\mathbf{A}^{-1} = \tilde{\mathbf{A}}$$

für eine unitäre Matrix nach (4.32)

$$\mathbf{A}^{-1} = \mathbf{A}^{\dagger}$$

Da Einheitsvektoren normiert sind, d.h. ihr Skalarprodukt nach (9.13) eins ergibt und ihre Orthogonalität für verschiedene Vektoren durch (9.12) ausgedrückt wird, läßt sich (4.31) im Sinne von (9.10) formulieren als

$$\tilde{\mathbf{A}}\mathbf{A} = \mathbf{E} \tag{9.16}$$

und (4.32) im Sinne von (9.11) schreiben als

$$\mathbf{A}^{\dagger}\mathbf{A} = \mathbf{E} \tag{9.17}$$

Dies ist die anschauliche Bedeutung der in Abschnitt 4 definierten orthogonalen und unitären Matrix.

Beispiele:

a) Orthogonale Matrix   b) Unitäre Matrix

$$
\begin{pmatrix}
\cos\varphi & -\sin\varphi & 0 \\
\sin\varphi & \cos\varphi & 0 \\
0 & 0 & 1
\end{pmatrix}
\qquad
\begin{pmatrix}
1 & 0 & 0 \\
0 & 0 & e^{i\varphi} \\
0 & e^{-i\varphi} & 0
\end{pmatrix}
$$

Eine Transformation (9.2) mit einer orthogonalen Matrix $\mathbf{A}$ heißt orthogonale Transformation, mit einer unitären Matrix unitäre Transformation. Diese Transformationen haben die wichtige Eigenschaft, die Länge eines transformierten Vektors zu erhalten. Wir zeigen dies für die unitäre Transformation, von der die orthogonale Transformation ein Spezialfall ist.

$$
\begin{aligned}
\mathbf{Y} \cdot \mathbf{Y} &= (\mathbf{AX}) \cdot (\mathbf{AX}) \\
&= (\widetilde{\mathbf{AX}})^{*}\,(\mathbf{AX}) \\
&= \tilde{\mathbf{X}}^{*}\,\tilde{\mathbf{A}}^{*}\,\mathbf{AX} \\
&= \tilde{\mathbf{X}}^{*}\,\mathbf{X} \\
&= \mathbf{X} \cdot \mathbf{X}
\end{aligned}
$$

Es soll nun bewiesen werden, daß der Absolutwert der Determinante orthogonaler und unitärer Matrizen eins ist. Wegen (9.16) gilt für orthogonale Matrizen

$$
\begin{aligned}
\det\mathbf{A}\,\det\mathbf{A} &= 1 \\
\Longrightarrow (\det\mathbf{A})^{2} &= 1 \\
\det\mathbf{A} &= \pm 1
\end{aligned}
\tag{9.18}
$$

Für unitäre Matrizen gilt wegen (9.17)

$$
\begin{aligned}
\det\mathbf{A}^{\dagger}\,\det\mathbf{A} &= 1 \\
\Longrightarrow (\det\mathbf{A})^{*}\,\det\mathbf{A} &= 1 \\
|\det\mathbf{A}| &= 1 \\
\det\mathbf{A} &= e^{i\varphi}
\end{aligned}
\tag{9.19}
$$

Diese Eigenschaft kann man im Kapitel II bei der Darstellung von Symmetrieoperationen in Molekülen anwenden.

10. Eigenwertgleichungen

10.1 Eigenwerte und Eigenvektoren

Für vorgegebene Transformationsmatrizen $\mathbf{A}$ wollen wir nun solche Vektoren $\mathbf{X}_i$ suchen, die durch die Transformation (9.1) in Vielfache von sich übergeführt werden.

$$AX_i = \lambda_i X_i \tag{10.1}$$

Ein Vektor X_i, für den (10.1) erfüllt ist, heißt *invarianter Vektor* oder *Eigenvektor* von A. λ heißt *Eigenwert*.

Diese Gleichung kann in Matrixform geschrieben werden als

$$AX = X\Lambda \tag{10.2}$$

wobei Λ eine Diagonalmatrix mit den Eigenwerten λ_i ist und X die Matrix aller Eigenvektoren X_i ist.

Zur Veranschaulichung der Begriffe Eigenvektor und Eigenwert soll das folgende Beispiel dienen.

Beispiel: Wir betrachten Vektoren X_i, die durch eine Matrix A in Vektoren Y_i transformiert werden. Wir wählen

$$A = \begin{pmatrix} -2 & -2 \\ -2 & 1 \end{pmatrix}, \; X_1 = \begin{pmatrix} 1 \\ 0 \end{pmatrix}, \; X_2 = \begin{pmatrix} 2 \\ 1 \end{pmatrix}, \; X_3 = \begin{pmatrix} 0 \\ 1 \end{pmatrix}, \; X_4 = \begin{pmatrix} -1 \\ 2 \end{pmatrix}$$

$$\implies Y_1 = \begin{pmatrix} -2 \\ -2 \end{pmatrix}, \; Y_2 = \begin{pmatrix} -6 \\ -3 \end{pmatrix}, \; Y_3 = \begin{pmatrix} -2 \\ 1 \end{pmatrix}, \; Y_4 = \begin{pmatrix} -2 \\ 4 \end{pmatrix}$$

Die Vektoren X_2 und X_4 sind Eigenvektoren, weil Y_2 und Y_4 jeweils Vielfache dieser Vektoren sind mit den Eigenwerten -3 und 2. Die Ergebnisse sind in Abb. 10.1 dargestellt.

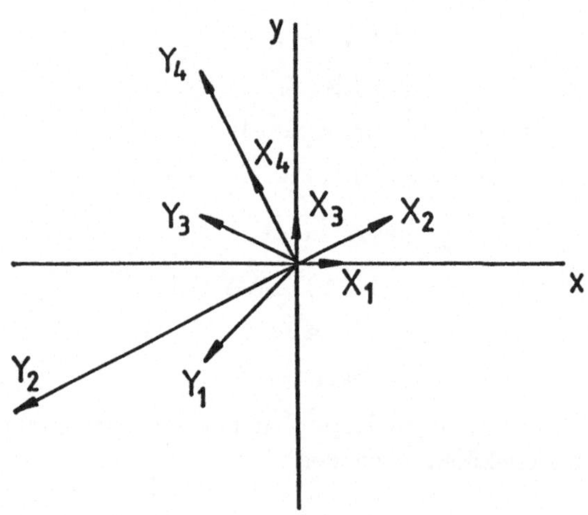

Abb. 10.1.

Um (10.1) zu lösen, schreiben wir die Gleichung in der Form

$$(A - \lambda_i E)X_i = 0 \tag{10.3}$$

Dieses System homogener linearer Gleichungen mit den Komponenten $x_1 \ldots x_n$ des Eigenvektors als Unbekannten hat nur dann eine nicht triviale Lösung, wenn die Koeffizientendeterminante verschwindet.

$$|\mathbf{A} - \lambda\mathbf{E}| = 0 \tag{10.4}$$

Die Entwicklung der Determinante ergibt ein charakteristisches Polynom $P(\lambda)$ vom Grade n, dessen Nullstellen gesucht werden. Es gibt n Eigenwerte und n linear unabhängige Eigenvektoren. Die Eigenvektoren sind jedoch nicht eindeutig. Mit jedem Vektor $\mathbf{X}_i$ ist ein Vielfaches $k\mathbf{X}_i$ ebenfalls Eigenvektor.

$$\begin{aligned}
\mathbf{A}\mathbf{X}_i &= \lambda_i\mathbf{X}_i \\
k(\mathbf{A}\mathbf{X}_i) &= k(\lambda_i\mathbf{X}_i) \\
\mathbf{A}(k\mathbf{X}_i) &= \lambda_i(k\mathbf{X}_i)
\end{aligned} \tag{10.5}$$

Beispiel:

$$\mathbf{A} = \begin{pmatrix} 2 & 2 & 1 \\ 1 & 3 & 1 \\ 1 & 2 & 2 \end{pmatrix}$$

Die Determinantenbedingung lautet

$$\begin{vmatrix} 2-\lambda & 2 & 1 \\ 1 & 3-\lambda & 1 \\ 1 & 2 & 2-\lambda \end{vmatrix} = 0$$

Daraus ergibt sich die Gleichung:

$$\lambda^3 - 7\lambda^2 + 11\lambda - 5 = 0$$

Deren Lösungen sind

$$\lambda_1 = 5, \qquad \lambda_2 = \lambda_3 = 1$$

Wir nennen den Eigenwert $\lambda = 1$ zweifach *entartet*.
Ein Eigenvektor für $\lambda = 5$ wird nach Einsetzen von λ in (10.3) berechnet.

$$\begin{pmatrix} -3 & 2 & 1 \\ 1 & -2 & 1 \\ 1 & 2 & -3 \end{pmatrix} \begin{pmatrix} x_1 \\ x_2 \\ x_3 \end{pmatrix} = \begin{pmatrix} 0 \\ 0 \\ 0 \end{pmatrix}$$

Das Gaußsche Eliminierungsverfahren liefert

$$\begin{pmatrix} 0 & 1 & -1 \\ 1 & 0 & -1 \\ 0 & 0 & 0 \end{pmatrix} \begin{pmatrix} x_1 \\ x_2 \\ x_3 \end{pmatrix} = \begin{pmatrix} 0 \\ 0 \\ 0 \end{pmatrix}$$

Daraus folgt $x_1 = x_2 = x_3$. Für $x_1 = 1$ wird daraus $\mathbf{X}_1 = \begin{pmatrix} 1 \\ 1 \\ 1 \end{pmatrix}$.

Einsetzen der Doppelwurzel $\lambda = 1$ in (10.2) ergibt

$$\begin{pmatrix} 1 & 2 & 1 \\ 1 & 2 & 1 \\ 1 & 2 & 1 \end{pmatrix} \begin{pmatrix} x_1 \\ x_2 \\ x_3 \end{pmatrix} = \begin{pmatrix} 0 \\ 0 \\ 0 \end{pmatrix}$$

Das bedeutet $x_1 + 2x_2 + x_3 = 0$. Diese Gleichung mit drei Unbekannten hat zwei unabhängige Lösungen. Wir wählen z. B. $x_2 = -1, x_3 = 0$ und $x_2 = 0, x_3 = -1$ und erhalten

$$\mathbf{X}_2 = \begin{pmatrix} 2 \\ -1 \\ 0 \end{pmatrix} \quad , \quad \mathbf{X}_3 = \begin{pmatrix} 1 \\ 0 \\ -1 \end{pmatrix}$$

Wegen Entartung von λ_2 und λ_3 sind auch die Linearkombinationen

$$\mathbf{X}_i' = h_i \mathbf{X}_2 + k_i \mathbf{X}_3 \qquad i = 2, 3$$

Eigenvektoren von $\mathbf{A}$. $\mathbf{X}_2'$ und $\mathbf{X}_3'$ müssen linear unabhängig sein.
Zu n-fach entarteten Eigenwerten gibt es n linear unabhängige Eigenvektoren. Wenn man (10.2) folgendermaßen umformuliert

$$\mathbf{\Lambda} = \mathbf{X}^{-1} \mathbf{A} \mathbf{X},$$

so erkennt man, daß die Eigenwertmatrix $\mathbf{\Lambda}$ durch eine Ähnlichkeitstransformation mit der Eigenvektormatrix $\mathbf{X}$ aus $\mathbf{A}$ hervorgeht.

10.2 Ähnlichkeit mit einer Diagonalmatrix

Das im Unterabschnitt gewählte Beispiel enthielt eine Matrix, die nicht symmetrisch war. In der Chemie sind überwiegend symmetrische und hermitesche Matrizen von Bedeutung, deren Eigenwerte die klassischen Meßwerte physikalischer und chemischer Eigenschaften sind.
Die folgenden Theoreme sind in der Quantenchemie von grundlegender Bedeutung. Wir formulieren sie nur für hermitesche Matrizen, von denen reelle symmetrische Matrizen ein Spezialfall sind.

Theorem 28: Die Eigenwerte hermitescher Matrizen sind reell.

Beweis:

$$\left. \begin{aligned} \mathbf{A}\mathbf{X}_i &= \lambda_i \mathbf{X}_i \quad \Longrightarrow \quad \mathbf{X}_i^\dagger \mathbf{A} \mathbf{X}_i = \lambda_i \mathbf{X}_i^\dagger \mathbf{X}_i \\ (\mathbf{A}\mathbf{X}_i)^\dagger &= (\lambda_i \mathbf{X}_i)^\dagger \\ \mathbf{X}_i^\dagger \mathbf{A}^\dagger &= \lambda_i^* \mathbf{X}_i^\dagger \\ \mathbf{X}_i^\dagger \mathbf{A} &= \lambda_i^* \mathbf{X}_i^\dagger \quad \Longrightarrow \quad \mathbf{X}_i^\dagger \mathbf{A} \mathbf{X}_i = \lambda_i^* \mathbf{X}_i^\dagger \mathbf{X}_i \end{aligned} \right\} \quad \lambda_i^* = \lambda_i$$

Das bedeutet, λ_i ist reell.

Theorem 29: Die Eigenvektoren hermitescher Matrizen sind orthogonal für nicht entartete Eigenwerte.

Beweis:

$$\left. \begin{aligned} \mathbf{AX}_i &= \lambda_i \mathbf{X}_i \;\Longrightarrow\; \mathbf{X}_j^\dagger \mathbf{AX}_i = \lambda_i \mathbf{X}_j^\dagger \mathbf{X}_i \\ \mathbf{AX}_j &= \lambda_j \mathbf{X}_j \\ (\mathbf{AX}_j)^\dagger &= \lambda_j \mathbf{X}_j^\dagger \\ \mathbf{X}_j^\dagger \mathbf{A} &= \lambda_j \mathbf{X}_j^\dagger \;\Longrightarrow\; \mathbf{X}_j^\dagger \mathbf{AX}_i = \lambda_j \mathbf{X}_j^\dagger \mathbf{X}_i \end{aligned} \right\} \quad (\lambda_i - \lambda_j)\mathbf{X}_j^\dagger \mathbf{X}_i = 0$$

Da $\lambda_i \neq \lambda_j$ ist, muß $\mathbf{X}_j^\dagger \mathbf{X}_i = 0$ gelten, d.h. $\mathbf{X}_j$ und $\mathbf{X}_i$ sind orthogonal. Bei entarteten Eigenwerten kann man linear unabhängige Eigenvektoren auswählen, die man z.B. nach der Gram-Schmidt-Methode (Abschnitt 11) orthogonalisiert.

Theorem 30: Hermitesche Matrizen können durch unitäre Transformationen diagonalisiert werden. Die Diagonalmatrix besteht aus den Eigenwerten, die Transformationsmatrix aus den Eigenvektoren.

Beweis: Sei $\mathbf{X} = (\mathbf{X}_1 \ldots \mathbf{X}_n)$ die Matrix der Eigenvektoren und $\Lambda = (\lambda_i \delta_{ij})$ die Matrix der Eigenwerte. Dann gilt in Vektorform

$$\mathbf{AX}_i = \lambda_i \mathbf{X}_i$$

oder in Matrixform

$$\mathbf{AX} = \mathbf{X}\Lambda$$

Die Eigenvektoren $\mathbf{X}_i$ können als orthogonal angenommen werden. Wenn sie normiert sind, d.h. $|\mathbf{X}_i| = 1$ ist, dann ist die Matrix $\mathbf{X}$ unitär. Nach (9.17) gilt

$$\mathbf{X}^\dagger \mathbf{AX} = \mathbf{X}^\dagger \mathbf{X}\Lambda$$

$$\Lambda = \mathbf{X}^\dagger \mathbf{AX}$$

Ähnliche Theoreme kann man auch für antihermitesche Matrizen ableiten. Deren Eigenwerte sind imaginär.

Die Diagonalisierung einer Matrix kann numerisch, z.B. mit dem Jacobi- oder dem Givens-Householder-Verfahren (Carnahan-Luther-Wilkes [C1]) erfolgen. Die Matrix $\mathbf{A}$ wird dabei durch eine Folge von Zeilen- und Spaltentransformationen auf Diagonalform gebracht.

Die Jacobimethode soll hier kurz am Beispiel einer zweireihigen symmetrischen Matrix skizziert werden. Für diese gilt $\tilde{\mathbf{A}} = \mathbf{A}$. Diese Matrix soll mit einer orthogonalen Matrix $\mathbf{O}$ durch orthogonale Transformation in eine Diagonalmatrix Λ übergeführt werden.

$$\Lambda = \tilde{\mathbf{O}}\mathbf{A}\mathbf{O} \qquad \text{mit} \quad \Lambda = (\lambda_i \delta_{ii}), \tilde{\mathbf{O}} = \mathbf{O}^{-1} \tag{10.6}$$

Wir benutzen die schon früher eingeführte Matrix einer Drehung um den Winkel φ als orthogonale Matrix. Dann gilt

$$\begin{pmatrix} \lambda_1 & 0 \\ 0 & \lambda_2 \end{pmatrix} = \begin{pmatrix} \cos\varphi & \sin\varphi \\ -\sin\varphi & \cos\varphi \end{pmatrix} \begin{pmatrix} a & b \\ b & c \end{pmatrix} \begin{pmatrix} \cos\varphi & -\sin\varphi \\ \sin\varphi & \cos\varphi \end{pmatrix} =$$

$$\begin{pmatrix} a\cos^2\varphi + c\sin^2\varphi + 2b\sin\varphi\cos\varphi & (a-c)\sin\varphi\cos\varphi - b(\cos^2\varphi - \sin^2\varphi) \\ (a-c)\sin\varphi\cos\varphi - b(\cos^2\varphi - \sin^2\varphi) & a\sin^2\varphi + c\cos^2\varphi - 2b\sin\varphi\cos\varphi \end{pmatrix}$$

Weil die Nichtdiagonalelemente von $\mathbf{\Lambda}$ null sind, muß gelten

$$(a-c)\sin\varphi\cos\varphi - b(\cos^2\varphi - \sin^2\varphi) = 0$$

$$\Longrightarrow \quad \frac{1}{2}(a-c)\sin 2\varphi - b\cos 2\varphi = 0$$

$$\Longrightarrow \quad \tan 2\varphi = \frac{2b}{(a-c)}$$

Damit ist der Drehwinkel φ festgelegt.

Bei größeren Matrizen wird in einer Folge von Drehungen jeweils ein Nichtdiagonalelement nach dem anderen zu null gemacht. Weil Nichtdiagonalelemente, die bei einem Schritt null werden, in Folgeschritten wieder von null verschieden werden können, muß das Verfahren so lange durch Iteration wiederholt werden, bis alle Nichtdiagonalelemente unterhalb einer vorgegebenen Schranke liegen.

11. Orthogonalisierungsverfahren

Wir wollen jetzt spezielle Basistransformationen betrachten, bei denen eine Menge Spaltenvektoren $\mathbf{X}_1, \mathbf{X}_2 \ldots \mathbf{X}_n$ in eine Menge orthogonaler Spaltenvektoren $\mathbf{Y}_1, \mathbf{Y}_2 \ldots \mathbf{Y}_n$ transformiert wird. Wenn wir die Vektoren $\mathbf{X}_i$ und $\mathbf{Y}_i$ jeweils in Matrizen $\mathbf{X}$ und $\mathbf{Y}$ zusammenfassen und die Transformationsmatrix $\mathbf{T}$ nennen, dann soll analog zu (9.1) gelten

$$\mathbf{Y} = \mathbf{XT} \tag{11.1}$$

$$\text{mit} \quad \mathbf{Y}^{-1} = \tilde{\mathbf{Y}}$$

11.1 Gram-Schmidt-Orthogonalisierung

Orthogonale Basissätze in Vektorräumen vereinfachen die Betrachtungen. Falls eine linear unabhängige Basis vorliegt, die nicht orthogonal ist, kann sie durch die folgende Gram-Schmidt-Methode orthogonalisiert werden. Die Basis sei $\mathbf{X}_1 \ldots \mathbf{X}_n$. Man definiert sukzessiv

$$\mathbf{Y}_1 = \mathbf{X}_1$$

$$\mathbf{Y}_2 = \mathbf{X}_2 - \frac{\mathbf{X}_2 \cdot \mathbf{Y}_1}{\mathbf{Y}_1 \cdot \mathbf{Y}_1}\mathbf{Y}_1$$

$$\vdots \tag{11.2}$$

$$\mathbf{Y}_m = \mathbf{X}_m - \frac{\mathbf{X}_m \cdot \mathbf{Y}_{m-1}}{\mathbf{Y}_{m-1} \cdot \mathbf{Y}_{m-1}}\mathbf{Y}_{m-1} \cdots - \frac{\mathbf{X}_m \cdot \mathbf{Y}_1}{\mathbf{Y}_1 \cdot \mathbf{Y}_1}\mathbf{Y}_1$$

Die $\mathbf{Y}_i$ sind orthogonal. Die Orthogonalität entsteht dadurch, daß aus den $\mathbf{X}_i$ sequentiell die Anteile der schon vorgegebenen Vektoren $\mathbf{Y}_{i-1}\ldots\mathbf{Y}_1$ herausprojiziert werden.

Beispiel: Orthogonalisierung von zwei Vektoren (Abb. 11.1)

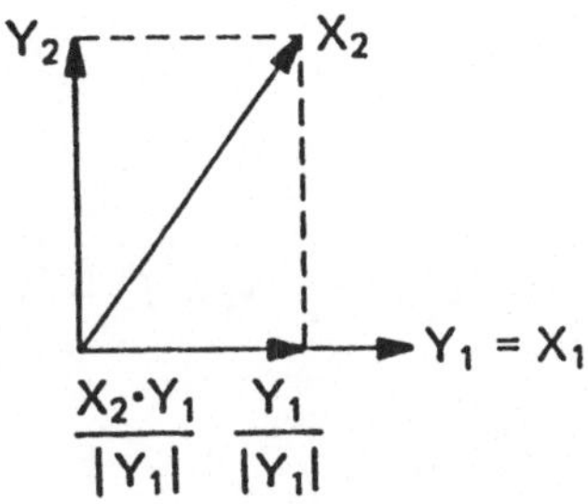

Abb. 11.1.

Aus $\mathbf{X}_2$ wird die Komponente in Richtung von $\mathbf{Y}_1$ eliminiert.
Das Gleichungssystem (11.2) generiert die orthogonalen Vektoren $\mathbf{Y}_m$ schrittweise aus den alten nicht orthogonalen Vektoren $\mathbf{X}_m$ und den neuen orthogonalen Vektoren $\mathbf{Y}_1,\ldots\mathbf{Y}_{m-1}$. Wir wollen nun die Transformation $\mathbf{T}$ angeben, die die Matrix der Spaltenvektoren $\mathbf{X} = (\mathbf{X}_1\mathbf{X}_2\ldots\mathbf{X}_n)$ in die Matrix der Spaltenvektoren $\mathbf{Y} = (\mathbf{Y}_1\mathbf{Y}_2\ldots\mathbf{Y}_n)$ überführt. Allgemein muß gelten gemäß (11.1)

$$\mathbf{Y}_i = \sum_{j=1}^{i} T_{ji}\mathbf{X}_j \tag{11.3}$$

Alle Elemente von $\mathbf{T}$ unterhalb der Diagonalen für $j > i$ sind null, weil $\mathbf{Y}_i$ nach (11.2) sukzessiv aufgebaut wird und weil i der größte Index von $\mathbf{X}_j$ auf der rechten Seite von (11.2) ist.
Zur späteren Anwendung auf Funktionen ist es zweckmäßig, mit Einheitsvektoren $\mathbf{X}_i'$ und $\mathbf{Y}_i'$ zu arbeiten.

$$\mathbf{Y}_i' = \sum_{j=1}^{i} T_{ji}'\mathbf{X}_j'$$

$$\text{mit} \quad \mathbf{X}_i' = \mathbf{X}_i/|\mathbf{X}_i|$$
$$\mathbf{Y}_i' = \mathbf{Y}_i/|\mathbf{Y}_i|$$
$$T_{ji}' = T_{ji}|\mathbf{X}_j|/|\mathbf{Y}_i| \tag{11.4}$$

Wir führen nun die Matrizen der Skalarprodukte ein zwischen nicht orthogonalen Vektoren mit den Elementen

$$S_{ij} = \mathbf{X}_i' \cdot \mathbf{X}_j' \tag{11.5}$$

und zwischen nicht orthogonalen und orthogonalen Vektoren mit den Elementen

$$S_{ij'} = \mathbf{X}'_i \cdot \mathbf{Y}'_j \tag{11.6}$$

Mit (11.6) kann man (11.2) neu schreiben

$$\mathbf{Y}'_1 = N_1 \mathbf{X}'_1 \qquad\qquad N_1 = 1$$
$$\mathbf{Y}'_2 = N_2(\mathbf{X}'_2 - S_{21'}\mathbf{Y}'_1) \qquad N_2 = (1 - S^2_{21'})^{-1/2}$$
$$\vdots \qquad\qquad\qquad\qquad \vdots \tag{11.7}$$
$$\mathbf{Y}'_i = N_i(\mathbf{X}'_i - \sum_{j=1}^{i-1} S_{ij'}\mathbf{Y}'_j) \qquad N_i = (1 - \sum_{j=1}^{i-1} S^2_{ij'})^{-1/2}$$

Einsetzen von (11.4) in (11.7) ergibt

$$\sum_{j=1}^{i} T'_{ji}\mathbf{X}'_j = N_i(\mathbf{X}'_i - \sum_{j=1}^{i-1} S_{ij'} \sum_{k=1}^{j} T'_{kj}\mathbf{X}'_k)$$

Koeffizientenvergleich der linken und rechten Seite führt zu

$$T'_{ki} = -N_i \sum_{j=1}^{i-1} S_{ij'}T'_{kj} \qquad k < i$$
$$T'_{ii} = N_i \tag{11.8}$$

Schließlich kann man $S_{ij'}$ mit (11.4) auf S_{ij} zurückführen.

$$S_{ij'} = \sum_{k=1}^{j} T'_{kj}S_{ik} \tag{11.9}$$

Man kann nun sukzessiv durch Anwendung von (11.8) und (11.9) alle Elemente $T_{ij'}$ berechnen. Die Reihenfolge ist
1. Schritt: $N_1, T'_{11}, S_{21'}$
2. Schritt: $N_2, T'_{12}, T'_{22}, S_{31'}, S_{32'}$
3. Schritt: $N_3, T'_{13}, T'_{23}, T'_{33}, S_{41'}, S_{42'}, S_{43'}$ etc.
Zu den Matrixelementen T_{ji} kommt man im allgemeinen Fall, indem man wieder nach (11.3) $T_{ji} = T'_{ji}|\mathbf{Y}_i|/|\mathbf{X}_j|$ setzt.

Beispiel:

$$\mathbf{X}_1 = \frac{1}{2}\begin{pmatrix} \sqrt{3} \\ 1 \end{pmatrix}, \ \mathbf{X}_2 = \begin{pmatrix} \sqrt{3} \\ -1 \end{pmatrix}$$

$$N_1 = T'_{11} = 1, \ S_{21'} = \frac{1}{2}, \ N_2 = \frac{2}{\sqrt{3}}, \ T'_{12} = -\frac{1}{\sqrt{3}}, \ T'_{22} = \frac{2}{\sqrt{3}}$$

$$\Longrightarrow \mathbf{Y}_1 = \frac{1}{2}\begin{pmatrix} \sqrt{3} \\ 1 \end{pmatrix}, \ \mathbf{Y}_2 = \frac{1}{2}\begin{pmatrix} 1 \\ -\sqrt{3} \end{pmatrix}$$

11.2 Löwdin-Orthogonalisierung

Während die Gram-Schmidt-Orthogonalisierung ein sukzessives Verfahren ist, bei dem in Folge ein Vektor nach dem anderen zu bereits orthogonalen Vektoren orthogonalisiert wird, gibt es andere Verfahren, in denen die Orthogonalisierung für alle Vektoren gleichzeitig durchgeführt wird. Das bekannteste ist das Verfahren der symmetrischen Orthogonalisierung nach Löwdin, das besonders in der Quantenchemie verbreitet ist und bei Funktionen gebraucht wird.

Wir nennen die nicht orthogonalen Spaltenvektoren wieder $\mathbf{X}'$ und die orthogonalen Spaltenvektoren $\mathbf{Y}'$. Die Transformationsmatrix $\mathbf{T}'$ ist in diesem Fall

$$\mathbf{T}' = \mathbf{S}^{-1/2} \tag{11.10}$$

Die Matrix $\mathbf{S}^{-1/2}$ ist folgendermaßen definiert.

$$\mathbf{S}^{-1/2}\mathbf{S}^{-1/2} = \mathbf{S}^{-1} \tag{11.11}$$

$\mathbf{S}$ ist die Matrix der Skalarprodukte nach (11.5) und $\mathbf{S}^{-1}$ ist die inverse Matrix zu $\mathbf{S}$. Die Matrix $\mathbf{S}^{-1/2}$ transformiert einen Satz von nicht orthogonalen Einheitsvektoren in einen Satz von orthogonalen Einheitsvektoren

$$\mathbf{Y}' = \mathbf{X}'\mathbf{S}^{-1/2} \tag{11.12}$$

Zur Berechnung von $\mathbf{S}^{-1/2}$ geht man folgendermaßen vor.
Man löst zunächst das Eigenwertproblem für $\mathbf{S}$.

$$\mathbf{SU} = \mathbf{U\Lambda} \tag{11.13}$$

$\mathbf{\Lambda}$ ist eine Diagonalmatrix mit den Eigenwerten $S_1 \ldots S_n$ in der Diagonale. $\mathbf{U}$ ist die unitäre Matrix der Eigenvektoren. Aus (11.13) ergibt sich

$$\mathbf{\Lambda} = \mathbf{U}^{-1}\mathbf{SU}$$

$$\Longrightarrow \mathbf{\Lambda}^{-1} = \mathbf{U}^{-1}\mathbf{S}^{-1}\mathbf{U}$$

$$\Longrightarrow \mathbf{\Lambda}^{-1/2}\mathbf{\Lambda}^{-1/2} = \mathbf{U}^{-1}\mathbf{S}^{-1/2}\mathbf{U}\mathbf{U}^{-1}\mathbf{S}^{-1/2}\mathbf{U}$$

$$\Longrightarrow \mathbf{\Lambda}^{-1/2} = \mathbf{U}^{-1}\mathbf{S}^{-1/2}\mathbf{U}$$

$$\Longrightarrow \mathbf{S}^{-1/2} = \mathbf{U\Lambda}^{-1/2}\mathbf{U}^{-1} \tag{11.14}$$

$\mathbf{S}^{-1/2}$ ist also durch die Eigenvektoren und Eigenwerte von $\mathbf{S}$ berechenbar. Für den Fall zweier nicht orthogonaler Einheitsvektoren $\mathbf{X}_1$ und $\mathbf{X}_2$, deren Projektion aufeinander S ist, ergeben sich folgende Formeln.

$$\mathbf{S} = \begin{pmatrix} 1 & S \\ S & 1 \end{pmatrix}, \ \mathbf{\Lambda} = \begin{pmatrix} 1+S & 0 \\ 0 & 1-S \end{pmatrix}$$

$$\mathbf{\Lambda}^{-1/2} = \begin{pmatrix} (1+S)^{-1/2} & 0 \\ 0 & (1-S)^{-1/2} \end{pmatrix}, \ \mathbf{S}^{-1/2} = \begin{pmatrix} a & b \\ b & a \end{pmatrix}$$

$$a = \frac{1}{2}\left[(1+S)^{-1/2} + (1-S)^{-1/2}\right]$$

$$b = \frac{1}{2}\left[(1+S)^{-1/2} - (1-S)^{-1/2}\right]$$

Beispiel: Orthogonalisierung von zwei Vektoren (Abb. 11.2)

$$\mathbf{X}_1' = \frac{1}{2}\begin{pmatrix}\sqrt{3}\\1\end{pmatrix}, \ \mathbf{X}_2' = \frac{1}{2}\begin{pmatrix}\sqrt{3}\\-1\end{pmatrix}$$

$$S = \tilde{\mathbf{X}}_1'\mathbf{X}_2' = \frac{1}{2}, \ a = \frac{1}{\sqrt{6}} + \frac{1}{\sqrt{2}} > 0, \ b = \frac{1}{\sqrt{6}} - \frac{1}{\sqrt{2}} < 0$$

$$\Longrightarrow \mathbf{Y}_1' = \frac{1}{\sqrt{2}}\begin{pmatrix}1\\1\end{pmatrix}, \ \mathbf{Y}_2' = \frac{1}{\sqrt{2}}\begin{pmatrix}1\\-1\end{pmatrix}$$

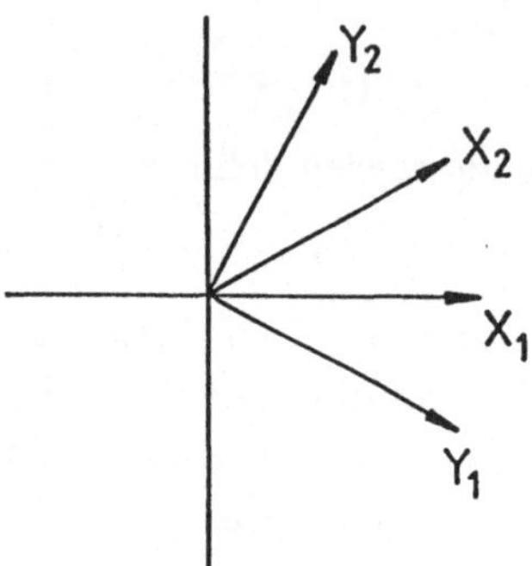

Abb. 11.2.

Die symmetrische Orthogonalisierung transformiert also beide Vektoren $\mathbf{X}_1$ und $\mathbf{X}_2$ in der gleichen Weise, wie aus der obigen Formel für $\mathbf{Y}_1$ und $\mathbf{Y}_2$ ersichtlich ist.

12. Anwendung

12.1 Thermodynamische Kreisprozesse

In der Thermodynamik ist die wechselseitige Umwandlung von Arbeit in Wärme ein zentrales Thema. Wird z.B. durch Änderung des Drucks das Volumen in einem Zylinder geändert, so wird Arbeit geleistet. Wir wollen nun Kreisprozesse betrachten, bei denen Arbeit geleistet wird. Dazu gehen wir von der Zustandsgleichung idealer Gase aus.

$$PV = nRT \tag{12.1}$$

wobei P Druck, V Volumen, T Temperatur die Variablen sind und n Molzahl, R Gaskonstante konstant sind.

Wir betrachten zunächst die *Arbeit bei isothermen und isobaren Prozessen,* die zu einem Kreisprozeß gekoppelt sind (Abb. 12.1).

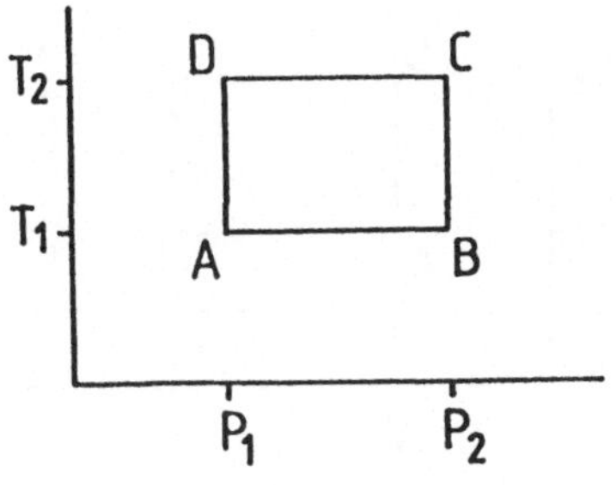

Abb. 12.1.

Die Arbeit für den gesamten Kreisprozeß setzt sich dann aus je zwei isothermen ($T = $ konst) und isobaren ($P = $ konst) Teilprozessen zusammen. Da die Änderung der Arbeit δW folgendermaßen definiert ist

$$\delta W = PdV \tag{12.2}$$

kann man die Arbeit schreiben als

$$
\begin{aligned}
W &= \oint P\,dV \\
&= nRT_1 \int_A^B \frac{dV}{V} + P_2 \int_B^C dV + nRT_2 \int_C^D \frac{dV}{V} + P_1 \int_D^A dV \\
&= nRT_1 \ln \frac{V_B}{V_A} + nRT_2 \ln \frac{V_D}{V_C} + P_2(V_C - V_B) + P_1(V_A - V_D) \\
&= nRT_1 \ln \frac{P_1}{P_2} + nRT_2 \ln \frac{P_2}{P_1} + nR(T_2 - T_1) + nR(T_1 - T_2) \\
&= nR \ln \left(\frac{P_2}{P_1} \right)^{T_2 - T_1}
\end{aligned}
\tag{12.3}
$$

Während sich die isobaren Anteile gegenseitig zu null kompensieren, ist dies bei den isothermen Anteilen nicht der Fall. Bei dem Kreisprozeß ergibt sich eine nicht verschwindende Arbeit. Die Arbeit bildet also in der PT-Ebene kein totales Differential. Deutlicher wird dies wenn man die *Arbeit bei isothermen und isochoren Prozessen* betrachtet. Für einen solchen Kreisprozeß (Abb. 12.2) kann man wieder zwei isotherme und zwei isochore ($V = $ konst) Teilprozesse ansetzen.
Dann gilt

$$W = \oint P\,dV$$

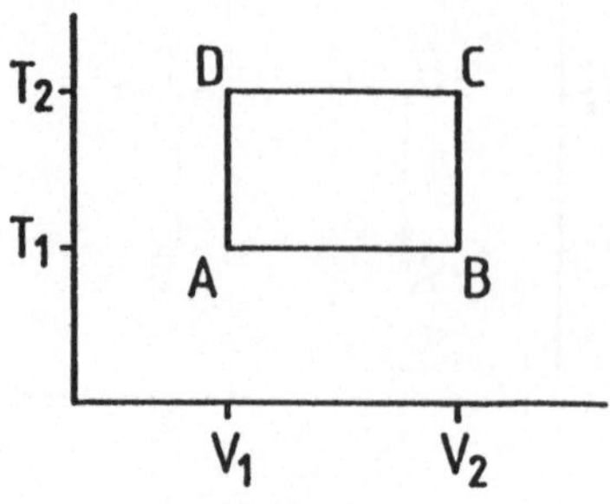

Abb. 12.2.

$$= nRT_1 \int\limits_A^B \frac{dV}{V} + nR \int\limits_B^C \frac{T}{V}\, dV + nRT_2 \int\limits_C^D \frac{dV}{V} + nR \int\limits_D^A \frac{T}{V}\, dV$$

$$= nRT_1 \ln \frac{V_2}{V_1} + nRT_2 \ln \frac{V_1}{V_2}$$

$$= nR \ln \left(\frac{V_1}{V_2}\right)^{T_2 - T_1} \tag{12.4}$$

Hier verschwinden der zweite und der vierte Term, weil das Volumen konstant bleibt.

Um ein wegunabhängiges Integral über eine thermodynamische Größe M in Abhängigkeit von zwei Variablen u und v zu erhalten, muß nach der Kettenregel gelten

$$dM = \frac{\partial M(u,v)}{\partial u}\, du + \frac{\partial M(u,v)}{\partial v}\, dv \tag{12.5}$$

Für Prozesse in der PT-Ebene erfüllt die Freie Energie nach Gibbs diese Voraussetzung. Ihre Darstellung lautet

$$dG = V\, dP - S\, dT$$

$$\text{mit} \quad V = \frac{\partial G}{\partial P}, \; S = -\frac{\partial G}{\partial T} \tag{12.6}$$

Hier ist S die Entropie, die über die Änderung der Wärme δQ_{rev} bei reversiblen Prozessen definiert ist.

$$\delta Q_{rev} = T dS \tag{12.7}$$

Für Prozesse in der VT-Ebene bildet die Freie Energie nach Helmholtz ein totales Differential einfacher Form

$$dA = -P\, dV - S\, dT$$

$$\text{mit} \quad P = -\frac{\partial A}{\partial V}, \; S = -\frac{\partial A}{\partial T} \tag{12.8}$$

Auch die Änderung von Arbeit und Wärme bildet ein totales Differential

$$dU = \delta Q - \delta W \tag{12.9}$$

U ist hier die innere Energie des Systems. Im Sinne einer Funktion von zwei Variablen ist ihre Darstellung in der VS-Ebene besonders einfach.

$$dU = -P\,dV + T\,dS$$
$$\text{mit} \quad P = -\frac{\partial U}{\partial V}, \; T = \frac{\partial U}{\partial S} \tag{12.10}$$

Schließlich kann man die Enthalpie H in der PS-Ebene folgendermaßen darstellen.

$$dH = V\,dP + T\,dS$$
$$\text{mit} \quad V = \frac{\partial H}{\partial P}, \; T = \frac{\partial H}{\partial S} \tag{12.11}$$

Die vier Funktionen $G(P,T), A(V,T), U(V,S), H(P,S)$ können als Gradienten von Potentialen dargestellt werden, die nur von je zwei Variablen abhängen. Bei Kreisprozessen ändern sich diese Größen nicht. In Erweiterung dieser Gedanken kann man zeigen, daß die Entropie wegunabhängig ist. Ein Beispiel für einen reversiblen Prozeß ist der Carnotsche Kreisprozeß, der in der ST-Ebene besonders einfach dargestellt wird (Abb. 12.3). Analog zu den Abb. 12.1 und 12.2 setzt er sich aus je zwei isothermen und adiabatischen Prozessen ($\delta Q = 0$) zusammen.

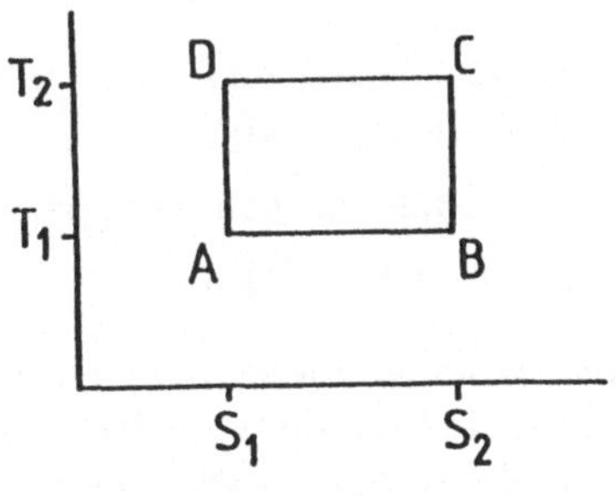

Abb. 12.3.

$\oint T\,dS$ ist die Wärme, die dem System reversibel zugeführt wird. Da Q kein totales Differential bildet, ist das Integral von null verschieden. Explizit kann die Änderung der Entropie z.B. in der VT-Ebene dargestellt werden.

$$dS = \frac{nR}{V}\,dV + \frac{C_V}{T}\,dT \tag{12.12}$$

Hier ist C_V die Wärmekapazität bei konstantem Volumen.
Für irreversible Prozesse bildet die Größe $\delta Q/T$ kein totales Differential und
ein Kreisprozeß über diese Größe ergibt einen von null verschiedenen Wert.

$$\oint \frac{dQ_{irr}}{T} \neq 0 \tag{12.13}$$

12.2 Hückel-Methode

In der Theorie der chemischen Bindung beschreibt man näherungsweise Molekülorbitale (MO's) ψ als Linearkombination von Atomorbitalen (AO's) χ
(Levine [L1])

$$\psi_i = \sum_j c_{ij}\chi_j \tag{12.14}$$

und hat ein Eigenwertproblem für die Energie ϵ_i der Molekülorbitale ψ_i zu
lösen. In Matrixform lautet die Gleichung

$$(\mathbf{H} - \epsilon\mathbf{S})\mathbf{C} = \mathbf{0} \tag{12.15}$$

$\mathbf{H}$ enthält Energien der Atome und Bindungen, $\mathbf{S}$ ist eine Überlappungsmatrix,
$\mathbf{C}$ der Vektor der Koeffizienten für ein MO nach (12.14) und ϵ sind MO-Energien, die man aus

$$|\mathbf{H} - \epsilon\mathbf{S}| = 0 \tag{12.16}$$

erhält.
Für π-Elektronensysteme von Kohlenwasserstoffen sind die Verhältnisse besonders einfach, weil nur ein AO pro Atom zu berücksichtigen ist. Wenn man
nach der Hückel-Methode folgende Näherungen ansetzt,

$$\begin{aligned}
H_{ii} &= \alpha \ \text{ für alle Atome } i \\
H_{ij} &= \beta \ \text{ für Nachbaratome } i,j \\
H_{ij} &= 0 \ \text{ für alle übrigen Atompaare } i,j \\
S_{ij} &= \delta_{ij} \ \text{ Einheitsmatrix}
\end{aligned} \tag{12.17}$$

dann kann man mit dem Atomparameter α und Bindungsparameter β, die
beide negative Werte haben, die Bindungsverhältnisse relativ einfach beschreiben. Wir wollen dies am Fall des Benzols verifizieren. Hier gibt es sechs AO's
$\chi_1 \ldots \chi_6$, aus denen sechs MO's gebildet werden. Die Energiegleichung (12.16)
ergibt mit den Näherungen (12.17)

$$\begin{vmatrix}
\alpha-\epsilon & \beta & 0 & 0 & 0 & \beta \\
\beta & \alpha-\epsilon & \beta & 0 & 0 & 0 \\
0 & \beta & \alpha-\epsilon & \beta & 0 & 0 \\
0 & 0 & \beta & \alpha-\epsilon & \beta & 0 \\
0 & 0 & 0 & \beta & \alpha-\epsilon & \beta \\
\beta & 0 & 0 & 0 & \beta & \alpha-\epsilon
\end{vmatrix} = 0$$

Wir setzen jetzt $x = (\alpha - \epsilon)/\beta$ und erhalten

$$\begin{vmatrix} x & 1 & 0 & 0 & 0 & 1 \\ 1 & x & 1 & 0 & 0 & 0 \\ 0 & 1 & x & 1 & 0 & 0 \\ 0 & 0 & 1 & x & 1 & 0 \\ 0 & 0 & 0 & 1 & x & 1 \\ 1 & 0 & 0 & 0 & 1 & x \end{vmatrix} = 0$$

Die Lösungen für x sind

$$x_1 = 2, x_2 = x_3 = 1, x_4 = x_5 = -1, x_6 = -2$$

Die Eigenvektoren sind

$$\mathbf{C_1} = \begin{pmatrix} 1 \\ 1 \\ 1 \\ 1 \\ 1 \\ 1 \end{pmatrix} \quad \mathbf{C_2} = \begin{pmatrix} 1 \\ -1 \\ 1 \\ -1 \\ 1 \\ -1 \end{pmatrix} \quad \mathbf{C_3} = \begin{pmatrix} 2 \\ 1 \\ -1 \\ -2 \\ -1 \\ 1 \end{pmatrix} \quad \mathbf{C_4} = \begin{pmatrix} 0 \\ 1 \\ 1 \\ 0 \\ -1 \\ -1 \end{pmatrix} \quad \mathbf{C_5} = \begin{pmatrix} 2 \\ -1 \\ -1 \\ 2 \\ -1 \\ -1 \end{pmatrix} \quad \mathbf{C_6} = \begin{pmatrix} 0 \\ 1 \\ -1 \\ 0 \\ 1 \\ -1 \end{pmatrix}$$

Das Energieschema ist in Abb. 12.4 angegeben.

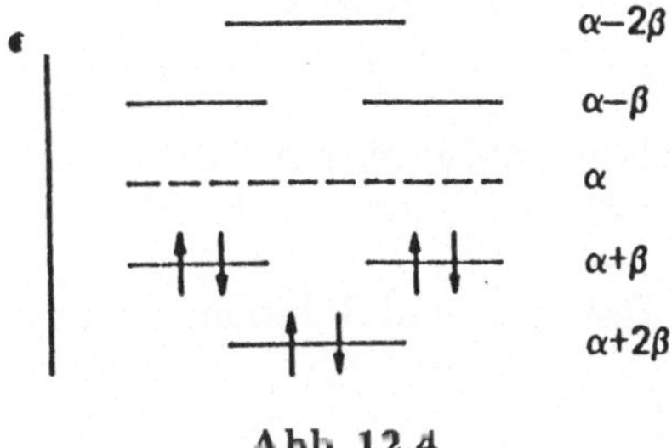

Abb. 12.4.

Die sechs π-Elektronen werden in die niedrigsten drei Orbitale gesetzt, je zwei in ein Orbital mit antiparallelem Spin. Die besetzten Orbitale haben alle eine Energie, die niedriger als die atomare Energie α ist.

C. Aufgaben

1. Beweisen Sie anhand einer Zeichnung, daß die Länge eines Vektors $|\mathbf{A}| = (A_x^2 + A_y^2 + A_z^2)^{1/2}$ ist.

2. Beweisen Sie mit Hilfe von Vektoren, daß sich die Diagonalen im Parallelogramm halbieren.

3. Bestimmen Sie $\mathbf{A}$ und $\mathbf{B}$ algebraisch und geometrisch, wenn $\mathbf{A} + \mathbf{B} = 4\mathbf{j} - \mathbf{i}$ und $\mathbf{A} - \mathbf{B} = \mathbf{i} + 3\mathbf{j}$ ist.

4. Das Dipolmoment einer Punktladungsverteilung ist definiert als

$$\mathbf{D} = \sum_i q_i \mathbf{r}_i$$

wobei q_i positive oder negative Ladungen und $\mathbf{r}_i$ deren Ortsvektoren sind. Eine positive und eine negative Elementarladung im Abstand von 1 Å ergeben ein Dipolmoment von 4.80 Debye. Betrachten Sie H_2O_2 im Punktladungsmodell. Gegeben sind die Nettoladungen der Atome $q_O = -0.2$, $q_H = 0.2$, die Bindungslängen $r_{OO} = 1.467$ Å, $r_{OH} = 0.965$ Å und die Bindungswinkel $\vartheta_{OOH} = 98.5°$. Berechnen Sie das Dipolmoment in Abhängigkeit vom Diederwinkel φ_{HOOH} zwischen den beiden OOH-Ebenen.

5. Wie groß ist der Winkel zwischen den Raumdiagonalen eines Würfels?

6. Es sei $\mathbf{A} = 2\mathbf{i} - \mathbf{j} + 2\mathbf{k}$. a) Bestimmen Sie den Einheitsvektor in Richtung von $\mathbf{A}$. b) Bestimmen Sie den Vektor in Richtung von $\mathbf{A}$, der die Länge 9 hat. c) Suchen Sie einen Vektor senkrecht zu $\mathbf{A}$.

7. In welcher Richtung fällt die Funktion $\Phi = x^2 - y^2 + 2xy$ im Punkt $(1,1)$ am stärksten ab?

8. Suchen Sie die Richtungsableitung der Funktion $\Phi = xy^2 + yz$ im Punkt $(-1, 1, 0)$ in Richtung des Vektors $2\mathbf{i} - \mathbf{j} + 2\mathbf{k}$.

9. Berechnen Sie die Divergenz und Rotation von jedem der folgenden Vektorfelder.
   a) $\mathbf{r} = x\mathbf{i} + y\mathbf{j} + z\mathbf{k}$
   b) $\mathbf{A} = y\mathbf{i} + z\mathbf{j} + x\mathbf{k}$
   c) $\mathbf{A} = x^2\mathbf{i} + y^2\mathbf{j} + z^2\mathbf{k}$
   d) $\mathbf{A} = x^2 y\mathbf{i} + y^2 x\mathbf{j} + xyz\mathbf{k}$

10. Für ein elektromagnetisches Feld mit der elektrischen Feldstärke $\mathbf{E}$ und der magnetischen Feldstärke $\mathbf{H}$ sollen folgende Maxwellsche Gleichungen gelten: div $\mathbf{E}$ = div $\mathbf{H}$ = 0, rot $\mathbf{H} = \partial\mathbf{E}/\partial t$, rot $\mathbf{E} = -\partial\mathbf{H}/\partial t$. Zeigen Sie, daß für beide Felder die Wellengleichung erfüllt ist, d.h. daß gilt: $\nabla^2\mathbf{E} = \partial^2\mathbf{E}/\partial t^2$ und $\nabla^2\mathbf{H} = \partial^2\mathbf{H}/\partial t^2$.

11. Berechnen Sie das Linienintegral $\int(2x - y)dx + (2y - x)dy$ längs folgender Wege von $(0,0)$ bis $(1,1)$.
    a) $y = x^2$
    b) $x = 2t^2 - t, y = t$
    Ist das Integral wegunabhängig?

12. Berechnen Sie das Linienintegral $\oint(x+y)dx - 2x\,dy$ längs folgender geschlossener Wege im Gegenuhrzeigersinn,
a) dem Kreis $x^2 + y^2 = 1$
b) dem Quadrat mit den Ecken $(1,1),(-1,1),(-1,-1),(1,-1)$.

13. Integrieren Sie das Vektorfeld $\mathbf{A} = x^2\mathbf{i}+y^2\mathbf{j}+z^2\mathbf{k}$ skalar über die gesamte Oberfläche eines Würfels der Seitenlänge 1 und vier seiner Ecken bei $(0,0,0)$, $(0,0,1)$, $(0,1,0)$, $(1,0,0)$.
Berechnen Sie das gleiche Integral mit Hilfe des Divergenztheorems.

14. Berechnen Sie die Skalenfaktoren h_i, die Einheitsvektoren $\mathbf{e}_\rho, \mathbf{e}_\varphi, \mathbf{e}_z$, den Kurvenvektor $d\mathbf{r}$, das Kurvenlängenelement ds und das Volumenelement dV in Zylinderkoordinaten.

15. Bestimmen und skizzieren Sie die Koordinatenflächen folgender Koordinatensysteme.
a) Parabolische Zylinderkoordinaten u, v, z
$x = 1/2(u^2 - v^2),\quad y = uv,\quad z = z$
b) Paraboloidkoordinaten u, v, φ
$x = uv\cos\varphi,\quad y = uv\sin\varphi,\quad z = 1/2(u^2 - v^2)$

16. Schreiben Sie den Vektor $\mathbf{A} = x(x^2 + y^2)^{1/2}\mathbf{i} + y(x^2 + y^2)^{1/2}\mathbf{j}$ in Zylinderkoordinaten.

17. Schreiben Sie $\nabla\Phi, \nabla^2\Phi, \nabla\cdot\mathbf{A}, \nabla\times\mathbf{A}$ in Polarkoordinaten für $\Phi = z^2$ und $\mathbf{A} = z\mathbf{k}$.

18. An drei verschiedenen Orten wurden an drei verschiedenen Tagen Wasserproben genommen. Es wurden die Ca^{2+}- und die SO_4^{2-}-Ionenkonzentrationen bestimmt.

$[Ca^{2+}]\,/\frac{mmol}{l}$	Ort 1	Ort 2	Ort 3
Tag 1	1.107	1.066	1.084
Tag 2	1.049	1.018	0.981
Tag 3	1.250	1.225	1.177

$[SO_4^{2-}]\,/\frac{mmol}{l}$	Ort 1	Ort 2	Ort 3
Tag 1	0.770	0.754	0.708
Tag 2	0.644	0.599	0.615
Tag 3	0.790	0.756	0.826

Bestimmen Sie durch Matrixoperationen folgende Größen:
a) temporäre Härte (Carbonathärte)
b) permanente Härte (Sulfathärte),
c) Gesamthärte in Grad deutscher Härte.
Hinweis: $1°$ deutscher Härte entspricht 1 mg CaO pro 100 cm^3. Temporäre Härte wird durch $CaCO_3$, permanente Härte durch $CaSO_4$ verursacht. Die Wasserhärte soll ausschließlich durch diese beiden Bestandteile verursacht sein.

19. Bei der Verbrennung von Kohlenstoff sind folgende Reaktionen möglich

$C + 1/2\,O_2 \to CO$
$CO + 1/2\,O_2 \to CO_2$
$C + O_2 \to CO_2$
$C + CO_2 \to 2\,CO$
Sind diese Gleichungen stöchiometrisch unabhängig?

20. Die Paulischen Spinmatrizen der Quantenmechanik sind

$$\mathbf{A} = \begin{pmatrix} 0 & 1 \\ 1 & 0 \end{pmatrix}, \quad \mathbf{B} = \begin{pmatrix} 0 & -i \\ i & 0 \end{pmatrix}, \quad \mathbf{C} = \begin{pmatrix} 1 & 0 \\ 0 & -1 \end{pmatrix}$$

Berechnen Sie $\mathbf{A}^2, \mathbf{B}^2, \mathbf{C}^2$. Sind $\mathbf{A}, \mathbf{B}, \mathbf{C}$ paarweise vertauschbar? Sind sie hermitesch?

21. Gegeben seien folgende Matrizen

$$\mathbf{A} = \begin{pmatrix} 1 & -1 \\ 0 & i \end{pmatrix}, \quad \mathbf{B} = \begin{pmatrix} 2 & 1 & -1 \\ 0 & 3 & 5 \end{pmatrix}, \quad \mathbf{C} = \begin{pmatrix} 0 & 1 \\ -1 & 0 \end{pmatrix}$$

Berechnen Sie oder bezeichnen Sie als undefiniert folgende Kombinationen: $\tilde{\mathbf{A}}, \mathbf{A}^*, \mathbf{A}^\dagger, \mathbf{AB}, \tilde{\mathbf{A}}\tilde{\mathbf{B}}, \tilde{\mathbf{B}}\tilde{\mathbf{A}}, \mathbf{B}\tilde{\mathbf{A}}, \tilde{\mathbf{B}}\mathbf{C}, \mathbf{C}\tilde{\mathbf{B}}, \mathbf{ABC}, \mathbf{A}\tilde{\mathbf{B}}\mathbf{C}, \tilde{\mathbf{B}}\mathbf{AC}$.

22. Beweisen Sie, daß $\widetilde{(\mathbf{AB})} = \tilde{\mathbf{B}}\tilde{\mathbf{A}}$ ist. Leiten Sie aus diesem Ergebnis her, daß $\tilde{\mathbf{A}}\mathbf{A}$ symmetrisch ist.

23. Berechnen Sie folgende Determinante a) mit Hilfe der Laplaceentwicklung, b) mit Hilfe von Determinantenumformungen

$$D = \begin{vmatrix} 1 & 1 & 1 & 1 \\ 1 & 2 & 3 & 4 \\ 1 & 3 & 6 & 10 \\ 1 & 4 & 10 & 20 \end{vmatrix}$$

24. Berechnen Sie folgende Determinanten

$$\text{a)}\; D = \begin{vmatrix} 1 & 2 & 3 & 4 & 5 \\ 0 & 1 & 2 & 3 & 4 \\ 0 & 0 & 1 & 2 & 3 \\ 0 & 0 & 0 & 1 & 2 \\ 0 & 0 & 0 & 0 & 1 \end{vmatrix} \qquad \text{b)}\; D = \begin{vmatrix} 0 & 5 & -2 & -3 & 1 \\ -5 & 0 & 2 & 6 & -2 \\ 2 & -2 & 0 & -3 & 7 \\ -3 & -6 & 3 & 0 & -3 \\ 1 & 2 & -7 & 3 & 0 \end{vmatrix}$$

25. Was ist falsch bei folgendem Argument? Wenn wir die erste Zeile einer Determinante zur zweiten Zeile addieren und die zweite Zeile zur ersten Zeile, dann sind die beiden ersten Zeilen der Determinante gleich und der Wert der Determinante ist null.

26. Benutzen Sie Determinanteneigenschaften um zu beweisen, daß

$$\begin{vmatrix} 1 & a & bc \\ 1 & b & ac \\ 1 & c & ab \end{vmatrix} = \begin{vmatrix} 1 & a & a^2 \\ 1 & b & b^2 \\ 1 & c & c^2 \end{vmatrix} = (b-a)(c-a)(c-b)$$

Beweisen Sie dies nicht durch Entwicklung der Determinante!

27. Bestimmen Sie den Rang folgender Matrizen.

$$\text{a)} \begin{pmatrix} 1 & 1 & 2 \\ 2 & 4 & 6 \\ 3 & 2 & 5 \end{pmatrix} \qquad \text{b)} \begin{pmatrix} 2 & -3 & 5 & 3 \\ 4 & -1 & 1 & 1 \\ 3 & -2 & 3 & 4 \end{pmatrix} \qquad \text{c)} \begin{pmatrix} 1 & 0 & 1 & 0 \\ -1 & -2 & -1 & 0 \\ 2 & 2 & 5 & 3 \\ 2 & 4 & 8 & 6 \end{pmatrix}$$

28. Zeigen Sie, daß die Zeilen der Matrix

$$\mathbf{W} = \begin{pmatrix} a_1 & a_2 & \dots & a_n \\ b_1 & b_2 & \dots & b_n \\ c_1 & c_2 & \dots & c_n \end{pmatrix}$$

linear abhängige Sätze von Konstanten bilden, wenn die Matrix den Rang 2 hat.

29. Beweisen Sie ohne Rechnung, daß folgende Matrix

$$\mathbf{A} = \begin{pmatrix} 0 & 2 & -3 \\ -2 & 0 & 4 \\ 3 & -4 & 0 \end{pmatrix}$$

singulär ist und bestimmen Sie ihren Rang.

30. Gegeben seien die Matrizen

$$\mathbf{A} = \begin{pmatrix} 1 & -1 & 1 \\ 4 & 0 & -1 \\ 4 & -2 & 0 \end{pmatrix} \quad \mathbf{B} = \begin{pmatrix} 1 & 0 & 1 \\ 2 & 1 & 1 \\ 2 & 1 & 2 \end{pmatrix}$$

Berechnen Sie $\mathbf{A}^{-1}, \mathbf{B}^{-1}, \mathbf{B}^{-1}\mathbf{A}\mathbf{B}$. Sind $\mathbf{A}$ und $\mathbf{B}$ äquivalent?

31. In der Theorie der chemischen Bindung wird die Wellenfunktion für ein System von Elektronen ($i = 1 \dots n$) eines Moleküls als Slaterdeterminante von Spinorbitalen $S_j (j = 1 \dots n)$ geschrieben.

$$D = \begin{vmatrix} S_1(1) & \dots & S_n(1) \\ \vdots & & \\ S_1(n) & \dots & S_n(n) \end{vmatrix}$$

Jedes Spinorbital S_j ist Produkt eines Raumorbitals ψ_j und einer Spinfunktion α oder β. Berechnen Sie die Slaterdeterminante für ein System von zwei Elektronen, die a) gleichen Spin oder b) verschiedenen Spin haben. Welche Bedingung muß erfüllt sein, damit die Wellenfunktion nicht verschwindet?

32. Suchen Sie für jeden Satz von Funktionen die Wronski-Determinante und entscheiden Sie, ob der Satz linear abhängig ist.
a) e^x, e^{-x}, b) $\cos x, \cos^3 x, \cos 3x$, c) x, e^x, xe^x, d) $\sin x, \cos x, e^{-x}$.

33. Beweisen Sie, daß zwei Funktionen f_1 und f_2 linear abhängig sind, wenn ihre Wronski-Determinante verschwindet.

34. Untersuchen Sie mit Hilfe des Rangs, ob folgende Gleichungen Lösungen haben und bestimmen Sie diese gegebenenfalls.

$$
\begin{array}{ll}
\text{a)} \quad
\begin{aligned}
x - y + z &= 5 \\
2x + 3y - z &= 4 \\
2x - 2y + 4z &= 6
\end{aligned}
& \qquad \text{b)} \quad
\begin{aligned}
3x + y + 3z + 6w &= 0 \\
4x - 7y - 3z + 5w &= 0 \\
x + 3y + 4z - 3w &= 0 \\
3x \qquad + 2z + 7w &= 0
\end{aligned}
\end{array}
$$

35. Finden Sie eine Bedingung dafür, daß vier Punkte im Raum in einer Ebene liegen. Die Gleichung einer Ebene ist $ax + by + cz = d$, wobei a, b, c, d konstant und x, y, z die Koordinaten der Punkte der Ebene sind.

36. Zeigen Sie, daß die lineare Transformation

$$
\mathbf{Y} = \begin{pmatrix} 1 & 1 & 0 \\ 2 & 3 & 1 \\ -2 & 3 & 5 \end{pmatrix} \mathbf{X}
$$

singulär ist und die Bilder $\mathbf{Y}_1, \mathbf{Y}_2, \mathbf{Y}_3$ der linear unabhängigen Vektoren

$$
\mathbf{X}_1 = \begin{pmatrix} 1 \\ 1 \\ 1 \end{pmatrix}, \quad
\mathbf{X}_2 = \begin{pmatrix} 2 \\ 1 \\ 2 \end{pmatrix}, \quad
\mathbf{X}_3 = \begin{pmatrix} 1 \\ 2 \\ 3 \end{pmatrix}
$$

linear abhängig sind.

37. Es seien zwei Koordinatensysteme $\mathbf{Z}$ und $\mathbf{W}$ mit folgenden Basisvektoren gegeben

$$
\mathbf{Z}_1 = \begin{pmatrix} 1 \\ 0 \\ 0 \end{pmatrix}, \quad
\mathbf{Z}_2 = \begin{pmatrix} 1 \\ 0 \\ 1 \end{pmatrix}, \quad
\mathbf{Z}_3 = \begin{pmatrix} 1 \\ 1 \\ 1 \end{pmatrix}
$$

$$
\mathbf{W}_1 = \begin{pmatrix} 0 \\ 1 \\ 0 \end{pmatrix}, \quad
\mathbf{W}_2 = \begin{pmatrix} 1 \\ -1 \\ 1 \end{pmatrix}, \quad
\mathbf{W}_3 = \begin{pmatrix} 1 \\ 2 \\ 3 \end{pmatrix}
$$

Ein Vektor $\mathbf{X}$ habe im Koordinatensystem $\mathbf{Z}$ die Koordinaten $x_{1Z} = 1, x_{2Z} = 1, x_{3Z} = 2$. Wie lauten die Koordinaten x_{1W}, x_{2W}, x_{3W} im Koordinatensystem $\mathbf{W}$?

38. Orthogonalisieren Sie den folgenden Satz von Vektoren nach der Gram-Schmidt-Methode.

$$\mathbf{A}_1 = \mathbf{i} + 2\mathbf{j} + \mathbf{k}, \quad \mathbf{A}_2 = 6\mathbf{i} + 4\mathbf{j} - 2\mathbf{k}, \quad \mathbf{A}_3 = 2\mathbf{i} - \mathbf{j} - 6\mathbf{k}$$

39. Orthogonalisieren Sie die Vektoren $\mathbf{X}_1 = \mathbf{i}$ und $\mathbf{X}_2 = \frac{\sqrt{3}}{2}\mathbf{i} + \frac{1}{2}\mathbf{j}$ nach der Löwdin-Methode.

40. In der Hückel-Methode der chemischen Bindung werden Molekülorbital-niveaus als Eigenwerte von symmetrischen reellen Matrizen bestimmt. Im einfachsten Fall eines zweiatomigen Moleküls mit je einem Atomorbital an jedem Zentrum hat die Hückel-Matrix folgende Form:

$$\mathbf{H} = \begin{pmatrix} \alpha_a & \beta_{ab} \\ \beta_{ab} & \alpha_b \end{pmatrix}$$

Bestimmen Sie die Eigenwerte dieser Matrix für negative α und β. Vergleichen Sie die Eigenwerte mit den Diagonalelementen α_a bzw. α_b für a) $\alpha_a = \alpha_b$, b) $\alpha_a < \alpha_b$.

41. Für die folgende Matrix $\mathbf{A}$ soll eine orthogonale Matrix $\mathbf{P}$ angegeben werden, so daß $\mathbf{P}^{-1}\mathbf{A}\mathbf{P}$ diagonal ist und als Diagonalelemente die Eigenwerte von $\mathbf{A}$ enthält. Geben Sie diese Eigenwerte explizit an.

$$\mathbf{A} = \begin{pmatrix} 4 & 0 & 3 \\ 0 & 2 & 0 \\ 3 & 0 & -4 \end{pmatrix}$$

42. Bringen Sie folgende Matrix

$$\mathbf{A} = \begin{pmatrix} \cos\varphi & \sin\varphi & 0 \\ -\sin\varphi & \cos\varphi & 0 \\ 0 & 0 & 1 \end{pmatrix}$$

durch Lösen des Eigenwertproblems auf Diagonalform. Sind die Eigenwerte reell?

II. Gruppentheorie

A. Abstrakte Gruppen

1. Grundlagen

1.1 Mengen

Eine Menge ist eine Zusammenfassung von unterscheidbaren Objekten unserer Anschauung. Die Objekte werden Elemente der Menge genannt. Mengen werden im folgenden mit großen Buchstaben $\mathbf{A}, \mathbf{B}, \mathbf{C}\ldots$ bezeichnet, Elemente mit kleinen Buchstaben $a, b, c\ldots$ Endliche Mengen werden häufig durch Aufzählung ihrer Elemente angegeben. Man schreibt

$$\mathbf{M} = \{a, b, c\}$$

für die Menge der Elemente a, b, c. Unendliche Mengen können durch besondere Kennzeichnung ihrer Elemente definiert werden. Diese Spezifizierung wird durch das Zeichen | abgetrennt.

Beispiel:
a) die Menge der ganzen Zahlen $\{n \mid n$ ganzzahlig$\}$
b) die Menge der zweireihigen Matrizen
c) die Menge verschiedener Geometrien dreiatomiger Moleküle

Der Ausdruck in Klammern bei a) bedeutet die Menge aller n mit der Eigenschaft n ganzzahlig.

Um zu kennzeichnen, daß ein Element zu einer Menge gehört, schreibt man

$$a \in \mathbf{M}$$

d.h. a ist ein Element von $\mathbf{M}$.

$$d \notin \mathbf{M}$$

bedeutet, d ist nicht ein Element von $\mathbf{M}$.

Wenn jedes Element einer Menge $\mathbf{S}$ auch Element der Menge $\mathbf{T}$ ist, bezeichnen wir $\mathbf{S}$ als *Untermenge* von $\mathbf{T}$ und schreiben

$$\mathbf{S} \subseteq \mathbf{T}$$

$S \subset T$ bedeutet, daß S eine echte Untermenge von T ist, d.h. daß T Elemente enthält, die nicht in S sind. $S = T$ bedeutet, daß jedes Element von T auch Element von S ist.

Für zwei Mengen S und T definieren wir ihre *Vereinigung* oder *Summe*

$$S \cup T = \{a \,|\, a \in S \quad \text{oder} \quad a \in T\} \tag{1.1}$$

und ihren *Durchschnitt*

$$S \cap T = \{a \,|\, a \in S \quad \text{und} \quad a \in T\} \tag{1.2}$$

Der Durchschnitt von S und T ist eine Untermenge von S und T, während S und T Untermengen der Vereinigungsmenge sind.

Beispiel:

$$a) \quad \{2,3\} \cup \{3,4\} = \{2,3,4\}$$
$$b) \quad \{2,3\} \cap \{3,4\} = \{3\}$$
$$c) \quad \{2,3\} \cap \{4,5\} = \{\}$$

Im Fall c) ist der Durchschnitt die leere Menge, die kein Element enthält. Die leere Menge wird auch mit $\emptyset$ bezeichnet. Zur abschließenden Übung wollen wir einige Feststellungen mit richtig oder falsch bewerten.

	Feststellung	Antwort
a)	$1 \in \{1\}$	richtig
b)	$3 \in \{2,4\}$	falsch
c)	$z \notin \{a,b\}\ z \neq a$ und $z = b$	falsch
d)	Für jede Menge S gilt $S \subseteq S$	richtig
e)	$\{a\} \subset \{b,c \mid b=a\}$	richtig
f)	$\{a\} \cup \{a,b\} \cup \{b,c\} = \{a,b,c\}$	richtig
g)	$\{a\} \cap \{a,b\} \cap \{b,c\} = \{b\}$	falsch

1.2 Abbildungen

Wenn S und T zwei nicht leere Mengen sind, bedeutet eine *Abbildung* von S *in* T eine Zuordnung eines eindeutigen Elements der Menge T zu jedem Element der Menge S. Es dürfen also nicht mehrere Elemente von T einem einzelnen Element von S zugeordnet werden. Andererseits können aber mehrere Elemente von S einem Element von T zugeordnet werden. Wir bezeichnen Abbildungen mit kleinen griechischen Buchstaben

$$\alpha : S \to T$$

Wenn α einem Element $s \in S$ ein Element $t \in T$ zuordnet, schreiben wir

$$\alpha : s \to t \quad \text{oder} \quad \alpha(s) = t \tag{1.3}$$

t heißt das Bild von s unter α. Nicht alle Elemente von T müssen Bilder von Elementen von S sein. Wenn alle Elemente von T Bilder sind, sprechen wir von einer *Abbildung* von **S** *auf* **T**. Wir nennen eine Abbildung von **S** auf **T** umkehrbar eindeutig oder *eineindeutig*, wenn jedes Element von **T** genau einem Element von **S** zugeordnet ist.

Beispiele:

a) $S = \{2,3,4\}, T = \{2,5,6\}$

$\alpha_1 : S \to T,\ 2 \to 5,\ 3 \to 2,\ 4 \to 6$

$\alpha_2 : S \to T,\ 2 \to 2,\ 3 \to 2,\ 4 \to 5$

α_1: ist eineindeutig. α_2 ist nur eindeutig, d.h. es existiert keine Abbildung von **T** nach **S**.

b) $P = \{n|n \text{ ganzzahlig }\}$

$\alpha : P \to P$ mit $n \to n^2$

Dies bedeutet $0 \to 0, 1 \to 1, 2 \to 4, \ldots -1 \to 1, -2 \to 4 \ldots$

c) $P = \{n|n \text{ ganzzahlig }\}$

$\alpha : P \to P$ mit $n \to n + 1$

Dies bedeutet $\ldots -2 \to -1, -1 \to 0, 0 \to 1, 1 \to 2 \ldots$

Es handelt sich im Fall c) um eine eineindeutige Abbildung von **P** auf sich. Man kann den Begriff der Abbildung auch auf Vektorräume ausdehnen. Dabei bildet man Vektoren $X_i \in V$ auf Vektoren $Y_i \in W$ ab. Hierbei spielen lineare Abbildungen eine wichtige Rolle.

Definition 1: Eine Abbildung α eines Vektorraums **V** auf einen Vektorraum **W** heißt linear, wenn für Vektoren X_i folgende Bedingungen erfüllt sind.

$$\alpha(X_i + X_j) = \alpha(X_i) + \alpha(X_j)$$

$$\alpha(cX_i) = c\alpha(X_i) \tag{1.4}$$

1.3 Binäroperationen

Wir betrachten Elemente einer Menge **S**. Wir ordnen nun jedem *Paar* von Elementen s_1 und s_2 ein Element s_3 zu.

$$(s_1, s_2) \to s_3 \qquad s_1, s_2, s_3 \in S \tag{1.5}$$

Diese Abbildung von Elementpaaren auf ein einzelnes Element von **S** nennen wir eine *Binäroperation* in **S**. Eine solche Operation ist abgeschlossen, weil mit zwei Elementen auch das Bild in **S** liegt.

Beispiele:

a) Menge der ganzen Zahlen, Operation Addition

$$(m, n) \to m + n$$

speziell $(2,3) \to 5$ oder $2 + 3 = 5$

b) Menge der ganzen Zahlen, Operation Multiplikation

$$(m, n) \to mn$$

speziell $(2,3) \to 6$ oder $2 \cdot 3 = 6$

c) Menge der ganzen Zahlen, Operation "Kreis"

$$(a,b) \to a \circ b = a - b + ab$$

d) Menge der Funktionen $f_1(x) = x, f_2(x) = 1 - x$, Operation "Nacheinanderausführen"

Wie man im Fall c) sieht, muß das kommutative Gesetz bei Binäroperationen nicht gelten. Denn es ist $a \circ b \neq b \circ a$ für $a \neq b$, weil $a - b + ab \neq b - a + ab$ ist. Fall d) bedeutet, daß die Funktion einer Funktion berechnet wird. Als Beispiel kann man leicht nachvollziehen

$$f_1 f_2 = f_1(f_2(x)) = f_1(1 - x) = 1 - x = f_2$$

$$f_2 f_2 = f_2(f_2(x)) = f_2(1 - x) = x = f_1$$

Bei endlichen Mengen können wir das Ergebnis der Zuordnung übersichtlich in einer Tabelle anordnen. Für die Menge $\mathbf{S} = \{1, 2, 3\}$ mit der Binäroperation μ: $(1,1) \to 1$, $(1,2) \to 1$, $(1,3) \to 2$, $(2,1) \to 2$, $(2,2) \to 3$, $(2,3) \to 3$, $(3,1) \to 1$, $(3,2) \to 3$, $(3,3) \to 2$ schreibt man

$$
\begin{array}{c|ccc}
 & 1 & 2 & 3 \\
\hline
1 & 1 & 1 & 2 \\
2 & 2 & 3 & 3 \\
3 & 1 & 3 & 2 \\
\end{array}
\tag{1.6}
$$

Eine solche Tabelle wird Multiplikationstabelle genannt. Dieser Ausdruck wird auch gebraucht, wenn es sich bei der Operation nicht um eine Multiplikation handelt.

2. Gruppen

2.1 Eigenschaften von Gruppen

Definition 1: Eine Menge $\mathbf{M}$ von Elementen $a, b, c \ldots$, in der eine Operation $\circ$ definiert ist, bildet eine Gruppe G, wenn folgende Bedingungen erfüllt sind:

a) Abgeschlossenheit

$$x \circ y = z \quad x, y \in \mathbf{M} \implies z \in \mathbf{M} \tag{2.1}$$

   d.h. die Operation $\circ$ ist eine Binäroperation

b) Assoziatives Gesetz

$$x \circ (y \circ z) = (x \circ y) \circ z \quad x, y, z \in \mathbf{M} \tag{2.2}$$

c) Existenz eines Neutralelements e

$$e \circ x = x \circ e = x \quad e \in \mathbf{M} \quad \text{für alle} \quad x \in \mathbf{M} \tag{2.3}$$

d) Existenz eines Inversen x^{-1} für jedes Element x

$$x \circ x^{-1} = e \quad x, x^{-1} \in \mathbf{M} \tag{2.4}$$

Die Anzahl g der Elemente heißt die Ordnung der Gruppe. Wir müssen hierbei beachten, daß unter den Mengenelementen $a, b, c \ldots$ auch das Neutralelement e und die Inversen $a^{-1}, b^{-1}, c^{-1} \ldots$ schon vorhanden sind. Jedes Element ist eindeutig, d.h. es kommt nur einmal vor. Wir wollen jetzt beweisen, daß es in einer Gruppe nur ein Inverses zu einem Element gibt.

Theorem 1: Das Inverse eines Elementes ist eindeutig.

Beweis:
a) Die Existenz des Rechtsinversen bedingt die Existenz des Linksinversen.

$$\begin{aligned}
\text{Sei} \quad a \circ a^{-1} &= e \\
\Longrightarrow \quad (a \circ a^{-1}) \circ a &= e \circ a \\
a \circ (a^{-1} \circ a) &= a \\
a^{-1} \circ a &= e
\end{aligned} \tag{2.5}$$

Hier wird zunächst auf beiden Seiten der ersten Gleichung mit a von rechts die Operation "Kreis" ausgeführt, dann das Assoziativgesetz angewandt und im dritten Schritt die Eigenschaft des Neutralelements, andere Elemente unverändert zu lassen, ausgenutzt. Daraus folgt, daß ein Rechtsinverses auch Linksinverses ist.

b) Es gibt nur ein Rechtsinverses

$$\begin{aligned}
\text{Sei} \quad a \circ a_1^{-1} &= a \circ a_2^{-1} = e \\
\Longrightarrow \quad a_1^{-1} \circ (a \circ a_2^{-1}) &= a_1^{-1} \circ e \\
(a_1^{-1} \circ a) \circ a_2^{-1} &= a_1^{-1} \\
a_2^{-1} &= a_1^{-1}
\end{aligned} \tag{2.6}$$

Es wird zunächst angenommen, daß es zwei verschiedene Rechtsinverse a_1^{-1} und a_2^{-1} gibt. Danach wird mit a_1^{-1} eine Operation von links ausgeführt, das Assoziativgesetz angewandt und die Eigenschaft des Neutralelements ausgenutzt. Daraus ergibt sich, daß beide Rechtsinverse gleich sein müssen. Wir wollen im folgenden die Verknüpfung $a \circ b$ von zwei Elementen a und b ihr Produkt nennen und die Operation Multiplikation, wenn nicht ausdrücklich eine andere Operation gewählt wird. Damit formulieren wir das folgende Theorem.

Theorem 2: Das Inverse eines Produktes ist das Produkt der Inversen in umgekehrter Reihenfolge.

Beweis:

$$\text{Sei } (a \circ b)^{-1} \circ (a \circ b) = e$$
$$\implies (a \circ b)^{-1} \circ a \circ b \circ b^{-1} = e \circ b^{-1}$$
$$(a \circ b)^{-1} \circ a = b^{-1} \tag{2.7}$$
$$(a \circ b)^{-1} \circ a \circ a^{-1} = b^{-1} \circ a^{-1}$$
$$(a \circ b)^{-1} = b^{-1} \circ a^{-1}$$

Mit Hilfe von Theorem 1 kann man ein weiteres Theorem beweisen.

Theorem 3: Für beliebige Elemente a und b der Gruppe gibt es eindeutige Lösungen für die Gleichungen $a \circ x = b, y \circ a = b$.

Beweis:

$$\text{Sei } a \circ x = b$$
$$\implies a^{-1} \circ (a \circ x) = a^{-1} \circ b$$
$$(a^{-1} \circ a) \circ x = a^{-1} \circ b \tag{2.8}$$
$$x = a^{-1} \circ b$$

$$\text{Sei } y \circ a = b$$
$$\implies (y \circ a) \circ a^{-1} = b \circ a^{-1}$$
$$y \circ (a \circ a^{-1}) = b \circ a^{-1} \tag{2.9}$$
$$y = b \circ a^{-1}$$

Wegen der Eindeutigkeit des Inversen a^{-1} sind x und y eindeutig. Allerdings kann man nicht sagen, daß x gleich y ist. Im allgemeinen gilt nämlich das kommutative Gesetz in Gruppen nicht. Gruppen, in denen alle Elemente miteinander kommutieren, faßt man unter einem besonderen Namen zusammen.

Definition 2: Eine Gruppe **G** heißt eine abelsche Gruppe, wenn für beliebige Elemente x, y von **G** die Gruppenoperation kommutativ ist.

$$x \circ y = y \circ x \quad x, y \in \mathbf{G} \tag{2.10}$$

In Tabelle 2.1 ist eine Übersicht über einige bekannte Zahlenmengen mit den Operationen Addition und Multiplikation gegeben, die im Hinblick auf Gruppeneigenschaften geprüft werden.
Nicht nur Zahlen, sondern auch z.B. Funktionen können Elemente von Gruppen sein. So bilden z.B. die im Unterabschnitt 1.3 behandelten Funktionen $f_1(x) = x$ und $f_2(x) = 1 - x$ unter der Operation Nacheinanderausführen eine Gruppe. Denn es gilt

$$f_1 f_1 = f_1, \quad f_1 f_2 = f_2, \quad f_2 f_1 = f_2, \quad f_2 f_2 = f_1$$

Ebenso können Matrizen Elemente von Gruppen sein. Die Gesamtheit aller n-reihigen Matrizen bildet eine Gruppe bezüglich Addition. Matrizen bilden jedoch im allgemeinen keine Gruppen bezüglich Multiplikation. Hierbei muß

Tabelle 2.1. Gruppeneigenschaften unendlicher Zahlenmengen

Menge	Art	Operation	Gruppe
positive ganze Zahlen	abzählbar	Addition	nein, keine Inversen
ganze Zahlen	abzählbar	Addition	ja
ganze Zahlen	abzählbar	Multiplikation	nein, keine Inversen für $n \neq -1, 1$
reelle Zahlen	kontinuierlich	Addition	ja
reelle Zahlen $\{x \mid \frac{1}{a} \leq x \leq a\}$	kontinuierlich	Multiplikation	nein, keine Abgeschlossenheit
reelle Zahlen $\{x \mid 0 < x\}$	kontinuierlich	Multiplikation	ja
reelle Zahlen	kontinuierlich	Multiplikation	nein, kein Inverses für 0

sichergestellt werden, daß Inverse existieren. Diese Voraussetzung ist nur für quadratische, nicht singuläre Matrizen erfüllt.

2.2 Konstruktion von Gruppen

Um Gruppen zu konstruieren, muß man nach folgendem Schema vorgehen
a) Definition einer nicht leeren Menge **M**
b) Definition einer Binäroperation
c) Nachweis des Assoziativgesetzes
d) Nachweis der Existenz eines Neutralelements
e) Nachweis der Existenz eines Inversen für jedes Element
Wir konstruieren nun Gruppen von zwei bis vier Elementen. Es sei die Menge $\mathbf{M} = \{0, 1\}$ mit der Operation Addition gegeben. Dann müssen folgende Rechenregeln gelten

$$\begin{aligned}
\text{a)} \quad 0 + 0 &= 0 \qquad \text{weil 0 das Neutralelement sein soll} \\
0 + 1 &= 1 \\
1 + 0 &= 1 \\
1 + 1 &= 0 \qquad \text{weil 1 ein Inverses haben muß}
\end{aligned}$$

Wir müssen also von den gewohnten Rechenregeln nur bei der letzten Gleichung Abstand nehmen. Hier könnten wir allerdings noch an ein binäres Zahlensystem denken, bei dem nur die letzte Ziffer als Ergebnis einer Addition gewählt wird. Wesentlich unkonventioneller wären folgende Rechenregeln

$$\begin{aligned}
\text{b)} \quad 0 + 0 &= 1 \qquad \text{oder} \qquad \text{c)} \quad 0 \cdot 0 = 0 \\
0 + 1 &= 0 \qquad\qquad\qquad\quad\; 0 \cdot 1 = 1 \\
1 + 0 &= 0 \qquad\qquad\qquad\quad\; 1 \cdot 0 = 1 \\
1 + 1 &= 1 \qquad\qquad\qquad\quad\; 1 \cdot 1 = 0
\end{aligned}$$

Hier treten im Rahmen der Gruppendefinition keine Widersprüche auf. Im Fall b) ist 1 das Neutralelement. b) ist mit a) identisch, wenn die Elemente 0 und 1 vertauscht werden. Fall c) ist mit a) identisch, wenn man die Addition durch Multiplikation ersetzt. Man muß also die Idee aufgeben, daß es sich bei der Menge um die gewohnten Zahlen handelt und bei der Operation um die gewohnte Addition oder Multiplikation. Das Vorstellungsvermögen wird weniger strapaziert, wenn wir unter 0 eine Drehung um 360° um eine Achse verstehen und unter 1 eine Drehung um 180° um die gleiche Achse. Die Operation wäre das Nacheinanderausführen von zwei Drehungen. $1 + 1 = 0$ bedeutet dann, daß zwei Drehungen um 180° eine Drehung um 360° ergeben, die wieder identisch ist mit der ursprünglichen Situation. All den verschiedenen Gruppen von zwei Elementen ist eines gemeinsam, die Multiplikationstabelle. Wenn wir die beiden Elemente allgemein mit e als Neutralelement und a bezeichnen, muß gelten

$$
\begin{array}{c|cc}
\mathbf{G_2} & e & a \\
\hline
e & e & a \\
a & a & e
\end{array}
\tag{2.11}
$$

Man sieht hier auch, daß nur das Ergebnis der Verknüpfung wichtig ist, nicht welche Operation benutzt wurde. Die verschiedenen Realisierungsmöglichkeiten für Elemente durch Zahlen oder Drehungen und der Operation durch Addition, Multiplikation oder Nacheinanderausführen kann man auf eine einzige gemeinsame Tabelle (2.11) zurückführen. Man bezeichnet dies mit dem Ausdruck *Isomorphismus*. Wir werden dies in Abschnitt 5 genauer betrachten. Aus (2.11) kann man entnehmen, daß jede Gruppe von zwei Elementen kommutativ ist.

Wir konstruieren nun die Multiplikationstabelle für eine Gruppe von drei Elementen e, a, b. Die Operationen mit dem Neutralelement sind einfach

$$e + e = e, \quad e + a = a, \quad a + e = a, \quad e + b = b, \quad b + e = b$$

Bei den folgenden Operationen muß man versuchen, solche Möglichkeiten auszuschließen, die zu vorhergehenden Vereinbarungen im Widerspruch stehen. Dann ergibt sich

$a + b = e$ denn $a + b$ kann nicht a sein, sonst wäre b neutral

          und $a + b$ kann nicht b sein, sonst wäre a neutral

$b + a = e$ weil das Rechtsinverse gleich dem Linksinversen ist

$a + a = b$ denn $a + a$ kann nicht a sein, sonst wäre a neutral

          und $a + a$ kann nicht e sein, sonst wäre a invers zu a

          es ist aber schon b eindeutig invers zu a

$b + b = a$ denn $b + b$ kann nicht b sein, sonst wäre b neutral

          und $b + b$ kann nicht e sein, sonst wäre b invers zu b

          es ist aber schon a eindeutig invers zu b

Die Multiplikationstabelle lautet somit

$$
\begin{array}{c|ccc}
\mathbf{G_3} & e & a & b \\
\hline
e & e & a & b \\
a & a & b & e \\
b & b & e & a
\end{array}
\qquad (2.12)
$$

Diese Tabelle ist eindeutig, d.h. es gibt keine weitere Multiplikationstabelle einer Gruppe von drei Elementen, weil bei der Konstruktion weitere Möglichkeiten durch Widersprüche ausgeschlossen werden konnten.

Wir sagen, daß alle Gruppentabellen von drei Elementen *isomorph* sind. Ebenso ersieht man aus (2.12), daß jede Gruppe von drei Elementen eine abelsche Gruppe ist. Bei der Betrachtung fällt weiterhin auf, daß jedes Element der Gruppe genau einmal in jeder Zeile bzw. Spalte vorkommt. Dies kann man als Theorem formulieren und für beliebige Gruppen beweisen.

Theorem 4: Jedes Element einer Gruppe kommt einmal und nur einmal in jeder Zeile bzw. Spalte der Gruppentabelle vor.

Beweis: Nehmen wir an, das Element a käme in einer Zeile zweimal vor. Dann muß es Gruppenelemente x, y, z geben, so daß gilt:

$$
x\,y = a
$$
$$
x\,z = a
$$

Wir multiplizieren von links mit x^{-1}

$$
y = x^{-1}\,a
$$
$$
z = x^{-1}\,a
$$

Daraus folgt $y = z$. Der Beweis für Spalten ist analog.

Bei der Konstruktion von Multiplikationstabelle von Gruppen mit vier Elementen e, a, b, c müssen wir systematisch vorgehen. Wir übergehen die Multiplikationen mit dem Neutralelement. Danach ergibt sich folgendes Schema

$$
a + b \neq a, b \quad \text{weil} \quad a, b \quad \text{nicht neutral}
$$

Es bleiben zwei Möglichkeiten

$$
1) \quad a + b = e \quad \text{oder} \quad 2) \quad a + b = c
$$

Die folgenden Schritte werden für 1) und 2) parallel weitergeführt. Bei der Auswahl der Reihenfolge strebt man solche Kombinationen von zwei Elementen an, deren Ergebnisse aufgrund der Kenntnis vorheriger Kombinationen möglichst eindeutig ist. Bei zwei Alternativen wie $a + c$ und $b + c$ bei 2) sind weitere parallele Fortführungen nach 3) und 4) nötig.

$$b + a \neq a, b, e$$

$b + a = e$	$b + a = c$		
$a + c \neq a, c, e$	$a + c \neq a, c$		
$a + c = b$	$a + c = b$	oder 3)	$a + c = e$
$c + a \neq a, c, e$	$c + a \neq a, c, e$		
$c + a = b$	$c + a = b$		$c + a = e$
$a + a \neq a, e, b$	$a + a \neq a, c, b$		$a + a \neq a, c, e$
$a + a = c$	$a + a = e$		$a + a = b$
$b + c \neq b, c, e$	$b + c \neq b, c$		$b + c \neq b, c, e$
$b + c = a$	$b + c = a$	oder 4) $\;\; b + c = e$	$b + c = a$
$c + b \neq b, c, e$	$c + b \neq b, c, e$		$c + b \neq b, c, e$
$c + b = a$	$c + b = a$	$c + b = e$	$c + b = a$
$b + b \neq b, a, e$	$b + b \neq b, c, a$	$b + b \neq b, c, e$	$b + b \neq b, c, a$
$b + b = c$	$b + b = e$	$b + b = a$	$b + b = e$
$c + c \neq c, b, a$	$c + c \neq c, b, a$	$c + c \neq c, b, e$	$c + c \neq c, e, a$
$c + c = e$	$c + c = e$	$c + c = a$	$c + c = b$

Beim Vergleich der Ergebnisse zeigt sich, daß Fall 3) aus 1) durch Vertauschung der Elemente b und c hervorgeht. Ebenso geht Fall 4) aus 1) durch Vertauschung von a und c hervor. Es bleiben also folgende beiden Multiplikationstabellen

$\mathbf{G}_4^{(1)}$	e	a	b	c		$\mathbf{G}_4^{(2)}$	e	a	b	c	
e	e	a	b	c		e	e	a	b	c	
a	a	c	e	b		a	a	e	c	b	(2.13)
b	b	e	c	a		b	b	c	e	a	
c	c	b	a	e		c	c	b	a	e	

Beide Gruppen sind abelsch. Bei den Symmetriegruppen von Molekülen in Abschnitt 7 werden wir $\mathbf{G}_4^{(1)}$ als Drehgruppe $\mathbf{C}_4$ und $\mathbf{G}_4^{(2)}$ als $\mathbf{C}_{2v}, \mathbf{C}_{2h}$ oder $\mathbf{D}_2$ wieder begegnen. Auf ähnliche Weise kann man Tabellen für Gruppen mit mehr als vier Elementen konstruieren. Die kleinste nicht kommutative Gruppe hat sechs Elemente und folgende Multiplikationstabelle

$\mathbf{G}_6$	e	a	b	c	d	f	
e	e	a	b	c	d	f	
a	a	b	e	d	f	c	
b	b	e	a	f	c	d	(2.14)
c	c	f	d	e	b	a	
d	d	c	f	a	e	b	
f	f	d	c	b	a	e	

Diese Multiplikationstabelle ist nicht spiegelsymmetrisch zur Diagonale.

Beispiel: Die Gruppe der Funktionen $f_1(x) = x, f_2(x) = 1 - x, f_3(x) = 1/x, f_4(x) = x/(x - 1), f_5(x) = 1/(1 - x), f_6(x) = (1 - x)/x$.

Die Gruppentabelle lautet

	f_1	f_2	f_3	f_4	f_5	f_6
f_1	f_1	f_2	f_3	f_4	f_5	f_6
f_2	f_2	f_1	f_6	f_5	f_4	f_3
f_3	f_3	f_5	f_1	f_6	f_2	f_4
f_4	f_4	f_6	f_5	f_1	f_3	f_2
f_5	f_5	f_3	f_4	f_2	f_6	f_1
f_6	f_6	f_4	f_2	f_3	f_1	f_5

Diese Tabelle geht in die Tabelle (2.14) über, wenn man folgende Zuordnungen macht:

$$e = f_1, \quad a = f_5, \quad b = f_6, \quad c = f_2, \quad d = f_3, \quad f = f_4$$

3. Untergruppen

Um die Struktur von Gruppen besser zu verstehen, muß man ihre Eigenschaften mit Hilfe geeigneter Definitionen herausarbeiten. Dazu dient die folgende Definition.

Definition 3: Eine Gruppe **H**, deren Elemente in einer Gruppe **G** enthalten sind, heißt eine Untergruppe von **G**.

Diese Definition impliziert, daß die Gruppenoperation in **H** und **G** dieselbe ist. Ebenso wie jede Menge eine Untermenge von sich ist, ist damit jede Gruppe eine Untergruppe von sich. Wir nennen diese eine *uneigentliche* Untergruppe. Eine *eigentliche* Untergruppe **H** enthält weniger Elemente als **G**. Eine triviale Untergruppe jeder Gruppe ist das Neutralelement.
Wir wollen nun ein Verfahren angeben, nicht triviale, eigentliche Untergruppen zu konstruieren. Dazu wählen wir ein beliebiges Element $a \neq e$ einer Gruppe und bilden alle möglichen Produkte von a mit sich selbst.
In *endlichen* Gruppen betrachten wir

$$a, a^2, a^3 \ldots a^m \ldots$$

Wir zeigen nun, daß jede Potenz verschieden ist von allen vorhergehenden, bis eine Potenz a^n erreicht wird, die gleich dem Neutralelement ist.
Beweis:

$$
\begin{aligned}
&& a^2 &\neq a && \text{weil } a \text{ nicht neutral} \\
1) && a^2 &= e && \text{Prozeß beendet} \\
\text{oder 2)} && a^2 &= b && \\[4pt]
&& a^3 &\neq a, b && \text{denn } a^3 = a^2 \cdot a = b \cdot a \qquad a, b \text{ nicht neutral} \\
1) && a^3 &= e && \\
\text{oder 2)} && a^3 &= c && \\[4pt]
&& a^4 &\neq a, b, c && \text{denn } a^4 = a^3 \cdot a = c \cdot a \qquad a, c \text{ nicht neutral} \\
&& &&& \phantom{\text{denn }} = a^2 \cdot a^2 = b \cdot b \qquad b \quad \text{nicht neutral}
\end{aligned}
$$

Dieses Verfahren erzeugt also immer neue Elemente. Da aber in einer endlichen Gruppe nicht mehr Elemente erzeugt werden können als die Ordnung g der Gruppe $\mathbf{G}$, muß es eine ganze Zahl $n \leq g$ geben mit

$$a^n = e \tag{3.1}$$

Wir nennen n die Ordnung des Elementes a und das Verhalten zyklisch.

Beispiel: Die zyklische Gruppe der imaginären Einheit i.

$$a = i, \quad b = a^2 = -1, \quad c = a^3 = -i, \quad e = a^4 = 1$$

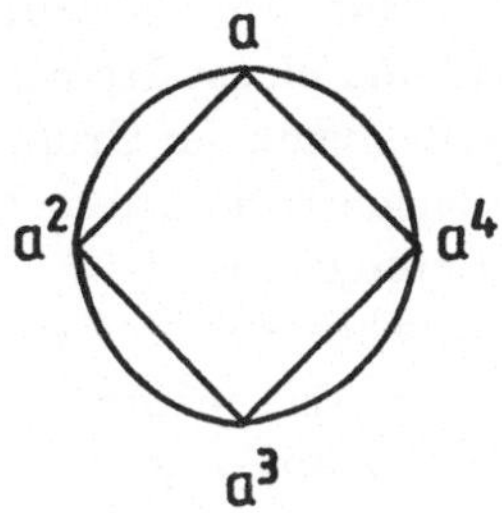

Abb. 3.1.

Die Gruppe besteht aus den Elementen a, b, c, e. Die vier Elemente bilden ein Quadrat auf dem Einheitskreis und veranschaulichen so die Bezeichnung zyklisch. Wir formulieren nun das folgende Theorem.

Theorem 5: Die Menge $\mathbf{A} = \{a, a^2 \ldots a^n | a^n = e\}$ der Potenzen eines beliebigen Elementes a einer endlichen Gruppe $\mathbf{G}$ bildet eine zyklische Untergruppe von $\mathbf{G}$.

Beweis:
a) Abgeschlossenheit

$$a^i \cdot a^j = \left\{ \begin{array}{ll} a^{i+j} & i+j \leq n \\ a^{i+j-n} & i+j > n \end{array} \right. \quad \text{für} \tag{3.2}$$

b) Assoziatives Gesetz

$$a^i(a^j a^k) = a^i a^{j+k} = a^{i+j+k} = a^{i+j} a^k = (a^i a^j) a^k \tag{3.3}$$

c) Neutralelement

$$a^n = e \tag{3.4}$$

d) Inverses Element

$$a^i \cdot a^{n-i} = e \tag{3.5}$$

Da jedes Element mit sich vertauschbar ist, sind alle zyklischen Untergruppen abelsch. Wenn die Ordnung n eines Elementes kleiner als die Ordnung g der Gruppe ist, kann man mit diesem Element eine eigentliche zyklische

Untergruppe konstruieren. Die Ordnung n kann für verschiedene Elemente verschieden sein. Falls es mindestens ein Element y gibt mit $n_y = g$, dann heißt die ganze Gruppe $\mathbf{G}$ zyklisch. Zyklische Gruppen sind Spezialfälle abelscher Gruppen. Die Gruppen mit zwei und drei Elementen sind zyklisch. Von den Gruppen mit vier Elementen ist $\mathbf{G}_4^{(1)}$ zyklisch, weil $n_a = 4$ bzw. $n_b = 4$ ist. Die Gruppe enthält eine zyklische Untergruppe der Ordnung zwei, weil $n_c = 2$ ist. Die Gruppe $\mathbf{G}_4^{(2)}$ ist nicht zyklisch. Sie enthält wegen $n_a = n_b = n_c = 2$ drei zyklische Untergruppen der Ordnung zwei. Nicht alle Untergruppen müssen zyklisch sein.

Zum Beispiel könnte die nicht zyklische Gruppe $\mathbf{G}_4^{(2)}$ als eine Untergruppe einer größeren Gruppe auftreten. Man kann auf Vorhandensein solcher Gruppen prüfen, indem man ausgehend von einem Element durch Multiplikation mit einem weiteren Element neue Elemente der Gruppe erzeugt. Wenn durch dieses iterative Verfahren keine neuen Elemente mehr erzeugt werden, hat man die ganze Gruppe oder eine Untergruppe.

Die kleinste Gruppe mit nicht zyklischen Untergruppen muß 8 Elemente haben, wobei $\mathbf{G}_4^{(2)}$ eine Untergruppe sein müßte.

Neben den kommutativen Untergruppen gibt es natürlich auch nicht kommutative Untergruppen. Die kleinste nicht kommutative Gruppe hat sechs Elemente. Diese Gruppe muß Untergruppe einer größeren Gruppe, etwa von 12 Elementen, sein, um die genannte Bedingung zu erfüllen.

Bei unendlichen Gruppen kann es Elemente x geben, deren Ordnung unendlich ist, d.h. für die es kein n mit $x^n = e$ gibt. Auch hier kann man abelsche Untergruppen mit den Potenzen eines Elementes x konstruieren, wenn man negative Potenzen von x einschließt.

Theorem 6: In einer unendlichen Gruppe $\mathbf{G}$ bildet die Menge $\mathbf{A} = \{\ldots x^{-2}, x^{-1}, e, x, x^2 \ldots\}$ der Potenzen eines Elements x von unendlicher Ordnung eine unendliche abelsche Untergruppe.

Der Beweis des Theorems verläuft analog dem Beweis von Theorem 5.

Wir wollen uns jetzt näher mit dem Verhältnis der Ordnung von Gruppen und ihren Untergruppen befassen. Dazu betrachten wir eine Gruppe $\mathbf{G}$ der Ordnung g und eine Untergruppe $\mathbf{H} = \{a_1, a_2 \ldots a_h\}$ der Ordnung $h < g$. Es muß dann mindestens ein Element b geben, das in $\mathbf{G}$, aber nicht in $\mathbf{H}$ liegt. Wir bilden nun folgende Produkte

$$
\begin{aligned}
a_1\, b &= b_1 \\
a_2\, b &= b_2 \\
&\;\;\vdots \\
a_h\, b &= b_h
\end{aligned}
\tag{3.6}
$$

Die Elemente $b_1, \ldots b_h$ müssen alle verschieden sein, weil alle $a_1, \ldots a_h$ verschieden sind, und sie müssen wegen Abgeschlossenheit in $\mathbf{G}$ liegen. Sie können aber nicht in $\mathbf{H}$ liegen, weil sonst wegen $b_i = a_j$ und $b = a_i^{-1} b_i = a_i^{-1} a_j \in \mathbf{H}$ ein Widerspruch entsteht. Die Menge $b_1, \ldots b_h$ heißt eine rechte *Nebenklasse* von $\mathbf{H}$. Sie wird geschrieben

$$\mathbf{H}b = \{b_1, \ldots b_h\}$$

Eine linke Nebenklasse würde sich durch Multiplikation mit b von links ergeben. Sie setzt sich zusammen aus allen Elementen $b_i' = b\,a_i$ und wird geschrieben

$$b\mathbf{H} = \{b_1', \ldots b_h'\}$$

Eine Nebenklasse ist keine Untergruppe, weil sie das Neutralelement nicht enthält.

Wir haben nun $2h$ Elemente der Gruppe. Wenn $2h < g$ ist, wiederholen wir den Prozeß mit einem neuen Gruppenelement $c \in \mathbf{G}$, das ungleich b_i ist und nicht in $\mathbf{H}$ liegt. Wir multiplizieren c mit jedem Element von $\mathbf{H}$ und gewinnen insgesamt h weitere Element in $\mathbf{G}$. In einer endlichen Gruppe muß schließlich jedes Element nach einer endlichen Anzahl n von Schritten verbraucht sein, so daß gilt $n \cdot h = g$. Damit ist die ganze Gruppe in Nebenklassen zerlegt und wir erhalten folgendes Theorem.

Theorem 7: Die Ordnung g einer endlichen Gruppe $\mathbf{G}$ ist ein ganzzahliges Vielfaches der Ordnung h jeder Untergruppe $\mathbf{H}$.

Zum besseren Verständnis fassen wir die Eigenschaften des Begriffs Nebenklasse noch einmal zusammen.

1. Jedes Element einer Gruppe erscheint entweder in der betrachteten Untergruppe oder in einer ihrer Nebenklassen.
2. Kein Element kann in zwei Nebenklassen vorkommen.
3. Keine Nebenklasse enthält ein Element mehr als einmal.

Man kann mit dem soeben beschriebenen Verfahren auch die gesamte Gruppe schrittweise aus wenigen Elementen erzeugen. Dazu führen wir den Begriff des Generators ein.

Definition 4: Eine Menge $\mathbf{S} = \{a_1, \ldots a_n\}$ von Generatoren einer Gruppe $a_1, \ldots a_n$ ist eine Anzahl von Elementen, aus denen alle Elemente der Gruppe erzeugt werden können.

Dies bedeutet anschaulich, daß jedes Element a der Gruppe $\mathbf{G}$ durch Produkte von Potenzen von Generatoren dargestellt werden kann

$$a = a_1^{j_1} a_2^{j_2} \ldots a_n^{j_n} \in \mathbf{G}$$

Um die Zahl der Generatoren möglichst klein zu halten, kann man praktisch so vorgehen, daß man zunächst als Element a_1 ein Element wählt, das eine zyklische Untergruppe $\mathbf{A}_1$ mit möglichst vielen Elementen erzeugt. Wenn dann noch Elemente übrig sind, nimmt man ein weiteres Element a_2 und bildet die rechte Nebenklasse

$$\mathbf{A}_2 = \mathbf{A}_1 a_2$$

Danach geht man die Potenzen von a_2 durch und erzeugt entweder nur Elemente, die in $\mathbf{A}_2$ vorhanden sind, oder weitere Elemente. Diese sammelt man in Nebenklassen $\mathbf{A}_2', \mathbf{A}_2''$ etc.. Falls noch weitere Elemente in der Gruppe vorhanden sind, nimmt man ein weiteres Element a_3 und multipliziert es von rechts mit allen Elementen der Untergruppe $\mathbf{A}_1$, sowie der Nebenklassen $\mathbf{A}_2, \mathbf{A}_2', \mathbf{A}_2''$ etc. und prüft auf Vorhandensein weiterer Elemente. Danach geht man die Potenzen von a_3 durch mit demselben Ziel. Das Verfahren ist zu Ende, wenn alle Elemente der Gruppe verbraucht sind.

Die Definition von Generatoren ist nicht eindeutig und hängt davon ab, welche Untergruppenstruktur man bei der Reihung der Elemente zugrunde legt.

Beispiel: Die Generatoren der Gruppe $\mathbf{G}_6$ sind $\{a,c\}, \{a,d\}, \{a,f\}, \{b,c\}, \{b,d\}$ oder $\{b,f\}$. Aus jeder Menge solcher zweier Elemente kann man durch Multiplikation der Potenzen alle übrigen Elemente erzeugen.

4. Konjugierte Elemente

4.1 Klassen

Definition 5: Ein Element b einer Gruppe heißt konjugiert zu einem Element a der Gruppe, wenn es ein Gruppenelement x gibt, so daß $b = xax^{-1}$ gilt.

Konjugierte Elemente erfüllen folgende Äquivalenzrelationen.
a) Reflexivität
   Jedes Element ist konjugiert zu sich selbst.
   Beweis: Setze $x = e \Longrightarrow b = eae^{-1} = a$
b) Symmetrie
   Wenn b konjugiert zu a ist, dann ist a konjugiert zu b.
   Beweis: $b = xax^{-1} \Longrightarrow a = x^{-1}b(x^{-1})^{-1}$
c) Transitivität
   Wenn c konjugiert zu a und b ist, dann sind a und b zueinander konjugiert.
   Beweis:

$$\left.\begin{array}{c} c = x\,a\,x^{-1} \\ c = y\,b\,y^{-1} \end{array}\right\} \Longrightarrow x\,a\,x^{-1} = y\,b\,y^{-1} \Longrightarrow b = y^{-1}\,x\,a\,(y^{-1}x)^{-1}$$

Die Menge $\mathbf{A} = \{a_1, a_2 \ldots a_h\}$ von zueinander konjugierten Elementen heißt eine *Klasse* der Gruppe. Wir können nun beweisen, daß jedes Element einer Gruppe $\mathbf{G}$ nur in einer Klasse sein kann. Nehmen wir an, ein Element x sei in zwei Klassen $\mathbf{A}$ und $\mathbf{B}$.

$$x \in \mathbf{A} = (\,a_1, \ldots, a_h\,)$$
$$x \in \mathbf{B} = (\,b_1, \ldots, b_k\,)$$

Dann muß es Gruppenelemente c_i und d_j für $i = 1 \ldots h$ und $j = 1 \ldots k$ geben, so daß gilt:

$$x = c_i\,a_i\,c_i^{-1}$$
$$x = d_j\,b_j\,d_j^{-1}$$

Daraus folgt

$$b_j = d_j^{-1} c_i a_i (d_j^{-1} c_i)^{-1}$$

d.h. die b_j sind alle konjugiert zu den a_i. Folglich sind alle Elemente b_j und a_i in einer gemeinsamen Klasse.

Wir konstruieren nun die Klasse, zu der ein Element a_i in einer Gruppe $\mathbf{G} = \{a_1, a_2 \ldots a_g\}$ gehört, auf folgende Weise. Wir bilden

$$
\begin{aligned}
a_1 \, a_i \, a_1^{-1} &= b_{i_1} \\
a_2 \, a_i \, a_2^{-1} &= b_{i_2} \\
&\vdots \\
a_g \, a_i \, a_g^{-1} &= b_{i_g}
\end{aligned}
\tag{4.1}
$$

Diese g Elemente b_i sind nicht notwendigerweise alle verschieden. Die Gesamtheit aller verschiedenen Elemente unter den $b_{i1}, \ldots b_{ig}$ bildet die Klasse von a_i. Gibt es in $\mathbf{G}$ Elemente, die nicht in der Klasse von a_i sind, so suchen wir die Klassen dieser Elemente, bis alle Elemente von $\mathbf{G}$ Klassen zugeordnet sind. Wir können dieses Ergebnis in einem Theorem zusammenfassen.

Theorem 8: Jede Gruppe läßt sich eindeutig in Klassen zerlegen.

Wegen $xex^{-1} = e$ bildet das Neutralelement eine Klasse für sich. Da das Neutralelement in keiner anderen Klasse sein kann, können diese Klassen keine Untergruppen bilden. Weiterhin sieht man sofort ein, daß in abelschen Gruppen wegen $xax^{-1} = axx^{-1} = a$ jedes Element eine Klasse bildet. In den Gruppen der Ordnung zwei bis fünf bildet deshalb jedes Element eine Klasse. Eine nicht kommutative Gruppe mit sechs Elementen ist die kleinste Gruppe, die Klassen mit mehr als einem Element enthalten kann.

Wir machen nun Aussagen über die Ordnung der Elemente einer Klasse und die Ordnung der Klasse selbst. Die Ordnung n eines Elementes x ist durch die Potenz $x^n = e$ gegeben, während die Ordnung einer Klasse die Anzahl ihrer Elemente ist.

Theorem 9: Alle Elemente einer Klasse haben die gleiche Ordnung.

Beweis:

$$
\begin{aligned}
\text{Sei } a_2 &= x \, a_1 \, x^{-1} \\
a_2^2 &= x \, a_1 \, x^{-1} x \, a_1 \, x^{-1} = x \, a_1^2 \, x^{-1} \\
a_2^n &= x \, a_1^n \, x^{-1}
\end{aligned}
\tag{4.2}
$$

Theorem 10: Die Ordnung einer endlichen Gruppe ist ein ganzzahliges Vielfaches der Ordnung jeder ihrer Klassen.

Um den Beweis zu führen, muß man mit Hilfe von Theorem 9 die Zahl der mit einem Element a einer Klasse kommutierenden Elemente der Gruppe als ein ganzzahliges Vielfaches der Ordnung von a ausweisen und zeigen, daß jedes Element der Klasse als konjugiertes zu a gleich häufig auftritt, wenn alle Elemente der Gruppe bei der Konjugation durchlaufen werden. Dies soll besser am Beispiel der Gruppe $\mathbf{G}_6$ von (2.14) demonstriert werden. Die Klassen sind hier $\{e\}, \{a, b\}, \{c, d, f\}$. Speziell gilt

$$e\,a\,e^{-1} = a \qquad c\,a\,c^{-1} = b$$
$$a\,a\,a^{-1} = a \qquad d\,a\,d^{-1} = b$$
$$b\,a\,b^{-1} = a \qquad f\,a\,f^{-1} = b$$

a und b kommen je dreimal als zu a konjugierte Elemente vor.

4.2 Invariante Untergruppen

Wir bilden mit einer Untergruppe $\mathbf{A} = \{a_1 \ldots a_h\}$ von $\mathbf{G}$ und einem beliebigen Element $a \in \mathbf{G}$ die Menge

$$\mathbf{B} = a\mathbf{A}a^{-1} \tag{4.3}$$

Damit meinen wir $\mathbf{B} = \{b_1 \ldots b_h \,|\, b_i = aa_ia^{-1}\}$.
$\mathbf{B}$ bildet wieder eine Untergruppe von $\mathbf{G}$ und wird eine zu $\mathbf{A}$ konjugierte Untergruppe genannt. Durch die Wahl von Elementen $a \notin \mathbf{A}$ wird man i.a. konjugierte Untergruppen erhalten, die von $\mathbf{A}$ verschieden sind. Falls für *alle* $a \in \mathbf{G}$ gilt

$$\mathbf{A} = a\mathbf{A}a^{-1} \tag{4.4}$$

wird $\mathbf{A}$ eine *invariante* Untergruppe oder *Normalteiler* von $\mathbf{G}$ genannt. (4.4) bedeutet nicht, daß die Gleichung elementweise, d.h. $a_i = aa_ia^{-1}$ erfüllt sein muß, sondern nur daß zu dem a_i ein a_j existiert mit

$$a_j = aa_ia^{-1} \qquad i,j = 1 \ldots h \tag{4.5}$$

d.h. daß linke und rechte Nebenklassen von $\mathbf{A}$ gleich sind. Eine invariante Untergruppe besteht aus ganzen Klassen von Elementen der Gruppe $\mathbf{G}$. In abelschen Gruppen ist jede Untergruppe eine invariante Untergruppe, weil durch Vertauschung in (4.5) $a_j = a_i$ wird.

Beispiele:
a) Gruppe $\mathbf{G}_4^{(1)}$, invariante Untergruppe $\{e, c\}$
b) Gruppe $\mathbf{G}_4^{(2)}$, invariante Untergruppen $\{e, a\}, \{e, b\}, \{e, c\}$
c) Gruppe $\mathbf{G}_6$, invariante Untergruppe $\{e, a, b\}$

5. Homomorphismus und Isomorphismus

5.1 Homomorphismus

Wir betrachten zwei Gruppen $\mathbf{G}_1 = \{a_1, a_2 \ldots a_{h_1}\}$ mit der Ordnung h_1 und der Gruppenoperation o und $\mathbf{G}_2 = \{b_1, b_2 \ldots b_{h_2}\}$ mit der Ordnung h_2 und der Gruppenoperation +. $\mathbf{G}_2$ habe höchstens so viele Elemente wie $\mathbf{G}_1$, d.h. es soll gelten $h_2 \leq h_1$. Dem Vergleich der beiden Gruppen dient folgende Definition.

Definition 6: Eine Abbildung σ einer Gruppe $\mathbf{G}_1$ in eine Gruppe $\mathbf{G}_2$ heißt ein Homomorphismus, wenn die Gruppenmultiplikation erhalten bleibt.

Wir nennen ein Element a_i Urbild und $b_{i'}$ Bild von a_i, wenn die Abbildung

$$a_i \to b_{i'} \quad \text{bzw.} \quad \sigma(a_i) = b_{i'} \tag{5.1}$$

gilt. Folgende Beobachtungen müssen zutreffen:
a) Alle Elemente der Gruppe G_1 müssen Urbilder sein.
b) Die Abbildung kann für $h_2 < h_1$ nicht umkehrbar eindeutig sein.
c) Die Gruppenoperation braucht in beiden Gruppen zwar nicht die gleiche zu sein, aber es muß gelten

$$a_i \circ a_j = a_k \Longrightarrow \sigma(a_i) + \sigma(a_j) = \sigma(a_k) \quad \text{oder} \quad b_{i'} + b_{j'} = b_{k'} \tag{5.2}$$

Falls es sich um eine Abbildung von G_1 auf G_2 handelt, müssen alle Elemente von G_2 Bilder sein. Man sagt dann, daß G_1 homomorph zu G_2 ist und daß G_2 ein homomorphes Bild von G_1 ist.

Beispiele:
a) Versuch der Konstruktion eines Homomorphismus einer Gruppe von drei Elementen auf eine Gruppe von zwei Elementen.

Sei $G_1 = \{a_1 = e_1, a_2, a_3\}$ und $G_2 = \{b_1 = e_2, b_2\}$. Wir können uns folgende beiden Abbildungen vorstellen.

$$
\begin{array}{lll}
1) \quad e_1 \to e_2 & \text{oder 2)} \quad e_1 \to e_2 & \text{bzw.} \quad e_1 \to e_2 \\
 \quad a_2 \to b_2 & \phantom{\text{oder 2)}} \quad a_2 \to e_2 & \phantom{\text{bzw.}} \quad a_2 \to b_2 \\
 \quad a_3 \to b_2 & \phantom{\text{oder 2)}} \quad a_3 \to b_2 & \phantom{\text{bzw.}} \quad a_3 \to e_2
\end{array} \tag{5.3}
$$

Weitere Möglichkeiten gibt es nicht, weil alle Elemente von G_2 Bilder sein müssen und das Neutralelement von G_1 auf das Neutralelement von G_2 abgebildet werden muß, um seine Eigenschaft als Neutralelement zu erhalten. Vergleichen wir für den ersten Fall die Multiplikationstabellen von Urbildern und Bildern

$$
\begin{array}{c|ccc}
G_1 & e_1 & a_2 & a_3 \\
\hline
e_1 & e_1 & a_2 & a_3 \\
a_2 & a_2 & a_3 & e_1 \\
a_3 & a_3 & e_1 & a_2
\end{array}
\quad
\begin{array}{c|ccc}
G_1' & e_2 & b_2 & b_2 \\
\hline
e_2 & e_2 & b_2 & b_2 \\
b_2 & b_2 & b_2 & e_2 \\
b_2 & b_2 & e_2 & b_2
\end{array}
\ \neq \
\begin{array}{c|cc}
G_2 & e_2 & b_2 \\
\hline
e_2 & e_2 & b_2 \\
b_2 & b_2 & e_2
\end{array}
\tag{5.4}
$$

so stellen wir fest, daß G_1' nicht G_2 entspricht, weil es zwei Diagonalelemente b_2 enthält, die im Widerspruch zu G_2 stehen. Im zweiten Fall entsteht ebenfalls ein Widerspruch.

b) Homomorphismus einer Gruppe von vier Elementen auf eine Gruppe von zwei Elementen.

Sei $G_1 = \{a_1 = e_1, a_2, a_3, a_4\}$ und $G_2 = \{b_1 = e_2, b_2\}$. G_1 habe die Gruppentabelle $G_4^{(2)}$ aus (2.13) und die Abbildung sei

$$
\begin{aligned}
e_1 &\to e_2 \\
a_2 &\to e_2 \\
a_3 &\to b_2 \\
a_4 &\to b_2
\end{aligned}
\tag{5.5}
$$

Dann ergibt ein Vergleich der Gruppentabellen

$$
\begin{array}{c|cc|cc}
\mathbf{G_1} & e_1 & a_1 & a_3 & a_4 \\
\hline
e_1 & e_1 & a_2 & a_3 & a_4 \\
a_2 & a_2 & e_1 & a_4 & a_3 \\
\hline
a_3 & a_3 & a_4 & e_1 & a_2 \\
a_4 & a_4 & a_3 & a_2 & e_1
\end{array}
\qquad
\begin{array}{c|cc|cc}
\mathbf{G'_1} & e_2 & e_2 & b_2 & b_2 \\
\hline
e_2 & e_2 & e_2 & b_2 & b_2 \\
e_2 & e_2 & e_2 & b_2 & b_2 \\
\hline
b_2 & b_2 & b_2 & e_2 & e_2 \\
b_2 & b_2 & b_2 & e_2 & e_2
\end{array}
\;=\;
\begin{array}{c|cc}
\mathbf{G_2} & e_2 & b_2 \\
\hline
e_2 & e_2 & b_2 \\
b_2 & b_2 & e_2
\end{array}
\tag{5.6}
$$

daß die abgebildete Gruppe $\mathbf{G'_1}$ der Gruppe $\mathbf{G_2}$ entspricht. Wir bemerken, daß die Struktur der größeren Gruppe $\mathbf{G_1}$ in Teile zerlegbar sein muß, die bei Abbildung in die Struktur von $\mathbf{G_2}$ übergehen. In diesen Teilen von $\mathbf{G_1}$ dürfen also nur solche Elemente stehen, die jeweils auf das gleiche Element von $\mathbf{G_2}$ abgebildet werden. Nur in einem solchen Fall ist ein Homomorphismus möglich. Wie man hier sieht, ist jeder Homomorphismus mit einem partiellen Informationsverlust verbunden.

Für obige beide Gruppen gibt es noch zwei andere Homomorphismen.

$$
\begin{aligned}
e_1 &\to e_2 & \qquad e_1 &\to e_2 \\
a_3 &\to e_2 & a_4 &\to e_2 \\
a_2 &\to b_2 & a_2 &\to b_2 \\
a_4 &\to b_2 & a_3 &\to b_2
\end{aligned}
\tag{5.7}
$$

Für $\mathbf{G_2} = \{e_1, a_2\}$ und $\beta = \alpha$ erhalten wir die spezielle Aussage, daß die drei Homomorphismen Abbildungen der Gruppe $\mathbf{G_4^{(2)}}$ auf eine ihrer Untergruppen sind.

Als Konsequenz aus den bisherigen Beobachtungen formulieren wir folgendes Theorem.

Theorem 11: Für die Existenz eines Homomorphismus zwischen zwei endlichen Gruppen ist es notwendig, daß die Ordnungen der beiden Gruppen in einem ganzzahligen Verhältnis zueinander stehen.

Es ist leicht einzusehen, daß jede Gruppe mit der Gruppe des Neutralelements homomorph ist.

Definition 7: Der Kern eines Homomorphismus σ einer Gruppe $\mathbf{G_1}$ in eine Gruppe $\mathbf{G_2}$ besteht aus allen Elementen von $\mathbf{G_1}$, die auf das Neutralelement von $\mathbf{G_2}$ abgebildet werden

$$
\mathrm{Kern}\,\sigma = \{a \,|\, a \in \mathbf{G_1}\} \quad \mathrm{mit} \quad \sigma(a) = e_2 \in \mathbf{G_2}
\tag{5.8}
$$

5.2 Isomorphismus

Definition 8: Ein Isomorphismus ist ein Homomorphismus mit umkehrbar eindeutiger Abbildung.

In diesem Fall müssen beide Gruppen die gleiche Ordnung und die gleiche Multiplikationstabelle haben.

Beispiel:

$$\mathbf{G_1} = \{0,1\}\,, \quad \mathbf{G_2} = \{0,-1\}$$

Abbildung $0 \to 0\,,\ 1 \to -1$

$\mathbf{G_1}$	0	1
0	0	1
1	1	0

$\mathbf{G_2}$	0	-1
0	0	-1
-1	-1	0

$$(5.9)$$

Dies deckt sich mit einer bereits früher gemachten Beobachtung. Alle Gruppen von zwei Elementen sind isomorph, ebenso alle Gruppen von drei Elementen. Für den Fall unendlicher Gruppen sind die Verhältnisse komplizierter. Man kann dann nicht mehr einfach durch Abzählen feststellen, daß die Zahl der Elemente in beiden Fällen gleich ist.

Beispiel: Isomorphismus der Gruppe der positiven Zahlen unter Multiplikation auf die Gruppe der reellen Zahlen unter Addition

$$\mathbf{G_1} = \{x\,|\, x > 0\},\ \alpha\,\text{Multiplikation}$$

$$\mathbf{G_2} = \{x\,|\, -\infty < x < \infty\},\ \beta\,\text{Addition}$$

$$\text{Abbildung} : x \to \ln x$$

Man kann zeigen, daß dann folgender Zusammenhang besteht

$$z = xy \implies \ln z = \ln(xy) = \ln x + \ln y$$

Jedem Element von $\mathbf{G_1}$ wird nur ein Element von $\mathbf{G_2}$ zugeordnet, weil zu jeder positiven Zahl nur ein reeller Logarithmus gehört.

Vektorräume bilden Gruppen unter Addition. Die Abbildung eines Vektorraumes $\mathbf{V}$ auf einen Vektorraum $\mathbf{W}$ ist ein Isomorphismus, wenn die Abbildung gemäß (1.4) linear und eindeutig ist. Dies bedeutet, daß der Nullvektor $\mathbf{0} \in \mathbf{V}$ auf den Nullvektor $\mathbf{0}' \in \mathbf{W}$ abgebildet wird. Die Dimensionen der Vektorräume müssen gleich sein. Andernfalls liegt ein Homomorphismus vor.

B. Molekülsymmetrie

6. Symmetrieoperationen

6.1 Symmetrieoperationen und Permutationen

Als eine Symmetrieoperation eines Moleküls bezeichnen wir eine lineare Transformation des Moleküls im Raum, die äquivalente Atome ineinander überführt. Das bedeutet, daß die Lage eines Moleküls im Raum nach der Symmetrieoperation physikalisch ununterscheidbar von der Ausgangslage ist. Es gibt im wesentlichen zwei Arten von Symmetrieoperationen: Drehungen und Spiegelungen. Sie werden erzeugt von den entsprechenden Symmetrieelementen:

Drehachsen und Spiegelebenen. Kombiniert man Drehungen und Spiegelungen, so erhält man als weitere Möglichkeiten Punktspiegelung und Drehspiegelungen. Tabelle 6.1 enthält eine Zusammenstellung.

Tabelle 6.1. Symmetrieoperationen und Symmetrieelemente

Symbol	Symmetrieoperation	Symmetrieelement
$E = C_1$	Drehung um 360°	Drehachse
C_n	Drehung um 360°$/n$	n-zählige Drehachse
σ	Spiegelung	Spiegelebene
$i = S_2$	Punktspiegelung	Zentrum
S_n	Drehspiegelung	n-zählige Drehspiegelungsachse

Die Drehachse mit dem größten n wird Hauptachse genannt. Die Drehspiegelung S_n ist das Resultat einer Drehung um eine Achse und anschließender Spiegelung an einer Ebene senkrecht zu dieser Achse.

Die Gesamtheit aller Symmetrieoperationen eines Moleküls bildet eine Gruppe. Die Drehung um 360° spielt dabei die Rolle des Neutralelements. Deshalb wird sie mit dem Symbol E in Tab. 6.1 gesondert aufgeführt. Als Gruppenoperation oder Multiplikation bezeichnet man das Nacheinanderausführen zweier Symmetrieoperationen. Der Beweis der Gruppeneigenschaften läßt sich folgendermaßen skizzieren. Symmetrieoperationen eines Moleküls sind abgeschlossen, weil das Nacheinanderausführen zweier Symmetrieoperationen das Molekül wieder mit sich zur Deckung bringt. Diese Lage kann aus der Ausgangslage durch eine einzige Symmetrieoperation erreicht werden. Das assoziative Gesetz gilt bei Symmetrieoperationen, d.h. die Endlage ist eindeutig durch die Reihenfolge von Symmetrieoperationen aus der Anfangslage bestimmt. Das Neutralelement ist immer vorhanden. Es ist die Operation, bei der Anfangs- und Endlage identisch sind. Das Neutralelement ergibt sich auch durch n-maliges Nacheinanderausführen einer Drehung C_n oder durch zweimaliges Nacheinanderausführen einer Spiegelung σ oder Punktspiegelung i. Ein Inverses zu jeder Symmetrieoperation ist die Operation, die die erste Operation rückgängig macht und die Anfangslage wieder herstellt. Die Gesamtheit aller Symmetrieoperationen eines Moleküls läßt mindestens einen Punkt im Raum invariant. Die Lage dieses Punktes wird durch die Symmetrieoperationen nicht verändert. Deshalb bezeichnet man die Symmetriegruppen von Molekülen als *Punktgruppen*.

Man kann sich die Situation klar machen, indem man zunächst feststellt, daß bei einer Spiegelung an einer Symmetrieebene alle Punkte in der Ebene festgehalten werden. Bei einer Symmetrieachse bleiben alle Punkte auf der Achse fest, während bei einem Symmetriezentrum nur ein einzelner Punkt, das Zentrum keine neue Lage im Raum erhält. Verschiedene Symmtrieebenen schneiden sich in Achsen, verschiedene Symmetrieachsen in Punkten. Durch die verschiedenen Schnitte wird die Zahl der invarianten Punkte auf eine Ebene, eine Achse oder einen einzelnen Punkt festgelegt.

Eine einfache, aber, wie sich später herausstellt, unzureichende Unterscheidung von Symmetrieoperationen kann man vornehmen, indem man die Atome numeriert. Danach ist eine Symmetrieoperation mit einer Umnumerierung der Atome verbunden. Sie ist also eine Permutation der Atome. Aber nicht alle Permutationen von Atomen sind Symmetrieoperationen, wie folgendes Beispiel am Äthylenmolekül (Abb 6.1) zeigt.

$$
\begin{array}{ccc}
\underset{\text{H5}\quad\text{H4}}{\overset{\text{H6}\quad\text{H3}}{\text{C2}-\text{C1}}}
\xleftarrow{\;(a)\;}
\underset{\text{H4}\quad\text{H5}}{\overset{\text{H3}\quad\text{H6}}{\text{C1}-\text{C2}}}
\xrightarrow{\;(b)\;}
\underset{\text{H4}\quad\text{H6}}{\overset{\text{H3}\quad\text{H5}}{\text{C2}-\text{C1}}}
\end{array}
$$

Abb. 6.1.

Im Fall (a) bleibt das Molekülgerüst starr, im Fall (b) nicht. Fall (b) beschreibt keine Symmetrieoperation.

Auch Permutationen von n Elementen, hier speziell n gleichen Atomen, bilden Gruppen. Dabei ist die Zahl $n!$ der Elemente dieser Permutationsgruppen für $n > 4$ viel größer als die Zahl der Symmetrieoperationen in Molekülen mit n äquivalenten Atomen. Wir fassen dies in folgendem Theorem zusammen.

Theorem 12: Punktgruppen von Molekülen sind Untergruppen von entsprechenden Permutationsgruppen.

Das folgende Beispiel behandelt einen einfachen Fall.

Beispiel: Permutationsgruppe von drei Elementen a, b, c. Unter Permutation wollen wir eine beliebige Anordnung der drei Elemente verstehen, etwa acb. Wenn die Grundanordnung abc ist, so schreiben wir $\left(\begin{smallmatrix} abc \\ acb \end{smallmatrix}\right)$ und meinen, a wird ersetzt durch a, b wird ersetzt durch c, c wird ersetzt durch b.
Auch folgende Schreibweise ist gebräuchlich.
(a) für a ersetzt durch a
(ab) für a ersetzt durch b, b durch a
(abc) für a ersetzt durch b, b durch c, c durch a
Die sechs Permutationen können dann folgendermaßen geschrieben werden.

$$
\begin{aligned}
E &= (a)(b)(c) = \begin{pmatrix} a & b & c \\ a & b & c \end{pmatrix} & C &= (a)(bc) = \begin{pmatrix} a & b & c \\ a & c & b \end{pmatrix} \\[2mm]
A &= (acb) = \begin{pmatrix} a & b & c \\ c & a & b \end{pmatrix} & D &= (ac)(b) = \begin{pmatrix} a & b & c \\ c & b & a \end{pmatrix} \\[2mm]
B &= (abc) = \begin{pmatrix} a & b & c \\ b & c & a \end{pmatrix} & F &= (ab)(c) = \begin{pmatrix} a & b & c \\ b & a & c \end{pmatrix}
\end{aligned}
\qquad (6.1)
$$

Die sechs Permutationen bilden eine Gruppe, wenn wir als Gruppenoperation das Nacheinanderausführen zweier Permutationen verstehen. Dabei wird die rechte Permutation zuerst ausgeführt.

$$AB = \begin{pmatrix} a & b & c \\ c & a & b \end{pmatrix} \begin{pmatrix} a & b & c \\ b & c & a \end{pmatrix} = \begin{pmatrix} a & b & c \\ a & b & c \end{pmatrix} = E$$

$$BC = \begin{pmatrix} a & b & c \\ b & c & a \end{pmatrix} \begin{pmatrix} a & b & c \\ a & c & b \end{pmatrix} = \begin{pmatrix} a & b & c \\ b & a & c \end{pmatrix} = F$$

Die Multiplikationstabelle ist diejenige der Gruppe G_6 aus (2.14). Isomorph mit dieser Permutationsgruppe ist folgende Punktgruppe eines vieratomigen Moleküls mit drei gleichen Atomen und einem vierten oberhalb eines gleichseitigen Dreiecks, z.B. NH_3. Wir lassen der Einfachheit halber das vierte Atom N weg (Abb. 6.2).

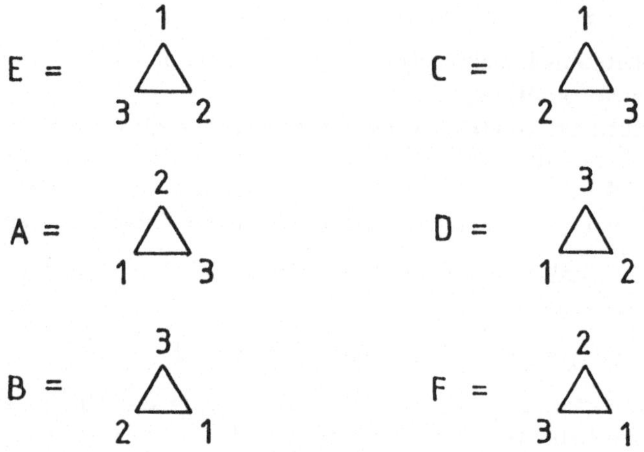

$$E = \triangle \qquad\qquad C = \triangle$$

$$A = \triangle \qquad\qquad D = \triangle$$

$$B = \triangle \qquad\qquad F = \triangle$$

Abb. 6.2.

Die Elemente E, A, B sind Drehungen und C, D, F Spiegelungen. Die Gruppe wird uns unter dem Namen C_{3v} wieder begegnen.

6.2 Bestimmung von Symmetrieoperationen

Bei der Suche nach Symmetrieoperationen eines Moleküls geht man folgendermaßen vor. Man sucht zuerst die Symmetrieelemente: zunächst die Hauptachsen, dann die übrigen Drehachsen, danach Spiegelebenen, Zentrum und Drehspiegelachsen. Jedes Symmetrieelement erzeugt dann entsprechende Symmetrieoperationen.

Beispiel: Planares quadratisches Molekül mit vier gleichen Atomen und einem Zentralatom, z.B. XeF_4.

Abb. 6.3 enthält die möglichen Symmetrieelemente.

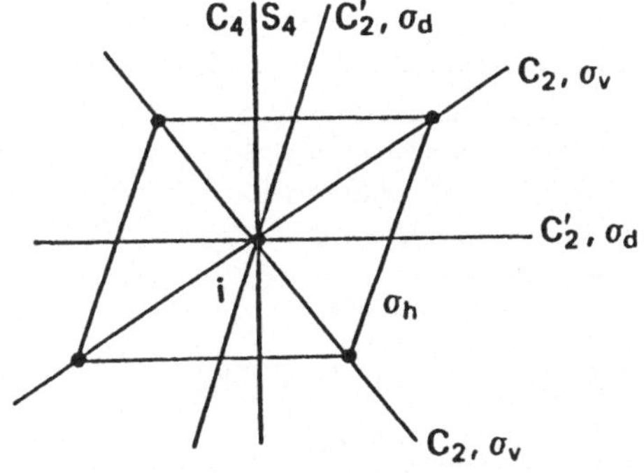

Abb. 6.3.

σ_h bedeutet *horizontale* Spiegelebene senkrecht zur Hauptachse C_4.

σ_v heißt *vertikale* Spiegelebene, die die Hauptachse und eine C_2-Achse enthält, σ_d heißt *diagonale* Spiegelebene, die die Hauptachse und eine diagonale Achse C'_2 enthält. Die Achse C'_2 ist diagonal bezüglich der beiden C_2-Achsen, nicht bezüglich des Quadrats.

Symmetrieelemente	Symmetrieoperationen	
C_4 Achse	$C_4, C_4^2 = C_2, C_4^3 = C_4^{-1}, C_4^4 = E$	⎫
2 C_2 Achsen	2 C_2	⎬ 8 Drehungen
2 C'_2 Achsen	2 C'_2	⎭
σ_h Ebene	σ_h	⎫
2 σ_v Ebenen	2 σ_v	⎪
2 σ_d Ebenen	2 σ_d	⎬ 8 Spiegelungen
i Zentrum	i	⎪
S_4 Achse	$S_4, S_4^3 = S_4^{-1}$	⎭

Die Gruppe dieses Moleküls wird **D**$_{4h}$ genannt.

Wir müssen uns mit σ_d und S_n noch genauer befassen. σ_d ist ein Spezialfall von σ_v. Nicht immer findet man jedoch zweizählige Achsen. Wir wollen deshalb in Tabelle 6.2 eine Zusammenstellung zweier Alternativen geben.

Fall a) der Tabelle 6.2 rechtfertigt den Namen diagonale Spiegelebene für σ_d. Es wird auch der Name *diedrische* Spiegelebene für σ_d gebraucht. Dies erklärt sich aus Fall b) der Tabelle. Der Winkel zwischen zwei Ebenen wird auch Diederwinkel genannt. Die Ebene σ_d halbiert diesen Diederwinkel zwischen zwei σ_v-Ebenen.

Den Fall verschiedener S_n-Achsen wollen wir an Abb. 6.4 erläutern.

Für Fall a) gilt: die Existenz einer Spiegelebene σ impliziert $S_1 = \sigma$. Aus diesem Grund wird S_1 nicht gebraucht. Aus b) erkennen wir, daß die S_2-Achse nicht eindeutig ist. Im ersten Fall ist $S_2 = \sigma_h C_2$ als Produkt zweier Symmetrieoperationen darstellbar, im zweiten Fall S'_2 als Produkt einer Drehung und Spiegelung, die beide nicht Symmetrieoperationen sind. Allgemein ist jede

Tabelle 6.2. Verschiedene Definitionen für σ_d

	a	b
Definition	Halbiert Winkel zwischen zwei C_2-Achsen senkrecht zur Hauptachse	Halbiert Winkel zwischen zwei σ_v-Ebenen
Literatur	Bishop, S.16 [B1]	Cotton, S.35 [C2]
Ausnahme	$\mathbf{C}_{nv}$	$\mathbf{D}_{nd}$

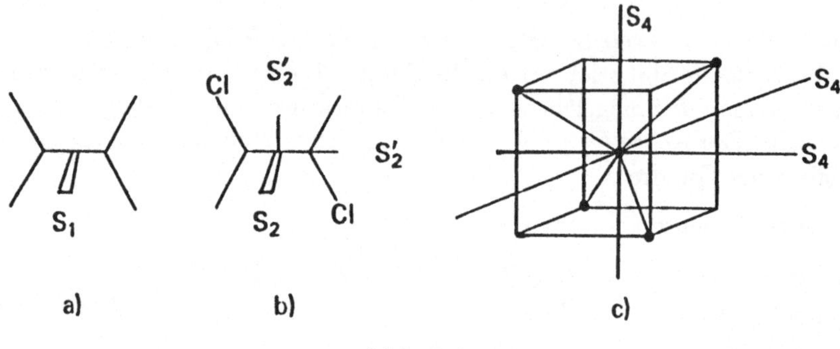

Abb. 6.4.

Achse durch ein Zentrum S_2-Achse. Diese Tatsache ist der Grund für die Sonderstellung von i. Im Fall c) gibt es drei S_4-Achsen, aber keine σ_h-Ebenen. Andererseits ist mit C_n und σ_h auch $S_n = \sigma_h C_n$ vorhanden.

6.3 Koordinatensysteme

Eine Numerierung der Atome eines Moleküls ist zur Unterscheidung von Symmetrieoperationen häufig nicht ausreichend. Dabei werden die Atome nämlich als punktförmig angesehen. Dies hat zur Folge, daß z.B. bei einer quadratischen Anordnung vier gleicher Atome die Wirkung von E und σ_h durch die Numerierung nicht unterschieden werden kann. Wegen der räumlichen Ausdehnung der Atome ist es zweckmäßiger, ein raumfestes Koordinatensystem zu benutzen und die Wirkung einer Symmetrieoperation auf die Koordinaten x_i, y_i, z_i der Atome anzugeben. Dabei werden die Symmetrieoperationen definiert bezüglich des raumfesten Koordinatensystems, nicht bezüglich der numerierten Atome im Molekül. Folgende Konventionen bei der Wahl von Koordinatensystemen sollen gelten.

1) Koordinatensprung ist der Schwerpunkt des Moleküls
2) z-Achse ist
   a) die Drehachse bei einer einzigen Drehachse

b) die Hauptachse bei mehreren Drehachsen

c) die Hauptachse durch die größte Anzahl Atome bei mehreren Hauptachsen

3) x-Achse

a) senkrecht zur Molekülebene bei planarem Molekül mit z-Achse in der Molekülebene

b) in der Molekülebene durch die größte Anzahl Atome bei planarem Molekül mit z-Achse senkrecht zur Molekülebene

c) in der Ebene mit den meisten Atomen bei nicht planarem Molekül mit mehreren Ebenen

d) beliebig in allen anderen Fällen

4) y-Achse ist senkrecht zu z- und x-Achse in einem rechtshändigen Koordinatensystem

Beispiele gibt Abbildung 6.5.

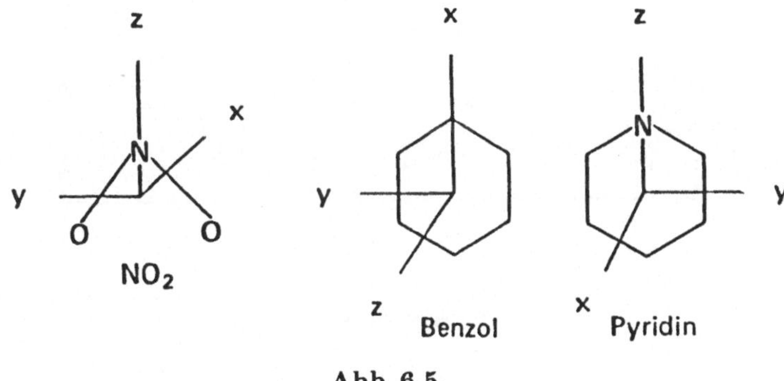

Abb. 6.5.

6.4 Sukzessive Symmetrieoperationen

Folgende Zusammenhänge erleichtern die sukzessive Anwendung von Symmetrieoperationen. Sukzessive Drehungen um eine n-zählige Achse erzeugen $n-1$ Symmetrieoperationen verschieden von der Identität. Wenn wir die Symmetrieoperationen in Drehungen (einschließlich Identität) und Spiegelungen (einschließlich Punktspiegelung und Drehspiegelungen) einteilen, dann gelten folgende Beziehungen. Das Produkt zweier Drehungen um verschiedene Achsen ist eine Drehung. Ebenso ist das Produkt zweier Spiegelungen eine Drehung. Dagegen erzeugen Drehung und Spiegelung eine Spiegelung. Es ist vom praktischen Standpunkt aus wichtig zu wissen, ob zwei Symmetrieoperationen vertauschbar sind. Folgende Symmetrieoperationen sind vertauschbar:

a) Zwei Drehungen um dieselbe Achse

b) Zwei Spiegelungen an zueinander senkrechten Ebenen

c) Zwei Drehungen um 180° um zueinander senkrechte Achsen

d) Eine Drehung gefolgt von einer Spiegelung an einer Ebene senkrecht zur
   Drehachse. Das Ergebnis ist eine Drehspiegelung
e) Die Punktspiegelung und jede andere Symmetrieoperation

Beispiel: Zwei nicht vertauschbare sukzessive Symmetrieoperationen in NH_3.

Anders als in Abb. 6.2, wo die Symmetrieoperationen mit dem Molekül mit-
geführt werden, wird hier das raumfeste Koordinatensystem zugrundegelegt
(Abb. 6.6).

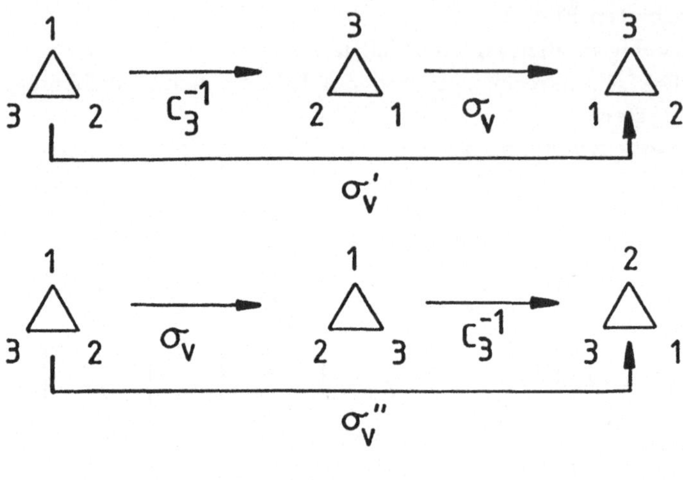

Abb. 6.6.

7. Punktgruppen

Wir haben bisher die Symmetrieoperationen von Molekülen aufgezählt und in
Einzelfällen den Namen einer Punktgruppe angegeben. Wir wollen uns nun
systematischer mit den Namen der Gruppen befassen. Die Gruppen gliedern
sich in zyklische (**C**), diedrische (**D**), tetraedrische (**T**), oktaedrische (**O**),
ikosaedrische (**I**) und drehspiegelsymmetrische (**S**). Dazu gibt es Indizes n
für C_n-Achse, v, d, h für σ_v-, σ_d-, σ_h-Ebenen, i für Zentrum als Symmetrieelemente. Im folgenden Abschnitt werden zunächst alle Symmetrieelemente
genannt und die damit erzeugten Symmetrieoperationen klassifiziert. Danach
werden solche Symmetrieoperationen, auch *Generatoren* genannt, angegeben,
durch deren kombinierte wiederholte Anwendung alle übrigen Symmetrieope-
ratoren erzeugt werden können. Die Eigenschaften werden dann kurz charakterisiert und einzelne Gruppen erläutert. Die Abbildungen veranschaulichen
schließlich eine Anzahl repräsentativer Moleküle.

7.1 Klassifizierung von Punktgruppen

7.1.1 Die Gruppen $\mathbf{C}_n$

Symmetrieelemente: C_n-Achse
Symmetrieoperationen: n Drehungen
Generatoren: C_n
Eigenschaften: zyklisch, abelsch
Einzelne Gruppen:
$\mathbf{C}_1$ enthält nur $E = C_1$, hat also keinerlei Symmetrie
$\mathbf{C}_2$ enthält $C_2, E = C_2^2$
$\mathbf{C}_6$ enthält $C_6, C_3 = C_6^2, C_2 = C_6^3, C_3^{-1} = C_6^4, C_6^{-1} = C_6^5, E = C_6^6$
Bemerkungen: Die mit Stern * gekennzeichneten Beispiele stellen zur Veranschaulichung der Gruppe gewählte, nicht experimentell gefundene Konformationen dar.

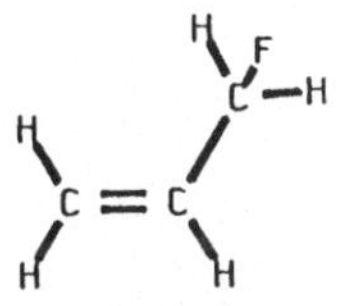

$(\mathrm{C}_1)^*$

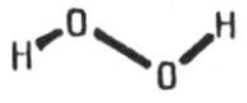

C_2

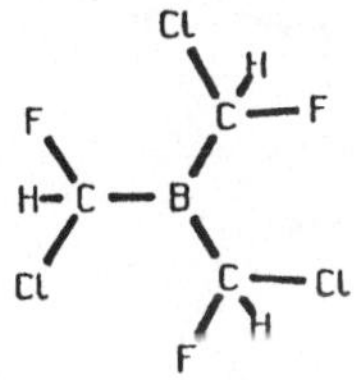

$(\mathrm{C}_3)^*$

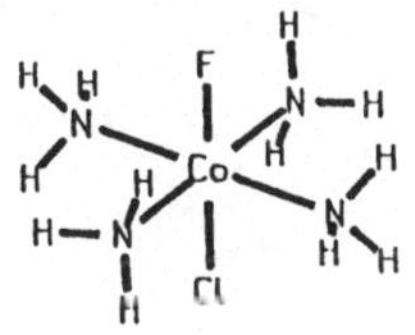

$(\mathrm{C}_4)^*$

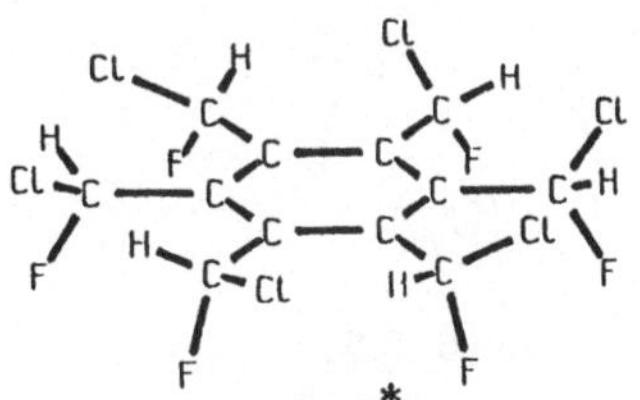

$(\mathrm{C}_6)^*$

Abb. 7.1.

7.1.2 Die Gruppen C_{nv}

Symmetrieelemente: C_n-Achse, $n\,\sigma_v$-Ebenen
Symmetrieoperationen: n Drehungen, n Spiegelungen
Generatoren: C_n, σ_v
Eigenschaften: nicht abelsch für $n > 2$; für $n > 2$ gerade werden $n/2$ Ebenen mit σ_d bezeichnet
Einzelne Gruppen:
C_{2v} enthält $E, C_2, \sigma_v, \sigma_v'$,
C_{3v} enthält E, $2\,C_3$, $3\,\sigma_v$
C_{4v} enthält E, $2\,C_4, C_2$, $2\,\sigma_v$, $2\,\sigma_d$
Bemerkungen: * zur Veranschaulichung gewählte, nicht experimentell gefundene Konformationen

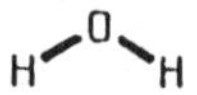

$$C_{2v} \qquad C_{3v}$$

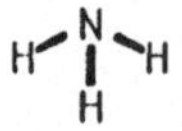

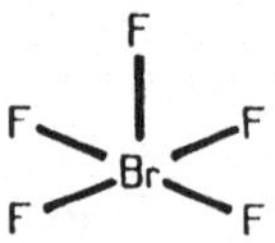

$$C_{4v} \qquad C_{5v}$$

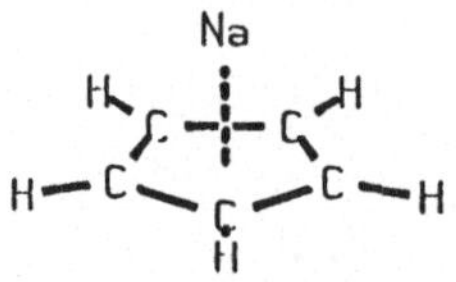

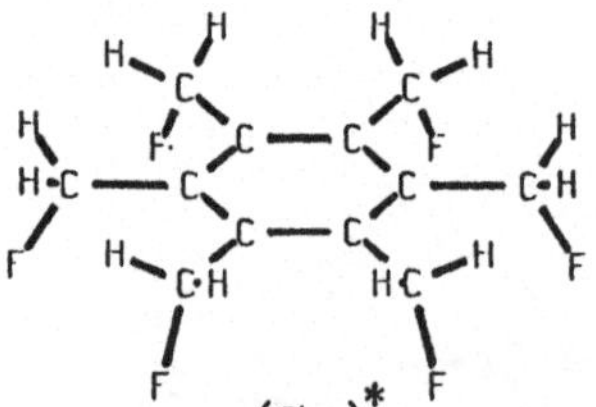

$$(C_{6v})^*$$

Abb. 7.2.

7.1.3 Die Gruppen $\mathbf{C}_{nh}$

Symmetrieelemente: C_n-Achse, σ_h-Ebene, S_n-Achse
Symmetrieoperationen: n Drehungen, 1 Spiegelung, $n-1$ Drehspiegelungen
Generatoren: C_n, σ_h
Eigenschaften: abelsch; enthält i für n gerade
Einzelne Gruppen:
$\mathbf{C}_s \equiv \mathbf{C}_{1h}$ enthält E, σ_h
$\mathbf{C}_{2h}$ enthält E, C_2, σ_h, i
Bemerkungen: Die Gruppe $\mathbf{C}_{1h}$ wird gewöhnlich mit $\mathbf{C}_s$ bezeichnet; * zur Veranschaulichung gewählte, nicht experimentell gefundene Konformation

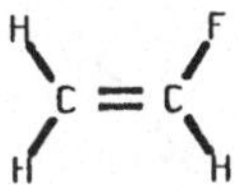

$C_{1h} \equiv C_s$

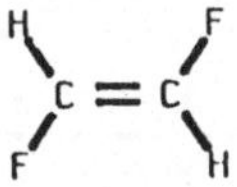

C_{2h}

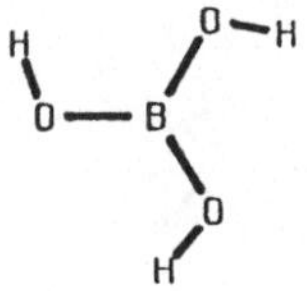

C_{3h}

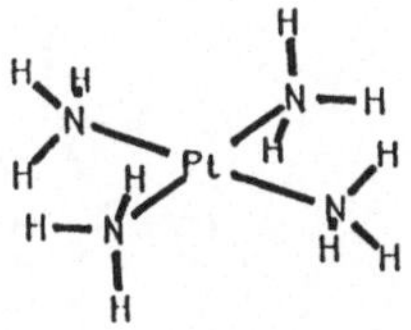

$(C_{4h})^*$

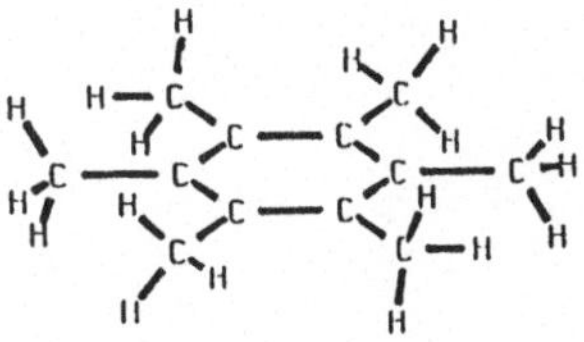

$(C_{6h})^*$

Abb. 7.3.

7.1.4 Die Gruppen S_{2n}

Symmetrieelemente: S_{2n}-Achse
Symmetrieoperationen: n Drehungen, n Drehspiegelungen
Generatoren: S_{2n}
Eigenschaften: zyklisch, abelsch; enthält i für n ungerade
Einzelne Gruppen:
$C_i \equiv S_2$ enthält $E, i \equiv S_2$
S_4 enthält $E, S_4, C_2 = S_4^{-1} = S_4^{-1} = S_4^3$
Bemerkungen: Die Gruppen S_{2n+1} sind identisch mit den Gruppen $C_{2n+1,h}$; *
zur Veranschaulichung gewählte, nicht experimentell gefundene Konformation

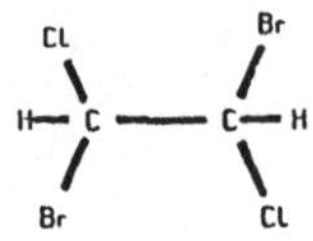

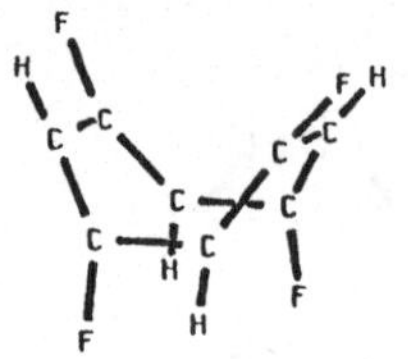

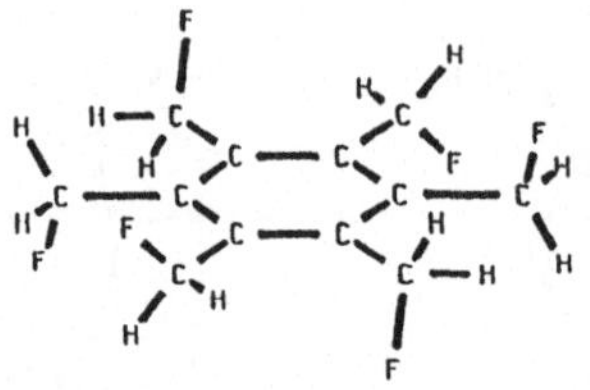

Abb. 7.4.

7.1.5 Die Gruppen $\mathbf{D}_n$

Symmetrieelemente: C_n-Achse, $n\,C_2$-Achsen orthogonal zu C_n-Achse
Symmetrieoperationen: $2n$ Drehungen
Generatoren: C_n, C_2
Eigenschaften: nicht abelsch für $n > 2$
Einzelne Gruppen:
$\mathbf{D}_1 = \mathbf{C}_2$ enthält E, C_2
$\mathbf{D}_2$ enthält E, 3 C_2 orthogonal
$\mathbf{D}_3$ enthält E, C_3, C_3^{-1}, 3 C_2
Bemerkungen: Die Gruppe $\mathbf{D}_1$ ist gleich der Gruppe $\mathbf{C}_2$; * zur Veranschaulichung gewählte, nicht experimentell gefundene Konformation

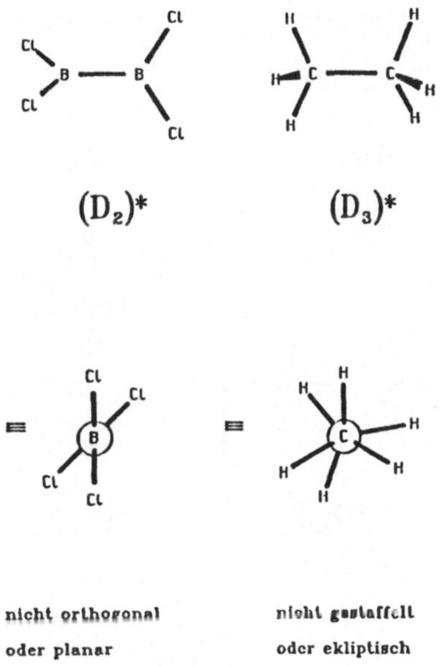

Abb. 7.5.

7.1.6 Die Gruppen $\mathbf{D}_{nd}$

Symmetrieelemente: C_n-Achse, $n\,C_2$-Achsen, $n\,\sigma_d$-Ebenen, S_{2n}-Achse
Symmetrieoperationen: $2n$ Drehungen, n Spiegelungen, n Drehspiegelungen
Generatoren: C_n, C_2, σ_d
Eigenschaften: nicht abelsch; enthält i für n ungerade
Einzelne Gruppen:
$\mathbf{D}_{2d}$ enthält E, 3 C_2, 2 σ_d, 2 S_4
$\mathbf{D}_{3d}$ enthält E, 3 C_2, 2 C_3, i, 3 σ_d, 2 S_6
Bemerkungen: * zur Veranschaulichung gewählte, nicht experimentell gefundene Konformation

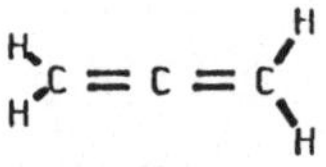

D_{2d}

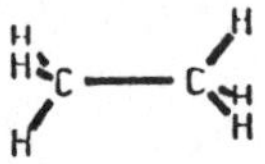

D_{3d}

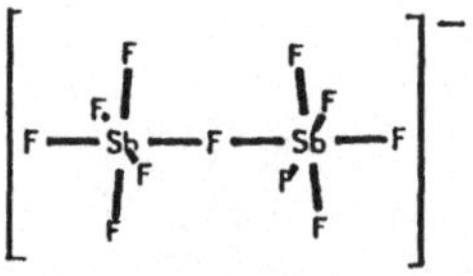

$(D_{4d})^*$

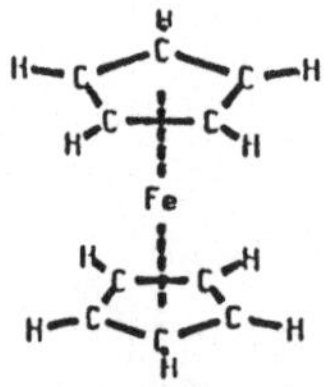

$(D_{5d})^*$

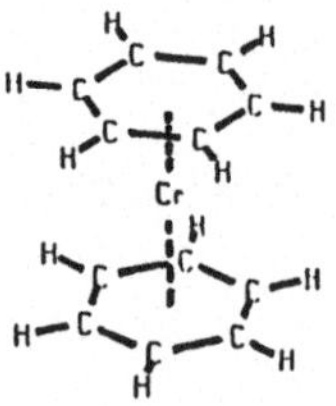

$(D_{6d})^*$

Abb. 7.6.

7.1.7 Die Gruppen D_{nh}

Symmetrieelemente: C_n-Achse, $n\,C_2$-Achsen, σ_h-Ebene, $n\,\sigma_v$-Ebenen, S_n-Achse

Symmetrieoperationen: $2n$ Drehungen, $n+1$ Spiegelungen, $n-1$ Drehspiegelungen

Generatoren: C_n, C_2, σ_h

Eigenschaften: nicht abelsch für $n > 2$; enthält i für n gerade; für $n > 2$ werden $n/2$ Ebenen mit σ_d bezeichnet; neben S_n existieren $S_{n/2}, S_{n/4} \ldots$ für ganzzahlige Indizes

Einzelne Gruppen:

D_{2h} enthält $E, C_2^{(z)}, C_2^{(x)}, C_2^{(y)}, i, \sigma_h, 2\sigma_v$

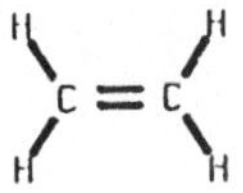

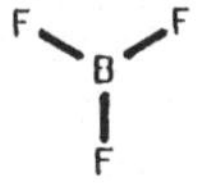

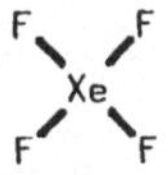

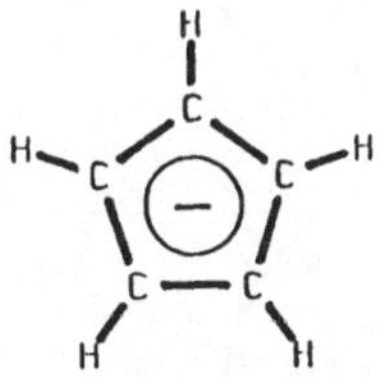

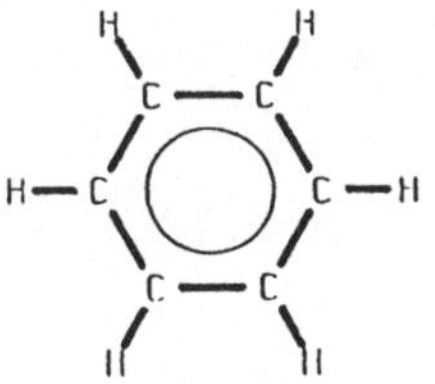

Abb. 7.7.

7.1.8 Die Tetraeder- und Oktaedergruppen

Symmetrieelemente: 4 C_3-Achsen, 3 C_2-Achsen (**T**), dazu entweder 6 σ_d-Ebenen, 3 S_4-Achsen (**T**$_d$) oder 3 σ_h-Ebenen, i, 4 S_6-Achsen (**T**$_h$) oder 3 C_4-Achsen, 6 C_2'-Achsen (**O**), dazu 3 σ_h-Ebenen, 6 σ_d-Ebenen, i, 3 S_4-Achsen, 4 S_6-Achsen (**O**$_h$)

Symmetrieoperationen: 12 Drehungen (**T**), dazu entweder 6 Spiegelungen, 6 Drehspiegelungen (**T**$_d$) oder 3 Spiegelungen, 9 Drehspiegelungen (**T**$_h$) oder 12 Drehungen (**O**), dazu 9 Spiegelungen, 15 Drehspiegelungen (**O**$_h$)

Generatoren: C_2^z, C_3^{xyz}(**T**), S_4^z, C_3^{xyz}(**T**$_d$), C_2^z, C_3^{xyz}, i(**T**$_h$), C_4^z, C_3^{xyz}(**O**), C_4^z, C_3^{xyz}, i(**O**$_h$)

Eigenschaften: nicht abelsch

Einzelne Gruppen: **T**, **T**$_d$, **T**$_h$, **O**, **O**$_h$

Bemerkungen: * zur Veranschaulichung gewählte, nicht experimentell gefundene Konformation

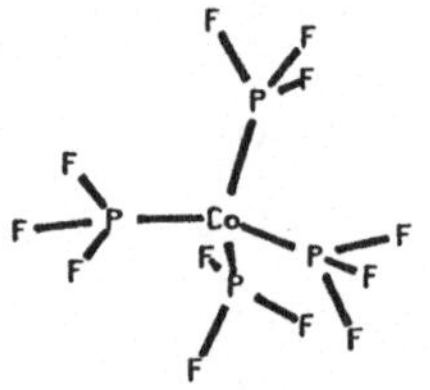

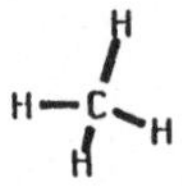

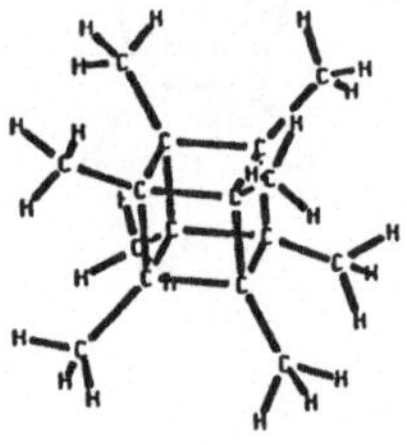

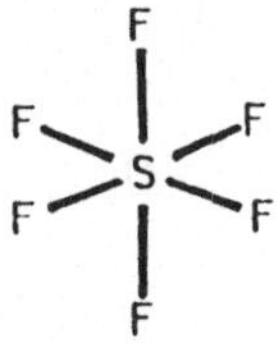

Abb. 7.8.

7.1.9 Ikosaedergruppen

Symmetrieelemente: 6 C_5-Achsen, 10 C_3-Achsen, 15 C_2-Achsen (**I**), dazu 15 σ-Ebenen, i, 10 S_6-Achsen, 6 S_{10}-Achsen (**I**$_h$)
Symmetrieoperationen: 60 Drehungen (**I**), dazu 15 Spiegelungen, 45 Drehspiegelungen (**I**$_h$)
Generatoren: C_5, C_3, C_2(**I**), dazu i(**I**$_h$)
Eigenschaften: nicht abelsch
Einzelne Gruppen: **I**, **I**$_h$

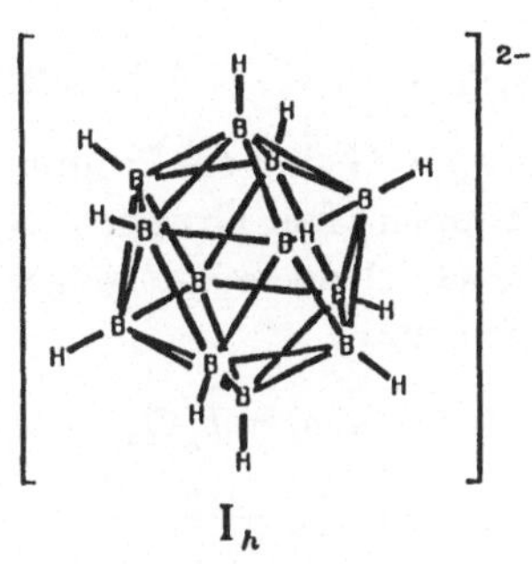

Abb. 7.9.

7.1.10 Die Gruppen linearer Moleküle und Atome

Symmetrieelemente: C_∞-Achse, ∞ σ_v-Ebenen (**C**$_{\infty v}$), dazu entweder ∞ C_2-Achsen, i, S_∞-Achse (**D**$_{\infty h}$) oder ∞ C_∞-Achsen, i, S_∞-Achse (**R**$_h$(3))
Symmetrieoperationen: ∞ Drehungen, ∞ Spiegelungen (**C**$_{\infty v}$), dazu ∞ Drehspiegelungen (**D**$_{\infty h}$, **R**$_h$(3))
Generatoren: C_φ, σ_v(**C**$_{\infty v}$), dazu i (**D**$_{\infty h}$) oder $C_\varphi(x, y, z), i$(**R**$_h$(3))
Eigenschaften: nicht abelsch
Einzelne Gruppen: **C**$_{\infty v}$, **D**$_{\infty h}$, **R**$_h$(3)
Bemerkungen: Die Gruppe **R**$_h$(3) ist die Gruppe aller Drehungen und Spiegelungen an einem Atom (engl. rotations and reflexions). Sie wird im deutschen auch Kugelgruppe genannt und mit **K**$_h$ bezeichnet.

$$C \equiv O \qquad O \equiv C \equiv O$$

$$H{-}C \equiv N \qquad H{-}C \equiv C{-}H \qquad C$$

$$\mathbf{C}_{\infty v} \qquad\qquad \mathbf{D}_{\infty h} \qquad \mathbf{R}_h(3)$$

Abb. 7.10.

7.2 Eigenschaften von Punktgruppen

7.2.1 Generatoren

Wenn alle h_1 Elemente eine Gruppe $\mathbf{G}_1 = \{a_1, a_2 \ldots a_{h_1}\}$ mit allen h_2 Elementen einer Gruppe $\mathbf{G}_2 = \{b_1, b_2 \ldots b_{h_2}\}$ vertauschbar sind, kann man eine Gruppe $\mathbf{G}$ bilden, die das *direkte Produkt* der beiden Gruppen genannt wird. Man schreibt

$$\mathbf{G} = \mathbf{G}_1 \times \mathbf{G}_2 \tag{7.1}$$

und meint

$$\mathbf{G} = \{a_1 b_1, a_2 b_1 \ldots a_{h_1} b_1, \ldots a_1 b_{h_2}, a_2 b_{h_2} \ldots a_{h_1} b_{h_2}\} \tag{7.2}$$

Die $h_1 \cdot h_2$ Elemente der Gruppe $\mathbf{G}$ sind die Produkte aller verschiedener Paare von Elementen beider Gruppen. Die Gruppen $\mathbf{G}_1$ und $\mathbf{G}_2$ sind invariante Untergruppen der Gruppe $\mathbf{G}$. Denn es gilt wegen der Vertauschbarkeit der Elemente a_i und b_j für alle i und j

$$\mathbf{G}_1 b_j = b_j \mathbf{G}_1$$

$$a_i \mathbf{G}_2 = \mathbf{G}_2 a_i \tag{7.3}$$

Beispiel: Zwei Gruppen, die durch Drehungen um eine dreizählige und eine zweizählige Achse gleicher Richtung generiert werden.

$$\mathbf{G}_1 = \mathbf{C}_3 = \{E, C_3, C_3^{-1}\}, \mathbf{G}_2 = \mathbf{C}_2 = \{E, C_2\}$$
$$\mathbf{G} = \mathbf{G}_1 \times \mathbf{G}_2$$
$$= \mathbf{C}_3 \times \mathbf{C}_2 \tag{7.4}$$
$$= \{E, C_3, C_3^{-1}, C_2, C_6^{-1}, C_6\}$$
$$= \mathbf{C}_6$$

Die meisten der bisher behandelten Punktgruppen können aus einfacheren Gruppen als direkte Produkte mit den Gruppen $\mathbf{C}_s$ oder $\mathbf{C}_i$ gewonnen werden.

Beispiele:

$$\mathbf{C}_{nh} = \mathbf{C}_n \times \mathbf{C}_s$$
$$\mathbf{D}_{nh} = \mathbf{D}_n \times \mathbf{C}_s$$
$$\mathbf{C}_{2n,h} = \mathbf{C}_{2n} \times \mathbf{C}_i$$
$$\mathbf{S}_{4n+2} = \mathbf{C}_{2n+1} \times \mathbf{C}_i$$
$$\mathbf{C}_{4n+2,h} = \mathbf{C}_{2n+1,h} \times \mathbf{C}_i$$
$$\mathbf{D}_{2n,h} = \mathbf{C}_{2n,v} \times \mathbf{C}_i = \mathbf{D}_{2n} \times \mathbf{C}_i = \mathbf{D}_{nd} \times \mathbf{C}_i$$
$$\mathbf{D}_{2n+1,d} = \mathbf{C}_{2n+1,v} \times \mathbf{C}_i = \mathbf{D}_{2n+1} \times \mathbf{C}_i$$
$$\mathbf{D}_{4n+2,h} = \mathbf{D}_{2n+1,h} \times \mathbf{C}_i$$

$$\mathbf{T}_h = \mathbf{T} \times \mathbf{C}_i$$
$$\mathbf{O}_h = \mathbf{O} \times \mathbf{C}_i = \mathbf{T}_d \times \mathbf{C}_i$$
$$\mathbf{I}_h = \mathbf{I} \times \mathbf{C}_i \tag{7.5}$$
$$\mathbf{D}_{\infty h} = \mathbf{C}_{\infty v} \times \mathbf{C}_i$$

Wenn nicht alle Elemente der Gruppe $\mathbf{G}_1$ mit allen Elementen von $\mathbf{G}_2$ vertauschbar sind, kann man ein *semidirektes Produkt* beider Gruppen definieren. In diesem Fall sind in der so definierten Gruppe $\mathbf{G}$ die beiden Untergruppen $\mathbf{G}_1$ und $\mathbf{G}_2$ nicht beide invariant, sondern nur eine, z.B. $\mathbf{G}_1$. Man setzt in diesem Falle die invariante Untergruppe bei der Produktbildung an die erste Stelle.

Beispiele:

$$\mathbf{C}_{nv} = \mathbf{C}_n \times \mathbf{C}_s$$
$$\mathbf{D}_{2n,d} = \mathbf{D}_{2n} \times \mathbf{C}_s = \mathbf{S}_{4n} \times \mathbf{C}_2$$
$$\mathbf{D}_n = \mathbf{C}_n \times \mathbf{C}_2$$
$$\mathbf{T} = \mathbf{D}_2 \times \mathbf{C}_3$$
$$\mathbf{T}_d = \mathbf{D}_2 \times \mathbf{C}_{3v} \tag{7.6}$$
$$\mathbf{O} = \mathbf{D}_2 \times \mathbf{D}_3$$
$$\mathbf{C}_{\infty v} = \mathbf{C}_\infty \times \mathbf{C}_s$$
$$\mathbf{D}_\infty = \mathbf{C}_\infty \times \mathbf{C}_2$$

Der Zusammenhang der Gruppen über ihre Generatoren kommt hier in anderer Weise wieder zum Ausdruck. Der Generator i erlaubt mit der Gruppe $\mathbf{C}_i$ die Bildung größerer Gruppen aus invarianten Untergruppen. So ist z.B. $\mathbf{D}_{2h} = \mathbf{D}_2 \times \mathbf{C}_i$ das Produkt zweier invarianter Untergruppen. Dies ist für andere Generatoren wie σ, C_2 oder C_3 mit den Gruppen $\mathbf{C}_s, \mathbf{C}_2$ bzw. $\mathbf{C}_3$ i.a. nicht der Fall, wie man am Beispiel von $\mathbf{D}_{2d} = \mathbf{D}_2 \times \mathbf{C}_s, \mathbf{T} = \mathbf{D}_2 \times \mathbf{C}_3, \mathbf{T}_d = \mathbf{D}_2 \times \mathbf{C}_{3v}$ oder $\mathbf{O} = \mathbf{D}_2 \times \mathbf{D}_3$ sieht.

7.2.2 Untergruppen

Wie bisher ausgiebig dargestellt, spiegelt die Gruppe eines Moleküls seine Symmetrie wider. Dabei muß die Geometrie bzw. Struktur des Moleküls bekannt sein und vorgegeben werden. Es wird allgemein davon ausgegangen, daß sich das betrachtete Molekül im Gleichgewicht befindet. Bewegungen aus der Gleichgewichtslage können die Symmetrie des Moleküls verändern und zu einer anderen Gruppe führen. Oft liegen auch keine detaillierten experimentellen Kenntnisse von der Struktur eines Moleküls vor und man muß die Struktur des Moleküls mit quantenchemischen Methoden berechnen. Dabei kann man z.B. von einer höchst möglichen Symmetrie ausgehen und Überlegungen anstellen, in welcher Weise sich das Molekül verzerrt, um seine stabilste Form anzunehmen. Verzerrt man ein System zu einer niedrigeren Symmetrie, so geht die Gruppe in eine ihrer Untergruppen über. Dies soll am Beispiel des Quadrats in der Abb. 7.11 erläutert werden.

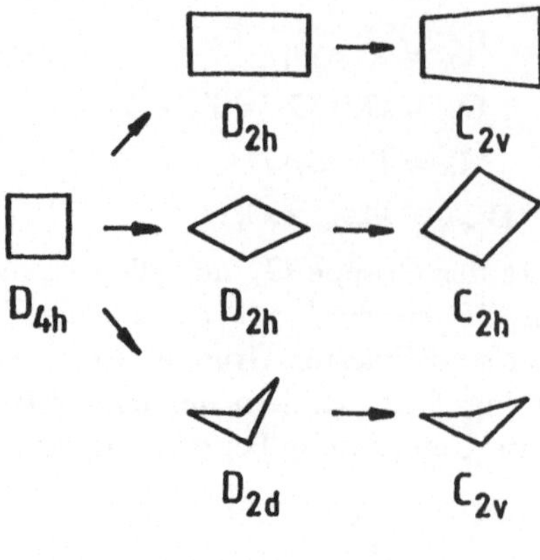

Abb. 7.11.

Es soll sich hier um ein System mit vier gleichen Atomen an den Ecken handeln, z.B. Si_4. Dies ist ein Cluster mit vier Siliziumatomen. Ausgehend von der hohen Symmetrie $\mathbf{D_{4h}}$ des Quadrats kann man Verzerrungen zu Rechteck, Raute oder Schmetterling durchführen, die durch die Untergruppen $\mathbf{D_{2h}}$ und $\mathbf{D_{2d}}$ beschrieben werden. Im letzteren Fall sind die beiden Diagonalen gleich lang.

Diese Strukturen können unter weiterer Symmetrieerniedrigung zu Trapez, Parallelogramm oder Schmetterling mit verschieden langen Diagonalen verzerren. Dabei ergeben sich als neue Untergruppen die Gruppen $\mathbf{C_{2v}}$ und $\mathbf{C_{2h}}$. Im Abschnitt 10.4 werden Einzelheiten der Verknüpfung von Gruppen mit ihren Untergruppen aus der Darstellungstheorie erläutert.

7.3 Bestimmung von Punktgruppen

Um die Punktgruppe eines Moleküls zu ermitteln, muß man auf die vorhandenen Symmetrieelemente prüfen und nicht vorhandene ausschließen. Man kann dazu ein Ja-Nein-Schema entwickeln, das nach Beantwortung einer Fragensequenz die richtige Gruppe ergibt. Wir nennen dieses Schema ein Flußdiagramm. Zur systematischen Bestimmung von Punktgruppen ist in Abb. 7.12 ein Flußdiagramm angegeben. In diesem Diagramm wurde die Bestimmung der sehr seltenen Gruppen $\mathbf{T}, \mathbf{T}_h, \mathbf{O}$ und $\mathbf{I}$ weggelassen. Folgende Beispiele erläutern den Gebrauch.

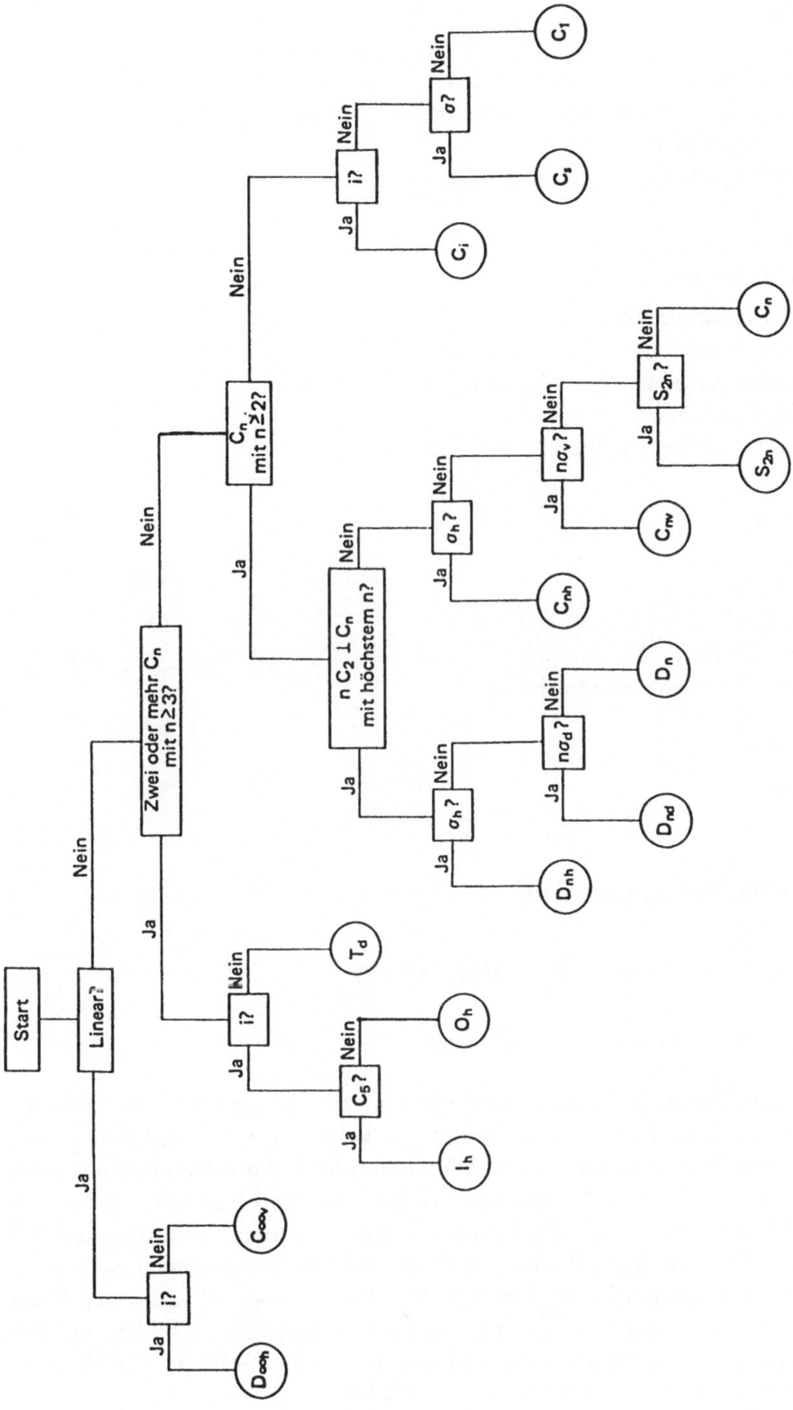

Start
Linear?
Ja
Nein
i?
Ja
Nein
$D_{\infty h}$
$C_{\infty v}$
Zwei oder mehr C_n mit $n \geq 3$?
Ja
Nein
i?
Ja
Nein
T_d
C_5?
Ja
Nein
I_h
O_h
C_n mit $n \geq 2$?
Nein
Ja
$n\,C_2 \perp C_n$ mit höchstem n?
Ja
Nein
i?
Ja
Nein
σ?
Ja
Nein
C_i
C_s
C_1
σ_h?
Ja
Nein
$n\sigma_v$?
Ja
Nein
S_{2n}?
Ja
Nein
C_{nh}
C_{nv}
S_{2n}
C_n
σ_h?
Ja
Nein
$n\sigma_d$?
Ja
Nein
D_{nh}
D_{nd}
D_n

Abb. 7.12.

Beispiele:

a) CHF_3
1. Nicht linear
2. Keine zwei oder mehr C_3- oder höhere Achsen
3. Eine C_3-Achse
4. Keine C_2-Achse senkrecht zu C_3
5. Kein σ_h
6. Drei σ_v
$\implies$ Gruppe $\mathbf{C}_{3v}$

b) 1,3,5-Trichlorbenzol
1. Nicht linear
2. Keine zwei oder mehr C_3- oder höhere Achsen
3. Eine C_3-Achse
4. Drei C_2-Achsen senkrecht zu C_3-Achse
5. σ_h
$\implies \mathbf{D}_{3h}$

b) B_2H_4
1. Nicht linear
2. Keine C_3- oder höhere Achsen
3. Eine C_2-Achse
4. Zwei C_2-Achsen senkrecht zu C_2
5. Kein σ_h
6. Zwei σ_d
$\implies \mathbf{D}_{2d}$

C. Darstellungstheorie

8. Matrixdarstellung von Punktgruppen

8.1 Lagevektoren und Koordinaten

Wir hatten in Kapitel I lineare Transformationen kennengelernt. Solche Transformationen beschreiben die Zuordnung von Vektoren $\mathbf{Y}$ zu Vektoren $\mathbf{X}$ und werden durch Matrizen dargestellt. Wir wollen jetzt die n Komponenten der Vektoren als Sätze von n Funktionen ansehen, die transformiert werden und dadurch Matrizen erzeugen. Die Symmetrieoperationen in Molekülen, nämlich Drehungen, Spiegelungen, Punktspiegelung und Drehspiegelungen sind spezielle lineare Transformationen. Ein Satz von Funktionen soll unter den Symmetrieoperationen eine Basis zur Erzeugung von Matrizen $\mathbf{R}$ bilden, die den entsprechenden Symmetrieoperationen O_R zugeordnet werden. Die Symmetrieoperationen werden auf Matrizen abgebildet.

$$O_R \to \mathbf{R} \tag{8.1}$$

Symmetrieoperationen in Molekülen erhalten die relativen Abstände der Atome und damit die Länge von Vektoren im dreidimensionalen Funktionenraum der Lagekoordinaten der Atome. Nach Kapitel I, Abschnitt 9.4 muß es deshalb möglich sein, Symmetrieoperationen durch orthogonale oder unitäre Matrizen zu beschreiben.

Die Symmetrieoperationen O wirken auf Funktionen f als lineare Operatoren

$$O(f_1 + f_2) = Of_1 + Of_2$$
$$O(kf) = k\,Of \tag{8.2}$$

Als Funktionen betrachten wir zunächst die Koordinaten der Atome. Es gibt zwei Möglichkeiten der Beschreibung. Erstens können die Atome durch Symmetrieoperationen im Raum transformiert werden. Dann müssen die Koordinaten der Atome in einem raumfesten Koordinatensystem angegeben werden. Zweitens können die Atome festgehalten und das Koordinatensystem transformiert werden. Die Koordinaten der Atome werden dann in dem transformierten Koordinatensystem angegeben. Wir wollen jetzt zeigen, daß diese beiden Arten der Beschreibung zueinander invers sind, d.h. durch Symmetrieoperationen und deren Inverse angegeben werden können.

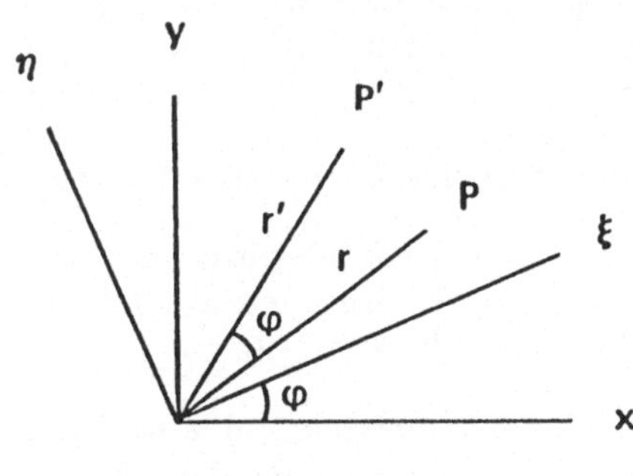

Abb. 8.1.

In Abb. 8.1 ist die Lage eines Atoms im Raum in der Ausgangslage durch den Lagevektor $\mathbf{r}$ und nach einer Drehung um den Winkel φ um die zur Papierebene senkrechte z-Achse durch den Lagevektor $\mathbf{r}'$ angegeben. Die Koordinatenachsen des raumfesten Koordinatensystems sind x, y, z und des gedrehten Koordinatensystems ξ, η, ζ. Im raumfesten Koordinatensystem hat der Lagevektor $\mathbf{r}$ die Koordinaten x, y, z und der gedrehte Vektor $\mathbf{r}'$ die Koordinaten x', y', z'. Die Transformation lautet in diesem Koordinatensystem

$$\mathbf{r}' = O\,\mathbf{r} \qquad \text{oder} \qquad \begin{pmatrix} x' \\ y' \\ z' \end{pmatrix} = O \begin{pmatrix} x \\ y \\ z \end{pmatrix} \tag{8.3}$$

Im gedrehten Koordinatensystem hat der Lagevektor $\mathbf{r}$ die Koordinaten ξ, η, ζ und der Vektor $\mathbf{r}'$ die Koordinaten x, y, z, d.h. die gleichen wie $\mathbf{r}$ im raumfesten

Koordinatensystem. Wir erhalten $\mathbf{r}$ aus $\mathbf{r}'$ durch Drehung um die z-Achse um $-\varphi$. Im gedrehten Koordinatensystem lautet die Beziehung

$$\mathbf{r} = O^{-1}\mathbf{r}' \quad \text{oder} \quad \begin{pmatrix} \xi \\ \eta \\ \zeta \end{pmatrix} = O^{-1} \begin{pmatrix} x \\ y \\ z \end{pmatrix} \tag{8.4}$$

Wir können also den Lagevektor drehen und die Atomlage im raumfesten Koordinatensystem angeben oder den Lagevektor festhalten und die Atomlage im gedrehten Koordinatensystem angeben. Beide Beschreibungen sind äquivalent. Wir wollen im folgenden den ersten Fall gemäß (8.3) zur Beschreibung benutzen. Für den Fall der Abb. 8.1 können wir nun sagen, daß die Koordinaten des Punktes P durch die Drehung um die z-Achse um den Winkel φ in die Koordinaten des Punktes P' übergeführt werden. Positive Winkel bedeuten Drehungen im Gegenuhrzeigersinn, negative Winkel Drehungen im Uhrzeigersinn.

$$\begin{aligned} x' &= (\cos\varphi)\, x &-& (\sin\varphi)\, y \\ y' &= (\sin\varphi)\, x &+& (\cos\varphi)\, y \\ z' &= z \end{aligned} \tag{8.5}$$

In Matrixform lautet (8.5)

$$\begin{pmatrix} x' \\ y' \\ z' \end{pmatrix} = \begin{pmatrix} \cos\varphi & -\sin\varphi & 0 \\ \sin\varphi & \cos\varphi & 0 \\ 0 & 0 & 1 \end{pmatrix} \begin{pmatrix} x \\ y \\ z \end{pmatrix} \tag{8.6}$$

Wir nennen die Matrix in (8.6) eine *Darstellung* der Drehung um die z-Achse.

$$C_\varphi^{(z)} = \begin{pmatrix} \cos\varphi & -\sin\varphi & 0 \\ \sin\varphi & \cos\varphi & 0 \\ 0 & 0 & 1 \end{pmatrix} \tag{8.7}$$

Anwendung von Spiegelungen, Punktspiegelung und Drehspiegelung auf die Koordinaten der Atome ergibt deren Darstellungsmatrizen analog zu (8.6). Für Funktionen $f(x, y, z)$ der Koordinaten der Lagevektoren gelten folgende Rechenregeln

$$\begin{aligned} O\, f(x,y,z) &= f(Ox, Oy, Oz) = f(x', y', z') \\ O\,(f_1 f_2) &= (Of_1)\,(Of_2) \\ (O_1 O_2)\, f &= O_1(O_2 f) \end{aligned} \tag{8.8}$$

8.2 Darstellung endlicher Gruppen

Die im Sinne von (8.1) auf einer Funktionsbasis erzeugten Matrizen $\mathbf{R}$ bilden ebenso eine Gruppe wie die Symmetrieoperationen O_R selbst. Die Abbildung der beiden Gruppen ist i.a. homomorph, d.h. es ist möglich, mehrere Symmetrieoperationen auf eine Matrix, z.B. die Einheitsmatrix, abzubilden. Dabei geht Information verloren. Dies ist z.B. der Fall, wenn bei der Darstellung von

E und σ_h in einem quadratischen Molekül nur die Koordinaten x, y in der Molekülebene als Basis der Darstellung gewählt werden. Wir erhalten das in Abb. 8.2 dargestellte Ergebnis.

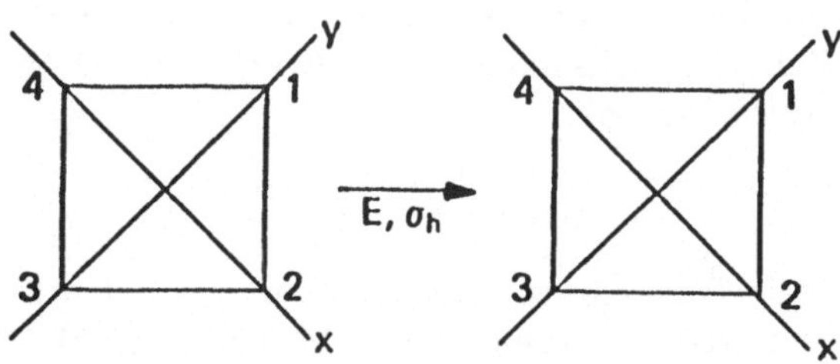

Abb. 8.2.

$$\begin{pmatrix} x' \\ y' \end{pmatrix} = E \begin{pmatrix} x \\ y \end{pmatrix} \qquad \begin{pmatrix} x' \\ y' \end{pmatrix} = \sigma_h \begin{pmatrix} x \\ y \end{pmatrix}$$

$$\text{mit } \mathbf{E} = \begin{pmatrix} 1 & 0 \\ 0 & 1 \end{pmatrix} \qquad \boldsymbol{\sigma}_h = \begin{pmatrix} 1 & 0 \\ 0 & 1 \end{pmatrix}$$

Um keine Information zu verlieren, müssen wir also versuchen, einen Satz von Matrizen zu finden, der für verschiedene Symmetrieoperationen verschiedene Matrizen ergibt. Eine solche Abbildung der Symmetrieoperationen auf Matrizen ist isomorph. Eine Erweiterung der Koordinaten im obigen Beispiel unter Einschluß der z-Koordinate ergibt eine Unterscheidung von E und σ_h.

$$\mathbf{E} = \begin{pmatrix} 1 & 0 & 0 \\ 0 & 1 & 0 \\ 0 & 0 & 1 \end{pmatrix} \qquad \boldsymbol{\sigma}_h = \begin{pmatrix} 1 & 0 & 0 \\ 0 & 1 & 0 \\ 0 & 0 & -1 \end{pmatrix}$$

Wir werden später sehen, welche Dimension Matrizen in Gruppen haben müssen, damit die gesamte Information, die in der Gruppe steckt, auf die Matrizen übertragen wird. In der Gruppe $\mathbf{D}_{4h}$ des Quadrats reicht die dreidimensionale Darstellung im Funktionenraum der Koordinaten x, y, z nicht aus. Bevor wir diese Frage systematisch untersuchen, sollen noch einige andere allgemeine Aussagen erarbeitet werden. Matrizen, die eine Punktgruppe darstellen, müssen regulär sein, d.h. nicht verschwindende Determinanten haben, weil Inverse in einer Gruppe existieren. Die Abbildung der Matrizen auf ihre Determinanten

$$\mathbf{R} \to \det \mathbf{R} \tag{8.9}$$

ist ebenfalls homomorph. Dies bedeutet, daß die Determinanten eine zur Matrizengruppe homomorphe Gruppe bilden. Symmetrieoperationen können durch unitäre Matrizen dargestellt werden. Für solche Matrizen gilt

$$\mathbf{U}^\dagger \mathbf{U} = \mathbf{E} \tag{8.10}$$

Daraus folgt

$$\det \mathbf{U}^\dagger \det \mathbf{U} = 1$$
$$|\det \mathbf{U}|^2 = 1 \tag{8.11}$$
$$\det \mathbf{U} = e^{i\varphi}$$

Die Determinante einer unitären Matrix ist, wie in Kapitel I, (9.16) gezeigt, eine komplexe Zahl vom Absolutwert 1. Für orthogonale Matrizen, die nur reelle Elemente enthalten, gilt

$$\det \mathbf{U} = \pm 1 \tag{8.12}$$

Als Beispiel für die Darstellung endlicher Gruppen betrachten wir nun ein nicht lineares, symmetrisches dreiatomiges Molekül, z.B. H_2O, und benutzen das konventionelle Koordinatensystem (Abb. 8.3).

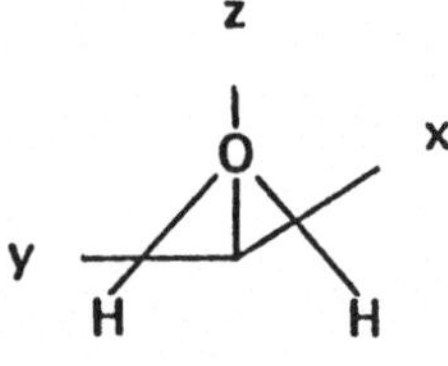

Abb. 8.3.

Wir untersuchen den Effekt der vier Symmetrieoperationen der Punktgruppe C_{2v} auf die Koordinaten x_i, y_i, z_i der drei Atome. Da die Transformationen für alle Atome gleich sind, können wir als Vektor der Koordinaten jeden beliebigen Ortsvektor $\mathbf{r}_i$ wählen. $\mathbf{r}_i$ ist hier repräsentativ für einen Satz Koordinaten, ohne daß die verschiedenen Werte der Atomkoordinaten für verschiedene Atome berücksichtigt werden müssen. Wir erhalten

$$
\begin{aligned}
E: \quad & \begin{aligned} x_i' &= x_i \\ y_i' &= y_i \\ z_i' &= z_i \end{aligned} \qquad
\begin{pmatrix} x_i' \\ y_i' \\ z_i' \end{pmatrix} =
\begin{pmatrix} 1 & 0 & 0 \\ 0 & 1 & 0 \\ 0 & 0 & 1 \end{pmatrix}
\begin{pmatrix} x_i \\ y_i \\ z_i \end{pmatrix} \\[2ex]
C_2: \quad & \begin{aligned} x_i' &= -x_i \\ y_i' &= -y_i \\ z_i' &= z_i \end{aligned} \qquad
\begin{pmatrix} x_i' \\ y_i' \\ z_i' \end{pmatrix} =
\begin{pmatrix} -1 & 0 & 0 \\ 0 & -1 & 0 \\ 0 & 0 & 1 \end{pmatrix}
\begin{pmatrix} x_i \\ y_i \\ z_i \end{pmatrix} \\[2ex]
\sigma_{yz}: \quad & \begin{aligned} x_i' &= -x_i \\ y_i' &= y_i \\ z_i' &= z_i \end{aligned} \qquad
\begin{pmatrix} x_i' \\ y_i' \\ z_i' \end{pmatrix} =
\begin{pmatrix} -1 & 0 & 0 \\ 0 & 1 & 0 \\ 0 & 0 & 1 \end{pmatrix}
\begin{pmatrix} x_i \\ y_i \\ z_i \end{pmatrix} \\[2ex]
\sigma_{xz}: \quad & \begin{aligned} x_i' &= x_i \\ y_i' &= -y_i \\ z_i' &= z_i \end{aligned} \qquad
\begin{pmatrix} x_i' \\ y_i' \\ z_i' \end{pmatrix} =
\begin{pmatrix} 1 & 0 & 0 \\ 0 & -1 & 0 \\ 0 & 0 & 1 \end{pmatrix}
\begin{pmatrix} x_i \\ y_i \\ z_i \end{pmatrix}
\end{aligned}
\tag{8.13}
$$

$$E = \begin{pmatrix} 1 & 0 & 0 \\ 0 & 1 & 0 \\ 0 & 0 & 1 \end{pmatrix} \quad C_2 = \begin{pmatrix} -1 & 0 & 0 \\ 0 & -1 & 0 \\ 0 & 0 & 1 \end{pmatrix}$$

$$\sigma_{yz} = \begin{pmatrix} -1 & 0 & 0 \\ 0 & 1 & 0 \\ 0 & 0 & 1 \end{pmatrix} \quad \sigma_{xz} = \begin{pmatrix} 1 & 0 & 0 \\ 0 & -1 & 0 \\ 0 & 0 & 1 \end{pmatrix} \tag{8.14}$$

Der Satz der vier Matrizen bildet bezüglich der Multiplikation eine Gruppe, die mit der Punktgruppe C_{2v} isomorph ist.

Nehmen wir nur den Teil der Darstellung, der sich auf das Verhalten der x-Koordinate bezieht, nämlich die Elemente R_{11} der Darstellungsmatrizen $\mathbf{R}$ von (8.14), so erhalten wir eine eindimensionale Darstellung der Gruppe C_{2v}

$$\{E_{11}, (C_2)_{11}, (\sigma_{yz})_{11}, (\sigma_{xz})_{11}\} = \{1, -1, -1, 1\} \tag{8.15}$$

Die Sätze der Diagonalelemente R_{22} und R_{33}, die sich auf y-und z-Koordinate beziehen, sind ebenfalls eindimensionale Darstellungen der Gruppe

$$\{E_{22}, (C_2)_{22}, (\sigma_{yz})_{22}, (\sigma_{xz})_{22}\} = \{1, -1, 1, -1\} \tag{8.16}$$

$$\{E_{33}, (C_2)_{33}, (\sigma_{yz})_{33}, (\sigma_{xz})_{33}\} = \{1, 1, 1, 1\} \tag{8.17}$$

Die drei eindimensionalen Darstellungen sind verschiedene homomorphe Abbildungen der Gruppe auf die multiplikative Gruppe $\{1, -1\}$ bzw. $\{1\}$.

Es ist nun wichtig festzustellen, daß sich andere dreidimensionale Darstellungen ergeben, wenn ein anderes Koordinatensystem zugrundegelegt wird. Für das folgende nicht konventionelle Koordinatensystem mit dem Ursprung im O-Atom und der z-Achse senkrecht zur Molekülebene (Abb. 8.4) ergibt sich

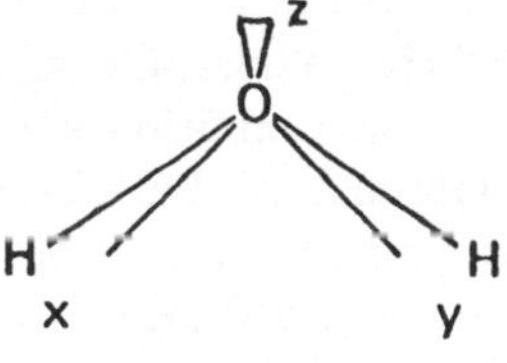

Abb. 8.4.

$$E = \begin{pmatrix} 1 & 0 & 0 \\ 0 & 1 & 0 \\ 0 & 0 & 1 \end{pmatrix} \quad C_2 = \begin{pmatrix} 0 & 1 & 0 \\ 1 & 0 & 0 \\ 0 & 0 & -1 \end{pmatrix}$$

$$\sigma_v = \begin{pmatrix} 1 & 0 & 0 \\ 0 & 1 & 0 \\ 0 & 0 & -1 \end{pmatrix} \quad \sigma_v' = \begin{pmatrix} 0 & 1 & 0 \\ 1 & 0 & 0 \\ 0 & 0 & 1 \end{pmatrix} \tag{8.18}$$

σ_v ist hier die Molekülebene und σ_v', die dazu senkrechte Spiegelebene. In der Darstellung (8.18) sind nicht mehr alle Matrizen diagonal.

9. Reduzible und irreduzible Darstellungen

9.1 Basen für reduzible Darstellungen

Die Darstellungen (8.14) und (8.18) der Gruppe C_{2v} lassen sich durch eine *gemeinsame* Ähnlichkeitstransformation (Kap. I, Tab. 9.1)

$$\mathbf{A}'_i = \mathbf{P} \mathbf{A}_i \mathbf{P}^{-1}$$

der Matrizen ineinander überführen. Die beiden Darstellungen sind äquivalent. Die Ähnlichkeitstransformation bedeutet hier einfach eine Basistransformation im zugrundeliegenden Funktionenraum. Wir wollen nun herausarbeiten, was allen äquivalenten Darstellungen gemeinsam ist.

Definition 9: Wenn es möglich ist, jede Matrix $\mathbf{A}_i$ einer Darstellung einer Punktgruppe mit einer Matrix $\mathbf{P}$ durch die gleiche Ähnlichkeitstransformation in eine Matrix $\mathbf{A}'_i = \mathbf{P} \mathbf{A}_i \mathbf{P}^{-1}$ von folgender *Blockform*

$$\mathbf{A}'_i = \begin{pmatrix} \mathbf{X}_i & 0 \\ 0 & \mathbf{Y}_i \end{pmatrix} \tag{9.1}$$

mit mindestens zwei Blöcken $\mathbf{X}_i, \mathbf{Y}_i$ überzuführen, so heißt die Darstellung *reduzibel*. Falls es eine solche Ähnlichkeitstransformation nicht gibt, heißt die Darstellung *irreduzibel*.

Die Matrizen $\mathbf{A}'_i$ müssen sich in eine gemeinsame Unterstruktur einordnen lassen, d.h. die Ordnung der quadratischen Matrizen $\mathbf{X}_i, \mathbf{Y}_i$ und der Nullmatrizen 0 muß für alle $\mathbf{A}'_i$ gleich sein.

Die Matrizen mit den größten Blöcken, also den meisten Nichtdiagonalelementen sind für die Spezifizierung der Blockstruktur maßgebend. Es wird aber nicht ausgeschlossen, daß einige oder alle $\mathbf{A}'_i$ in mehr als zwei Blöcke zerlegt werden können. Im Sinne von Definition 9 sind die Darstellungen (8.14) und (8.18) reduzibel. (8.14) läßt sich in drei eindimensionale Blöcke zerlegen, (8.18) in einen zweidimensionalen Block und einen eindimensionalen Block. Wir brauchen weder (8.14), noch (8.18) zu transformieren, um festzustellen, daß die Darstellungen reduzibel sind. Wir sagen, daß beide Darstellungen bereits in *reduzierter* Form vorliegen. (8.14) ist vollständig reduziert, denn es besteht aus drei eindimensionalen irreduziblen Darstellungen, die in (8.15) - (8.17) zusammengestellt sind. Wir bezeichnen diese drei irreduziblen Darstellungen vorläufig mit $\Gamma_1, \Gamma_2, \Gamma_3$. Vom Betrachten der zweidimensionalen Darstellung in (8.18) können wir nicht ohne weiteres erkennen, ob diese Darstellung reduzibel ist. Wir werden später sehen, daß auch diese Darstellung reduzibel ist, aber sie liegt nicht in reduzierter Form vor. Die dreidimensionale Darstellung (8.18) ist also nur teilweise reduziert.
Wir können nun das Darstellungskonzept verallgemeinern, indem wir nicht nur die Koordinaten der Atome als Basis für eine Darstellung zulassen, sondern auch Funktionen dieser Koordinaten. Wir wollen eine allgemeine *Basis* für eine Darstellung eine Menge von Funktionen nennen, die unter allen Symmetrieoperationen abgeschlossen ist; d.h. die Symmetrieoperationen

eines Moleküls sollen Funktionen der Menge nur in Linearkombinationen von Funktionen der vorgegebenen Menge transformieren, aber keine weiteren Funktionen erzeugen. Eine solche Basis ist z.B. die Menge aller Produkte von je zwei der Koordinaten x, y, z. Es gibt sechs Produktfunktionen $u_1 = xx, u_2 = xy, u_3 = xz, u_4 = yy, u_5 = yz, u_6 = zz$. Wir suchen jetzt Matrizen $\mathbf{R}$ für

$$\begin{pmatrix} x'x' \\ x'y' \\ x'z' \\ y'y' \\ y'z' \\ z'z' \end{pmatrix} = \mathbf{R} \begin{pmatrix} xx \\ xy \\ xz \\ yy \\ yz \\ zz \end{pmatrix} \tag{9.2}$$

Mit Hilfe von (8.8) und (8.14) ergibt sich im konventionellen Koordinatensystem von $\mathbf{C}_{2v}$

$$\mathbf{E} = \begin{pmatrix} 1 & 0 & 0 & 0 & 0 & 0 \\ 0 & 1 & 0 & 0 & 0 & 0 \\ 0 & 0 & 1 & 0 & 0 & 0 \\ 0 & 0 & 0 & 1 & 0 & 0 \\ 0 & 0 & 0 & 0 & 1 & 0 \\ 0 & 0 & 0 & 0 & 0 & 1 \end{pmatrix}$$

$$\mathbf{C}_2 = \begin{pmatrix} 1 & 0 & 0 & 0 & 0 & 0 \\ 0 & 1 & 0 & 0 & 0 & 0 \\ 0 & 0 & -1 & 0 & 0 & 0 \\ 0 & 0 & 0 & 1 & 0 & 0 \\ 0 & 0 & 0 & 0 & -1 & 0 \\ 0 & 0 & 0 & 0 & 0 & 1 \end{pmatrix}$$

$$\sigma_{yz} = \begin{pmatrix} 1 & 0 & 0 & 0 & 0 & 0 \\ 0 & -1 & 0 & 0 & 0 & 0 \\ 0 & 0 & -1 & 0 & 0 & 0 \\ 0 & 0 & 0 & 1 & 0 & 0 \\ 0 & 0 & 0 & 0 & 1 & 0 \\ 0 & 0 & 0 & 0 & 0 & 1 \end{pmatrix} \tag{9.3}$$

$$\sigma_{xz} = \begin{pmatrix} 1 & 0 & 0 & 0 & 0 & 0 \\ 0 & -1 & 0 & 0 & 0 & 0 \\ 0 & 0 & 1 & 0 & 0 & 0 \\ 0 & 0 & 0 & 1 & 0 & 0 \\ 0 & 0 & 0 & 0 & -1 & 0 \\ 0 & 0 & 0 & 0 & 0 & 1 \end{pmatrix}$$

Diese sechsdimensionale Darstellung ist reduzibel, weil sie in Blockform mit sechs Blöcken vorliegt. Da alle sechs Blöcke eindimensional sind und nicht weiter reduziert werden können, liegt die Darstellung in vollständig reduzierter Form vor.

Die sechs irreduziblen Darstellungen bezeichnen wir mit $\Gamma_4, \ldots \Gamma_9$. Es folgt eine Übersicht über die neun eindimensionalen Darstellungen von $\mathbf{C}_{2v}$

Darstellung	Basis
$\Gamma_1 = \{1,-1,-1,1\}$	x
$\Gamma_2 = \{1,-1,1,-1\}$	y
$\Gamma_3 = \{1,1,1,1\}$	z
$\Gamma_4 = \{1,1,1,1\} = \Gamma_3$	xx
$\Gamma_5 = \{1,1,-1,-1\}$	xy
$\Gamma_6 = \{1,-1,-1,1\} = \Gamma_1$	xz
$\Gamma_7 = \{1,1,1,1\} = \Gamma_3$	yy
$\Gamma_8 = \{1,-1,1,-1\} = \Gamma_2$	yz
$\Gamma_9 = \{1,1,1,1\} = \Gamma_3$	zz

Unter den neun irreduziblen Darstellungen sind nur vier verschiedene. Wir erkennen, daß verschiedene Basisfunktionen die gleiche irreduzible Darstellung erzeugen können. Später wird gezeigt, daß es keine weiteren irreduziblen Darstellungen in dieser Gruppe gibt.

9.2 Globale und lokale reduzible Darstellungen

In den Abschnitten 8.2 und 9.1 wurden die Koordinaten x, y, z der Atome als Basis für eine reduzible Darstellung herangezogen. Dabei wurden dreidimensionale Darstellungen erzeugt. Diese Darstellungen kann man globale Darstellungen nennen, denn es wurde ein globales Koordinatensystem im Sinne der Definition in Abschnitt 6.3 für das Molekül zugrunde gelegt. Die Wirkung der Symmetrieoperationen auf die Koordinaten der Atome wurde nicht atomspezifisch untersucht, sondern repräsentativ für alle Atome durch das globale Koordinatensystem beschrieben.
Wir wollen nun eine Betrachtungsweise einführen, bei der die Koordinaten aller Atome explizit berücksichtigt werden. Wir wollen dies am Fall des H_2O demonstrieren. Dabei wird durch Parallelverschiebung des globalen Koordinatensystems in jedem Atom ein lokales Koordinatensystem erzeugt (Abb. 9.1)

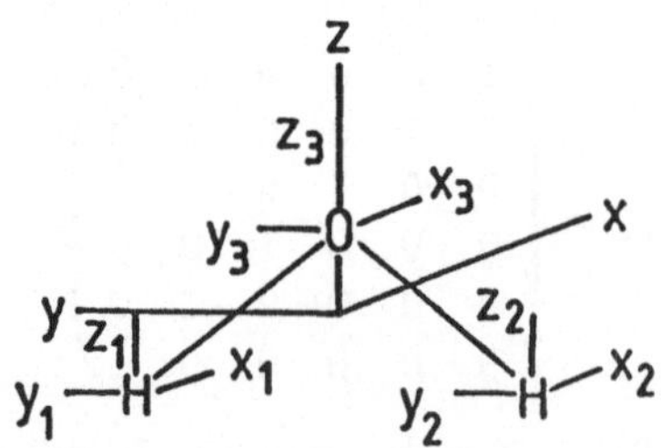

Abb. 9.1.

Wir wenden jetzt die Symmetrieoperationen $E, C_2, \sigma_{yz}, \sigma_{xz}$ auf diese Basis von neun Basisfunktionen an. Dann ergibt sich

$$E \begin{pmatrix} x_1 \\ y_1 \\ z_1 \\ x_2 \\ y_2 \\ z_2 \\ x_3 \\ y_3 \\ z_3 \end{pmatrix} = \begin{pmatrix} x_1 \\ y_1 \\ z_1 \\ x_2 \\ y_2 \\ z_2 \\ x_3 \\ y_3 \\ z_3 \end{pmatrix} \qquad C_2 \begin{pmatrix} x_1 \\ y_1 \\ z_1 \\ x_2 \\ y_2 \\ z_2 \\ x_3 \\ y_3 \\ z_3 \end{pmatrix} = \begin{pmatrix} -x_2 \\ -y_2 \\ z_2 \\ -x_1 \\ -y_1 \\ z_1 \\ -x_3 \\ -y_3 \\ z_3 \end{pmatrix}$$

$$\sigma_{yz} \begin{pmatrix} x_1 \\ y_1 \\ z_1 \\ x_2 \\ y_2 \\ z_2 \\ x_3 \\ y_3 \\ z_3 \end{pmatrix} = \begin{pmatrix} -x_1 \\ y_1 \\ z_1 \\ -x_2 \\ y_2 \\ z_2 \\ -x_3 \\ y_3 \\ z_3 \end{pmatrix} \qquad \sigma_{xz} \begin{pmatrix} x_1 \\ y_1 \\ z_1 \\ x_2 \\ y_2 \\ z_2 \\ x_3 \\ y_3 \\ z_3 \end{pmatrix} = \begin{pmatrix} x_2 \\ -y_2 \\ z_2 \\ x_1 \\ -y_1 \\ z_1 \\ x_3 \\ -y_3 \\ z_3 \end{pmatrix}$$

Man sieht, daß die Koordinaten der beiden Wasserstoffatome mit und ohne Vorzeichenwechsel ineinander übergehen können. Dies ist dann der Fall, wenn die Atome nicht auf dem jeweiligen Symmetrieelement, hier Achse oder Ebene, liegen. Das Sauerstoffatom kann nur in sich übergehen und liegt deshalb immer auf einem Symmetrieelement. Die zu den Symmetrieoperationen gehörenden Darstellungsmatrizen sehen folgendermaßen aus.

$$\mathbf{E} = \begin{pmatrix} 1 & 0 & 0 & 0 & 0 & 0 & 0 & 0 & 0 \\ 0 & 1 & 0 & 0 & 0 & 0 & 0 & 0 & 0 \\ 0 & 0 & 1 & 0 & 0 & 0 & 0 & 0 & 0 \\ 0 & 0 & 0 & 1 & 0 & 0 & 0 & 0 & 0 \\ 0 & 0 & 0 & 0 & 1 & 0 & 0 & 0 & 0 \\ 0 & 0 & 0 & 0 & 0 & 1 & 0 & 0 & 0 \\ 0 & 0 & 0 & 0 & 0 & 0 & 1 & 0 & 0 \\ 0 & 0 & 0 & 0 & 0 & 0 & 0 & 1 & 0 \\ 0 & 0 & 0 & 0 & 0 & 0 & 0 & 0 & 1 \end{pmatrix}$$

$$\mathbf{C}_2 = \begin{pmatrix} 0 & 0 & 0 & -1 & 0 & 0 & 0 & 0 & 0 \\ 0 & 0 & 0 & 0 & -1 & 0 & 0 & 0 & 0 \\ 0 & 0 & 0 & 0 & 0 & 1 & 0 & 0 & 0 \\ -1 & 0 & 0 & 0 & 0 & 0 & 0 & 0 & 0 \\ 0 & -1 & 0 & 0 & 0 & 0 & 0 & 0 & 0 \\ 0 & 0 & 1 & 0 & 0 & 0 & 0 & 0 & 0 \\ 0 & 0 & 0 & 0 & 0 & 0 & -1 & 0 & 0 \\ 0 & 0 & 0 & 0 & 0 & 0 & 0 & -1 & 0 \\ 0 & 0 & 0 & 0 & 0 & 0 & 0 & 0 & 1 \end{pmatrix}$$

$$\sigma_{yz} = \begin{pmatrix} -1 & 0 & 0 & 0 & 0 & 0 & 0 & 0 & 0 \\ 0 & 1 & 0 & 0 & 0 & 0 & 0 & 0 & 0 \\ 0 & 0 & 1 & 0 & 0 & 0 & 0 & 0 & 0 \\ 0 & 0 & 0 & -1 & 0 & 0 & 0 & 0 & 0 \\ 0 & 0 & 0 & 0 & 1 & 0 & 0 & 0 & 0 \\ 0 & 0 & 0 & 0 & 0 & 1 & 0 & 0 & 0 \\ 0 & 0 & 0 & 0 & 0 & 0 & -1 & 0 & 0 \\ 0 & 0 & 0 & 0 & 0 & 0 & 0 & 1 & 0 \\ 0 & 0 & 0 & 0 & 0 & 0 & 0 & 0 & 1 \end{pmatrix}$$

$$\sigma_{xz} = \begin{pmatrix} 0 & 0 & 0 & 1 & 0 & 0 & 0 & 0 & 0 \\ 0 & 0 & 0 & 0 & -1 & 0 & 0 & 0 & 0 \\ 0 & 0 & 0 & 0 & 0 & 1 & 0 & 0 & 0 \\ 1 & 0 & 0 & 0 & 0 & 0 & 0 & 0 & 0 \\ 0 & -1 & 0 & 0 & 0 & 0 & 0 & 0 & 0 \\ 0 & 0 & 1 & 0 & 0 & 0 & 0 & 0 & 0 \\ 0 & 0 & 0 & 0 & 0 & 0 & 1 & 0 & 0 \\ 0 & 0 & 0 & 0 & 0 & 0 & 0 & -1 & 0 \\ 0 & 0 & 0 & 0 & 0 & 0 & 0 & 0 & 1 \end{pmatrix}$$

Man sieht aus dieser Darstellung, daß nur die $3 \cdot 3$-Untermatrizen für die drei Atome der Darstellung im globalen Koordinatensystem entsprechen, bei denen die Atome auf dem Symmetrieelement liegen. Falls Atome nicht auf dem dargestellten Symmetrieelement liegen, ergeben sich Nullmatrizen für diese Atome. Die Information über von null verschiedene Elemente der Darstellungen ist in diesem Fall auf Blöcke außerhalb der Diagonale übergegangen.

Die Betrachtung der lokalen Darstellungen ist zwar zunächst umfangreicher als die der globalen Darstellungen, führt aber bei der Behandlung von Schwingungsproblemen auf eine praktische und effektive Lösung von Eigenschwingungen. Dies wird im Abschnitt 11.1 dargestellt.

9.3 Klassifizierung irreduzibler Darstellungen

Es wäre unzweckmäßig, zum Vergleich von irreduziblen Darstellungen eine willkürliche Reihenfolge der Bezeichnung zugrundezulegen. In Tabelle 9.1 sind die konventionellen Bezeichnungen irreduzibler Darstellungen zusammengefaßt.

Mit diesen Bezeichnungen ergibt sich die folgende Tabelle 9.2 der irreduziblen Darstellungen von C_{2v}.

Als Beispiel für die Möglichkeit einer zweidimensionalen irreduziblen Darstellung wollen wir jetzt die Symmetrieoperationen des Ammoniakmoleküls betrachten. Die Gruppe ist C_{3v} mit den Elementen $E, C_3, C_3^{-1}, \sigma_1, \sigma_2, \sigma_3$. Wir legen den Koordinatenursprung zur Vereinfachung der Abbildung in das N-Atom (Abb. 9.2).

Tabelle 9.1. Bezeichnungen irreduzibler Darstellungen

Symbol	Eigenschaft
A	symmetrisch unter n-facher Drehung
B	antisymmetrisch unter n-facher Drehung
E	zweidimensional
T	dreidimensional

Index	Lage	Eigenschaft
1	unten	symmetrisch unter σ_v oder C_2 senkrecht zu C_n
2	unten	antisymmetrisch unter σ_v oder C_2 senkrecht zu C_n
g	unten	symmetrisch unter i
u	unten	antisymmetrisch unter i
$'$	oben	symmetrisch unter σ_h, wenn i nicht vorhanden
$''$	oben	antisymmetrisch unter σ_h, wenn i nicht vorhanden
$+$	oben	symmetrisch unter σ_v in $D_{\infty h}$
$-$	oben	antisymmetrisch unter σ_v in $D_{\infty h}$

Tabelle 9.2. Irreduzible Darstellungen von $\mathbf{C_{2v}}$

C_{2v}	E	C_2	σ_{yz}	σ_{xz}	Basis
A_1	1	1	1	1	z, xx, yy, zz
A_2	1	1	-1	-1	xy
B_1	1	-1	-1	1	x, xz
B_2	1	-1	1	-1	y, yz

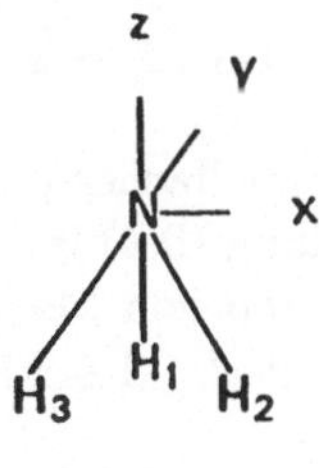

Abb. 9.2.

Die yz-Ebene enthält $\mathrm{H_1}$ und wird σ_1 genannt, σ_2 enthält $\mathrm{H_2}$ und σ_3 enthält $\mathrm{H_3}$. Als Basis für die Darstellung betrachten wir nur die x- und y-Koordinaten. Wir suchen also die Matrix $\mathbf{R}$ mit

$$\begin{pmatrix} x' \\ y' \end{pmatrix} = \mathbf{R} \begin{pmatrix} x \\ y \end{pmatrix}$$

für alle Symmetrieoperationen. Eine einfache Rechnung mit trigonometrischen Funktionen, u.a. mit Gleichung (8.6), ergibt

$$\mathbf{E} = \begin{pmatrix} 1 & 0 \\ 0 & 1 \end{pmatrix} \quad \mathbf{C}_3 = \begin{pmatrix} -\dfrac{1}{2} & -\dfrac{\sqrt{3}}{2} \\ \dfrac{\sqrt{3}}{2} & -\dfrac{1}{2} \end{pmatrix} \quad \mathbf{C}_3^{-1} = \begin{pmatrix} -\dfrac{1}{2} & \dfrac{\sqrt{3}}{2} \\ -\dfrac{\sqrt{3}}{2} & -\dfrac{1}{2} \end{pmatrix}$$

$$\boldsymbol{\sigma}_1 = \begin{pmatrix} -1 & 0 \\ 0 & 1 \end{pmatrix} \quad \boldsymbol{\sigma}_2 = \begin{pmatrix} \dfrac{1}{2} & -\dfrac{\sqrt{3}}{2} \\ -\dfrac{\sqrt{3}}{2} & -\dfrac{1}{2} \end{pmatrix} \quad \boldsymbol{\sigma}_3 = \begin{pmatrix} \dfrac{1}{2} & \dfrac{\sqrt{3}}{2} \\ \dfrac{\sqrt{3}}{2} & -\dfrac{1}{2} \end{pmatrix} \tag{9.4}$$

Diese Darstellung kann durch Ähnlichkeitstransformationen nicht reduziert werden, d.h. die Annahme, daß alle Darstellungsmatrizen diagonal sein sollen, führt auf ein unlösbares lineares Gleichungssystem. Einfacher ist es, die Bedingungen für eine irreduzible Darstellung anzuwenden, die in folgendem Theorem, das den Namen *Schursches Lemma* trägt, enthalten sind.

Theorem 13: Die einzige Matrix, die mit allen Matrizen einer irreduziblen Darstellung kommutiert, ist eine skalare Matrix, d.h. ein Vielfaches der Einheitsmatrix.

Wir wollen anhand von (9.4) die Bedingungen für die kommutierende Matrix $\mathbf{P} = \begin{pmatrix} a & b \\ c & d \end{pmatrix}$ studieren. Es soll gelten

$$\mathbf{P}\boldsymbol{\sigma}_1 = \boldsymbol{\sigma}_1\mathbf{P} \tag{9.5}$$

woraus folgt $b = c = 0$. Aus

$$\mathbf{P}\mathbf{C}_3 = \mathbf{C}_3\mathbf{P} \tag{9.6}$$

folgt $a = d$. $\mathbf{P}$ kann also nur ein Vielfaches der Einheitsmatrix sein. Damit ist bereits gezeigt, daß die Darstellung (9.4) irreduzibel ist. Aus (9.4) kann man entnehmen, daß die Determinanten von Matrizen, die Drehungen darstellen, $+1$, und die Spiegelungen darstellen, -1 sind.

$$\det \mathbf{E} = \det \mathbf{C}_3 = \det \mathbf{C}_3^{-1} = 1$$
$$\det \boldsymbol{\sigma}_1 = \det \boldsymbol{\sigma}_2 = \det \boldsymbol{\sigma}_3 = -1 \tag{9.7}$$

Dies ist eine Beobachtung, die auch für die Darstellungen (8.14) und (8.18) von C_{2v} gilt. Leider läßt sich dies nicht in einem Theorem festhalten. Wir können nur allgemein sagen, daß bei einer Darstellung einer Gruppe durch orthogonale Matrizen die Determinanten den Wert ± 1 annehmen. Welche Drehungen oder Spiegelungen den Wert $+1$ bzw. -1 annehmen, ergibt sich aus der speziellen Wahl der Basis. Nur $\mathbf{E}$ hat immer den Wert $\det \mathbf{E} = +1$.

10. Eigenschaften irreduzibler Darstellungen

10.1 Charakter einer Darstellung

Darstellungen einer Gruppe sind basisabhängig. Um eine andere Darstellung zu erhalten, kann man eine Transformation einer vorhandenen Basis vornehmen oder zu einer prinzipiell anderen Basis übergehen. Man erhält eine äquivalente Darstellung, wenn man eine Basis $\mathbf{X}$ unitär transformiert

$$\mathbf{Y} = \mathbf{UX} \quad \text{mit} \quad \mathbf{U}^\dagger\mathbf{U} = \mathbf{E}$$

Die Darstellung $\mathbf{R(X)}$ in

$$\mathbf{X}' = \mathbf{R(X)X} \tag{10.1}$$

erfährt dann eine Ähnlichkeitstransformation

$$\mathbf{Y}' = \mathbf{UR(X)U}^{-1}\mathbf{Y} = \mathbf{R(Y)Y} \tag{10.2}$$

Um die Vielfalt der äquivalenten Darstellungen zu charakterisieren, brauchen wir eine Größe, die invariant unter einer Ähnlichkeitstransformation ist. Eine solche invariante Größe ist die Spur von Matrizen. Nach Kap. I, (4.8) gilt

$$\text{Spur}\,(\mathbf{PRP}^{-1}) = \text{Spur}\,(\mathbf{P}^{-1}\mathbf{PR}) = \text{Spur}\,(\mathbf{R})$$

In der Gruppentheorie nennen wir die Spur einer Matrix $\mathbf{R}$ den *Charakter* χ einer Darstellung der zugehörigen Symmetrieoperation O_R.
Für die x, y-Basis in Ammoniak erhalten wir

C_{3v}	E	C_3	C_3^{-1}	σ_1	σ_2	σ_3	Basis
χ	2	-1	-1	0	0	0	(x, y)

Wir beobachten, daß $\mathbf{C}_3$ und $\mathbf{C}_3^{-1}$ bzw. $\boldsymbol{\sigma}_1, \boldsymbol{\sigma}_2$ und $\boldsymbol{\sigma}_3$ den gleichen Charakter haben. Dies gilt, weil die beiden Drehungen bzw. die drei Spiegelungen jeweils zu einer Klasse gehoren. Elemente einer Klasse sind durch eine Konjugation nach (4.1) miteinander verknüpft, die die Spur der Matrizen, d.h. den Charakter, invariant läßt. Wir halten dies in einem Theorem fest.

Theorem 14: Elemente derselben Klasse haben den gleichen Charakter.

Um alle irreduziblen Darstellungen einer Gruppe zu erhalten, müßten wir die Basis systematisch erweitern und nicht nur die Koordinaten und deren zweifache Produkte einbeziehen, sondern dreifache, vierfache und höhere Produkte ebenso. Solche Basissätze wachsen schnell an, ohne daß weitere Information gewonnen wird. Es hat sich als zweckmäßig herausgestellt, Drehungen $\mathbf{R}_x, \mathbf{R}_y, \mathbf{R}_z$ um infinitesimale Winkel $\delta\varphi$ um die x-, y- und z-Achse des raumfesten Koordinatensystems als Basisfunktionen einzuführen. Diese Drehungen sind keine Symmetrieoperationen der Punktgruppe. Sie lassen sich beschreiben als *axiale Vektoren* in Richtung der x-, y- und z-Achse mit positivem Drehsinn, d.h. die Drehungen erfolgen im Gegenuhrzeigersinn. Axiale Vektoren kann man als Vektorprodukte von Vektoren formulieren. Eine einfache

Formulierung von $\mathbf{R}_z$ ist parallel zu $\mathbf{e}_\rho \times \mathbf{e}_\varphi = \mathbf{e}_z$ in Zylinderkoordinaten. Anwendung der Symmetrieoperationen auf diese Drehungen $\mathbf{R}_x, \mathbf{R}_y, \mathbf{R}_z$ kann den Drehsinn unverändert lassen (Charakter $+1$), ihn ändern (Charakter -1) oder bei mehrdimensionalen Darstellungen Drehungen ineinander überführen. Zur Veranschaulichung soll Abb. 10.1 dienen.

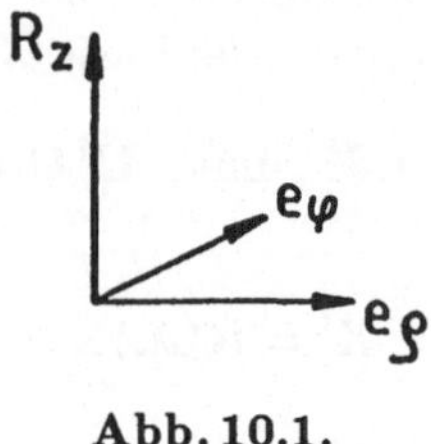

Abb. 10.1.

Die Vektoren $\mathbf{e}_\rho$ und $\mathbf{e}_\varphi$ liegen in der xy-Ebene. $\mathbf{R}_z$ ist ein Pseudovektor in Richtung der z-Achse.

Beispiel: Anwendung von C_3 und σ_v auf $\mathbf{R}_z$

Zur Vereinfachung wollen wir $\mathbf{R}_z = \mathbf{e}_\rho \times \mathbf{e}_\varphi$ setzen.

$$
\begin{aligned}
C_3\,\mathbf{R}_z &= C_3(\mathbf{e}_\rho \times \mathbf{e}_\varphi) \\
&= (C_3\,\mathbf{e}_\rho) \times (C_3\,\mathbf{e}_\varphi) \\
&= \left(\cos\frac{2\pi}{3}\mathbf{e}_\rho + \sin\frac{2\pi}{3}\mathbf{e}_\varphi\right) \times \left(\cos\frac{2\pi}{3}\mathbf{e}_\varphi - \sin\frac{2\pi}{3}\mathbf{e}_\rho\right) \\
&= \left(\cos^2\frac{2\pi}{3} + \sin^2\frac{2\pi}{3}\right)(\mathbf{e}_\rho \times \mathbf{e}_\varphi) \\
&= \mathbf{R}_z
\end{aligned}
$$

Wir wollen weiterhin annehmen, daß $\mathbf{e}_\rho$ senkrecht zu σ_v steht. Dann liegt $\mathbf{e}_\varphi$ in σ_v.

$$
\begin{aligned}
\sigma_v\,\mathbf{R}_z &= \sigma_v(\mathbf{e}_\rho \times \mathbf{e}_\varphi) \\
&= (-\mathbf{e}_\rho) \times \mathbf{e}_\varphi \\
&= -\mathbf{R}_z
\end{aligned}
$$

Unter Einbeziehung dieser Vereinfachung wollen wir die Tabelle der Charaktere von $\mathbf{C}_{3v}$ mit den einfachsten Basisfunktionen vollständig angeben.

$\mathbf{C}_{3v}$	E	$2C_3$	$3\sigma_v$	Basis
A_1	1	1	1	$z, x^2 + y^2, z^2$
A_2	1	1	-1	R_z
E	2	-1	0	$(x,y), (x^2 - y^2, xy), (xz, yz), (R_x, R_y)$

Ein beliebiger Satz von Funktionen mit jeweils einer Funktion aus jeder Zeile spannt die ganze Gruppe auf. Aus der Tabelle kann man entnehmen, daß es in $\mathbf{C}_{3v}$ drei Klassen und ebenso viele irreduziblen Darstellungen gibt. Dies gilt allgemein:

Theorem 15: Die Zahl der Klassen einer Gruppe ist gleich der Zahl der irreduziblen Darstellungen.

Die Tabelle ergibt weiterhin, daß die Quadratsumme der Dimensionen der irreduziblen Darstellungen sechs ist, ebenso wie die Zahl der Elemente von C_{3v}. Auch hier gilt ein allgemeines Theorem.

Theorem 16: Die Quadratsumme der Dimensionen der irreduziblen Darstellungen einer Gruppe ist gleich der Ordnung der Gruppe.

10.2 Orthogonalität und Entwicklung

Eine sehr wichtige Eigenschaft irreduzibler Darstellungen, die auch in C_{3v} sichtbar ist, ist ihre Orthogonalität und Normierung. In einer Gruppe der Ordnung n bilden die Charaktere der irreduziblen Darstellungen n-dimensionale orthogonale Vektoren, deren Länge $\sqrt{n}$ ist. Wir formulieren dies im sogenannten *Orthogonalitätstheorem.*

Theorem 17: Die Charaktere von irreduziblen Darstellungen einer Gruppe verhalten sich wie die Komponenten von orthogonalen Vektoren, die auf die Ordnung n der Gruppe normiert sind.

In Formeln ergibt sich das Skalarprodukt von zwei n-dimensionalen Vektoren

$$\sum_{j}^{\text{Elemente}} \left[\chi^{(\mu)}(\mathbf{R}_j)\right]^* \chi^{(\nu)}(\mathbf{R}_j) = n\,\delta_{\mu\nu} = \begin{cases} n & \mu = \nu \\ 0 & \mu \neq \nu \end{cases} \quad \text{für} \qquad (10.3)$$

$\mathbf{R}_j$ ist die Matrix der Symmetrieoperation O_{R_j} und μ, ν kennzeichnen irreduzible Darstellungen. Charaktere, die komplexe Zahlen sind, kommen in einer Reihe von Gruppen, z.B. C_{5v} vor. Man kann (10.3) umformulieren, wenn man berücksichtigt, daß der Charakter aller Elemente einer Klasse gleich ist. Wenn wir n_t die Ordnung der Klasse t bezeichnen und O_{R_t} eine Symmetrieoperation der Klasse ist, können wir schreiben

$$\sum_{t}^{\text{Klassen}} n_t \left[\chi^{(\mu)}(\mathbf{R}_t)\right]^* \chi^{(\nu)}(\mathbf{R}_t) = n\,\delta_{\mu\nu} \qquad (10.4)$$

Die Analogie zu Vektoren geht noch weiter. Ähnlich wie man beliebige Vektoren eines n-dimensionalen Vektorraums als Linearkombinationen von Basisvektoren darstellen kann, lassen sich Charaktere von beliebigen[1] reduziblen Darstellungen als Linearkombinationen von Charakteren irreduzibler Darstellungen entwickeln. Wir formulieren dies im folgenden *Entwicklungstheorem.*

Theorem 18: Der Charakter einer beliebigen Darstellung einer Gruppe kann immer als Linearkombination der Charaktere der irreduziblen Darstellungen angegeben werden.

Zum Beweis nehmen wir an, daß die Darstellung durch eine Ähnlichkeitstransformation in Blockform von irreduziblen Blöcken gebracht worden ist. Sie ist dann reduziert, und wir schreiben

$$\Gamma = \sum_\mu a_\mu \Gamma^{(\mu)}$$

Da die Charaktere der Matrizen der Symmetrieoperationen O_R für die Darstellung invariant unter einer Ähnlichkeitstransformation sind, ergibt sich für alle Matrizen $\mathbf{R}_j$

$$\chi(\mathbf{R}_j) = \sum_\mu a_\mu \chi^{(\mu)}(\mathbf{R}_j) \tag{10.5}$$

Theorem 17 und 18 erlauben die Reduktion einer beliebigen Darstellung.

$$\sum_j \left[\chi^{(\nu)}(\mathbf{R}_j)\right]^* \chi(\mathbf{R}_j) = \sum_j \sum_\mu a_\mu \left[\chi^{(\nu)}(\mathbf{R}_j)\right]^* \chi^{(\mu)}(\mathbf{R}_j)$$

$$= \sum_\mu a_\mu \sum_j \left[\chi^{(\nu)}(\mathbf{R}_j)\right]^* \chi^{(\mu)}(\mathbf{R}_j)$$

$$= \sum_\mu a_\mu n\, \delta_{\mu\nu}$$

$$= n a_\nu$$

$$a_\nu = \frac{1}{n} \sum_j \left[\chi^{(\nu)}(\mathbf{R}_j)\right]^* \chi(\mathbf{R}_j) \tag{10.6}$$

Die ganze Zahl a_ν gibt an, wieviel mal die irreduzible Darstellung ν in einer beliebigen Darstellung enthalten ist. Die Bestimmung der a_ν ist die Essenz der Reduktion einer Darstellung. Die Charaktere der irreduziblen Darstellungen kann man den Charaktertabellen der Gruppen im Anhang entnehmen.
Durch die Ähnlichkeitstransformation (9.1) wird die reduzible Darstellung in ihre irreduziblen Bestandteile zerlegt. Zu diesen irreduziblen Darstellungen gehören entsprechende Basisfunktionen. Diese neuen Basisfunktionen $\phi_i^{(\mu)}$ der irreduziblen Darstellungen μ lassen sich als Linearkombinationen der Basisfunktionen ϕ_i der reduziblen Darstellung schreiben. Eine effektive Methode der Berechnung dieser neuen Basisfunktionen $\phi_i^{(\mu)}$ läßt sich über *Projektionsoperatoren* angeben. Projektionsoperatoren P haben die Eigenschaft, daß mehrfache Anwendung auf vorgegebene Funktionen das Ergebnis nicht ändert:

$$P^2 = P \tag{10.7}$$

Zur Berechnung der Basis einer irreduziblen Darstellung μ braucht man Projektionsoperatoren $P^{(\mu)}$ der folgenden Form

$$P^{(\mu)} = \sum_R \left[\chi^{(\mu)}(\mathbf{R})\right]^* O_R \tag{10.8}$$

Dann ergeben sich die Basisfunktionen $\phi_i^{(\mu)}$ als Linearkombinationen der ϕ_i

$$\phi_i^{(\mu)} = \frac{n_\mu}{n} P^{(\mu)} \phi_i$$

$$= \frac{n_\mu}{n} \sum_R \left[\chi^{(\mu)}(\mathbf{R})\right]^* O_R\, \phi_i \tag{10.9}$$

n_μ ist die Dimension der irreduziblen Darstellung μ.

Beispiel: Die Darstellung durch NH-Bindungsorbitale in NH_3.

Wir legen eine Basis zugrunde, die eine Linearkombination von Hybriden des Stickstoffatoms längs der drei Achsen (Abb. 9.1) und der entsprechenden Wasserstoffatomorbitale ist.

$$\phi_1 = 2s_N + a2p_{iN} + b1s_{H_i}$$

Die Konstanten a und b können mit quantenchemischen Methoden bestimmt werden (Klessinger [K2], Levine [L1]).

Stellvertretend für die beiden Drehungen bestimmen wir zunächst $C_3\phi_i$ für $i = 1, 2, 3$

$$\phi_1' = C_3\phi_1 = \phi_3$$
$$\phi_2' = C_3\phi_2 = \phi_1$$
$$\phi_3' = C_3\phi_3 = \phi_2$$

$$\implies \mathbf{C}_3 = \begin{pmatrix} 0 & 0 & 1 \\ 1 & 0 & 0 \\ 0 & 1 & 0 \end{pmatrix}$$

Die Spur von $\mathbf{C}_3$ ist null. Der Charakter von $\mathbf{C}_3^{-1}$ ist gleich dem Charakter von $\mathbf{C}_3$, weil beide in einer Klasse sind. Für die Spiegelungen wählen wir σ_1.

$$\phi_1' = \sigma_1\phi_1 = \phi_1$$
$$\phi_2' = \sigma_1\phi_2 = \phi_3$$
$$\phi_3' = \sigma_1\phi_3 = \phi_2$$

$$\implies \sigma_1 = \begin{pmatrix} 1 & 0 & 0 \\ 0 & -1 & 0 \\ 0 & 0 & -1 \end{pmatrix}$$

Der Charakter von σ_1 ist -1. Dies gilt ebenso für σ_2 und σ_3.

Die Charaktere der Symmetrieoperationen lauten:

$\mathbf{C}_{3v}$	E	$2C_3$	$3\sigma_v$	Basis
Γ	3	0	1	(h_1, h_2, h_3)

Die Reduktion von Γ mit Hilfe der Charaktertabelle der irreduziblen Darstellungen von $\mathbf{C}_{3v}$ ergibt

$$a_{A_1} = \frac{1}{6}\left(1 \cdot 3 + 2 \cdot 1 \cdot 0 + 3 \cdot 1 \cdot 1\right) = 1$$

$$a_{A_2} = \frac{1}{6}\left(1 \cdot 3 + 2 \cdot 1 \cdot 0 + 3 \cdot (-1) \cdot 1\right) = 0$$

$$a_E = \frac{1}{6}\left(2 \cdot 3 + 2 \cdot (-1) \cdot 0 + 3 \cdot 0 \cdot 1\right) = 1$$

Man schreibt dafür $\Gamma = A_1 \oplus E$ und meint $\chi_\Gamma = \chi_{A_1} + \chi_E$.

Die Berechnung der Symmetriefunktionen $\phi_i^{(\mu)}$ der irreduziblen Darstellungen μ ergibt sich über Projektionsoperatoren folgendermaßen

$$\phi_1^{(A_1)} = \frac{1}{6}\left(E\phi_1 + C_3\phi_1 + C_3^{-1}\phi_1 + \sigma_1\phi_1 + \sigma_2\phi_1 + \sigma_3\phi_1\right)$$

$$= \frac{1}{6}\left(\phi_1 + \phi_3 + \phi_2 + \phi_1 + \phi_3 + \phi_2\right)$$

$$= \frac{1}{2}\left(\phi_1 + \phi_2 + \phi_3\right)$$

$\phi_2^{(A_1)}$ und $\phi_3^{(A_1)}$ unterscheiden sich nicht von $\phi_1^{(A_1)}$.

Die Berechnung von Basisfunktionen für E ist umfangreicher

$$\phi_1^{(E)} = \frac{2}{6}\left(2E\phi_1 - C_3\phi_1 - C_3^{-1}\phi_1\right)$$

$$= \frac{1}{3}\left(2\phi_1 - \phi_3 - \phi_2\right)$$

$$\phi_2^{(E)} = \frac{2}{6}\left(2E\phi_2 - C_3\phi_2 - C_3^{-1}\phi_2\right)$$

$$= \frac{1}{3}\left(2\phi_2 - \phi_1 - \phi_3\right)$$

$$\phi_3^{(E)} = \frac{2}{6}\left(2E\phi_3 - C_3\phi_3 - C_3^{-1}\phi_3\right)$$

$$= \frac{1}{3}\left(2\phi_3 - \phi_2 - \phi_1\right)$$

Zwei der drei Funktionen sind linear unabhängig, die dritte ist linear abhängig von den beiden anderen. Je zwei dieser Funktionen bilden deshalb eine Basis für E.

10.3 Direkte Produkte

Es seien zwei verschiedene Basen $\alpha_1, \ldots \alpha_m$ und $\beta_1, \ldots \beta_n$ für irreduzible Darstellungen einer Gruppe gegeben. Die Anwendung von Symmetrieoperationen O_R der Gruppe auf Basisfunktionen ergibt Linearkombinationen der Basisfunktionen.

$$O_R\,\alpha_i = \sum_{k=1}^{m}(\mathbf{R}_\alpha)_{ik}\,\alpha_k$$
$$O_R\,\beta_j = \sum_{l=1}^{n}(\mathbf{R}_\beta)_{jl}\,\beta_l \tag{10.10}$$

Anwendung von O_R auf das Produkt $\alpha_i\beta_j$ ergibt

$$O_R(\alpha_i\beta_j) = (O_R\alpha_i)\,(O_R\beta_j)$$
$$= \sum_k\sum_l(\mathbf{R}_\alpha)_{ik}\,(\mathbf{R}_\beta)_{jl}\,\alpha_k\beta_l$$
$$= \sum_k\sum_l(\mathbf{R}_{\alpha\beta})_{ij,kl}\,\alpha_k\beta_l \tag{10.11}$$

Die Matrix $\mathbf{R}_{\alpha\beta}$ heißt das direkte Produkt der Matrizen $\mathbf{R}_\alpha$ und $\mathbf{R}_\beta$

$$(\mathbf{R}_{\alpha\beta})_{ij,kl} = (\mathbf{R}_\alpha \times \mathbf{R}_\beta)_{ij,kl} = (\mathbf{R}_\alpha)_{ik}(\mathbf{R}_\beta)_{jl}$$

Um diese Formeln besser zu verstehen, sollte man das zweidimensionale Feld ij als eindimensionales Feld schreiben und als Zeilen der Matrix $\mathbf{R}_{\alpha\beta}$ auffassen. Ebenso sind die Kombinationen kl die Spalten dieser Matrix.

$$\begin{aligned}
\mathrm{Spur}\,(\mathbf{R}_\alpha \times \mathbf{R}_\beta) &= \sum_i \sum_j (\mathbf{R}_{\alpha\beta})_{ij,ij} \\
&= \sum_i \sum_j (\mathbf{R}_\alpha)_{ii}\,(\mathbf{R}_\beta)_{jj} \\
&= \sum_i (\mathbf{R}_\alpha)_{ii} \cdot \sum_j (\mathbf{R}_\beta)_{jj} \\
&= \mathrm{Spur}\,(\mathbf{R}_\alpha) \cdot \mathrm{Spur}\,(\mathbf{R}_\beta)
\end{aligned}$$

$$\Longrightarrow \chi\,(\mathbf{R}_\alpha \times \mathbf{R}_\beta) = \chi\,(\mathbf{R}_\alpha)\,\chi\,(\mathbf{R}_\beta) \tag{10.12}$$

Das Ergebnis lautet, daß der Charakter der Produktdarstellung das Produkt der Charaktere ist.

Beispiel: Produktdarstellungen in $\mathbf{C}_{2v}$

Die Charaktere der Produktdarstellung sind in folgender Tabelle enthalten.

$\mathbf{C}_{3v}$	E	$2C_3$	$3\sigma_v$
$A_1 \otimes A_1$	1	1	1
$A_1 \otimes A_2$	1	1	-1
$A_2 \otimes A_2$	1	1	1
$E \otimes E$	4	1	0

Die drei ersten Produkte erkennt man sofort.

$$A_1 \otimes A_1 = A_1$$
$$A_1 \otimes A_2 - A_2$$
$$A_2 \otimes A_2 = A_1$$

Die vierte Produktdarstellung $E \otimes E$ wird ausreduziert.

$$a_{A_1} = a_{A_2} = a_E = 1$$

Daraus folgt die *Summe* der irreduziblen Darstellungen von $E \otimes E$

$$E \otimes E = A_1 \oplus A_2 \oplus E$$

oder

$$\chi^{(E\otimes E)}(\mathbf{R}) = \chi^{(A_1)}(\mathbf{R}) + \chi^{(A_2)}(\mathbf{R}) + \chi^{(E)}(\mathbf{R})$$

Allgemein kann man folgendermaßen entwickeln:

$$\chi^{(\Gamma_1 \otimes \Gamma_2)}(\mathbf{R}) = \sum_\mu a_\mu \chi^{(\mu)}(\mathbf{R}) \tag{10.13}$$

Daraus ergibt sich die Multiplikationstabelle für irreduzible Darstellungen am Beispiel $\mathbf{C}_{3v}$.

$\mathbf{C}_{3v}$	A_1	A_2	E
A_1	A_1	A_2	E
A_2	A_2	A_1	E
E	E	E	$A_1 \oplus A_2 \oplus E$

Die direkte Produktdarstellung braucht man in der Quantenchemie, um die irreduzible Darstellung einer Vielteilchenwellenfunktion Ψ aus Molekülorbitalen (MO's) ψ_i zu ermitteln. Wenn wir für ein Molekül mit n Elektronen die Wellenfunktion als Slater-Determinante (Hanna [H1], Levine [L1]) schreiben

$$\Psi = \frac{1}{\sqrt{n!}} \det |\, \psi_1(1)\, \psi_2(2)\, \dots\, \psi_n(n)\, | \tag{10.14}$$

so ergibt sich für die Darstellung von Ψ

$$\Gamma_\Psi = \Gamma_{\psi_1} \otimes \Gamma_{\psi_2} \otimes \dots \Gamma_{\psi_n} \tag{10.15}$$

Man schreibt die irreduziblen Darstellungen für MO's mit kleinen Buchstaben, für die Gesamtwellenfunktion mit großen Buchstaben.

10.4 Auswahlregeln

Bei der Berechnung physikalischer Eigenschaften treten Integrale $F_{AB} = \int \Psi_A^* F \Psi_B d\tau$ auf. Dabei sind Ψ_A und Ψ_B Wellenfunktionen, die zu irreduziblen Darstellungen A und B gehören, und F ist ein hermitescher Operator, der einer physikalischen Größe, z.B. Energie oder Dipolmoment, zugeordnet ist. Für hermitesche Operatoren gilt $F_{AB} = F_{BA}^*$. Man kann mit Hilfe der Gruppentheorie feststellen, ob ein solches Integral verschwindet.

Theorem 19: Das Integral $F_{AB} = \int \Psi_A^* F \Psi_B d\tau$ ist nur dann von null verschieden, wenn es die totalsymmetrische Darstellung A_t enthält.

Zur Erklärung des Theorems sei gesagt, daß die totalsymmetrische Darstellung einer Gruppe diejenige Darstellung ist, deren Charakter unter allen Symmetrieoperationen $+1$ ist. Das Theorem bedeutet

$$A_t \subseteq \Gamma_{\Psi_A} \otimes \Gamma_F \otimes \Gamma_{\psi_B} \tag{10.16}$$

falls F_{AB} von null verschieden sein soll.

Als einfachste Anwendung von Theorem 19 kann man die geraden und ungeraden Funktionen $g(x)$ und $u(x)$, die Basis der Gruppe $\mathbf{C}_i$ sind, heranziehen. Mit $F = 1$ ergibt sich

$$\int_{-a}^{a} g(x)u(x)dx = 0$$

weil $g(x)$ und $u(x)$ zu verschiedenen irreduziblen Darstellungen von $\mathbf{C}_i$ gehören. Dagegen gilt im allgemeinen

$$\int_{-a}^{a} g_1(x)\, g_2(x)\, dx \neq 0$$

$$\int_{-a}^{a} u_1(x)\, u_2(x)\, dx \neq 0$$

Die Berechnung des Integrals F_{AB} spielt in der Spektroskopie eine große Rolle. Die sogenannten Auswahlregeln für Übergänge von elektronischen Zuständen Ψ_A zu Zuständen Ψ_B sind gruppentheoretisch erklärbar. Der Operator F ist in diesem Fall der Dipoloperator mit den Komponenten x, y und z. Eine Dipolstrahlung ist nur zwischen solchen Zuständen möglich, für die $\int \Psi_A^* x \Psi_B d\tau$, $\int \Psi_A^* y \Psi_B d\tau$ oder $\int \Psi_A^* z \Psi_B d\tau$ von null verschieden ist.

10.5 Korrelation von Gruppen und Untergruppen

In Abschnitt 7.2 hatten wir die Verzerrung von Molekülstrukturen hoher Symmetrie in Strukturen niedriger Symmetrie behandelt. Dieses Schema der Symmetrieerniedrigung soll jetzt dazu verwendet werden, um das Verhalten von irreduziblen Darstellungen von Gruppen unter Verzerrungen besser zu verstehen. Wir gehen aus von dem Fall des Quadrats, das sich in eine Raute verzerrt. In diesem Fall gehen die x-, y- und z-Achse des Quadrats kontinuierlich in die der Raute über.

Die irreduziblen Darstellungen für beide Symmetrien lauten bezogen auf die üblichen Basisfunktionen

$\mathbf{D}_{4h}$	Basis
A_{1g}	$x^2 + y^2,\, z^2$
A_{2g}	R_z
B_{1g}	$x^2 - y^2$
B_{2g}	xy
E_g	$(R_x, R_y),\, (xz, yz)$
A_{1u}	
A_{2u}	z
B_{1u}	
B_{2u}	
E_u	(x, y)

$\mathbf{D}_{2h}$	Basis
A_g	x^2, y^2, z^2
B_{1g}	R_z, xy
B_{2g}	R_y, xz
B_{3g}	R_x, yz
A_u	
B_{1u}	z
B_{2u}	y
B_{3u}	x

Durch Vergleichen der beiden Basisfunktionen kann man eine Korrelation zwischen den irreduziblen Darstellungen der beiden Gruppen $\mathbf{D}_{4h}$ und $\mathbf{D}_{2h}$ feststellen. Wie man aus der folgenden Tabelle entnehmen kann, lassen sich z.B. die irreduziblen Darstellungen A_{1g} und B_{1g} mit A_g, sowie A_{2g} und B_{2g} mit B_{1g} korrelieren. Analog kann man die irreduziblen Darstellungen A_{1u}, B_{1u}, A_{2u} und B_{2u} von $\mathbf{D}_{4h}$ korrelieren. Die Ergebnisse solcher Korrelationen sind in Korrelationstabellen zusammengefaßt.

$\mathbf{D}_{4h}$	$\mathbf{D}_{2h}$
A_{1g}	A_g
A_{2g}	B_{1g}
B_{1g}	A_g
B_{2g}	B_{1g}
E_g	$B_{2g} \oplus B_{3g}$
A_{1u}	A_u
A_{2u}	B_{1u}
B_{1u}	A_u
B_{2u}	B_{1u}
E_u	$B_{2u} \oplus B_{3u}$

11. Anwendung

11.1 Schwingungen

Betrachtet man das in Abb. 9.1 dargestellte Wassermolekül, so kann man die Koordinaten der drei Atome im lokalen Koordinatensystem als Auslenkungen aus der Ruhelage des Gleichgewichts ansehen. Wenn sich z.B. die z-Koordinaten der drei Atome in gleicher Weise ändern, und die x- und y-Koordinaten null sind, so entspricht dies einer Translation des Moleküls in z-Richtung. Ebenso kann es Translationen in x- und y-Richtung geben. Neben den drei Translationen gibt es drei Rotationsmöglichkeiten des Moleküls um drei Achsen, in diesem Fall um die x-, y- und z-Achse des im Schwerpunkt des Moleküls zentrierten Koordinatensystems. Von den neun unabhängigen Bewegungen der drei Atome bleiben dann noch drei Schwingungsmöglichkeiten.
Aus den Matrizen der reduziblen neundimensionalen Darstellung von Abschnitt 9.2 läßt sich der Charakter χ der Darstellung jeder Symmetrieoperation als Summe der Diagonalelemente einfach berechnen.

	E	C_2	σ_{yz}	σ_{xz}	Basis
χ	9	-1	3	1	$(x_1, \ldots z_3)$

Wir bestimmen jetzt mit einer Charaktertabelle der Gruppe $\mathbf{C}_{2v}$ nach (10.6) die in dieser neundimensionalen reduziblen Darstellung enthaltenen irreduziblen Darstellungen.

$$a_{A_1} = \frac{1}{4}[9 - 1 + 1 + 3] = 3$$

$$a_{A_2} = \frac{1}{4}[9 - 1 - 1 - 3] = 1$$

$$a_{B_1} = \frac{1}{4}[9 + 1 - 1 + 3] = 3$$

$$a_{B_2} = \frac{1}{4}[9 + 1 + 1 - 3] = 2$$

Damit ergibt sich

$$\Gamma = 3A_1 \oplus A_2 \oplus 3B_1 \oplus 2B_2$$

Die drei Translationen gehören zu den irreduziblen Darstellungen der Basisfunktionen x, y und z.

$$\Gamma_{trans} = B_1 \oplus B_2 \oplus A_1$$

Die drei Rotationen gehören zu den irreduziblen Darstellungen der Basisfunktionen R_x, R_y, R_z.

$$\Gamma_{rot} = B_2 \oplus B_1 \oplus A_2$$

Damit verbleiben für die Schwingungen

$$\Gamma_{vib} = \Gamma - \Gamma_{trans} - \Gamma_{rot} = 2A_1 \oplus B_1$$

Diese Eigenschwingungen für dreiatomige Moleküle der Gruppe $\mathbf{C}_{2v}$ findet man sowohl in der Infrarot- als auch Ramanspektroskopie.

11.2 Molekülorbitaltheorie

Es soll das π-Elektronensystem von Benzol (Abb. 11.1) betrachtet werden.

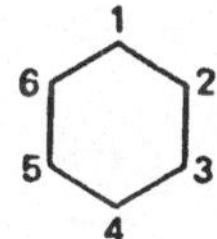

Abb. 11.1.

Als Basisfunktionen zur Konstruktion von Molekülorbitalen wählen wir die sechs $2p\pi$-Atomorbitale $\phi_1, \phi_2 \ldots \phi_6$. Aus diesen sechs Basisfunktionen wollen wir Linearkombinationen (Hanna [H8], Levine [L1])

$$\psi_i = \sum_{j=1}^{6} c_{ij} \phi_j \quad i = 1 \ldots 6 \tag{11.1}$$

bilden, die die Symmetrie der Gruppe von Benzol widerspiegeln. Wir brauchen dazu nicht die volle Gruppe $\mathbf{D}_{6h}$, sondern nur die zyklische Untergruppe $\mathbf{C}_6$ der Drehungen um $60°$ um die C_6-Achse. Jede Basisfunktion ϕ_i wird durch die Drehungen der Gruppe in eine Funktion ϕ_j übergeführt. Die Charaktertabelle von $\mathbf{C}_6$ lautet.

$\mathbf{C}_6$	E	C_6	C_3	C_2	C_3^{-1}	C_6^{-1}
a	1	1	1	1	1	1
b	1	-1	1	-1	1	-1
e_1	$\begin{cases} 1 \\ 1 \end{cases}$	$\begin{matrix} \epsilon \\ \epsilon^* \end{matrix}$	$\begin{matrix} -\epsilon^* \\ -\epsilon \end{matrix}$	$\begin{matrix} -1 \\ -1 \end{matrix}$	$\begin{matrix} -\epsilon \\ -\epsilon^* \end{matrix}$	$\begin{matrix} \epsilon^* \\ \epsilon \end{matrix}$
e_2	$\begin{cases} 1 \\ 1 \end{cases}$	$\begin{matrix} -\epsilon^* \\ -\epsilon \end{matrix}$	$\begin{matrix} -\epsilon \\ -\epsilon^* \end{matrix}$	$\begin{matrix} 1 \\ 1 \end{matrix}$	$\begin{matrix} -\epsilon^* \\ -\epsilon \end{matrix}$	$\begin{matrix} -\epsilon \\ -\epsilon^* \end{matrix}$

Hier ist

$$\epsilon = e^{2\pi i/6} = \cos\frac{2\pi}{6} + i\sin\frac{2\pi}{6} = \frac{1}{2} + i\frac{\sqrt{3}}{2}$$

Die Darstellungen e_1 und e_2 bestehen aus je zwei eindimensionalen komplexen irreduziblen Darstellungen. Diese werden in $\mathbf{C}_6$ unter der Bezeichnung e zusammengefaßt, weil sie bei physikalischen Anwendungen paarweise auftreten und getrennt keine zusätzliche Information liefern. Mit Hilfe von (11.1) und der Charaktertabelle von $\mathbf{C}_6$ wollen wir jetzt Symmetrieorbitale konstruieren. Wegen der eindimensionalen irreduziblen Darstellungen gilt

$$O_R\,\psi_i = \chi_i(\mathbf{R})\,\psi_i \quad i = 1\ldots 6 \tag{11.2}$$

Dies bedeutet, wir suchen solche transformierten Orbitale ψ_i der ϕ_i, die durch die Symmetrieoperationen O_R von C_6 in Vielfache von sich übergeführt werden. Die Symmetrieorbitale ψ_i sind *Eigenfunktionen* der Symmetrieoperationen O_R, und die Charaktere $\chi_i(\mathbf{R})$ sind die dazu gehörigen *Eigenwerte*. (11.2) eingesetzt in (11.1) ergibt

$$O_R \sum_j c_{ij}\,\phi_j = \chi_i(\mathbf{R}) \sum_j c_{ij}\,\phi_j$$

$$\sum_j c_{ij}\,(O_R\,\phi_j) = \sum_j c_{ij}\,(\chi_i(\mathbf{R})\,\phi_j) \tag{11.3}$$

Die Symmetrieoperationen O_R sollen nun wie folgt dargestellt werden

$$C_6, \quad C_6^2, \quad C_6^3, \quad C_6^4, \quad C_6^5, \quad C_6^6$$

Für eine Drehung im Gegenuhrzeigersinn gilt

$$C_6^m\,\phi_j = \phi_{j-m}$$
$$\text{wobei} \quad \phi_j = \phi_{j-6} \tag{11.4}$$

(11.4) angewandt auf (11.3) ergibt

$$\sum_j c_{ij}\,(C_6^m\,\phi_j) = \sum_j c_{ij}\,(\chi_i\,(\mathbf{C}_6^m)\,\phi_j)$$

$$\sum_j c_{ij}\,\phi_{j-m} = \sum_j c_{ij}\,\chi_i\,(\mathbf{C}_6^m)\,\phi_j$$

$$\sum_j c_{i,j+m}\,\phi_j = \sum_j \chi_i\,(\mathbf{C}_6^m)\,c_{ij}\,\phi_j$$

Durch Koeffizientenvergleich erhält man

$$c_{i,j+m} = \chi\,(\mathbf{C}_6^m)\,c_{ij} \tag{11.5}$$

Explizit bedeutet das

$$c_{i1} = \chi_i\left(\mathbf{C}_6^6\right) c_{i1}$$

$$c_{i2} = \chi_i\left(\mathbf{C}_6^1\right) c_{i1}$$

$$c_{i3} = \chi_i\left(\mathbf{C}_6^2\right) c_{i1}$$

$$c_{i4} = \chi_i\left(\mathbf{C}_6^3\right) c_{i1}$$

$$c_{i5} = \chi_i\left(\mathbf{C}_6^4\right) c_{i1}$$

$$c_{i6} = \chi_i\left(\mathbf{C}_6^5\right) c_{i1}$$

Es sind alle Koeffizienten bis auf einen, hier c_{i1}, bestimmt. Dieser Koeffizient kann durch Symmetrie nicht festgelegt werden, weil Vielfache der Symmetrieorbitale auch Symmetrieorbitale bleiben. In der MO-Theorie wird c_{i1} durch sogenannte Normierung festgelegt. Hier wollen wir zur Vereinfachung $c_{i1} = 1$ setzen. Dann ergibt sich

Darstellung	Symmetrieorbital
a	$\psi_1 = \phi_1 + \phi_2 + \phi_3 + \phi_4 + \phi_5 + \phi_6$
b	$\psi_2 = \phi_1 - \phi_2 + \phi_3 - \phi_4 + \phi_5 - \phi_6$
e_1	$\begin{cases} \psi_3 = \phi_1 + \epsilon\,\phi_2 - \epsilon^*\phi_3 - \phi_4 - \epsilon\,\phi_5 + \epsilon^*\phi_6 \\ \psi_4 = \phi_1 + \epsilon^*\phi_2 - \epsilon\,\phi_3 - \phi_4 - \epsilon^*\phi_5 + \epsilon\,\phi_6 \end{cases}$
e_2	$\begin{cases} \psi_5 = \phi_1 - \epsilon^*\phi_2 - \epsilon\,\phi_3 + \phi_4 - \epsilon^*\phi_5 - \epsilon\,\phi_6 \\ \psi_6 = \phi_1 - \epsilon\,\phi_2 - \epsilon^*\phi_3 + \phi_4 - \epsilon\,\phi_5 + \epsilon^*\phi_6 \end{cases}$

Die Orbitale, die zu e_1 und e_2 gehören, sind wegen ihrer imaginären Bestandteile unbequem. Einfacher ist es, mit zwei reellen Linearkombinationen, die durch Addition und Subtraktion der komplexen Komponenten gebildet werden, zu arbeiten. Dies ist in der MO-Theorie bei entarteten Energieniveaus, die durch zwei- oder mehrdimensionale irreduzible Darstellungen charakterisiert werden, erlaubt. In der Gruppe $\mathbf{D}_{6h}$ gehören die Elemente C_6 und C_6^{-1} bzw. C_3 und C_3^{-1} in jeweils eine Klasse. Damit ist Theorem 15 für zwei zweidimensionale irreduzible Darstellungen erfüllt. Wir transformieren also

$$\psi(e_{1a}) = \psi_3 + \psi_4$$

$$\psi(e_{1b}) = (\psi_3 - \psi_4)/(i\sqrt{3})$$

$$\psi(e_{2a}) = \psi_5 + \psi_6$$

$$\psi(e_{2b}) = (\psi_5 - \psi_6)/(i\sqrt{3})$$

und erhalten schließlich

$$\psi(a) = \phi_1 + \phi_2 + \phi_3 + \phi_4 + \phi_5 + \phi_6$$

$$\psi(b) = \phi_1 - \phi_2 + \phi_3 - \phi_4 + \phi_5 - \phi_6$$

$$\psi(e_{1a}) = 2\phi_1 + \phi_2 - \phi_3 - 2\phi_4 - \phi_5 + \phi_6$$

$$\psi(e_{1b}) = \phi_2 + \phi_3 - \phi_5 - \phi_6$$

$$\psi(e_{2a}) = 2\phi_1 - \phi_2 - \phi_3 + 2\phi_4 - \phi_5 - \phi_6$$

$$\psi(e_{2b}) = \phi_2 - \phi_3 + \phi_5 - \phi_6$$

$$\text{(11.6)}$$

Da die Energien eines Moleküls nicht von dessen Lage im Raum abhängen
können, muß der Hamiltonoperator des Moleküls mit allen Symmetrieoperationen vertauschbar sein. Er gehört zur totalsymmetrischen Darstellung der
Molekülgruppe. Die Eigenfunktionen des Hamiltonoperators erzeugen die irreduziblen Darstellungen der Gruppe. Deshalb sind die Symmetrieorbitale (11.6)
zugleich MO's. Wenn es mehrere Symmetrieorbitale gibt, die die gleiche irreduzible Darstellung erzeugen, müssen MO's gebildet werden, die Linearkombinationen dieser Symmetrieorbitale sind.

Eine Ordnung der MO's des Benzols (Abb. 11.2) kann nach der Zahl der
Knoten erfolgen.

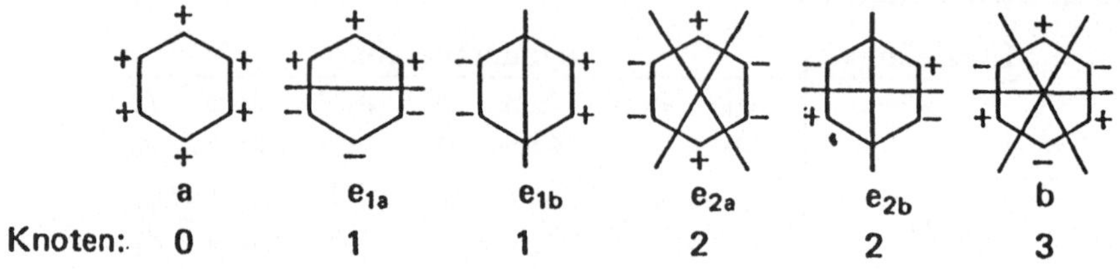

Knoten: 0   1   1   2   2   3

Abb. 11.2.

Dem Knotenschema entspricht in der Hückel-Methode (Hanna [H1], Levine
[L1]) das Energieschema für den Grundzustand

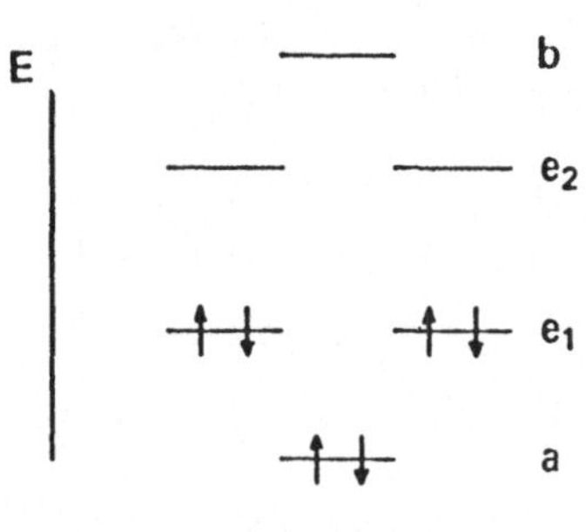

Abb. 11.3.

Nach dem Variationsprinzip muß die Gesamtenergie des Systems möglichst
niedrig sein. Um dies zu erreichen, müssen die Elektronen die Molekülorbitale
ausgehend von dem untersten Orbital in energetisch aufsteigender Reihenfolge
besetzen. Nach dem Pauli-Prinzip können höchstens zwei Elektronen ein Mo-
lekülorbital besetzen.

Die Wellenfunktion (10.14) des π-Elektronensystems von Benzol ist dann

$$\Psi = \frac{1}{\sqrt{6!}}\,\det\left|\psi_a(1)\,\bar{\psi}_a(2)\,\psi_{e_{1a}}(3)\,\bar{\psi}_{e_{1a}}(4)\,\psi_{e_{1b}}(5)\,\bar{\psi}_{e_{1b}}(6)\right|$$

Orbitale ohne Querstrich haben α-Spin, mit Querstrich β-Spin.

11.3 Ligandenfeldtheorie

Hier wollen wir einen oktaedrischen Kobaltkomplex, $[\mathrm{Co(NH_3)_6}]^{3+}$, betrachten. Kobalt hat die atomare Konfiguration $1s^2 2s^2 2p^6 3s^2 3p^6 3d^7 4s^2$. Man kann sich die Bindung im Kobaltkomplex so vorstellen, daß die einsamen Elektronenpaare an den $\mathrm{NH_3}$-Liganden durch sechs atomare Hybride, etwa sp^3, beschrieben werden, die mit gewissen Metallorbitalen energetisch wechselwirken und eine Bindung formen (Abb. 11.4).

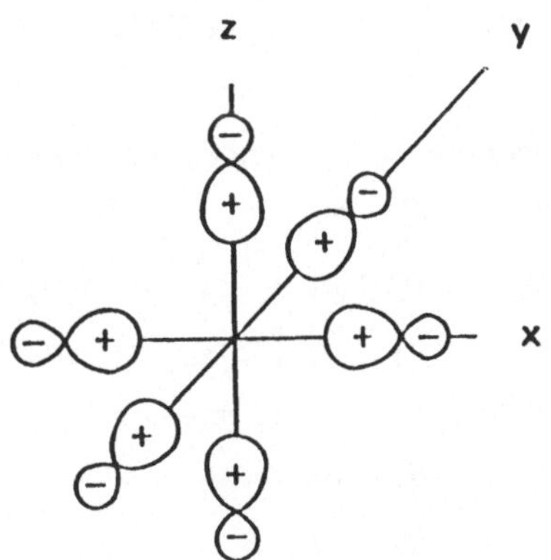

Abb. 11.4.

Wir bezeichnen diese Ligandenorbitale mit $\sigma_1, \sigma_2 \ldots \sigma_6$. Binden können nur solche Ligandenorbitalkombinationen, die zu derselben irreduziblen Darstellung wie vorhandene Metallorbitale gehören. Der Gruppentabelle von $\mathbf{O}_h$ im Anhang entnimmt man, daß die Atomorbitale χ des Kobalts zu folgenden irreduziblen Darstellungen gehören:

$$\begin{aligned}
\chi^{a_{1g}} &= s \\
\chi^{t_{1u}} &= (p_x, p_y, p_z) \\
\chi^{e_g} &= (d_{x^2-y^2}, d_{z^2}) \\
\chi^{t_{2g}} &= (d_{xy}, d_{yz}, d_{xz})
\end{aligned} \tag{11.7}$$

Wir bilden nun für die σ-Basis der Liganden die sechsdimensionale reduzible Darstellung der Gruppe $\mathbf{O}_h$ und schreiben deren Charakter auf

$\mathbf{O}_h$	E	$8C_3$	$6C_2'$	$6C_4$	$3C_2$	i	$6S_4$	$8S_6$	$3\sigma_h$	$6\sigma_d$	Basis
Γ_σ	6	0	0	2	2	0	0	0	4	2	$(\sigma_1,\ldots,\sigma_6)$

Wir reduzieren die Darstellung aus, d.h. wir bestimmen a_μ in

$$\Gamma = \sum_\mu a_\mu \Gamma^{(\mu)}$$

nach (10.6). Wir erhalten

$$\Gamma_\sigma = a_{1g} \oplus e_g \oplus t_{1u}$$

Die Linearkombinationen $\sigma_i^{(\mu)}$, die zu diesen irreduziblen Darstellungen gehören, ergeben sich aus folgender Formel

$$\sigma_i^{(\mu)} = \frac{n_\mu}{n} P^{(\mu)} \sigma_i$$
$$\text{mit} \quad P^{(\mu)} = \sum_R \left[\chi^{(\mu)}(\mathbf{R})\right]^* O_R \tag{11.8}$$

$P^{(\mu)}$ ist ein Projektionsoperator, der aus σ_i die irreduziblen Anteile $\sigma_i^{(\mu)}$ herausprojiziert. Diese ergeben sich als

$$
\begin{aligned}
\sigma^{(a_{1g})} &= \sigma_1 + \sigma_2 + \sigma_3 + \sigma_4 + \sigma_5 + \sigma_6 \\
\sigma^{(e_{ga})} &= -\sigma_1 - \sigma_2 + 2\sigma_3 - \sigma_4 - \sigma_5 + 2\sigma_6 \\
\sigma^{(e_{gb})} &= \sigma_1 - \sigma_2 + \sigma_4 - \sigma_5 \\
\sigma^{(t_{1ua})} &= \sigma_1 - \sigma_4 \\
\sigma^{(t_{1ub})} &= \sigma_2 - \sigma_5 \\
\sigma^{(t_{1uc})} &= \sigma_3 - \sigma_6
\end{aligned}
\tag{11.9}
$$

Bindung kann nun zwischen denjenigen Metallorbitalen und Ligandenorbitalen erfolgen, die zur gleichen irreduziblen Darstellung gehören. Denn nach Theorem 18 verschwinden Bindungsintegrale $\int \chi^{(\mu)} H \sigma^{(\nu)} d\tau$ für $\mu \neq \nu$, weil der Hamiltonoperator H zur totalsymmetrischen Darstellung gehört. Die MO's haben die Form

$$\psi^{(\mu)} = c\chi^{(\mu)} + d\sigma^{(u)}$$

Die sechs Möglichkeiten sind in Abb. 11.5 dargestellt. Für die irreduziblen Darstellungen a_{1g}, t_{1u} und e_g des Zentralatoms gibt es passende Linearkombinationen der Liganden, die zur Bindung beitragen können.

Die t_{2g}-Metallorbitale haben keine passenden σ-Bindungspartner. Das MO-Energiediagramm ist in Abb. 11.6 dargestellt.

In Fällen, wo die Liganden π-Orbitale zur Bindung zur Verfügung stellen können, wäre auch eine Bindung von t_{2g} möglich. Im betrachteten Kobaltkomplex sind im NH_3 keine π-Orbitale zur Bindung vorhanden.

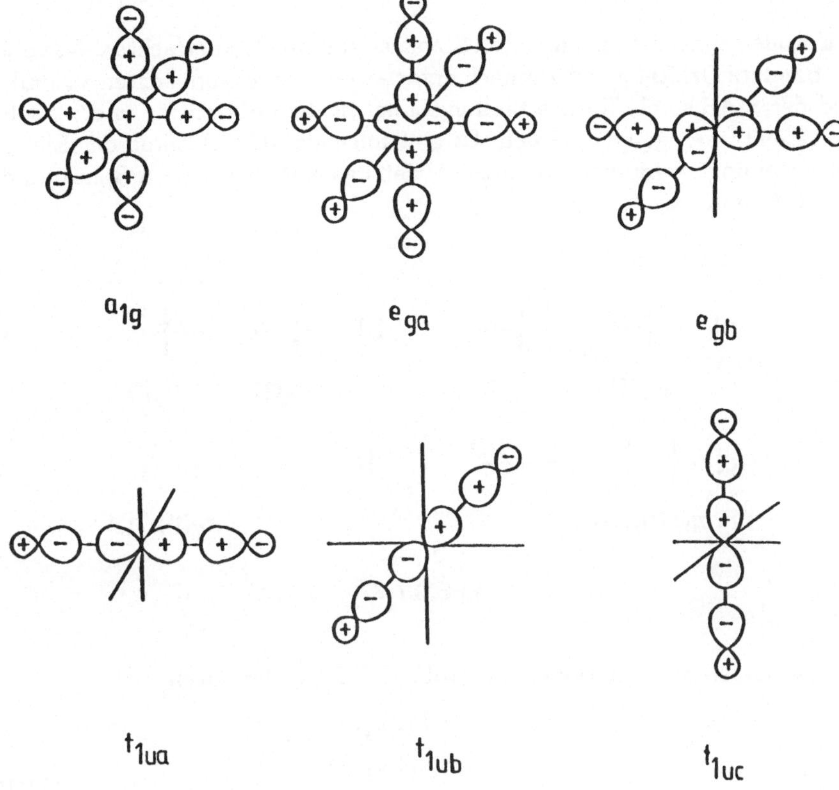

Abb. 11.5.

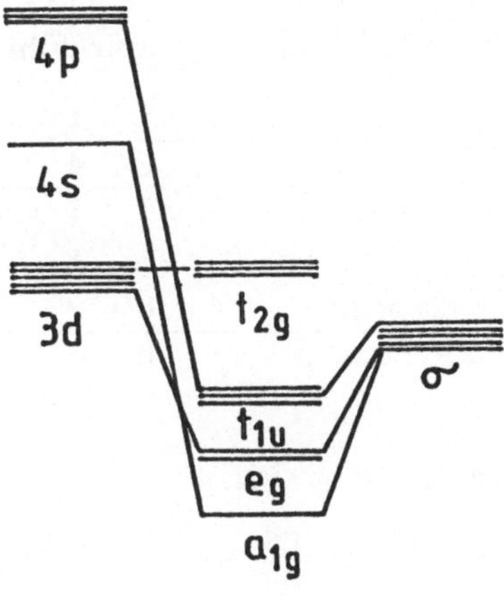

Abb. 11.6.

11.4 Spinzustände

Wir wollen zunächst die untersten Spinzustände von O_2 betrachten. Das oberste besetzte Orbital π_g ist zweifach entartet mit den Komponenten π_x und π_y und der z-Achse als Kernverbindungslinie. In die Orbitale π_x und π_y sollen zwei Elektronen gesetzt werden. Es gibt folgende Möglichkeiten der Elektronenverteilung, wenn man voraussetzt, daß das erste Elektron α-Spin und das zweite β-Spin hat.

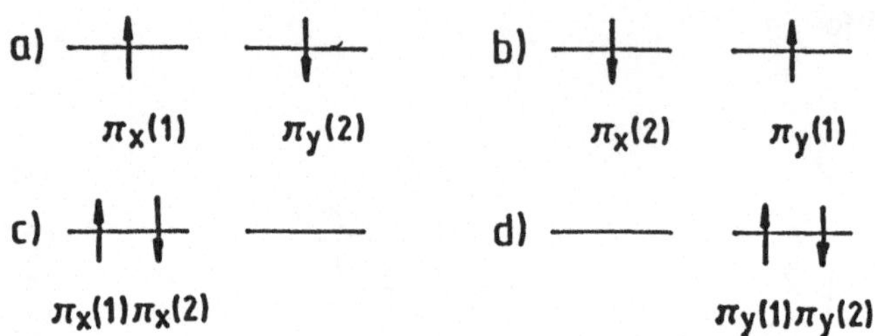

Abb. 11.7.

Wir benennen die Funktionen aus Abb. 11.7 folgendermaßen

$$\begin{aligned}
\phi_1 &= \pi_x(1)\,\pi_y(2) \\
\phi_2 &= \pi_y(1)\,\pi_x(2) \\
\phi_3 &= \pi_x(1)\,\pi_x(2) \\
\phi_4 &= \pi_y(1)\,\pi_y(2)
\end{aligned} \qquad (11.10)$$

Mit Hilfe der Charaktertabelle von $\mathbf{D}_{\infty h}$ kann man die Charaktere für die reduzible Darstellung $\Pi_g \otimes \Pi_g$ der Orbitalbesetzung π_g^2 ermitteln und auf die irreduziblen Darstellungen Σ_g^+, Σ_g^- und Δ_g zurückführen.

χ	E	$2\,C_\infty^\varphi$	$\ldots$	$\infty\sigma_v$	i	$2\,S_\infty^\varphi$	$\ldots$	∞C_2
$\Pi_g \otimes \Pi_g$	4	$4\cos^2\varphi$		0	4	$4\cos^2\varphi$		0
Σ_g^+	1	1		1	1	1		1
Σ_g^-	1	1		-1	1	1		-1
Δ_g	2	$2\cos 2\varphi$		0	2	$2\cos 2\varphi$		0
$\Sigma_g^+ \oplus \Sigma_g^- \oplus \Delta_g$	4	$2+2\cos 2\varphi$		0	4	$2+2\cos 2\varphi$		0

$$(11.11)$$

Wegen $4\cos^2\varphi = 2 + 2\cos 2\varphi$ ergibt sich

$$\Pi_g \otimes \Pi_g \;=\; \Sigma_g^+ \;\oplus\; \Sigma_g^- \;\oplus\; \Delta_g \qquad (11.12)$$

Ebenso kann man durch Betrachtung der Basisfunktionen der Charaktertabelle erkennen, daß man folgende symmetrieadaptierte Funktionen zuordnen kann

$$\phi^{(\Sigma_g^+)} = \phi_3 + \phi_4 = \pi_x(1)\,\pi_x(2) + \pi_y(1)\,\pi_y(2)$$

$$\phi^{(\Sigma_g^-)} = \phi_1 - \phi_2 = \pi_x(1)\,\pi_y(2) - \pi_y(1)\,\pi_x(2)$$

$$\phi^{(\Delta_{ga})} = \phi_1 + \phi_2 = \pi_x(1)\,\pi_y(2) + \pi_y(1)\,\pi_x(2) \qquad (11.13)$$

$$\phi^{(\Delta_{gb})} = \phi_3 - \phi_4 = \pi_x(1)\,\pi_x(2) - \pi_y(1)\,\pi_y(2)$$

Die Funktion $xy - yx$ gehört zur irreduziblen Darstellung von R_z.
Von den drei Funktionen ist Σ_g^- ein Triplett und Σ_g^+ sowie Δ_g Singuletts. Im ersten Falle ist die Gesamtfunktion ϕ nämlich antisymmetrisch bezüglich der Vertauschung der beiden Elektronen, im zweiten Falle dagegen symmetrisch. Diese Überlegungen sind zur Diskussion des Singulettsauerstoffs nötig. Analog dazu kann man Symmetriefunktionen für die Spinzustände von Cyclobutadien ableiten. Das Schema entspricht dem der Abb. 11.7. Man kann hier Verzerrungen des Quadrats zu Rechteck oder Raute wie in Abb. 7.11 betrachten. Um die Spinzustände zu berechnen, muß man analog dem in Abschnitt 10.4 angegebenen Verfahren die Korrelation von Quadrat und Rechteck bzw. Quadrat und Raute untersuchen. In der Ligandenfeldtheorie werden häufig Untersuchungen zur Symmetrieerniedrigung vom Oktaeder mit der Gruppe O_h zum verzerrten Oktaeder mit der Gruppe $\mathbf{D}_{4h}$ durchgeführt. Die Einzelheiten der Ausreduktion von z.B. e_g^2 im Sinne von $E_g \otimes E_g$ kann man mit den in diesem Abschnitt genannten Methoden verfolgen.

D. Aufgaben

1. Beweisen Sie, daß die komplexen Zahlen unter der Operation Addition eine Gruppe bilden.

2. Es sei eine Binäroperation $a \circ b = a + b + ab$ in der Menge der reellen Zahlen definiert. Bilden die reellen Zahlen unter dieser Operation eine Gruppe?

3. In der Menge der positiven reellen Zahlen $a \geq 0$ ist eine Operation $\circ$ folgendermaßen definiert. $a \circ b$ ist das Maximum von a und b. Bilden die positiven reellen Zahlen unter dieser Operation eine Gruppe?

4. a) Geben Sie eine Menge von zwei Zahlen an, die eine multiplikative Gruppe bilden.
   b) Gibt es multiplikative Gruppen von n Zahlen mit $n > 2$?

5. Beweisen Sie, daß in einer Gruppe aus $ax = e$ und $ya = e$ (e Neutralelement) folgt, daß $x = y$. Gilt dies auch für $ax = b$ und $ya = b$? Beachten Sie, daß a, b, x, y keine Zahlen sein müssen.

6. Beweisen Sie, daß in jeder Spalte einer Multiplikationstabelle einer Gruppe jedes Element genau einmal vorkommt.

Hinweis: Nehmen Sie an, ein Element x käme zweimal in einer Spalte vor.

7. Drehungen eines Quaders, die die Lage des Quaders im Raum unverändert lassen, bilden eine Gruppe von vier Elementen. Wenn wir die Drehungen um die drei senkrechten Achsen mit a, b, c bezeichnen, erhalten wir eine der beiden möglichen Multiplikationstabellen für Gruppen der Ordnung vier. Welche ist es? Was bedeutet das Neutralelement e anschaulich?
Hinweis: Probieren Sie mit einem Buch oder mit einer Streichholzschachtel.

8. Konstruieren Sie eine Multiplikationstabelle für eine Gruppe mit vier Elementen e, a, b, c, in der e das Neutralelement ist und $a+b = c, a+c = e$ gilt. Vergleichen Sie diese Tabelle mit den beiden Tabellen (2.13).

9. a) Zeigen Sie, daß die folgende Menge von zweireihigen Matrizen eine multiplikative Gruppe bildet.

$$\mathbf{E} = \begin{pmatrix} 1 & 0 \\ 0 & 1 \end{pmatrix} \quad \mathbf{A} = \begin{pmatrix} -1 & 0 \\ 0 & -1 \end{pmatrix} \quad \mathbf{B} = \begin{pmatrix} i & 0 \\ 0 & -i \end{pmatrix} \quad \mathbf{C} = \begin{pmatrix} -i & 0 \\ 0 & i \end{pmatrix}$$

$$\mathbf{D} = \begin{pmatrix} 0 & -i \\ i & 0 \end{pmatrix} \quad \mathbf{F} = \begin{pmatrix} 0 & i \\ -i & 0 \end{pmatrix} \quad \mathbf{G} = \begin{pmatrix} 0 & -1 \\ -1 & 0 \end{pmatrix} \quad \mathbf{H} = \begin{pmatrix} 0 & 1 \\ 1 & 0 \end{pmatrix}$$

b) Hat diese Gruppe Untergruppen?

10. Die Menge der Matrizen

$$\mathbf{A}_\varphi = \begin{pmatrix} \cos\varphi & -\sin\varphi \\ \sin\varphi & \cos\varphi \end{pmatrix}$$

bildet eine Darstellung von Drehungen um die z-Achse um den Winkel φ. Zeigen Sie, daß diese Drehungen eine Gruppe bilden. Ist die Gruppe endlich oder unendlich? Welches sind die möglichen Untergruppen?

11. Beweisen Sie, daß alle unitären n-reihigen Matrizen unter Multiplikation eine Gruppe bilden. Beweisen Sie, daß alle unitären n-reihigen Matrizen mit der Determinante $+1$ eine Untergruppe dieser Gruppe bilden.

12. Zeigen Sie, daß in jeder Gruppe das Neutralelement eine Untergruppe und eine Klasse bildet. Kann es weitere Klassen geben, die zugleich Untergruppen sind?

13. Bestimmen Sie die Untergruppen und Klassen folgender Gruppe der Ordnung sechs:

	e	a	b	c	d	f
e	e	a	b	c	d	f
a	a	e	d	f	b	c
b	b	f	e	d	c	a
c	c	d	f	e	a	b
d	d	c	a	b	f	e
f	f	b	c	a	e	d

14. Zeigen Sie, daß in einer abelschen Gruppe jedes Element eine Klasse bildet.

15. Begründen Sie, warum eine Gruppe der Ordnung fünf zyklisch und abelsch sein muß. Wieviele Untergruppen und Klassen hat eine solche Gruppe?

16. Gegeben sei eine Menge von Matrizen $\mathbf{A}_1, \mathbf{A}_2, \ldots \mathbf{A}_n$, die unter Multiplikation eine Gruppe $\mathbf{G}$ bildet. Zeigen Sie, daß die Determinanten $|\mathbf{A}_1|, |\mathbf{A}_2|, \ldots |\mathbf{A}_n|$ eine Gruppe $\mathbf{H}$ bilden, die homomorph, aber nicht notwendigerweise isomorph mit $\mathbf{G}$ ist.

17. Welche der folgenden Gruppen sind isomorph?

$\mathbf{G}_1$	e	a	b	c	$\mathbf{G}_2$	e	a	b	c	$\mathbf{G}_3$	e	a	b	c
e	e	a	b	c	e	e	a	b	c	e	e	a	b	c
a	a	c	e	b	a	a	e	c	b	a	a	e	c	b
b	b	e	c	a	b	b	c	e	a	b	b	c	a	e
c	c	b	a	e	c	c	b	a	e	c	c	b	e	a

18. Es seien zwei Gruppen gegeben. $\mathbf{G}_1$ ist die Menge der ganzen Zahlen unter Addition, $\mathbf{G}_2$ die Menge der Zahlen $e^{n\pi i}$ mit ganzzahligem n unter Multiplikation. Ist die Abbildung $n \rightarrow e^{n\pi i}$ ein Homomorphismus oder ein Isomorphismus?

19. Betrachten Sie die Möglichkeit der Existenz einer Drehachse, die eine Drehung C_n erzeugt mit dem Drehwinkel $360°/n$, wobei n keine ganze Zahl ist. Zeigen Sie, daß eine solche Annahme inkonsistent zu der Definition einer Symmetrieoperation ist.

20. a) Zeigen Sie, daß die Symmetrieoperation Punktspiegelung mit allen anderen Symmetrieoperationen kommutiert.
b) Zeigen Sie, daß die Vertauschbarkeit der Punktspiegelung in Teil a) garantiert, daß die Punktspiegelung in jeder Gruppe eine Klasse für sich bildet.

21. Folgt aus der Existenz von S_n die Existenz von C_{2n} oder $C_{n/2}$?

22. Schreiben Sie alle Symmetrieelemente des Wassermoleküls auf. Bilden Sie alle Produkte von je zwei Symmetrieoperationen.

23. Schreiben Sie die Symmetrieelemente und Symmetrieoperationen von Ferrocen $(C_5H_5)_2Fe$ auf.

24. Bestimmen Sie die Gruppe der Konformeren von Cyclohexan
    a) in Wannenform
    b) in Sesselform
    c) in Twistform

25. Bestimmen Sie die Punktgruppe jeder der folgenden Strukturen des Triphenylmethylradikals
    a) ein vollständig planares Radikal
    b) wie a), aber mit den Phenylringen um 90° aus der Ebene herausgedreht
    c) wie b), aber mit Rotationswinkel zwischen 0° und 90°
    d) wie b), aber nicht planar, pyramidal

26. Bestimmen Sie die Punktgruppen von
    a) cis-Butadien
    b) trans-Butadien
    c) Cyclobutadien
    d) Cyclopropan
    e) Cyclooctatetraen
    f) Neopentan
    g) Hydroxylamin
    h) Hydrazin
    i) Borazol
    j) Nickeltetracarbonyl
    k) $(TiF_6)^{3-}$

27. Ein Molekül ist optisch aktiv (fähig, die Ebene polarisierten Lichtes zu drehen), wenn sein Spiegelbild sich mit der ursprünglichen Struktur nicht zur Deckung bringen läßt. Ein Test ist die Prüfung auf Vorhandensein einer Drehspiegelachse $S_n(n = 1, 2\ldots)$. Bei Vorhandensein einer solchen Achse ist das Molekül nicht aktiv. Bestimmen Sie, welche Moleküle optisch aktiv sind:
    a) Äthan, weder gestaffelt, noch ekliptisch
    b) trans-1,2-Dichlorcyclopropan
    c) H_2O_2
    d) Fluorchlormethan
    e) meso-Weinsäure
    f) dextro-Weinsäure

28. Bestimmen Sie die Klassen der Punktgruppen a) C_5, b) D_5 mit Hilfe der Äquivalenzrelationen. Welche bemerkenswerte Tatsache fällt Ihnen bei einem Vergleich der Klassen in beiden Gruppen auf?

29. Welche der folgenden Gruppen der Ordnung sechs, C_6, C_{3v}, C_{3h}, S_6 sind isomorph mit der Permutationsgruppe P_3 von drei Elementen? Hinweis: Prüfen Sie, welche Gruppen nicht zyklisch sind.

30. Stellen Sie die Symmetrieoperationen $C_n^{(z)}, \sigma_{xy}, i, S_n^{(z)}$ in dreidimensionalen kartesischen Koordinaten dar.

31. Die drei Funktionen x^2, y^2 und xy bilden eine Basis für eine Darstellung von C_{4v}. Berechnen Sie die $3 \cdot 3$-Matrizen für jedes Element der Gruppe. Gibt es ein Paar Matrizen, die nicht kommutieren? Ist die Gruppe C_{4v} kommutativ?

32. Zeigen Sie, daß alle irreduziblen Darstellungen einer abelschen Gruppe eindimensional sind.

33. Zeigen Sie, daß die Gruppe der Darstellungen der Symmetrieoperationen eines Moleküls homomorph mit der multiplikativen Gruppe $\{1\}$ oder $\{1, -1\}$ ist.

34. Wenn f_1 und f_2 zwei verschiedene Basisfunktionen für die gleiche irreduzible Darstellung sind, zu welcher Darstellung gehört die Linearkombination $c_1 f_1 + c_2 f_2$?

35. Reduzieren Sie die vierdimensionale Darstellung von D_2

$$\mathbf{E} = \begin{pmatrix} 1 & 0 & 0 & 0 \\ 0 & 1 & 0 & 0 \\ 0 & 0 & 1 & 0 \\ 0 & 0 & 0 & 1 \end{pmatrix} \quad \mathbf{C}_2 = \begin{pmatrix} 0 & 1 & 0 & 0 \\ 1 & 0 & 0 & 0 \\ 0 & 0 & 0 & 1 \\ 0 & 0 & 1 & 0 \end{pmatrix}$$

$$\mathbf{C}_2' = \begin{pmatrix} 0 & 0 & 1 & 0 \\ 0 & 0 & 0 & 1 \\ 1 & 0 & 0 & 0 \\ 0 & 1 & 0 & 0 \end{pmatrix} \quad \mathbf{C}_2'' = \begin{pmatrix} 0 & 0 & 0 & 1 \\ 0 & 0 & 1 & 0 \\ 0 & 1 & 0 & 0 \\ 1 & 0 & 0 & 0 \end{pmatrix}$$

zu einer Summe von irreduziblen Darstellungen aus. Spannt die zugrundeliegende Basis die ganze Gruppe auf? Hinweis: Benutzen Sie die Charaktertabelle.

36. Welchen Charakter hat das Neutralelement E in einer beliebigen Darstellung?

37. Warum haben äquivalente Darstellungen den gleichen Charakter?

38. Eine gerade Funktion $g(x) = g(-x)$ und eine ungerade Funktion $u(x) = -u(-x)$ bilden eine Basis für eine Darstellung der Gruppe $\mathbf{C}_i$. Wie lautet die Darstellung? Ist die Darstellung reduzibel oder irreduzibel?

39. Die dreidimensionale Darstellung des Wassermoleküls in kartesischen Koordinaten besteht aus drei eindimensionalen irreduziblen Darstellungen.
a) Zeigen Sie, daß die aus vier Komponenten bestehenden drei Vektoren orthogonal sind.
b) Konstruieren Sie einen vierten Vektor für die noch fehlende irreduzible Darstellung und geben Sie eine Basisfunktion dafür an.

40. In den nachfolgend angegebenen Gruppen sollen die Summen folgender Produktdarstellungen angegeben werden.
a) $E \otimes E$ in $\mathbf{C}_{4v}$
b) $E_g \otimes E_g$ in $\mathbf{C}_{4h}$

41. Dipolstrahlung in Molekülen ist nur dann möglich, wenn das Übergangsmoment $\mathbf{D}_{12} = \int \Psi_1 \mathbf{r} \Psi_2 d\tau$ zwischen zwei Elektronenzuständen Ψ_1 und Ψ_2 von null verschieden ist. Wenn Ψ_1 und Ψ_2 zu irreduziblen Darstellungen der Molekülgruppe $\mathbf{C}_{2v}$ gehören, welche Übergänge sind in dieser Gruppe möglich?

42. Zeigen Sie, daß das Dipolmoment eines Moleküls verschwindet, wenn die Gruppe zwei verschiedene Drehachsen oder die Punktspiegelung i enthält.

III. Differentialgleichungen und spezielle und spezielle Funktionen

A. Gewöhnliche Differentialgleichungen

1. Einführung

Differentialgleichungen sind Gleichungen zwischen Variablen und deren Ableitungen. Wir unterscheiden gewöhnliche und partielle Differentialgleichungen. Gewöhnliche Differentialgleichungen sind charakterisiert durch eine unabhängige Variable x, eine abhängige Variable y und die totale Ableitung $\frac{dy}{dx}$. Eine gewöhnliche Differentialgleichung hat die Form

$$F\left(x, y, \frac{dy}{dx} \dots \frac{d^n y}{dx^n}\right) = 0 \tag{1.1}$$

Partielle Differentialgleichungen haben mehrere unabhängige Variable x, y, z ..., eine abhängige Variable $f(x, y, z \dots)$ und partielle Ableitungen $\frac{\partial f}{\partial x}$, $\frac{\partial f}{\partial x}$, $\frac{\partial f}{\partial z}$, ... bis zu einer höchsten Ordnung n. Eine Gleichung dieser Art ist allgemein gegeben als

$$G\left(x, y, z \dots, f, \frac{\partial f}{\partial x}, \frac{\partial f}{\partial y}, \frac{\partial f}{\partial z} \dots\right) = 0 \tag{1.2}$$

Wir wollen zunächst die Eigenschaften gewöhnlicher Differentialgleichungen studieren.

Die *Ordnung* einer Differentialgleichung ist die Ordnung der höchsten Ableitung. In diesem Sinne sind (1.1) und (1.2) Differentialgleichungen n-ter Ordnung. Der *Grad* einer Differentialgleichung ist die höchste Potenz der Ableitung höchster Ordnung, nachdem alle gebrochenen Potenzen entfernt worden sind.

Beispiel:

$$a) \quad \frac{d^2 y}{dx^2} + \left(\frac{dy}{dx}\right)^2 + xy = 0$$

zweiter Ordnung, ersten Grades

$$b) \quad \frac{d^2 y}{dx^2} + \left(\frac{dy}{dx}\right)^{1/2} + xy = 0$$

$$\implies \left(\frac{d^2 y}{dx^2}\right)^2 + 2\,xy\,\frac{d^2 y}{dx^2} - \frac{dy}{dx} + x^2 y^2 = 0$$

zweiter Ordnung, zweiten Grades

Wir nennen eine Differentialgleichung *linear*, wenn die abhängige Variable und alle ihre Ableitungen vom ersten Grade sind und keine Produkte zwischen ihnen auftreten. Die allgemeine Form lautet

$$\sum_{i=1}^{n} f_i(x)\, \frac{d^i y}{dx^i} + f_0(x)\, y + g(x) = 0 \tag{1.3}$$

Beispiel:

$$\frac{d^2 y}{dx^2} + x^2 \frac{dy}{dx} + x^3 y + x = 0$$

Zur *allgemeinen* oder *vollständigen Lösung* einer Differentialgleichung braucht man im Prinzip n Integrationen, die n Integrationskonstanten erzeugen. Ein einfaches Beispiel sieht so aus

$$\frac{d^2 y}{dx^2} = 0 \implies \frac{dy}{dx} = a \implies y = ax + b \tag{1.4}$$

Hier sind zwei Integrationen und zwei Integrationskonstanten a, b nötig, um die allgemeine Lösung anzugeben. Die Integrationskonstanten müssen unabhängig sein und können beliebige Werte annehmen. Eine Lösung in der Form $y = ax + b_1 + b_2$ enthält nur zwei unabhängige Konstanten. Man kann $b_1 + b_2$ nämlich wieder zu einer einzigen Konstanten b zusammenfassen. Ebenso enthält $y = a_1 e^{x+b} = a_1 e^b \cdot e^x = ae^x$ nur eine unabhängige Konstante a.

Wenn man eine oder mehrere Konstanten der allgemeinen Lösung festlegt, entstehen *partikuläre Lösungen*. Sie werden z.B. dann gebraucht, wenn der Anfangszustand eines Systems bekannt ist und die Änderung des Zustandes durch die Lösung einer Differentialgleichung beschrieben werden kann. Eine Differentialgleichung, die die Bewegung eines Systems in der Zeit t längs der x-Achse beschreibt, sei

$$F(t, x, \frac{dx}{dt}) = 0$$

Die allgemeine Lösung ist dann

$$x = x(t)$$

und eine partikuläre (spezielle) Lösung wäre

$$x = x_0(t) \quad \text{mit} \quad x_0 = x_0(t_0)$$

Im Falle (1.4) würde aus der allgemeinen Lösung die partikuläre Lösung $y_0(x) = ax$ hervorgehen, wenn die Nebenbedingung $y_0(x_0) = a$ für $x_0 = 1$ lautet.

Die Lösungen von Differentialgleichungen führen auf n-parametrige Kurvenscharen. (1.4) stellt z.B. eine 2-parametrige Schar von Geraden dar. Die Geraden unterscheiden sich durch ihre Steigung a und ihren Achsenabschnitt b. Das inverse Problem zur Lösung einer Differentialgleichung ist die Suche nach einer Differentialgleichung für eine Kurvenschar. Wir wollen dies am Beispiel von einparametrigen Kurvenscharen studieren.

Beispiele:

a) $y = cx^2$ Schar von Parabeln verschiedener Steigung (Abb. 1.1)

$$\frac{dy}{dx} = 2cx$$

Eliminierung von c ergibt

$$x\frac{dy}{dx} - 2y = 0$$

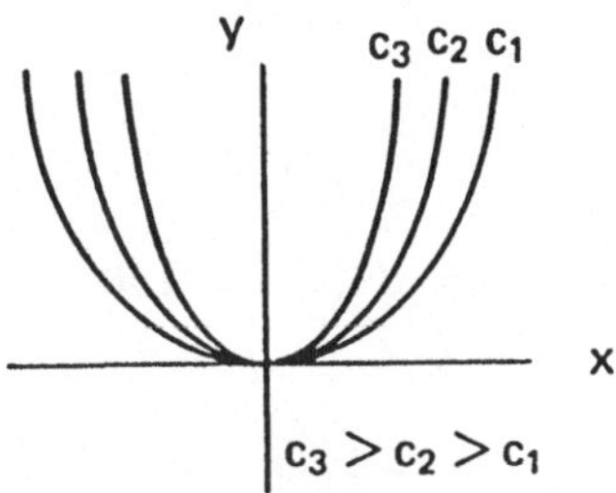

Abb. 1.1.

Die allgemeine Lösung dieser Differentialgleichung ist die Parabelschar $y = cx^2$. Für $c = 0$ ergibt sich als Grenzfall die x-Achse.

b) $y = (x-c)^3$ Schar von Parabel 3. Ordnung parallel zur y-Achse verschoben (Abb. 1.2)

$$\frac{dy}{dx} = 3(x - c)^2 = 3y^{2/3}$$

Eliminierung von c ergibt

$$\left(\frac{dy}{dx}\right)^3 - 27y^2 = 0$$

Neben der allgemeinen Lösung $y = (x - c)^3$ liefert diese Differentialgleichung eine sogenannte *singuläre Lösung* $y = 0$, die nicht in der allgemeinen Lösung enthalten ist. Solche singulären Lösungen treten auf, wenn auf dem Lösungsweg für die allgemeine Lösung ein Integrand gebildet wird, dessen Nenner nicht null sein darf. Im betrachteten Fall kann man mit der im folgenden Abschnitt 2.1 beschriebenen Methode sehen, daß die allgemeine Lösung $y = 0$ ausschließt, weil y im Nenner eines Integranden auftritt. Man muß auf das Vorhandensein einer solchen singulären Lösung also gesondert prüfen.

Beispiel: Wachstum von Bakterien

Die Wachstumsgeschwindigkeit dn/dt einer Kolonie von Bakterien ist proportional zur Quadratwurzel der Zahl n der zu einem Zeitpunkt vorhandenen Bakterien. Die Differentialgleichung lautet deshalb

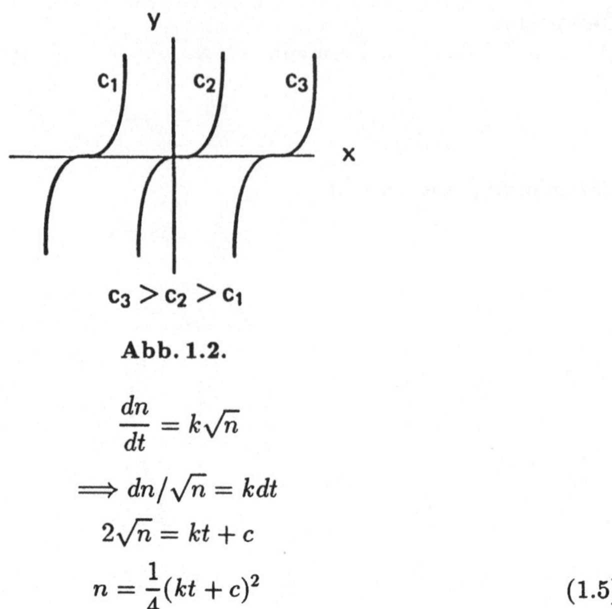

Abb. 1.2.

$$\frac{dn}{dt} = k\sqrt{n}$$

$$\implies dn/\sqrt{n} = kdt$$

$$2\sqrt{n} = kt + c$$

$$n = \frac{1}{4}(kt + c)^2 \qquad (1.5)$$

Wenn zur Zeit $t = 0$ keine Bakterien vorhanden sind, d.h. $n = 0$ ist, folgt $c = 0$. Damit ergibt sich die spezielle Lösung

$$n = \frac{1}{4}k^2 t^2$$

Dies bedeutet, daß die Bakterien auch dann quadratisch mit der Zeit anwachsen, wenn am Anfang keine Bakterien vorhanden waren. Dieser unvernüftige Schluß ergab sich deshalb, weil wir bei der Integration von $dn/\sqrt{n}$ den Fall $n = 0$ nicht ausgeschlossen hatten. Die allgemeine Lösung (1.5) kann deshalb für $n = 0$ nicht gültig sein.

Zusammenfassend kann man feststellen, daß im allgemeinen eine Kurvenschar und eine Differentialgleichung nicht umkehrbar eindeutig zugeordnet werden können.

2. Differentialgleichungen erster Ordnung

2.1 Separation von Variablen

Eine Differentialgleichung erster Ordnung hat die allgemeine Form

$$A(x,y)dx + B(x,y)dy = 0 \qquad (2.1)$$

Bei den im folgenden beschriebenen Methoden ist eine Anwendung möglich, wenn für A und B gewisse Bedingungen erfüllt sind.

Eine Separation der Variablen x und y ist möglich, wenn gilt

$$A(x, y) = F(x), B(x, y) = G(y) \tag{2.2}$$

Es folgt nämlich

$$F(x)dx = -G(y)dy$$

Die Lösung der Differentialgleichung lautet dann

$$\int F(x)dx = -\int G(y)dy + c \tag{2.3}$$

Die beiden Integrationskonstanten, die links und rechts bei der unbestimmten Integration entstehen, können zu einer Konstanten zusammengefaßt werden, wie im vorigen Abschnitt erläutert wurde.

Beispiel: Der radioaktive Zerfall von N Teilchen verläuft so, daß die Abnahme der Teilchenzahl proportional der vorhandenen Teilchenzahl ist. Die Differentialgleichung lautet

$$-\frac{dN}{dt} = \alpha N$$

Der Lösungsweg ist dann

$$\frac{dN}{N} = -\alpha \, dt \qquad \Longrightarrow \quad \ln N = -\alpha \, t + c$$
$$N = e^{-\alpha t + c}$$
$$N = A \, e^{-\alpha t}$$

Diese allgemeine Lösung geht in eine partikuläre Lösung über, wenn wir die Teilchenzahl zur Zeit $t = 0$ festlegen als $N(t = 0) = N_0$. Es folgt $N_0 = A$ und $N = N_0 e^{-\alpha t}$ (Abb. 2.1)

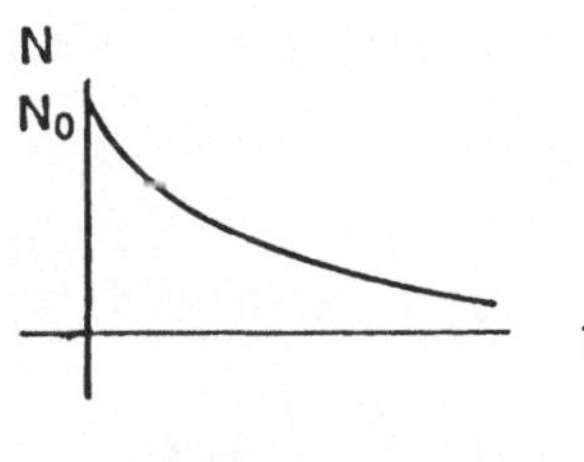

Abb. 2.1.

Die Proportionalitätskonstante α ergibt sich aus der Halbwertszeit $t_{1/2}$, in der die Hälfte der anfänglich vorhandenen Teilchen zerfallen ist

$$\frac{1}{2}N_0 = N_0 \exp(-\alpha \, t_{1/2})$$
$$\alpha = \ln 2 / t_{1/2}$$

Die Differentialgleichung des radioaktiven Zerfalls hat die Form einer Eigenwertgleichung

$$ON = \alpha N$$

wobei O ein Operator ist, dessen Eigenfunktionen N und Eigenwert α gesucht werden. In diesem Fall ist $O = -\frac{d}{dt}$ ein Differentialoperator und die Proportionalitätskonstante α hängt mit der Halbwertszeit zusammen. Die Eigenfunktion N hängt vom Eigenwert α ab.
Weitere Einzelheiten werden in Abschnitt 10 dieses Kapitels besprochen.
Diese Überlegungen sind analog denen für Eigenwertgleichungen von Matrizen in Kap. I, Abschnitt 10.

2.2 Exakte Differentialgleichungen

Differentialgleichungen erster Ordnung in der Form (2.1) heißen exakt, wenn

$$\frac{\partial A}{\partial y} = \frac{\partial B}{\partial x} \tag{2.4}$$

gilt. In diesem Fall kann man A und B als partielle Ableitungen einer Funktion U angeben

$$A(x,y) = \frac{\partial U(x,y)}{\partial x} \, , \quad B(x,y) = \frac{\partial U(x,y)}{\partial y} \tag{2.5}$$

Die Differentialgleichung lautet dann

$$dU = \frac{\partial U(x,y)}{\partial x}\, dx + \frac{\partial U(x,y)}{\partial y}\, dy = 0$$

Daraus folgt

$$U(x,y) = c = \text{konst} \tag{2.6}$$

Aus (2.5) folgt durch Integration über x

$$U(x,y) = \int A(x,y)dx + H(y) \tag{2.7}$$

und Differentation nach y

$$\frac{\partial U}{\partial y} = \frac{\partial}{\partial y} \int A(x,y)\, dx + \frac{dH}{dy}$$

$$\frac{dH}{dy} = B - \frac{\partial}{\partial y} \int A\, dx$$

$$\implies H = \int \left(B - \frac{\partial}{\partial y} \int A\, dx \right) dy \tag{2.8}$$

Schließlich ergibt sich aus (2.6) – (2.8) folgende Lösung

$$\int A(x,y)\, dx + \int \left(B - \frac{\partial}{\partial y} \int A(x,y)\, dx \right) dy = c \tag{2.9}$$

Beispiel:

$$(x^2 - y)\, dx + (y^2 - x)\, dy = 0$$

$$A = x^2 - y \, , \quad B = y^2 - x$$

$$\frac{\partial A}{\partial y} = \frac{\partial B}{\partial x} = -1$$

$$\int (x^2 - y)\, dx + \int \left(y^2 - x - \frac{\partial}{\partial y} \int (x^2 - y)\, dx \right) dy = c$$

$$\frac{1}{3} x^3 - xy + \frac{1}{3} y^3 = c$$

Man sieht an diesem Beispiel, daß die Lösung einer Differentialgleichung nicht immer in der Form $y = y(x)$ angegeben werden kann. Die Darstellung der Funktion in der xy-Ebene muß in diesem Fall mit numerischen Methoden (Carnahan-Luther-Wilkes [C1]) bewältigt werden.

2.3 Homogene Differentialgleichungen

Eine Differentialgleichung (2.1) heißt homogen vom Grade n, wenn die Funktionen A und B beide homogen vom Grade n sind. Dann gilt

$$A(tx, ty) = t^n A(x, y)$$

$$B(tx, ty) = t^n B(x, y) \tag{2.10}$$

Wir schreiben (2.1) als

$$\frac{dy}{dx} = -\frac{A(x, y)}{B(x, y)}$$

und substituieren $y = vx$. Dann ergibt sich

$$x\frac{dv}{dx} + v = -\frac{A(x, vx)}{B(x, vx)}$$

$$= -\frac{x^n}{x^n} \frac{A(1, v)}{B(1, v)}$$

Dies wird umgeformt zu

$$\left(\frac{A(1, v)}{B(1, v)} + v \right)^{-1} dv = -x^{-1} dx \tag{2.11}$$

und nach der Methode der Separation von Variablen gelöst.

Beispiel:

$$(x^2 + y^2)\, dx + xy\, dy = 0$$

$$\left(\frac{1 + v^2}{v} + v \right)^{-1} = -x^{-1} dx$$

$$\frac{v}{1 + 2v^2}\, dv = -\frac{1}{x} dx$$

$$\frac{1}{4} \ln (1 + 2v^2) = -\ln x + c$$

$$1 + 2v^2 = a\, x^{-4}$$

$$y^2 = \frac{1}{2} x^2 (a\, x^{-4} - 1)$$

2.4 Variation von Konstanten

Die Differentialgleichung (2.1) soll linear sein

$$A(x,y) = P(x)y - Q(x), \quad B(x,y) = 1 \tag{2.12}$$

d.h. sie soll die Form haben

$$\frac{dy}{dx} + P(x)\,y = Q(x) \tag{2.13}$$

Man nennt eine lineare Differentialgleichung *homogen* für $Q(x) = 0$ und *inhomogen* für $Q(x) \neq 0$. Den inhomogenen Fall wollen wir schrittweise lösen, indem wir zunächst den homogenen Fall betrachten. Hier ergibt sich die Lösung durch Variablentrennung

$$\frac{dy}{y} = -P(x)\,dx$$

$$\ln y = -\int P(x)\,dx + c \tag{2.14}$$

$$y = e^{-\int P(x)dx + c} = A\,e^{-\int P(x)dx}$$

Wir schreiben dafür

$$y = Ae^{-I}$$

$$\text{mit} \quad \frac{dI}{dx} = P(x) \tag{2.15}$$

Für die inhomogene Gleichung variieren wir die Konstante A der homogenen Lösung, d.h. wir machen den Ansatz

$$y = A(x)e^{-I} \tag{2.16}$$

Wir betrachten nun $A(x)$ als die Unbekannte. Wir setzen (2.16) in (2.13) ein und erhalten eine Differentialgleichung für $A(x)$

$$\frac{d\left(A(x)\,e^{-I}\right)}{dx} + P(x)\,A(x)\,e^{-I} = Q(x)$$

$$\Longrightarrow \frac{dA}{dx}e^{-I} - A\,e^{-I}\frac{dI}{dx} + P(x)\,A\,e^{-I} = Q(x)$$

Wir erkennen aus (2.15), daß der zweite und dritte Term der linken Seite sich aufheben und wir integrieren können

$$A(x) = \int Q(x)e^{I}dx + c$$

Die Lösung ist damit

$$y = e^{-I}\left(\int Q(x)e^{I}dx + c\right) \tag{2.17}$$

Beispiel:

$$\frac{dy}{dx} + 2\,xy = e^{-x^2}$$

$$P(x) = 2x \ , \quad Q(x) = e^{-x^2} \ , \quad I = x^2$$

$$\Longrightarrow y = e^{-x^2}(x + c)$$

3. Differentialgleichungen höherer Ordnung

3.1 Operatorenmethode

Diese Methode findet Anwendung bei linearen Differentialgleichungen mit konstanten Koeffizienten. Diese Gleichungen haben die Form

$$\frac{d^n y}{dx^n} + a_1 \frac{d^{n-1}y}{dx^{n-1}} + \ldots a_m y = g(x) \tag{3.1}$$

mit konstanten a_i. Ähnlich wie bei linearen Gleichungen in Kapitel I, Abschnitt 7 ist bei linearen Differentialgleichungen die allgemeine Lösung der inhomogenen Gleichung gleich der allgemeinen Lösung der homogenen Gleichung plus einer partikulären Lösung der inhomogenen Gleichung. Bei Differentialgleichungen können die beiden Teillösungen gänzlich verschieden und nicht trivial sein. Wir wenden uns zunächst der Lösung des homogenen Teils von (3.1) zu. Wir führen die Bezeichnung ein

$$D = \frac{d}{dx} \tag{3.2}$$

D ist ein Differentialoperator, mit dem man Ableitungen bildet ähnlich wie mit dem Vektoroperator Nabla in Kapitel I, Abschnitt 2. D wird angewandt auf die abhängige Variable $y(x)$. Unter D^n wollen wir verstehen

$$D^n - \frac{d^n}{dx^n} \tag{3 3}$$

Die homogene lineare Differentialgleichung läßt sich dann schreiben als

$$D^n y + a_1 D^{n-1}y + \ldots a_n y = 0$$

und weiter

$$(D^n + a_1 D^{n-1} + \ldots a_n)\,y = 0 \tag{3.4}$$

Wegen Konstanz der a_i können wir den Operator als Produkt schreiben

$$(D^n + a_1 D^{n-1} + \ldots a_n) = (D - r_1)(D - r_2)\ldots(D - r_n) \tag{3.5}$$

Die Konstanten $r_1, r_2 \ldots r_n$ werden als Lösungen der analogen Gleichung n-ter Ordnung ermittelt

$$r^n + a_1 r^{n-1} + \dots a_n = 0$$
$$(r - r_1)(r - r_2) \dots (r - r_n) = 0 \qquad (3.6)$$

Falls die a_i nicht konstant sind, können auch die r_i nicht konstant sein. Dann ist eine Umformung nach (3.5) nicht möglich.

Beispiel:
$$(D - r_1)(D - r_2) = D^2 - D\,r_2 - r_1 D + r_1 r_2$$
$$= D^2 - (r_1 + r_2)\,D + r_1 r_2$$
$$a_1 = -(r_1 + r_2)\,, \quad a_2 = r_1 r_2$$

Aus der Produktform

$$(D - r_1)(D - r_2) \dots (D - r_n)y = 0 \qquad (3.7)$$

ersieht man, daß die Gleichung für

$$(D - r_n)y = 0$$

erfüllt ist. Da alle Faktoren $(D - r_i)$ miteinander vertauschbar sind und direkt links von y plaziert werden können, gilt allgemein

$$(D - r_i)y = 0 \qquad (3.8)$$

mit den speziellen Lösungen

$$y_i = c_i\, e^{r_i x}$$

Zum besseren Verständnis des Verfahrens schreiben wir die Gleichung (3.8) in folgender Form

$$Dy = r_i y$$

Wir erkennen, daß es sich um eine Eigenwertgleichung handelt, bei der y die Eigenfunktion und r_i der Eigenwert ist. In diesem Sinne wird der Differentialoperator D in dem Operatorpolynom von (3.5) durch seinen Eigenwert r_i ersetzt. r_i ist eine entsprechende Nullstelle des charakteristischen Polynoms und erfüllt die entsprechende Gleichung (3.6).

Die allgemeine Lösung ist eine Linearkombination der speziellen Lösungen

$$y = \sum_i y_i = \sum_i c_i\, e^{r_i x} \qquad (3.9)$$

(3.9) hat jedoch nur dann n linear unabhängige Lösungskomponenten, wenn alle Wurzeln r_i verschieden sind. Man kann die lineare Abhängigkeit bzw. Unabhängigkeit mit der in Kap. I, Abschnitt 6.3 eingeführten Wronskischen Determinante überprüfen.

$$W = \begin{vmatrix} e^{r_1 x} & e^{r_2 x} & \dots & e^{r_n x} \\ r_1 e^{r_1 x} & r_2 e^{r_2 x} & & r_n e^{r_n x} \\ \vdots & & & \\ r_1^{n-1} e^{r_1 x} & r_2^{n-1} e^{r_2 x} & & r_n^{n-1} e^{r_n x} \end{vmatrix} = 0 \quad \text{für } r_i = r_j$$

Für entartete Eigenwerte sind zwei Spalten von W gleich. Bei Entartung, d.h. der Gleichheit von zwei oder mehr Wurzeln, muß (3.9) folgendermaßen modifiziert werden. Der Koeffizient

$$c_i = a_i + b_i x + d_i x^2 + \ldots \tag{3.10}$$

der entarteten Wurzel ist ein Polynom, dessen Grad um eins geringer als der Grad der Entartung ist. Dies soll an zwei Beispielen demonstriert werden.

Beispiele:
a) Zweifache Entartung

$$(D - r_1)^2 y = 0 \tag{3.11}$$

Wir schreiben

$$(D - r_1)y = u \tag{3.12}$$

dann folgt aus (3.11)

$$(D - r_1)u = 0$$

Als Lösung findet man

$$u = b\,e^{r_1 x}$$

Eingesetzt in (3.12) folgt

$$(D - r_1)\,y = b\,e^{r_1 x} \tag{3.13}$$

deren Lösung nach (2.17) ist

$$y = (a + bx)\,e^{r_1 x} \tag{3.14}$$

b) Gedämpfte harmonische Schwingung

$$m\frac{d^2 y}{dt^2} + \eta\frac{dy}{dt} + ky = 0 \tag{3.15}$$

$$m \ \text{Masse} \ , \quad \eta \ \text{Dämpfung} \ , \quad k \ \text{Kraftkonstante}$$

Wir lösen

$$mr^2 + \eta r + k = 0$$

Die beiden Wurzeln sind

$$r_1 = -\frac{\eta}{2m} + \frac{1}{2m}(\eta^2 - 4mk)^{1/2}$$

$$r_2 = -\frac{\eta}{2m} - \frac{1}{2m}(\eta^2 - 4mk)^{1/2} \tag{3.16}$$

Die Anfangsbedingungen seien $y(0) = y_0$, $\quad y'(0) = v_0$.
Drei Fälle sind möglich
1. Fall: $\eta^2 > 4mk \implies r_1, r_2$ negativ reell
Die Bewegung ist gedämpft und nicht oszillatorisch (Abb. 3.1).

$$y = y_0 \left[\cosh \frac{1}{2}(r_1 - r_2)\,t + \frac{2v_0 - (r_1 + r_2)\,y_0}{(r_1 - r_2)\,y_0} \sinh \frac{1}{2}(r_1 - r_2)\,t \right] e^{\frac{1}{2}(r_1 + r_2)t}$$

$$(3.17)$$

2. Fall: $\eta^2 = 4mk \implies r_1 = r_2$ negativ reell
Die Bewegung ist kritisch gedämpft (Abb. 3.1)

$$y = [y_0 + (v_0 - r_1 y_0)\,t]\, e^{r_1 t} \tag{3.18}$$

3. Fall: $\eta^2 < 4mk \implies r_1, r_2$ komplex
Die Bewegung ist gedämpft für $\eta > 0$ und oszillatorisch (Abb. 3.1).

$$y = y_0 \left[\cos \frac{1}{2i}(r_1 - r_2)\,t + \frac{2v_0 - (r_1 + r_2)\,y_0}{(r_1 - r_2)\,y_0} \sin \frac{1}{2i}(r_1 - r_2)\,t \right] e^{\frac{1}{2}(r_1 + r_2)t}$$

$$(3.19)$$

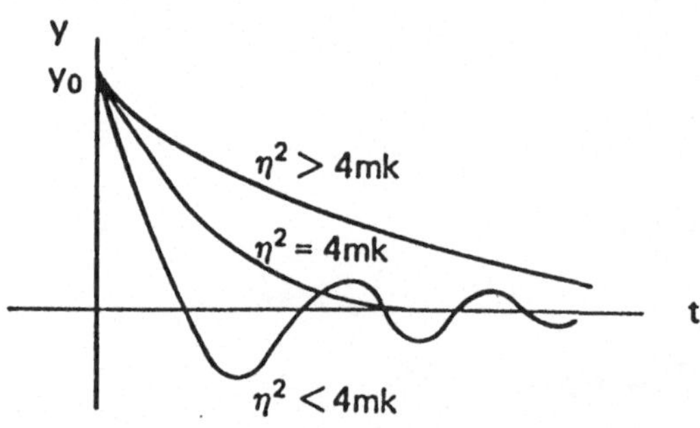

Abb. 3.1.

Eine spezielle Lösung der inhomogenen Gleichung kann man nach einem der folgenden Verfahren zu gewinnen suchen.
Inspektionsmethode: Die Lösung wird durch Erraten ermittelt.

Beispiel:

$$y'' - 2y = -e^x$$
$$y = e^x$$

Methode der unbestimmten Koeffizienten: Die Lösung wird als Polynom angesetzt.

Beispiel: $y'' + y' - 2y = x^2 - x$

Ansatz: $y = ax^2 + bx + c$

Der Ansatz wird in die Differentialgleichung eingesetzt und die Koeffizienten verglichen. Es folgt

$$y = -\frac{1}{2}(x^2 + 1)$$

Methode der sukzessiven Integration: Die Differentialgleichung wird schrittweise integriert wie im Fall der Entartung der homogenen Gleichung (3.11) – (3.14).

Beispiel:

$$(D - a)(D - b)y = g(x) \tag{3.20}$$

Wir setzen

$$(D - b)y = u(x) \tag{3.21}$$

und lösen

$$(D - a)u = g(x) \tag{3.22}$$

nach der Methode der Variation von Konstanten. Nachdem $u(x)$ bekannt ist, lösen wir (3.21) ebenfalls nach der Methode der Variation von Konstanten. Dieses Verfahren ist allgemein anwendbar auf inhomogene lineare Differentialgleichungen n-ter Ordnung der Form (3.1). Die Lösung enthält dann Integrationskonstanten. Die Lösungen entsprechen denen, die für spezielle inhomogene Funktionen $g(x)$ in späteren Abschnitten bei Fourierreihen, sowie mit Fouriertransformation oder Laplacetransformation erhalten werden.

3.2 Potenzreihenentwicklung

Diese Methode findet Anwendung bei linearen Differentialgleichungen n-ter Ordnung

$$y^{(n)} + f_1(x)\,y^{(n-1)} + \ldots f_n(x)\,y = g(x)$$

deren Koeffizienten $f_i(x)$ und Inhomogenitätsterm $g(x)$ Polynome sind. Die Methode läßt sich am besten anhand eines Beispiels erläutern.

Beispiel: Legendresche Differentialgleichung

$$(1 - x^2)\,y'' - 2\,xy' + l(l+1)\,y = 0 \quad l \text{ Parameter} \tag{3.23}$$

Als Ansatz versuchen wir eine Taylorreihe mit einer kleinsten, nicht verschwindenden Potenz x^k.

$$y = \sum_{i=0}^{\infty} a_i\,x^{k+i} \qquad a_0 \neq 0 \tag{3.24}$$

Dieser Ansatz heißt *Frobenius-Methode*. Lösung von (3.23) bedeutet Bestimmung von k und aller a_i. Bevor wir uns den Einzelheiten zuwenden, sollen Formeln zur Handhabung von Laufindizes von Summen wiederholt werden. Es gilt

$$\sum_{i=0}^{\infty} a_i\,x^i = \sum_{j=0}^{\infty} a_j\,x^j = \sum_{j=1}^{\infty} a_{j-1}\,x^{j-1} \tag{3.25}$$

Die erste und zweite Ableitung von (3.24) sind

$$y' = \sum_{i=0}^{\infty} (k+i)\,a_i\,x^{k+i-1}$$

$$y'' = \sum_{i=0}^{\infty} (k+i)(k+i-1)\,a_i\,x^{k+i-2} \tag{3.26}$$

Einsetzen von (3.24) und (3.26) in (3.23) ergibt

$$0 = (1 - x^2) \sum_{i=0}^{\infty} (k+i)(k+i-1)\, a_i\, x^{k+i-2}$$

$$- 2x \sum_{i=0}^{\infty} (k+i)\, a_i\, x^{k+i-1} + l(l+1) \sum_{i=0}^{\infty} a_i\, x^{k+i}$$

$$= \sum_{i=0}^{\infty} (k+i)(k+i-1)\, a_i\, x^{k+i-2}$$

$$- \sum_{i=0}^{\infty} [(k+i)(k+i-1) + 2\,(k+i) - l(l+1)]\, a_i\, x^{k+i}$$

Wir substituieren nun in der ersten Summe $j = i - 2$ und in der zweiten Summe $j = i$. Dann ergibt sich gemäß (3.23)

$$0 = \sum_{j=-2}^{\infty} (k+j+2)(k+j+1)\, a_{j+2}\, x^{k+j}$$

$$- \sum_{i=0}^{\infty} [(k+j)(k+j+1) - l(l+1)]\, a_j\, x^{k+j}$$

$$= k(k-1)\, a_0\, x^{k-2} + (k+1)\, k\, a_1\, x^{k-1}$$

$$+ \sum_{j=0}^{\infty} \{(k+j+2)(k+j+1)\, a_{j+2}$$

$$- [(k+j)(k+j+1) - l(l+1)]\, a_j\} \, x^{k+j}$$

Die rechte Seite stellt eine identisch verschwindende Funktion dar. Dies ist nur möglich, wenn alle Koeffizienten von Potenzen von x null sind. Daraus folgt

$$k(k-1)\, a_0 = 0 \tag{3.27}$$

$$k(k+1)\, a_1 = 0 \tag{3.28}$$

$$a_{j+2} = \frac{(k+j)(k+j+1) - l(l+1)}{(k+j+1)(k+j+2)}\, a_j \tag{3.29}$$

Da $a_0 \neq 0$ sein soll und k die kleinste nicht verschwindende Potenz bestimmt, muß $k = 0$ gelten. Dies erfüllt (3.28) für beliebiges a_1. Aus (3.29) wird

$$a_{j+2} = \frac{j(j+1) - l(l+1)}{(j+1)(j+2)}\, a_j \tag{3.30}$$

Formel (3.30) ist eine Rekursionsformel, die Koeffizienten gerader Potenzen mit geraden Potenzen verknüpft und ungerader Potenzen mit ungeraden. Wenn man a_0 kennt, kann man a_2, a_4 usw. berechnen, aus a_1 ergeben sich mit Hilfe von (3.30) a_3, a_5 usw. Die explizite Lösung sieht dann so aus

$$y = a_0 \left(1 - \frac{l(l+1)}{1 \cdot 2} x^2 - \frac{l(l+1)}{1 \cdot 2} \cdot \frac{2 \cdot 3 - l(l+1)}{3 \cdot 4} x^4 - \ldots \right) \tag{3.31}$$
$$+ a_1 \left(x - \frac{1 \cdot 2 - l(l+1)}{2 \cdot 3} x^3 + \frac{1 \cdot 2 - l(l+1)}{2 \cdot 3} \cdot \frac{3 \cdot 4 - l(l+1)}{4 \cdot 5} x^5 + \ldots \right)$$

a_0 und a_1 sind die beiden frei wählbaren Integrationskonstanten, die bei einer Gleichung zweiter Ordnung auftreten. Bei a_0 steht als Faktor eine gerade Funktion, bei a_1 eine ungerade Funktion. Die unendliche Reihe für die gerade Funktion bricht ab und reduziert sich damit zu einem Polynom für $l = 0, 2, 4 \ldots$ und $l = -1, -3, -5 \ldots$. Die unendliche Reihe für die ungerade Funktion reduziert sich zu einem Polynom für $l = 1, 3, 5 \ldots$ und $l = -2, -4, -6 \ldots$. Für alle anderen Fälle ergeben sich unendliche Reihen. Diese konvergieren nur für $|x| < 1$. Für $|x| > 1$ müssen wir eine Entwicklung der Form wählen

$$y = \sum_{i=0}^{\infty} b_i \, x^{k-i} \tag{3.32}$$

Man nennt die Kombination von (3.24) und (3.32) eine Laurent-Reihe. In der Chemie spielen nur die Legendreschen Polynome P_l eine Rolle, bei denen l ganzzahlig ist. Für sie gilt eine spezielle Wahl von a_0 bzw. a_1, nämlich

$$a_l = \frac{(2\,l)!}{2^l (l!)^2} \tag{3.33}$$

a_l ist der Koeffizient von x^l in $P_l(x)$.
Die Polynome $P_l(x)$ sind für verschiedene ganzzahlige l linear unabhängig, wie man mit Hilfe der Wronskischen Determinante beweisen kann. Wählt man n Polynome mit $l = 1, 2, \ldots n$, so können diese Polynome einen n-dimensionalen Funktionenraum aufspannen. Die Polynome sind die Basis des Funktionenraumes. Sie spielen die gleiche Rolle wie n orthogonale Vektoren in einem n-dimensionalen Vektorraum.
Wir werden diese Polynome in Abschnitt 7.1.1 genauer betrachten.

3.3 Fourierreihen

Diese Methode findet Anwendung bei inhomogenen linearen Differentialgleichungen mit konstanten Koeffizienten

$$\frac{d^n y}{dx^n} + a_1 \frac{d^{n-1} y}{dx^{n-1}} + \ldots a_n y = f(x) \tag{3.34}$$

bei denen der Inhomogenitätsterm $f(x)$ eine periodische Funktion ist. Für eine solche Funktion gilt

$$f(x + p) = f(x) \quad \text{Periode } p \tag{3.35}$$

Es ist möglich, allgemeine periodische Funktionen nach den einfachsten periodischen Funktionen, nämlich Exponentialfunktionen mit imaginären Exponenten zu entwickeln.

$$f(x) = \sum_{n=-\infty}^{\infty} c_n \, e^{i\,n\frac{2\pi}{p}x} \qquad \text{Periode } p \tag{3.36}$$

Man nennt diese Entwicklung eine Fourierreihe. Die Koeffizienten c_n der Reihenentwicklung werden folgendermaßen berechnet

$$\int_{-p/2}^{+p/2} f(x)\, e^{-i\,m\frac{2\pi}{p}x}\,dx = \sum_{n=-\infty}^{\infty} c_n \int_{-p/2}^{+p/2} e^{i\,(n-m)\frac{2\pi}{p}x}\,dx$$

Das Integral auf der rechten Seite ergibt

$$\int_{-p/2}^{+p/2} e^{i\,(n-m)\frac{2\pi}{p}x}\,dx = \begin{cases} [x]_{-p/2}^{+p/2} = p & n = m \\[2ex] \dfrac{p}{2(n-m)\pi i}\left[e^{i\,(n-m)\frac{2\pi}{p}x}\right]_{-p/2}^{+p/2} = 0 & n \neq m \end{cases}$$

$$= p\,\delta_{nm} \tag{3.37}$$

Das Zeichen δ wird Kronecker-Delta genannt

$$\delta_{nm} = \begin{cases} 1 \\ 0 \end{cases} \text{für} \quad \begin{matrix} n = m \\ n \neq m \end{matrix} \tag{3.38}$$

(3.37) besagt, daß die Exponentialfunktionen in (3.36) einen orthogonalen Satz bilden. Die Koeffizienten c_n ergeben sich schließlich als folgendes Integral.

$$c_n = \frac{1}{p} \int_{-p/2}^{+p/2} f(x)\, e^{-i\,n\frac{2\pi}{p}x}\,dx \tag{3.39}$$

Die Gesamtheit aller c_n bilden das diskrete Spektrum der periodischen Funktion $f(x)$. Für gerade und ungerade Funktionen vereinfachen sich die Relationen zu

$$f(x) = \sum_{n=1}^{\infty} c_n \begin{Bmatrix} \cos n\dfrac{2\pi}{p}x \\[2ex] \sin n\dfrac{2\pi}{p}x \end{Bmatrix} + \begin{Bmatrix} c_0/2 \\[2ex] 0 \end{Bmatrix}$$

$$c_n = \frac{4}{p} \int_{0}^{p/2} f(x) \begin{Bmatrix} \cos n\dfrac{2\pi}{p}x \\[2ex] \sin n\dfrac{2\pi}{p}x \end{Bmatrix} dx \tag{3.40}$$

Der bei den Kosinusfunktionen stehende Term $c_0/2$ für $n = 0$ wird als $c_0/2$ gewählt, damit die Formel für die Koeffizienten c_n einheitlich ist.

Beispiel: Periodische Sprungfunktion (Abb. 3.2)

$$f(x) = \begin{cases} 1 & \\ & \text{für} \\ 0 & \end{cases} \qquad \begin{array}{l} -\dfrac{\pi}{2} < x < \dfrac{\pi}{2} \\[2mm] -\pi < x < -\dfrac{\pi}{2}, \; \dfrac{\pi}{2} < x < \pi \end{array} \qquad \text{Periode } 2\pi$$

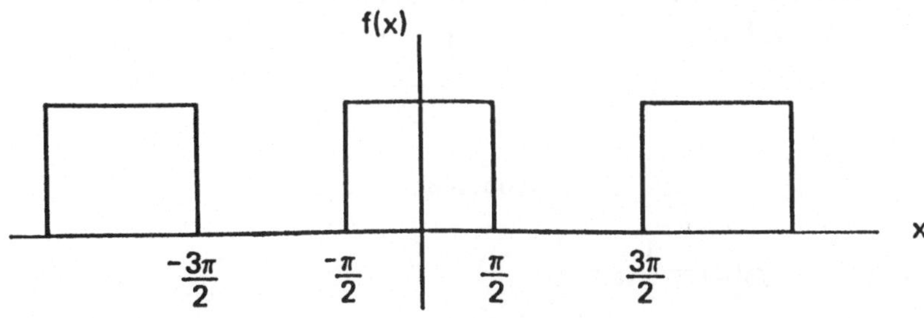

Abb. 3.2.

Die Sprungfunktion ist hier eine gerade Funktion und wird deshalb nach Kosinusfunktionen entwickelt. Das diskrete Spektrum der c_k ergibt sich dann ebenso nach (3.40).

$$f(x) = \sum_{k=1}^{\infty} c_k \cos kx + \frac{1}{2}c_0$$

$$c_k = \frac{2}{\pi} \int_0^{\pi} f(x) \cos kx \, dx$$

$$= \frac{2}{\pi} \int_0^{\pi/2} \cos kx \, dx$$

$$= \begin{cases} 1 & \\ & \text{für} \\ \dfrac{2}{k\pi} \sin \dfrac{k\pi}{2} & \end{cases} \qquad \begin{array}{l} k = 0 \\[3mm] k \neq 0 \end{array}$$

$$= \begin{cases} 1 & k = 0 \\[2mm] \dfrac{2}{k\pi}(-1)^{(k-1)/2} & \text{für} \quad k \text{ ungerade} \\[2mm] 0 & k \text{ gerade} \end{cases}$$

Das diskrete Spektrum ist in Abb. 3.3 dargestellt. Die gestrichelt gezeichnete Einhüllende ist die Funktion $\frac{2}{k\pi} \sin \frac{k\pi}{2}$.

Man kann nun folgende Näherungslösungen für die unendliche Reihenentwicklung angeben.

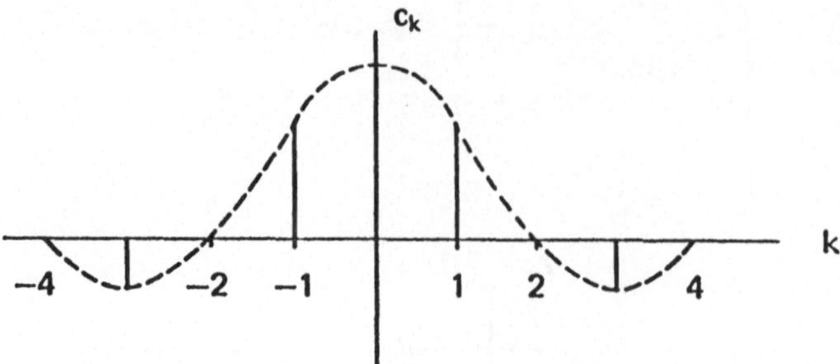

Abb. 3.3.

$$f_0(x) = \frac{1}{2}c_0 = \frac{1}{2}$$

$$f_1(x) = f_0(x) + c_1 \cos x = f_0(x) + \frac{2}{\pi} \cos x$$

$$f_2(x) = f_1(x) + c_2 \cos 2x = f_1(x)$$

$$f_3(x) = f_2(x) + c_3 \cos 3x = f_2(x) - \frac{2}{3\pi} \cos 3x$$

(3.41)

Die Näherungsfunktionen f_0, f_1 und f_3 sind in Abb. 3.4 angegeben

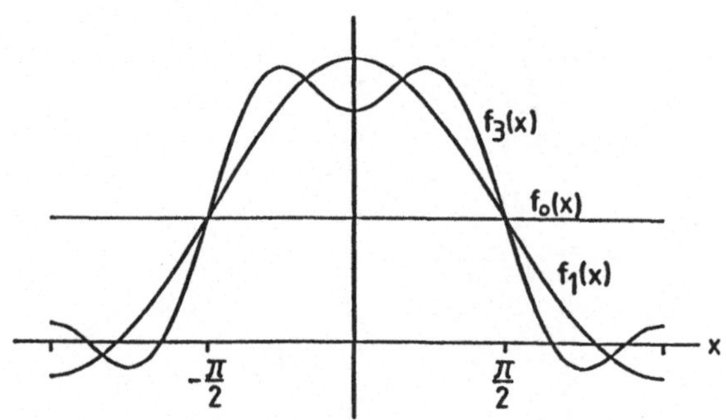

Abb. 3.4.

Man sieht aus der Abbildung, daß sich die Näherungsfunktionen $f_n(x)$ der Sprungfunktion der Abb. 3.2 mit wachsendem n immer mehr anpassen.

In der Differentialgleichung (3.34) wird $f(x)$ in eine Fourierreihe entwickelt. Man löst die inhomogene Gleichung für jeden Term der rechten Seite. Die allgemeine Lösung erhält man durch Superposition der Teillösungen.

4. Integraltransformationen

4.1 Fouriertransformation

Diese Methode findet Anwendung bei inhomogenen linearen Differentialgleichungen mit konstanten Koeffizienten, bei denen der Inhomogenitätsterm eine nichtperiodische Funktion ist, die an den Bereichsgrenzen verschwindet. Wir wollen im folgenden nur solche Funktionen $f(x)$ betrachten, die absolut integrierbar sind, d.h. für die $\int_{-\infty}^{\infty} |f(x)|dx$ endlich ist.
In diesem Fall gilt

$$f(x) = \int_{-\infty}^{\infty} c(k)\, e^{ikx} dx$$

$$F(f) = c(k) = \frac{1}{2\pi} \int_{-\infty}^{\infty} f(x)\, e^{-ikx} dx \tag{4.1}$$

Man nennt $f(x)$ und $c(k)$ ein Paar von Fouriertransformierten. Im Vergleich zur Fourierreihe ist das Spektrum $c(k)$ kontinuierlich und $f(x)$ ist nicht mehr durch eine Reihe, sondern durch ein Integral dargestellt. Für gerade und ungerade Funktionen läßt sich eine alternative Formulierung über Kosinus- und Sinusfunktionen finden.

$$f(x) = \int_0^{\infty} c(k) \left\{ \begin{array}{c} \cos kx \\ \sin kx \end{array} \right\} dk$$

$$c(k) = \frac{2}{\pi} \int_0^{\infty} f(x) \left\{ \begin{array}{c} \cos kx \\ \sin kx \end{array} \right\} dx$$

Beispiel: Sprungfunktion (Abb. 4.1)

$$f(x) = \left\{ \begin{array}{ll} 1 & \\ & \text{für} \quad \begin{array}{c} -\dfrac{\pi}{2} < x < \dfrac{\pi}{2} \\ \\ \text{sonst} \end{array} \\ 0 & \end{array} \right.$$

Die Sprungfunktion ist die gleiche wie beim Beispiel der Fourierreihe, allerdings ohne die Periodizität. Die Entwicklung wird deshalb als Integral über die Kosinusfunktion angesetzt. Das Spektrum ist das gleiche wie bei der Fourierreihe, aber nicht diskret, sondern kontinuierlich.

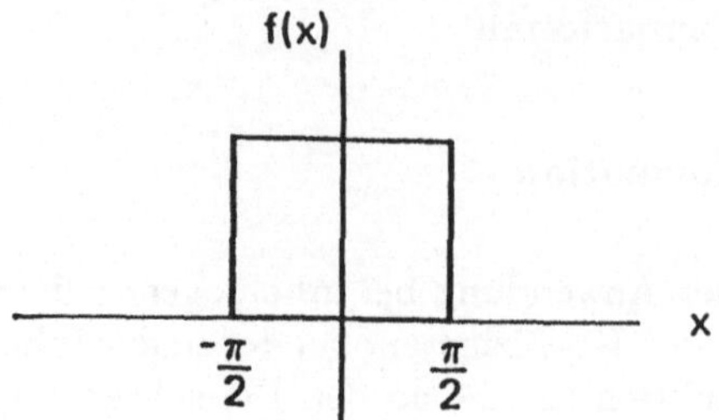

Abb. 4.1.

$$f(x) = \int\limits_0^\infty c(k)\cos kx\, dk$$

$$c(k) = \frac{2}{\pi} \int\limits_0^\infty f(x)\cos kx\, dx$$

$$= \frac{2}{\pi} \int\limits_0^{\pi/2} \cos kx\, dx$$

$$= \frac{2}{k\pi} \sin \frac{k\pi}{2}$$

Das kontinuierliche Spektrum ist in Abb. 4.2 dargestellt.

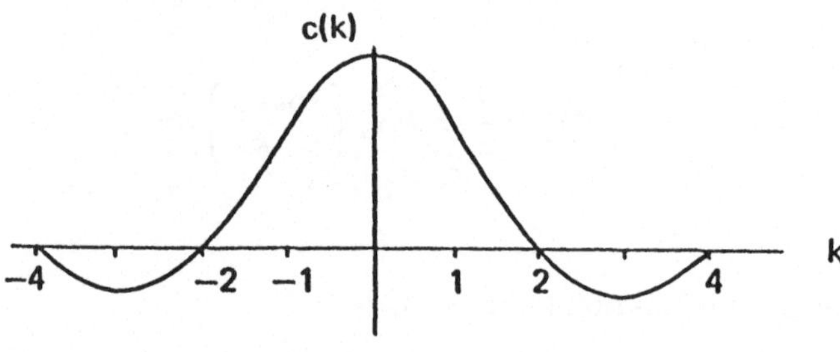

Abb. 4.2.

Wenn man in einer periodischen Funktion den Funktionswert für alle Argumente außerhalb einer einzigen Periode null setzt, gelangt man von der Fourierreihe zur Fouriertransformation. Dann entsteht aus dem diskreten Spektrum c_k das analoge kontinuierliche Spektrum $c(k)$.

Tabelle 4.1 gibt einige Paare von Fouriertransformierten, die in Handbüchern (Spiegel [S2]) gesammelt sind.

Tabelle 4.1. Kosinusfouriertransformation

$f(x)$	$c(k)$
1. $\quad x^{-1/2}$	$\sqrt{\dfrac{2}{\pi}}\, k^{-1/2}$
2. $\quad e^{-bx^2}$	$\dfrac{1}{\sqrt{\pi b}}\, e^{-k^2/(4b)}$
3. $\quad e^{-bx}$	$\dfrac{2}{\pi}\dfrac{b}{k^2 + b^2}$
4. $\quad \dfrac{1}{x^2 + b^2}$	$\dfrac{1}{b}\, e^{-bk}$

Ein Beispiel für Fouriertransformiertenpaare ist die Spektrenform, bei der $x = \omega$ gleich der Frequenz, und die Lebensdauer eines Zustandes, bei der $k = t$ gleich der Zeit ist. Man nennt Fall 2 der Tabelle die Gaußform und Fall 4 die Lorentzform der Spektrallinie.

Wenn nach der Fouriertransformierten der Funktion $f(x) = 1$ gefragt wird, so erhält man ein im Riemannschen Sinne nicht definiertes Integral. Dieses Integral ist unter dem Namen *Diracsche Deltafunktion* bekannt.

$$\delta(k) = \frac{2}{\pi} \int\limits_0^\infty \cos kx \, dx \tag{4.2}$$

Sie wird z.B. zur Beschreibung von Massenpunkten, Punktladungen oder Impulsstößen gebraucht. Man erhält $\delta(k)$ auch als Grenzwert einer immer schmaler werdenden Glockenkurve.

$$\delta(k) = \lim_{n \to \infty} n\, e^{-\pi n^2 k^2} \tag{4.3a}$$

Andere äquivalente Definitionen sind folgende

$$\delta(k) = \lim_{n \to \infty} \frac{n}{1 + n^2 k^2} = \lim_{n \to \infty} \frac{n}{\pi} \left(\frac{\sin nk}{nk} \right)^2 \tag{4.3b}$$

Man muß hier beachten, daß die Funktionswerte von $\delta_n(k)$ nicht zu konvergieren brauchen, nicht einmal für $k \neq 0$.

An der Delta-Funktion sind nur die Integraleigenschaften interessant, nicht die Funktionswerte.

Eine Folge von Funktionen $\delta_n(k)$, die durch Glockenkurven definiert sind, ist in Abb. 4.3 dargestellt.

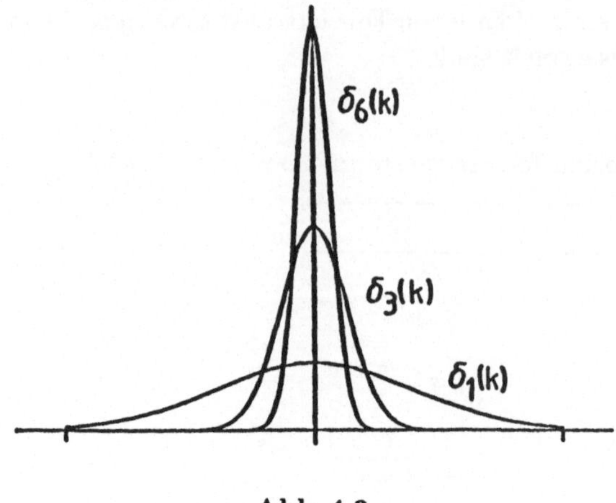

Abb. 4.3.

Die Diracsche Deltafunktion spielt die gleiche Rolle für kontinuierliche Variable wie das Kronecker-Delta für diskrete Variable

$$c_j = \sum_{i=-\infty}^{\infty} c_i \, \delta_{ij}$$

$$c(k') = \int_{-\infty}^{\infty} c(k)\, \delta(k - k')\, dk \tag{4.4}$$

Die Deltafunktion greift aus einem Spektrum einer Funktion bestimmte Werte heraus. Speziell gilt

$$c(0) = \int_{-\infty}^{\infty} c(k)\, \delta(k)\, dk \tag{4.5}$$

Daraus folgt, $\delta(k)$ muß null sein für $k \neq 0$, da alle diese Beiträge durch Multiplikation mit $\delta(k)$ vor der Integration vernichtet werden. Für $k = 0$ führt folgende Überlegung weiter. Wir wählen $c(k) = 1$, dann ergibt sich

$$1 = \int_{-\infty}^{\infty} \delta(k)\, dk \tag{4.6}$$

Man kann sich die Integralbeziehung (4.6) am besten so vorstellen, daß man $\delta(k)$ durch eine Folge von Treppenfunktionen nähert, deren Fläche konstant gleich 1 ist und deren Basis sich schrittweise verkleinert und gegen null geht. Eine solche Folge ist in Abb. 4.4 dargestellt.

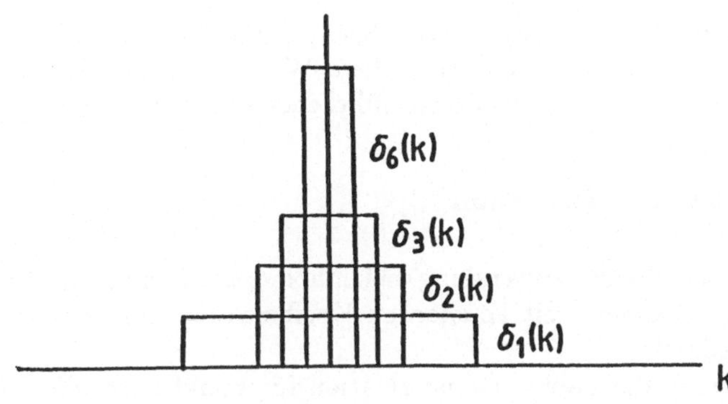

Abb. 4.4.

Das bedeutet $\delta(k) \to \infty$ für $k = 0$.

Bei der Anwendung der Fouriertransformation in Differentialgleichungen von der Form (3.34) wendet man F auf beide Seiten an

$$F\left(\sum_{i=0}^{n} a_{n-i} \frac{d^i y}{dx^i}\right) = F(f)$$

$$\Longrightarrow \sum_{i=0}^{n} a_{n-i} F\left(\frac{d^i y}{dx^i}\right) = F(f) \tag{4.7}$$

Hier ist $f(x)$ eine Funktion wie in Tabelle 4.1. Man braucht nun die Fouriertransformierte der Ableitungen. Es sei

$$F(y) = \frac{1}{2\pi} \int_{-\infty}^{\infty} y(x) e^{-ikx} \, dx \tag{4.8}$$

Dann gilt

$$F(y') = \frac{1}{2\pi} \int_{-\infty}^{\infty} y' e^{-ikx} \, dx$$

$$= \frac{1}{2\pi} \left[y e^{-ikx}\right]_{-\infty}^{+\infty} + \frac{ik}{2\pi} \int_{-\infty}^{\infty} y e^{-ikx} \, dx$$

y muß an den Grenzen verschwinden. Daraus folgt

$$F(y') = ikF(y) \qquad (4.9)$$

Wenn y' an den Grenzen verschwindet, gilt auch

$$F(y'') = -k^2 F(y) \qquad (4.10)$$

$F(y)$ ist aus (4.7) – (4.10) berechenbar. y kann dann einer Tabelle von Fouriertransformierten entnommen werden. Wir werden auf Einzelheiten dieser Technik im nächsten Abschnitt ausführlicher eingehen.

4.2 Laplacetransformation

Die Methode findet Anwendung bei inhomogenen linearen Differentialgleichungen 2. Ordnung mit konstanten Koeffizienten und bekannten Anfangsbedingungen.
Wir definieren die Laplacetransformation für Funktionen, die langsamer ansteigen als e^{pt}

$$L(f) = c(p) = \int_0^\infty f(t)\, e^{-pt}\, dt \qquad (4.11)$$

Beispiele:

$$\text{a)}\quad f(t) = 1 \implies c(p) = \int_0^\infty e^{-pt}\, dt = \frac{1}{p} \ \text{ für } p > 0$$

$$\text{b)}\quad f(t) = e^{-at} \implies c(p) = \int_0^\infty e^{-(a+p)t}\, dt = \frac{1}{p+a} \ \text{ für } \mathrm{Re}\,(p+a) > 0$$

Für die Laplacetransformation gibt es Tabellenwerte (Spiegel [S2]). Wir wollen uns hier auf eine kurze Tabelle in Abschnitt 4 des Anhangs beschränken.
Die inverse Transformation, die aus $c(p)$ wieder $f(t)$ ergibt, lautet

$$f(t) = \frac{1}{2\pi i} \int_{x_0 - i\infty}^{x_0 + i\infty} c(p)\, e^{pt}\, dp \qquad (4.12)$$

Hier wird parallel zur imaginären Achse integriert. Wir werden (4.12) aber im folgenden nicht brauchen. Einzelheiten der Berechnung gibt Abschnitt 1.2 des Anhangs. Die Schreibweise $L(f)$ soll darauf hinweisen, daß L ein Integraloperator ist. Wir stellen zunächst fest, daß L ein linearer Operator ist, d.h. es gilt

$$L(af + bg) = \int_0^\infty [a\,f(t) + b\,g(t)]\,e^{-pt}\,dt$$

$$= a \int_0^\infty f(t)\,e^{-pt}\,dt + b \int_0^\infty g(t)\,e^{-pt}\,dt \tag{4.13}$$

$$= a\,L(f) + b\,L(g)$$

Die Laplacetransformierten für die Ableitungen einer Funktion ergeben sich folgendermaßen

$$L(y') = \int_0^\infty y'(t)\,e^{-pt}\,dt$$

$$= \left[y(t)\,e^{-pt}\right]_0^\infty - \int_0^\infty y(t)\,\frac{d}{dt}\,(e^{-pt})\,dt$$

$$= p\,L(y) - y_0$$

$$L(y'') = \int_0^\infty y''(t)\,e^{-pt}\,dt$$

$$= \left[y'(t)\,e^{-pt}\right]_0^\infty - \int_0^\infty y'(t)\,\frac{d}{dt}\,(e^{-pt})\,dt$$

$$= p\,L(y') - y_0'$$

$$= p^2 L(y) - p\,y_0 - y_0'$$

Hier wird vorausgesetzt, daß $y'(t)$ nicht schneller ansteigt als e^{pt}. Wir wenden nun die Laplacetransformation zur Lösung von Differentialgleichungen an

Beispiele:

a) $\qquad y'' + 4y' + 4y = t^2 e^{-2t} \quad y_0 = 0\,,\ y_0' = 0$

$$L(y'' + 4y' + 4y) = L(t^2 e^{-2t})$$

$$p^2 L(y) - p\,y_0 - y_0' + 4\,(p\,L(y) - y_0) + 4\,L(y) = \frac{2}{(p+2)^3}$$

$$L(y)\,(p^2 + 4p + 4) = \frac{2}{(p+2)^3}$$

$$L(y) = \frac{2}{(p+2)^5}$$

$L(t^2 e^{-2t})$ wurde aus einer Tabelle von Laplacetransformierten im Anhang (siehe auch Spiegel [S2]) entnommen. Wir suchen jetzt in der Tabelle die inverse Laplacetransformierte von $2/(p+2)^5$, d.h. wir suchen auf der rechten Seite der Tabelle $L(y)$ und erhalten auf der linken Seite y.

$$\implies \quad y = \frac{2}{4!} t^4 e^{-2t}$$

$$\text{b)} \quad y' - 2y + z = 0 \qquad y_0 = 1$$

$$z' - y - 2z = 0 \qquad z_0 = 0$$

Dies ist ein System gekoppelter linearer Differentialgleichungen mit konstanten Koeffizienten. Bezeichnen wir die Laplacetransformierten mit entsprechenden großen Buchstaben, so erhalten wir

$$pY - y_0 - 2Y + Z = 0$$
$$pZ - z_0 - Y - 2Z = 0$$

Mit den Anfangsbedingungen wird daraus ein lineares Gleichungssystem.

$$(p-2)Y + Z = 1$$
$$Y - (p-2)Z = 0$$

Dessen Lösung ist

$$Y = \frac{p-2}{(p-2)^2 + 1}$$

$$Z = \frac{1}{(p-2)^2 + 1}$$

Aus der Tabelle von Laplacetransformierten im Anhang entnehmen wir

$$y = \cos t \, e^{2t}$$
$$z = \sin t \, e^{2t}$$

Wenn eine Laplacetransformierte nicht direkt in einer Tabelle verzeichnet ist, muß man versuchen, sie durch Kombination von vorhandenen Funktionen aufzubauen.

Beispiel: Partialbruchzerlegung

$$c(p) = \frac{1}{(p+a)(p+b)}$$

Wir zerlegen $c(p)$ in folgender Weise in eine Summe von zwei Brüchen

$$\frac{1}{(p+a)(p+b)} = \frac{A}{(p+a)} + \frac{B}{(p+b)}$$

Durch Umformung der rechten Seite ergibt sich

$$\frac{1}{(p+a)(p+b)} = \frac{A(p+b)+B(p+a)}{(p+a)(p+b)}$$

$$= \frac{(A+B)p+Ab+Ba}{(p+a)(p+b)}$$

Durch Koeffizientenvergleich der Zähler auf der linken und rechten Seite ergibt sich

$$A+B=0 \,, \quad Ab+Ba=1$$

$$\implies \quad A=1/(b-a) \,, \quad B=1/(a-b)$$

Die durch Rücktransformation gewonnene Funktion ist damit

$$f(t) = \frac{1}{b-a} \left(e^{-at} - e^{-bt} \right)$$

4.3 Faltungssatz

Im letzten Beispiel wurde die Transformation eines Produktes durch Partialbruchzerlegung vereinfacht. Eine allgemeinere Methode, die im Prinzip auf Produkte von beliebigen Funktionen angewandt werden kann, soll im folgenden abgeleitet werden.

Wir gehen von zwei Funktionen $x(t)$ und $y(t)$ aus, deren Laplacetransformierte $X(p)$ und $Y(p)$ sein sollen. Wir wollen nun die inverse Transformation des Produktes $X(p)Y(p)$ berechnen. Aus (4.11) ergibt sich

$$X(p)\,Y(p) = \int\limits_0^\infty x(t)\,e^{-pt}\,dt \int\limits_0^\infty y(t)\,e^{-pt}\,dt \qquad (4.14)$$

Durch Änderungen der Integrationsvariablen im zweiten Integral von t nach t' ergibt sich

$$X(p)\,Y(p) = \int\limits_0^\infty x(t)\,e^{-pt}\,dt \int\limits_0^\infty y(t')\,e^{-pt'}\,dt'$$

$$= \int\limits_0^\infty \int\limits_0^\infty x(t)\,y(t')\,e^{-p(t+t')}\,dt'\,dt \qquad (4.15)$$

Nun wird t' durch τ ersetzt

$$\tau = t+t' \qquad (4.16)$$

Für $t'=0$ wird $\tau=t$. Deshalb nimmt das Doppelintegral folgende Form an

$$X(p)\,Y(p) = \int\limits_0^\infty \left(\int\limits_t^\infty x(t)\,y(\tau-t)\,e^{-p\tau}\,d\tau \right) dt \qquad (4.17)$$

Wir wollen nun die Reihenfolge der Integrationen in (4.17) vertauschen. In Abb. 4.5 ist diese Änderung veranschaulicht.

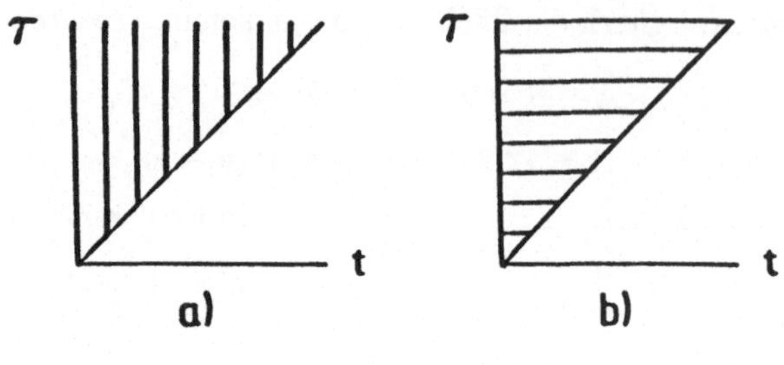

Abb. 4.5.

In Abb. 4.5a wird zunächst über τ integriert wie in (4.17) und dann über t. Dabei ist τ immer größer oder gleich t. Wenn zuerst über t integriert wird, muß man gemäß Abb. 4.5b beachten, daß t nicht größer als τ werden kann. t läuft also von 0 bis τ und danach τ von 0 bis ∞. Denn die Fläche, über die integriert wird, ist immer die gleiche, nämlich das obere Dreieck. Dann wird aus (4.17)

$$
X(p)\,Y(p) = \int\limits_0^\infty \left(\int\limits_0^\tau x(t)\,y(\tau - t)\,e^{-p\tau}\,dt \right)\,d\tau
$$

$$
= \int\limits_0^\infty \left(\int\limits_0^\tau x(t)\,y(\tau - t)\,dt \right)\,e^{-p\tau}\,d\tau \tag{4.18}
$$

Durch Umbennung von t und τ wird daraus

$$
X(p)\,Y(p) = \int\limits_0^\infty \left(\int\limits_0^t x(\tau)\,y(t - \tau)\,d\tau \right)\,e^{-pt}\,dt \tag{4.19}
$$

Dies entspricht einer Spiegelung an der Winkelhalbierenden von Abb. 4.5. Damit wird $X(p)Y(p)$ die Laplacetransformierte von $\int_0^t x(\tau)y(t-\tau)d\tau$

$$
X(p)\,Y(p) = L\left(\int\limits_0^t x(\tau)\,y(t - \tau)\,d\tau \right) \tag{4.20}
$$

Man nennt das Integral $\int_0^t x(\tau)y(t-\tau)d\tau$ die Faltung von x und y. Es läßt sich durch Substitution der Variablen t durch t' zeigen, daß die Definition der Faltung symmetrisch ist.

$$\int\limits_0^t x(\tau)\,y(t-\tau)\,d\tau = \int\limits_0^\tau x(t)\,y(\tau-t)\,dt$$

$$= \int\limits_0^\tau x(\tau-t')\,y(t')\,dt' \qquad (4.21)$$

$$= \int\limits_0^t x(t-\tau)\,y(\tau)\,d\tau$$

Wir wählen das letzte Beispiel aus Abschnitt 4.2 zur Anwendung des Faltungssatzes.

Beispiel:

$$c(p) = \frac{1}{(p+a)(p+b)}$$

$$\Longrightarrow \quad X(p) = \frac{1}{p+a}\,, \quad x(t) = e^{-at}$$

$$Y(p) = \frac{1}{p+b}\,, \quad y(t) = e^{-bt}$$

$$c(p) = X(p)\,Y(p) = L\left(\int\limits_0^t e^{-a\tau}\,e^{-b(t-\tau)}\,d\tau\right)$$

$$f(t) = \int\limits_0^t e^{-a\tau}\,e^{-b(t-\tau)}\,d\tau$$

$$= e^{-bt}\int\limits_0^t e^{-(a-b)\tau}\,d\tau$$

$$= \begin{cases} e^{-bt}\,t & a = b \\[2ex] e^{-bt}\,\dfrac{1}{b-a}\left(e^{-(a-b)t}-1\right) & a \neq b \end{cases} \quad \text{für}$$

5. Numerische Lösung von Differentialgleichungen

5.1 Konversion einer Differentialgleichung n-ter Ordnung

Gegeben sei eine Differentialgleichung n-ter Ordnung

$$\frac{d^n y}{dx^n} = F\left(x, y, \frac{dy}{dx}, \frac{d^2 y}{dx^2}, \cdots \frac{d^{n-1} y}{dx^{n-1}}\right) \tag{5.1}$$

Wir führen folgende Substitution ein

$$y_1 = y$$
$$y_2 = \frac{dy}{dx}$$
$$\vdots$$
$$y_n = \frac{d^{n-1} y}{dx^{n-1}} \tag{5.2}$$

Daraus ergibt sich ein System von n Differentialgleichungen erster Ordnung

$$y_2 = \frac{dy_1}{dx}$$
$$\vdots$$
$$y_n = \frac{dy_{n-1}}{dx} \tag{5.3}$$

Für das System von n Differentialgleichungen erster Ordnung bzw. für die Gleichung n-ter Ordnung sollen folgende Nebenbedingungen gelten

$$y_{1,0} = y_1(x_0) = y(x_0)$$
$$y_{2,0} = y_2(x_0) = \left[\frac{dy}{dx}\right]_{x=x_0}$$
$$\vdots$$
$$y_{n,0} = y_n(x_0) = \left[\frac{d^{n-1} y}{dx^{n-1}}\right]_{x=x_0} \tag{5.4}$$

Beispiel:

$$x^2 \frac{d^2 y}{dx^2} + x \frac{dy}{dx} + (x^2 - p^2)\, y = 0$$

$$\text{Substitution}: \qquad z = \frac{dy}{dx} \quad \Longrightarrow \quad \frac{dz}{dx} = \frac{d^2 y}{dx^2}$$

$$\Longrightarrow \qquad \frac{dy}{dx} - z = 0$$

$$x^2 \frac{dz}{dx} + xz + (x^2 - p^2)y = 0$$

5.2 Taylorreihenentwicklung

Wir wollen nun die numerische Lösung einer Differentialgleichung erster Ordnung mit Nebenbedingungen durch Taylorreihenentwicklung angeben. Diese Gleichung kann allgemein geschrieben werden als

$$F\left(x, y, \frac{dy}{dx}\right) = 0$$

$$\text{oder} \qquad \frac{dy}{dx} = f(x, y) \tag{5.5}$$

Mit der Nebenbedingung

$$y_0 = y(x_0)$$

Wir setzen zunächst eine Taylorreihenentwicklung an

$$y(x + h) = y(x) + h\frac{dy}{dx} + \frac{1}{2!}h^2\frac{d^2 y}{dx^2} + \ldots \tag{5.6}$$

Daraus folgt

$$y(x_0 + h) = y(x_0) + h\,f(x_0, y_0) + \frac{1}{2!}h^2\,f'(x_0, y_0) + \ldots$$

$$\text{mit} \quad f'(x, y) = \frac{d}{dx}\,f(x, y(x))$$

$$= \frac{\partial f}{\partial x} + \frac{\partial f}{\partial y}\frac{dy}{dx} \tag{5.7}$$

Die letzte Beziehung ist durch die Kettenregel gegeben.

Beispiel:

$$\frac{dy}{dx} = f(x, y) = x^2$$

$$\text{Nebenbedingung}: \qquad y_0 = y(x_0)$$

Mit der Kettenregel werden die Ableitungen wie folgt gebildet

$$f'(x, y) = 2x \quad \Longrightarrow \quad f'(x_0, y_0) = 2x_0$$

$$f''(x, y) = 2 \qquad\qquad f''(x_0, y_0) = 2$$

$$f'''(x, y) = 0 \qquad\qquad f'''(x_0, y_0) = 0$$

$$\vdots$$

$$f^{(n)}(x, y) = 0 \qquad\qquad f^{(n)}(x_0, y_0) = 0 \qquad \text{für } n > 3$$

Durch Einsetzen in (5.7) ergibt sich die numerische Lösung

$$y(x_0 + h) = y_0 + h\,x_0^2 + h^2 x_0 + \frac{1}{3}h^3$$

In diesem Falle können wir auch die analytische Lösung berechnen.

$$\int\limits_{y(x_0)}^{y(x_0+h)} dy = \int\limits_{x_0}^{x_0+h} x^2\,dx$$

$$\implies\quad y(x_0 + h) - y(x_0) = \frac{1}{3}(x_0 + h)^3 - \frac{1}{3}x_0^3$$

$$\implies\quad y(x_0 + h) = y_0 + h\,x_0^2 + h^2 x_0 + \frac{1}{3}h^3$$

Durch Vergleich der numerischen Lösung mit der analytischen Lösung sieht man, daß die numerische Lösung exakt ist, d.h. sie enthält in diesem Fall keinen Fehler durch Abbruch der Reihenentwicklung.

Im allgemeinen muß man aber Ableitungen höherer Ordnung erwarten und mit berücksichtigen.

Da die Ableitungen höherer Ordnung ziemlich kompliziert werden können, wird die Taylorreihenentwicklung unpraktisch.

5.3 Runge-Kutta Methoden

Die Näherungslösung soll im Intervall (x_0, x_n) gefunden werden (Abb. 5.1).

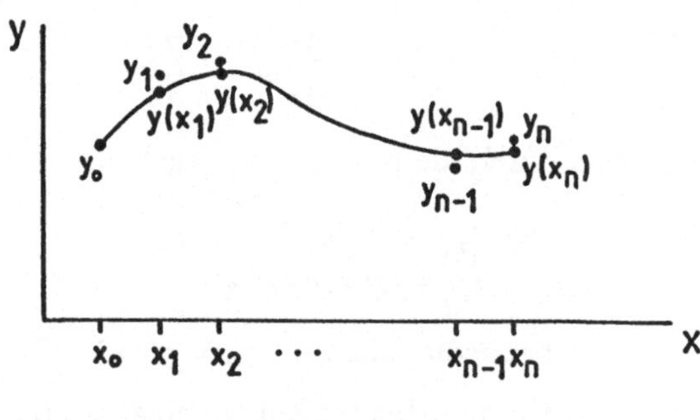

Abb. 5.1.

Während y_0 als Nebenbedingung exakt bekannt ist, werden die Funktionswerte y_1 bis y_n durch Einschritt- oder Mehrschrittmethoden nacheinander approximativ bestimmt.

Als allgemeinen Ansatz wählt man

$$y_{i+1} = y_i + h\phi(x_i, y_i, h) \tag{5.8}$$

ϕ heißt Inkrementfunktion.

Als Ansatz für ϕ wird das gewichtete Mittel zweier Ableitungsberechnungen k_1 und k_2 gewählt.

$$\phi = ak_1 + bk_2$$

$$\text{mit} \quad k_1 = f(x_i, y_i) = \left[\frac{dy}{dx}\right]_{x=x_i}$$

$$k_2 = f\big(x_i + ph,\ y_i + qh\,f(x_i, u_i)\big) \tag{5.9}$$

$$= f(x_i + ph,\ y_i + qh\,k_1)$$

$$\implies \qquad y_{i+1} = y_i + h\,(ak_1 + bk_2)$$

Die Faktoren a, b, q, p werden wie folgt bestimmt.

Die Taylorreihe für zwei Variable lautet allgemein

$$f(x + r, y + s) = f(x, y) + r f_x(x, y) + s f_y(x, y) + \ldots \tag{5.10}$$

f_x und f_y sind die partiellen Ableitungen von f nach x und y. Eine entsprechende Entwicklung für k_2 ergibt in erster Ordnung

$$k_2 = f\big(x_i + ph,\ y_i + qhf(x_i, y_i)\big)$$
$$= f(x_i, y_i) + ph\,f_x(x_i, y_i) + qh\,f(x_i, y_i)\,f_y(x_i, y_i) + O(h^2) \tag{5.11}$$

Damit wird y_{i+1} berechenbar als

$$\begin{aligned} y_{i+1} = y_i &+ h\,[a\,f(x_i, y_i) + b\,f(x_i, y_i)] \\ &+ h^2\,[bp\,f_x(x_i, y_i) + bq\,f(x_i, y_i)\,f_y(x_i, y_i)] + \ldots \end{aligned} \tag{5.12}$$

Andererseits ist die Taylorreihenentwicklung für $y(x_{i+1})$, wobei $x_{i+1} = x_i + h$ sein soll, gegeben als

$$y(x_i + h) = y(x_i) + h\,f\big(x_i, y(x_i)\big) + \frac{1}{2}h^2 f'\big(x_i, y(x_i)\big) + \ldots \tag{5.13}$$

wobei $f'(x_i, y(x_i))$ durch die Kettenregel bestimmt ist

$$f'\big(x_i, y(x_i)\big) = f_x\big(x_i, y(x_i)\big) + f\big(x_i, y(x_i)\big)\,f_y\big(x_i, y(x_i)\big) \tag{5.14}$$

Durch Koeffizientenvergleich für die genäherte Lösung y_{i+1} mit der exakten Lösung $y(x_{i+1})$ in der Taylorreihenentwicklung ergibt sich

$$y(x_i) = y_i \tag{5.15}$$

$$f\big(x_i, y(x_i)\big) = (a + b)\,f(x_i, y_i)$$

$$\begin{aligned} \frac{1}{2}\left[f_x\big(x_i, y(x_i)\big) + f\big(x_i, y(x_i)\big)f_y\big(x_i, y(x_i)\big)\right] &= bp\,f_x(x_i, y_i) \\ &\quad + bq\,f(x_i, y_i)\,f_y(x_i, y_i) \end{aligned}$$

Damit gilt für a, b, p, q

$$a + b = 1$$
$$bp = \frac{1}{2}$$
$$bq = \frac{1}{2}$$

$$\implies \quad a = 1 - b, \quad p = q = \frac{1}{2b}$$

b kann willkürlich gewählt werden. Eine übliche Wahl ist

$$b = \frac{1}{2} \implies a = \frac{1}{2}, \quad p = q = 1$$

Damit ist folgende Rekursion gegeben

$$y_{i+1} = y_i + \frac{1}{2}h \left[f(x_i, y_i) + f(x_{i+1}, \bar{y}_{i+1}) \right] \tag{5.16}$$
$$\text{mit} \quad \bar{y}_{i+1} = y_i + h\, f(x_i, y_i)$$

Diese Methode heißt Runge-Kutta-Methode zweiter Ordnung. Sie bestimmt zunächst einen Näherungswert $\bar{y}_{i+1}$, der dann benutzt wird, um die verbesserte Näherung y_{i+1} zu erreichen.

Häufig wird das Runge-Kutta-Verfahren vierter Ordnung angewandt, das folgendermaßen formuliert wird

$$y_{i+1} = y_i + \frac{h}{6}(k_1 + 2k_2 + 2k_3 + k_4)$$

$$\text{mit} \quad k_1 = f(x_i, y_i)$$

$$k_2 = f\left(x_i + \frac{1}{2}h, \; y_i + \frac{1}{2}h\,k_1\right)$$

$$k_3 = f\left(x_i + \frac{1}{2}h, \; y_i + \frac{1}{2}h\,k_2\right)$$

$$k_4 = f\left(x_i + h, \; y_i + h\,k_3\right) \tag{5.17}$$

Beispiel:

$$\frac{dy}{dt} = 1 + (y - t)^2$$

Exakte Lösung:

$$y = t - 1/(t - 2)$$

Approximative Lösung: Berechnung im Intervall $(0,1)$ mit $n = 10, h = \frac{1}{10}$

t	y_{exakt}	$y_{\text{approximiert}}$
0	0.5	0.5
0.5	1.16666666	1.16666656
1.0	2.0	1.9999988

B. Spezielle Funktionen

6. Integraldarstellung von Funktionen

6.1 Gammafunktion

Die Gammafunktion ist die Verallgemeinerung der Fakultät für nicht ganzzahlige Werte. Sie ist definiert als die Laplacetransformierte von t^{x-1} für $p = 1$.

$$\Gamma(x) = \int_0^\infty t^{x-1}\, e^{-t}\, dt \tag{6.1}$$

Speziell gilt

$$\Gamma(1) = \int_0^\infty e^{-t}\, dt = 1 \tag{6.2}$$

Durch partielle Integration erhält man folgende Rekursionsformel

$$\Gamma(x+1) = x\,\Gamma(x) \tag{6.3}$$

Aus einem Vergleich mit der Fakultät

$$n! = n \cdot (n-1)! \tag{6.4}$$

ersieht man, daß

$$n! = \Gamma(n+1) \quad \text{für } n \text{ positiv ganzzahlig} \tag{6.5}$$

Aus (6.2) und (6.3) ergibt sich

$$\Gamma(0) = \Gamma(-1) = \Gamma(-2) = \ldots = \pm\infty \tag{6.6}$$

Eine weitere nützliche Rekursionsformel ist

$$\Gamma(x)\,\Gamma(1-x) = \frac{\pi}{\sin \pi x} \tag{6.7}$$

Aus (6.7) berechnet man für $x = \frac{1}{2}$

$$\Gamma\left(\frac{1}{2}\right) = \sqrt{\pi} \tag{6.8}$$

und alle weiteren Werte der Gammafunktion für halbzahlige Argumente. Wenn man die Gammafunktion in einem Intervall, z.B. $1 \le x \le 2$ nach (6.1) berechnet hat, so kann man mit (6.3) Werte für alle übrigen Argumente durch Rekursion erhalten. Der Verlauf der Gammafunktion ist in Abb. 6.1 angegeben.
Eine alternative Darstellung der Gammafunktion ist über ein unendliches Produkt

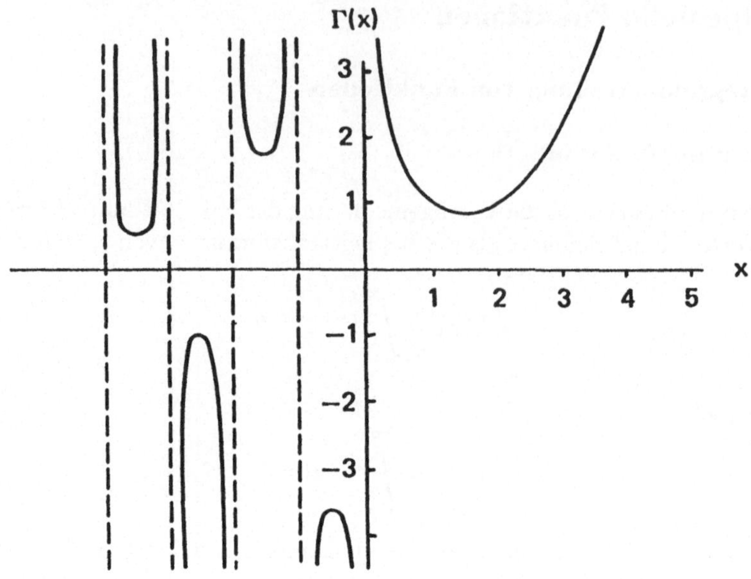

Abb. 6.1.

$$\frac{1}{\Gamma(x)} = x\, e^{\gamma x} \prod_{n=1}^{\infty} \left(1 + \frac{x}{n}\right) e^{-\frac{x}{n}} \tag{6.9}$$

γ ist die Eulersche Konstante, die sich berechnen läßt über eine unendliche Reihe

$$\gamma = \lim_{n \to \infty} \sum_{k=1}^{n} \frac{1}{k} - \ln n \tag{6.10}$$
$$= 0.5772\ldots$$

Man kann aus (6.9) und (6.3) die Formel (6.7) herleiten. Über den Logarithmus der Gammafunktion und eine Reihenentwicklung läßt sich die Stirlingsche Formel, eine Näherungsformel der Gammafunktion für große ganzzahlige Werte $x = n$ herleiten. Die Formel lautet in Form der Fakultät

$$n! = n\,\Gamma(n) \approx e^{-n}\, n^n \sqrt{2\pi n} \tag{6.11}$$

Diese Formel wird in der statistischen Mechanik und Wahrscheinlichkeitstheorie gebraucht.

6.2 Fehlerfunktion

Die Funktion $y = e^{-x^2}$ heißt Gaußfunktion. Sie zeigt eine glockenförmige symmetrische Verteilung um $x = 0$. Multipliziert man diese Funktion mit dem konstanten Faktor $\frac{2}{\sqrt{\pi}}$, dann wird das Integral über die gesamte x-Achse gleich 1.

$$\int\limits_0^\infty \left(\frac{2}{\sqrt{\pi}}\, e^{-x^2} \right) dx = 1 \qquad (6.12)$$

Die Kurve $y = \frac{2}{\sqrt{\pi}} e^{-x^2}$ ist in Abb. 6.2 dargestellt. Die Fläche über dem positiven Teil der x-Achse ist 1.

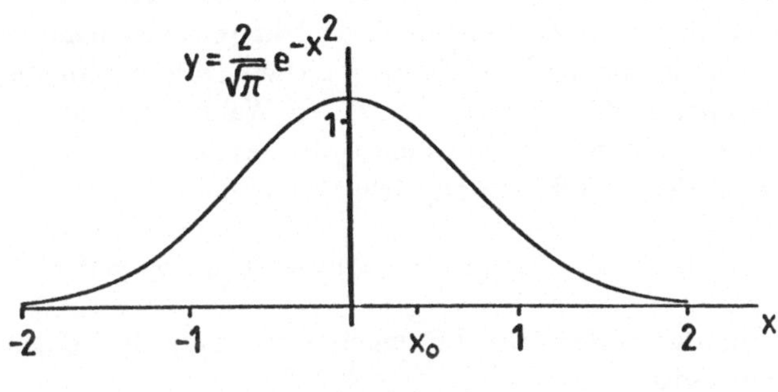

Abb. 6.2.

Die Fehlerfunktion mißt die Fläche unter einem Teil der Kurve, nämlich von 0 bis x_0.

$$\mathrm{erf}(x_0) = \frac{2}{\sqrt{\pi}} \int\limits_0^{x_0} e^{-x^2}\, dx$$

Dafür schreibt man gewöhnlich

$$\mathrm{erf}(x) = \frac{2}{\sqrt{\pi}} \int\limits_0^{x} e^{-t^2}\, dt \qquad (6.13)$$

erf bedeutet die Abkürzung für "error function".
Modifiziert man die Funktion mit einem Faktor im Exponenten, so erhält man die allgemeine Gaußfunktion

$$y = \frac{2a}{\sqrt{\pi}}\, e^{-a^2 x^2} \quad a > 0 \qquad (6.14)$$

Die Fläche unter der halben Kurve ist hier ebenfalls 1. Der Faktor a gibt die Breite der Verteilung an. Für große a konzentriert sich die Fläche stärker im Bereich um den Nullpunkt der x-Achse. Die Kurve beschreibt die Fehlerverteilung von Messungen. Speziell wird die Abweichung von einem Mittelwert angegeben. y wäre dann die relative Zahl von Messungen mit dem Fehler x, während a ein Maß für die Präzision der Messungen darstellt. y ist groß für kleine Fehler und fällt stark ab mit wachsendem Fehler. Die Konzentration der Meßwerte in einem kleinen Bereich um $x = 0$ wächst mit ansteigendem a. Dies bedeutet eine Vergrößerung der Genauigkeit der Messungen.

7. Spezielle Funktionen aus Differentialgleichungen

7.1 Hypergeometrische Differentialgleichung

Unter den linearen Differentialgleichungen zweiter Ordnung gibt es eine Anzahl, deren Lösungen mit besonderen Namen gekennzeichnet sind. Die bekanntesten von ihnen lassen sich aus zwei Differentialgleichungen herleiten, der hypergeometrischen und der Kummerschen Differentialgleichung. Diese enthalten Parameter, d.h. Konstanten, deren Wahl zusammen mit der Wahl der Variablen eine Vielzahl von Lösungstypen ergibt.
Die hypergeometrische Differentialgleichung lautet

$$(x^2 - x)y'' + [(1 + a + b)x - c]y' + aby = 0 \tag{7.1}$$

a, b und c sind Parameter. Die Lösungen kann man als Reihenentwicklung angeben in der Form

$$y = F(a, b, c; x) = \frac{\Gamma(c)}{\Gamma(a)\,\Gamma(b)} \sum_{n=0}^{\infty} \frac{\Gamma(a + n)\,\Gamma(b + n)}{\Gamma(c + n)\,n!}\, x^n \tag{7.2}$$

Die Koeffizienten der Reihenentwicklung sind aus der Gammafunktion $\Gamma(x)$ aufgebaut.
Die Legendreschen Polynome P_l sind ein spezieller Lösungstyp von (7.1).
Einige in der Chemie wichtige Lösungstypen sind in Tabelle 7.1 angegeben.

Tabelle 7.1. Lösungstypen der hypergeometrischen Differentialgleichung

Typ	a	b	c	x	$F(a, b, c; x)$
Legendre	$-l$	$l+1$	1	$\dfrac{1-\xi}{2}$	$P_l(\xi)$
Zugeordnete Legendre	$-l$	$l+1$	$-m$	$\dfrac{1-\xi}{2}$	$\Gamma(1-m)\left(\dfrac{1-\xi}{1+\xi}\right)^{m/2} P_l^m(\xi)$
Zugeordnete Legendre	$\frac{1}{2}(l-m+1)$	$-\frac{1}{2}(l-m)$	$1-m$	$1-\xi^2$	$2^{-m}\Gamma(1-m)(1-\xi^2)^{m/2} P_l^m(\xi)$

Die Legendreschen Polynome $P_l(x)$ sind Lösungen der Legendreschen Differentialgleichung

$$(1 - x^2)y'' - 2xy' + l(l + 1)y = 0 \tag{7.3}$$

Diese Gleichung wurde in Abschnitt 3 durch Reihenentwicklung gelöst.
Die zugeordneten Legendreschen Funktionen $P_l^m(x)$ sind Lösungen der Differentialgleichung

$$(1 - x^2)\, y'' - 2x\, y' + \left(l(l+1) - \frac{m^2}{(1 - x^2)} \right) y = 0 \qquad (7.4)$$

Mit weiteren Lösungen wollen wir uns nicht beschäftigen. Sie sind ausführlich in Handbüchern, z.B. von Abramowitz und Stegun [A1] beschrieben.

7.1.1 Legendresche Polynome

Die Legendreschen Polynome P_l finden Anwendung in der Quantenchemie beim Drehimpuls und beim Wasserstoffatom. Sie sind Lösungen der Legendreschen Differentialgleichung (7.3). Die Reihendarstellung hat folgende Form

$$P_l(x) = \frac{1}{2^l} \sum_{i=0}^{[l/2]} (-1)^i \frac{(2l - 2i)!}{i!\,(l - i)!\,(l - 2i)!} \, x^{l-2i} \qquad (7.5)$$

l ist eine ganze Zahl größer oder gleich null. $[l/2]$ ist die größte ganze Zahl kleiner oder gleich $l/2$. Aus dem Exponenten $l - 2i$ ersieht man, daß ein Polynom für ungerade l nur ungerade Potenzen enthält und für gerade l nur gerade Potenzen. Die Legendreschen Polynome P_l sind also gerade Funktionen für $l = 0, 2, 4 \ldots$ und ungerade Funktionen für $l = 1, 3, 5 \ldots$. Die Potenzen eines Polynoms haben alternierendes Vorzeichen, und die Koeffizienten wachsen mit l an.

Rekursionsformeln
Wenn man zwei Polynome, z.B. P_0 und P_1 nach (7.5) berechnet hat, kann man alle übrigen Polynome und ihre Ableitungen durch Rekursionsformeln berechnen.

$$(l + 1)\, P_{l+1}(x) = (2l + 1)\, x\, P_l(x) - l\, P_{l-1}(x)$$

$$(x^2 - 1)\, P_l'(x) = l\, x\, P_l(x) - l\, P_{l-1}(x)$$

$$\implies \quad P_{l+1}'(x) - P_{l-1}'(x) = (2l + 1)\, P_l(x) \qquad (7.6)$$

(7.6) ist für die Berechnung von P_l besser geeignet als (7.5).

Erzeugende Funktion
Bezeichnet man mit y die Variable und mit x einen Parameter einer geeigneten Funktion $G(x,y)$, so ergeben sich die $P_l(x)$ als Koeffizienten der Taylorreihenentwicklung von $G(x,y)$. Die Funktion wird erzeugende Funktion der Legendreschen Polynome genannt.

$$G(x,y) = (1 - 2xy + y^2)^{-1/2} = \sum_{l=0}^{\infty} P_l(x) y^l \qquad (7.7)$$

Zum Verständnis dieser Formel sei hier die Ableitung gegeben. Die entsprechende Taylorreihe für $G(x,y)$ lautet

$$G(x,y) = \sum_{l=0}^{n} G_l(x,0) y^l$$

$$\text{mit } G_l(x,0) = \begin{cases} G(x,0) & l = 0 \\ & \text{für} \\ \left[\dfrac{\partial^l G(x,y)}{\partial y^l}\right]_{y=0} & l > 0 \end{cases}$$

x wird hier nicht als Variable, sondern als Parameter angesehen.

Für den Fall der erzeugenden Funktion der Legendreschen Polynome ergibt sich

$$G(x,0) = 1 = P_0(x)$$

$$\left[\frac{\partial G(x,y)}{\partial y}\right]_{y=0} = \left[\frac{\partial(1 - 2xy + y^2)^{1/2}}{\partial y}\right]_{y=0}$$

$$= \left[(x - y)(1 - 2xy + y^2)^{-3/2}\right]_{y=0}$$

$$= x = P_1(x) \quad \text{etc.}$$

Für den allgemeinen Beweis muß man folgendermaßen vorgehen. Man leitet zunächst aus der analytischen Form der erzeugenden Funktion $G(x,y)$ nach (7.7) folgende Gleichung her

$$(1 - x^2)\frac{\partial^2 G}{\partial x^2} - 2x\frac{\partial G}{\partial x} + y\frac{\partial^2(yG)}{\partial y^2} = 0$$

und setzt dann die Taylorreihenentwicklung aus der rechten Seite von (7.7) in diese Gleichung ein. Dann ergibt sich die Legendresche Differentialgleichung.

Rodriguesformel
Diese Formel stellt $P_l(x)$ als Ableitung eines Polynoms dar

$$P_l(x) = \frac{1}{2^l\, l!} \frac{d^l}{dx^l} (x^2 - 1)^l \qquad (7.8)$$

Die Funktion $(x^2 - 1)$ spielt eine zentrale Rolle bei der Erzeugung der Polynome.

Man sieht zunächst, daß nach l-facher Differentation von $(x^2 - 1)^l$ die höchste verbleibende Potenz x^l ist. Der Beweis, daß diese Form eine Lösung der Legendreschen Differentialgleichung ist, wird wieder durch Einsetzen in (7.3) erbracht. Aus der Rodriguesformel lassen sich bequem die Rekursionsformeln (7.6) beweisen.

Integraleigenschaften
Die $P_l(x)$ stellen im Intervall $(-1, 1)$ einen orthogonalen Satz dar. Damit ist gemeint, daß das Integral des Produktes zweier verschiedener Polynome über diesem Intervall null ist.

$$\int_{-1}^{1} P_l(x)\, P_m(x)\, dx = \frac{2}{2l+1}\, \delta_{lm} \tag{7.9}$$

Die einfachsten Legendreschen Polynome sind in Tabelle 7.2 und Abb. 7.1 dargestellt.

Tabelle 7.2. Legendresche Polynome

$P_0(x) = 1$	$P_0(\cos\vartheta) = 1$
$P_1(x) = x$	$P_1(\cos\vartheta) = \cos\vartheta$
$P_2(x) = \dfrac{3}{2}x^2 - \dfrac{1}{2}$	$P_2(\cos\vartheta) = \dfrac{3}{2}\cos^2\vartheta - \dfrac{1}{2}$
$P_3(x) = \dfrac{5}{2}x^3 - \dfrac{3}{2}x$	$P_3(\cos\vartheta) = \dfrac{5}{2}\cos^3\vartheta - \dfrac{3}{2}\cos\vartheta$

Aus Abb. 7.1 kann man extrapolieren, daß $P_l(x)$ *l Knoten*, d.h. Nullstellen, hat. Die mit l wachsende Zahl der Knoten ergibt erst die Möglichkeit der Orthogonalität nach (7.9). Eine Funktion, die orthogonal zu P_0 ist, muß mindestens einen Knoten haben, damit positive und negative Beiträge des Integrals sich im Produkt aufheben können. Diese Voraussetzung erfüllt P_1. Die weiteren Polynome werden komplizierter und ihre Nullstellen wachsen an, damit sie zu allen Funktionen mit kleinerem l orthogonal sein können. Die Eigenschaft der Orthogonalität von Funktionen ist denen von Vektoren analog. Wir können die Legendreschen Polynome als Basisfunktionen in einem Funktionenraum ansehen, ebenso wie Basisvektoren einen Vektorraum aufbauen. Zum Unterschied von den geläufigen Vektorräumen hat der Funktionenraum abzählbar unendliche Dimension. Ebenso wie wir alle Vektoren eines Vektorraums nach Basisvektoren entwickeln können, läßt sich jede analytische Funktion im Intervall $(-1, 1)$ nach Legendreschen Polynomen entwickeln.

$$f(x) = \sum_{l=0}^{\infty} a_l\, P_l(x) \tag{7.10}$$

Die Koeffizienten a_l kann man wie folgt berechnen

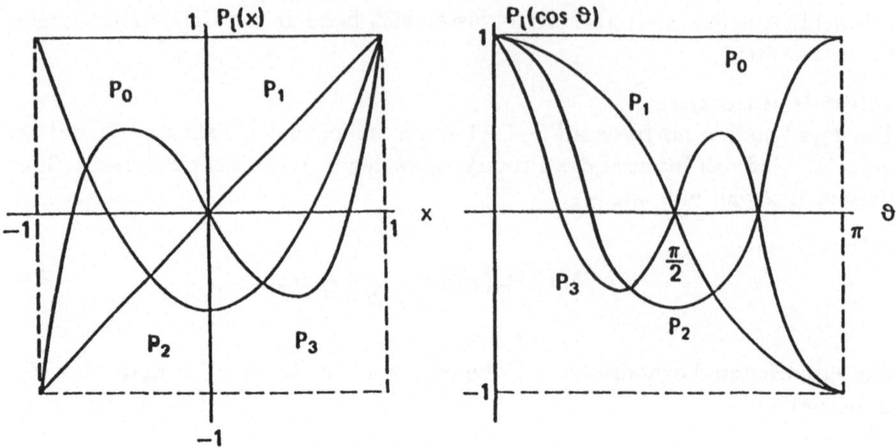

Abb. 7.1.

$$\int\limits_{-1}^{1} f(x)\,P_m(x)\,dx = \sum_{l=0}^{\infty} a_l \int\limits_{-1}^{1} P_l(x)\,P_m(x)\,dx$$

$$a_l = \frac{2l+1}{2} \int\limits_{-1}^{1} f(x)\,P_l(x)\,dx$$

$$(7.11)$$

Die Entwicklung (7.10) hat eine wichtige Eigenschaft. Bricht man die Reihe nach n Termen ab

$$f_n(x) = \sum_{l=0}^{n} a_l\,P_l(x) \tag{7.12}$$

dann ist $f_n(x)$ im Intervall $(-1,1)$ die beste Approximation, die ein Polynom der Ordnung n für $f(x)$ liefern kann. Die Bedingung dafür ist

$$\int\limits_{-1}^{1} \left(f(x) - f_n(x)\right)^2 dx = \text{Minimum} \tag{7.13}$$

Beispiel:

$$f(x) = \begin{cases} 0 \\ 1 \end{cases} \text{für} \quad \begin{aligned} -1 \leq x < 0 \\ 0 < x \leq 1 \end{aligned}$$

$$a_l = \frac{2l+1}{2} \int\limits_0^1 P_l(x)\,dx$$

$$f(x) = \frac{1}{2}P_0(x) + \frac{3}{4}P_1(x) - \frac{7}{16}P_3(x) + \frac{11}{32}P_5(x) - \ldots$$

Die Folge $f_i(x)$ der Näherungsfunktionen ist zusammen mit der Stufenfunktion $f(x)$ in Abb. 7.2 dargestellt.

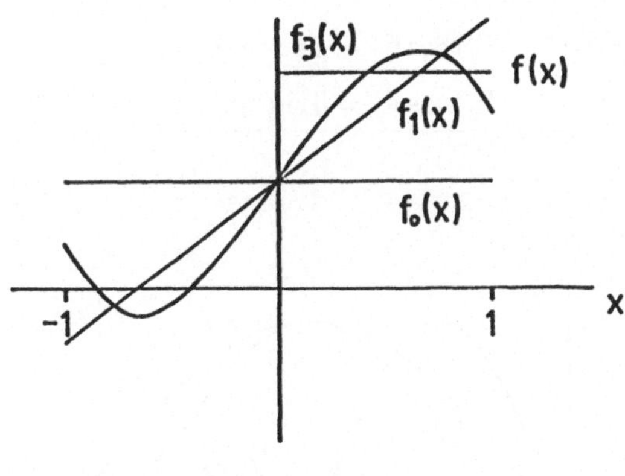

Abb. 7.2.

7.1.2 Zugeordnete Legendresche Funktionen

Die zugeordneten Legendreschen Funktionen $P_l^m(x)$ sind Lösungen der Differentialgleichung (7.4).
Aus Tabelle 7.2 und Abb. 7.1 erkennt man, daß Legendresche Polynome $P_l(x)$ nur Kosinusfunktionen enthalten. Die Sinusfunktionen, die in der Quantenchemie ebenso gebraucht werden, können als Ergänzung durch Ableitungen erzeugt werden.

$$P_l^m(x) = (1 - x^2)^{m/2} \frac{d^m}{dx^m} P_l(x) \tag{7.14}$$

Man nennt l den Grad und m die Ordnung der Legendreschen Funktion. l und m sind hier positiv. Für negative m wird $|m|$ gesetzt. Aus (7.14) kann man leicht schließen, daß m nicht größer sein kann als l, weil sonst die Ableitungen identisch verschwinden. Bei Atomen hat l die Bedeutung der Nebenquantenzahl und m die der magnetischen Quantenzahl.

Integraleigenschaften

Orthogonalität gibt es zwischen Funktionen mit verschiedenem Grad aber gleicher Ordnung.

$$\int\limits_{-1}^{1} P_k^m(x)\, P_l^m(x)\, dx = \frac{(l+m)!}{(l-m)!}\,\frac{2}{2l+1}\,\delta_{kl} \tag{7.15}$$

Die zugeordneten Legendreschen Funktionen sind in Tabelle 7.3 und Abb. 7.3 dargestellt.

Tabelle 7.3. Zugeordnete Legendresche Funktionen

$P_1^1(x) = (1 - x^2)^{1/2}$	$P_1^1(\cos\vartheta) = \sin\vartheta$
$P_2^1(x) = 3x\,(1 - x^2)^{1/2}$	$P_2^1(\cos\vartheta) = 3\cos\vartheta\,\sin\vartheta$
$P_2^2(x) = 3\,(1 - x^2)$	$P_2^2(\cos\vartheta) = 3\sin^2\vartheta$

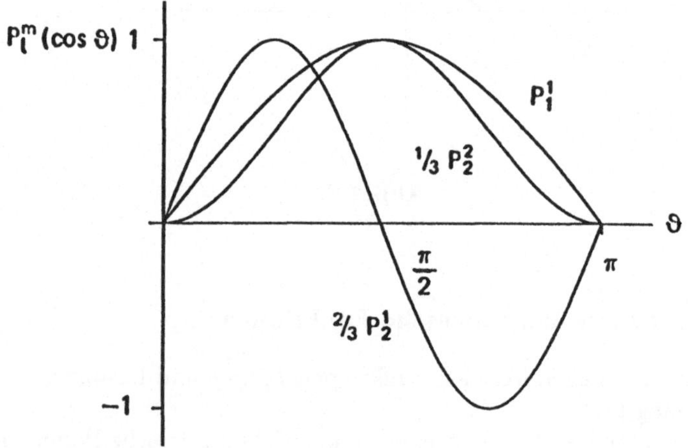

Abb. 7.3.

7.2 Kummersche Differentialgleichung

Die Kummersche Differentialgleichung lautet

$$xy'' + (b - x)y' - ay = 0 \tag{7.16}$$

Sie enthält zwei Parameter a und b. Ihre Lösungen heißen konfluente hypergeometrische Funktionen, die mit $M(a, b, x)$ und $U(a, b, x)$ bezeichnet werden. U läßt sich aus M herleiten

$$U(a, b, x) = \frac{\pi}{\sin \pi b} \left[\frac{M(a, b, x)}{\Gamma(1 + a - b)\, \Gamma(b)} - x^{1-b} \frac{M(1 + a - b,\, 2 - b,\, x)}{\Gamma(a)\, \Gamma(2 - b)} \right]$$

$$\tag{7.17}$$

Wir wollen die wichtigsten Lösungen in Tabelle 7.4 zusammenfassen.

Tabelle 7.4. Lösungstypen der Kummerschen Differentialgleichung

Typ	a	b	x	Lösung
Hermite	$-n$	$\frac{1}{2}$	$\frac{1}{2}\xi^2$	$M(a, b, x) = \dfrac{n!}{(2n)!} \left(-\dfrac{1}{2}\right)^{-n} He_{2n}(\xi)$
	$\frac{1}{2} - \frac{1}{2}n$	$\frac{3}{2}$	ξ^2	$U(a, b, x) = 2^{-n} H_n(\xi)$
Laguerre	$-n$	$m + 1$	ξ	$M(a, b, x) = \dfrac{(-1)^m n!\, m!}{(n + m)!} L_{n+m}^m(\xi)$
	$-n$	$m + 1$	ξ	$U(a, b, x) = (-1)^{n+m} n!\, L_{n+m}^m(\xi)$
Bessel	$\nu + \frac{1}{2}$	$2\nu + 1$	$2i\xi$	$M(a, b, x) = \Gamma(1 + \nu)\, e^{i\xi} \left(\dfrac{\xi}{2}\right)^{-\nu} J_\nu(\xi)$
	$\nu + \frac{1}{2}$	$2\nu + 1$	2ξ	$U(a, b, x) = \dfrac{1}{\sqrt{\pi}}\, e^{\xi} (2\xi)^{-\nu} K_\nu(\xi)$
Fehler-	$\frac{1}{2}$	$\frac{3}{2}$	$-\xi^2$	$M(a, b, x) = \sqrt{\pi}\, (2\xi)^{-1} \operatorname{erf}(\xi)$
funktion	$\frac{1}{2}$	$\frac{1}{2}$	ξ^2	$U(a, b, x) = \sqrt{\pi}\, e^{\xi^2} (1 - \operatorname{erf}(\xi))$

Die Hermiteschen Polynome $H_n(x)$ sind Lösungen der Hermiteschen Differentialgleichung

$$y'' - 2xy' + 2ny = 0 \tag{7.18}$$

Die Laguerreschen Polynome $L_{n+m}^m(x)$ sind Lösungen der Laguerreschen Differentialgleichung

$$xy'' + (m + 1 - x)y' + ny = 0 \tag{7.19}$$

Die Besselfunktionen $J_\nu(x)$ sind Lösungen der Besselschen Differentialgleichung

$$x^2 y'' + xy' + (x^2 - \nu^2)y = 0 \tag{7.20}$$

Die zugeordneten Laguerreschen Polynome $L_n^m(x)$ lassen sich, wie in Abschnitt 7.2.2 angegeben, leicht aus $L_n(x)$ ableiten. Zwischen $H_n(x)$ und $He_n(x)$, sowie $J_\nu(x)$ und $K_\nu(x)$ besteht ein funktionaler Zusammenhang nach (7.17).
Wir wollen jetzt am Beispiel der Besselfunktionen demonstrieren, wie sich die Differentialgleichungen (7.18) – (7.20) aus (7.16) durch Substitution ableiten

lassen. Dazu wählen wir aus Tabelle 7.4 die Lösung $M(a, b, x)$ vom Besselschen Typ. Wir schreiben

$$y = \Gamma(\nu + 1)\, g(x)\, J_\nu(x)$$

$$\text{mit} \quad g(x) = e^{ix} \left(\frac{x}{2}\right)^{-\nu}$$

Dieser Ansatz wird in die Kummersche Differentialgleichung eingesetzt unter Berücksichtigung von $a = \nu + 1/2, b = 2\nu + 1$ und Substitution von x durch $2ix$.

$$\frac{2ix}{(2i)^2} \left[g\, J_\nu'' + 2g'\, J_\nu' + g''\, J_\nu\right] + \frac{(2\nu + 1 - 2ix)}{2i}(g\, J_\nu' + g'\, J_\nu) - \left(\nu + \frac{1}{2}\right) g\, J_\nu$$

$$= 0$$

Daraus folgt durch Umordnung

$$x\, g\, J_\nu'' + [2xg' + (2\nu + 1 - 2ix)\, g] J_\nu' + [xg'' + (2\nu + 1 - 2ix)\, g' - 2i\left(\nu + \frac{1}{2}\right) g]\, J_\nu = 0$$

Wenn man jetzt berechnet, daß

$$g' = \left(i - \frac{\nu}{x}\right) g$$

$$g'' = \left[\left(i - \frac{\nu}{x}\right)^2 + \frac{\nu}{x^2}\right] g$$

ist, und in die Differentialgleichung einsetzt, folgt

$$x\, g\, J_\nu'' + g\, J_\nu' + \left(x - \frac{\nu^2}{x}\right) g\, J_\nu = 0$$

Multiplikation mit $\frac{x}{g}$ ergibt

$$x^2 J_\nu'' + x\, J_\nu' + (x^2 - \nu^2)\, J_\nu = 0$$

d.h. die Besselsche Differentialgleichung (7.20).

7.2.1 Hermitesche Polynome und Funktionen

Die Hermiteschen Polynome H_n treten in der Quantenchemie beim harmonischen Oszillator auf. Sie sind Lösungen der Hermiteschen Differentialgleichung (7.18). Die Reihendarstellung ist

$$H_n(x) = \sum_{i=0}^{[n/2]} (-1)^i \frac{n!}{i!\,(n-i)!} (2x)^{n-2i} \tag{7.21}$$

Die $2i$ im Exponenten charakterisieren die Polynome als gerade oder ungerade Funktionen, je nachdem, ob n gerade oder ungerade ist. Das alternierende

Tabelle 7.5. Hermitesche Polynome

$$H_0 = 1$$
$$H_1 = 2x$$
$$H_2 = 4x^2 - 2$$
$$H_3 = 8x^3 - 12x$$

Vorzeichnen der Koeffizienten läßt vermuten, daß die Polynome positive und negative Werte annehmen können.

Rekursionsformeln
Aus zwei Polynomen kann man ein drittes ermitteln, aus einem Polynom die Ableitung des nächst höheren

$$H_{n+1}(x) = 2\,x\,H_n(x) - 2\,n\,H_{n-1}(x)$$
$$H_n'(x) = 2\,n\,H_{n-1}(x) \tag{7.22}$$

Erzeugende Funktion
Die erzeugende Funktion $G(x,y)$ präsentiert den Zusammenhang der Polynome H_n mit einer Gaußfunktion

$$G(x,y) = e^{x^2 - (y-x)^2} = \sum_{n=0}^{\infty} \frac{H_n(x)}{n!}\, y^n \tag{7.23}$$

Rodriguesformel
Die Polynome sind Ableitungen einer Gaußfunktion, die nach Durchführung der Differentiation durch ihr Inverses eliminiert wird

$$H_n(x) = (-1)^n\, e^{x^2}\, \frac{d^n}{dx^n}\, e^{-x^2} \tag{7.24}$$

Hermitesche Funktionen
Wir definieren

$$h_n = N_n\, H_n(x)\, e^{-x^2/2} \tag{7.25}$$

mit dem Normierungsfaktor $N_n = (2^n n! \sqrt{\pi})^{-1/2}$.

Integraleigenschaften
Die Hermiteschen Funktionen bilden einen orthogonalen und normierten Satz über den ganzen Bereich der x-Achse.

$$\int_{-\infty}^{\infty} h_m(x)\, h_n(x)\, dx = N_m\, N_n \int_{-\infty}^{\infty} H_m(x)\, H_n(x)\, e^{-x^2}\, dx = \delta_{mn} \tag{7.26}$$

Orthogonalität bedeutet verschwindendes Integral über zwei verschiedene Funktionen, während Normierung als Wert des Integrals über das Quadrat einer Funktion eins ergibt.
Die einfachsten Hermiteschen Polynome sind in Tabelle 7.5 enthalten und die zugehörigen Hermiteschen Funktionen in Abb. 7.4 dargestellt.

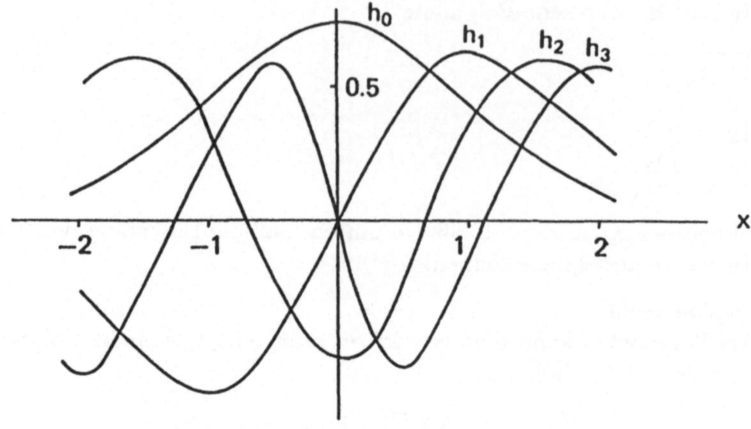

Abb. 7.4.

Die Polynome $H_n(x)$ und somit die Funktionen h_n haben n Knoten.

7.2.2 Laguerresche Polynome und Funktionen

Die Laguerreschen Polynome treten bei der quantenmechanischen Behandlung des Wasserstoffatoms auf. Die Polynome L_n sind Lösungen der Laguerreschen Differentialgleichung (7.19). Ihre Reihendarstellung lautet

$$L_n(x) = \sum_{i=0}^{n} (-1)^i \frac{(n!)^2}{(n-i)!\,(i!)^2}\, x^i \tag{7.27}$$

Die Polynome sind mit Ausnahme von L_0 weder gerade noch ungerade Funktionen.

Rekursionsformeln
Die Rekursionsformeln sind komplizierter als bei den vorhergehenden Polynomen.

$$L_{n+1}(x) = (1 + 2n - x)\, L_n(x) - n^2 L_{n-1}(x)$$

$$L'_n(x) = \frac{n}{x}\, (L_n(x) - n\, L_{n-1}(x)) \tag{7.28}$$

Da es sich um Polynome handelt, können die Ableitungen keine Singularitäten enthalten, obwohl die Formel (7.28) für die Ableitung dies durch den Faktor n/x vermuten lassen könnte.

Erzeugende Funktion
Die Polynome L_n hängen mit der Exponentialfunktion zusammen.

$$(1 - y)^{-1} e^{-xy/(1-y)} = \sum_{n=0}^{\infty} \frac{L_n(x)}{n!} y^n \qquad (7.29)$$

Rodriguesformel
Auch diese Formel läßt die Polynome L_n über Ableitungen mit Hilfe der Exponentialfunktion entstehen, die sich schließlich heraushebt

$$L_n(x) = e^x \frac{d^n}{dx^n} (x^n e^{-x}) \qquad (7.30)$$

Für $n = 2$ ergibt sich z.B. aus dieser Formel

$$L_2 = e^x \frac{d^2}{dx^2}(x^2 e^{-x}) = e^x \frac{d}{dx}[(2x - x^2)e^{-x}] = x^2 - 4x + 2$$

Zugeordnete Laguerresche Polynome
Sie werden definiert als Ableitungen der Laguerreschen Polynome.

$$L_n^k(x) = \frac{d^k}{dx^k} L_n(x) \qquad (7.31)$$

Für $k = 0$ erhält man $L_n(x)$. $L_n^n(x)$ ist eine Konstante. Für $k > n$ verschwinden die Polynome identisch.

Laguerresche Funktionen
Diese Funktionen sind zweckmäßig im Zusammenhang mit den Integraleigenschaften.

$$l_n(x) = N_n L_n(x) e^{-x/2}$$

$$\text{mit } N_n = (n!)^{-1}$$

$$l_n^k(x) = N_{nk} x^{(k-1)/2} L_n^k(x) e^{-x/2} \qquad (7.32)$$

$$\text{mit } N_{nk} = \left(\frac{(n!)^3 (2n - k + 1)}{(n - k)!} \right)^{-1/2}$$

Es gilt $l_n^0(x) = (2n + 1) x^{-1/2} l_n(x)$.

Integraleigenschaften
Die Laguerreschen Funktionen bilden orthogonale und normierte Sätze über die positive x-Achse.

$$\int_0^{\infty} l_m(x) l_n(x) \, dx = N_m N_n \int_0^{\infty} L_m(x) L_n(x) e^{-x} \, dx = \delta_{mn}$$

$$\qquad (7.33)$$

$$\int_0^{\infty} l_m^k(x) l_n^k(x) \, dx = N_{mk} N_{nk} \int_0^{\infty} L_m^k(x) L_n^k(x) x^{k-1} e^{-x} \, dx = \delta_{mn}$$

Tabelle 7.6. Laguerresche Polynome

$$L_0 = 1$$
$$L_1 = -x + 1$$
$$L_2 = x^2 - 4x + 2$$
$$L_3 = -x^3 + 9x^2 - 18x + 6$$

Die einfachsten Laguerreschen Polynome sind in Tabelle 7.6 enthalten und die zugehörigen Laguerreschen Funktionen in Abb. 7.5 dargestellt.

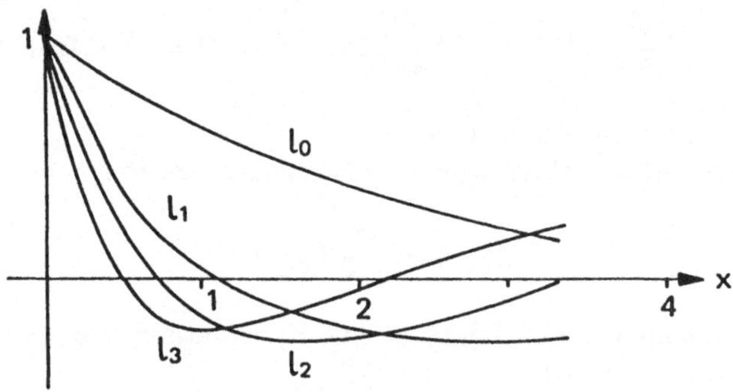

Abb. 7.5.

7.2.3 Besselfunktionen

Diese Funktionen treten häufig im Zusammenhang mit Differentialgleichungen auf, die zylindersymmetrische Probleme, etwa Wärmetransport in einem Draht, beschreiben. Die Besselfunktionen J_ν sind Lösungen der Besselschen Differentialgleichung (7.20). Ihre Reihenentwicklung lautet

$$J_\nu(x) = \sum_{i=0}^{\infty} (-1)^i \frac{1}{\Gamma(i+1)\,\Gamma(i+\nu+1)} \left(\frac{x}{2}\right)^{\nu+2i} \tag{7.34}$$

Hier handelt es sich um unendliche Reihen, also keine Polynome, ν muß keine ganze Zahl sein.

Rekursionsformeln
Obwohl die Indizes der Besselfunktionen keine ganzen Zahlen sein müssen, gelten ähnliche Rekursionsformeln wie bei den Polynomen.

$$J_{\nu+1}(x) = \frac{2\nu}{x}\,J_\nu(x) - J_{\nu-1}(x)$$

$$J_\nu'(x) = -\frac{\nu}{x}\,J_\nu(x) + J_{\nu-1}(x) \tag{7.35}$$

$$J_{\nu+1}(x) = -x^\nu\,\frac{d}{dx}\left(x^{-\nu}\,J_\nu(x)\right)$$

Erzeugende Funktion
Eine erzeugende Funktion gibt es nur für Besselfunktionen mit ganzzahligem Index

$$e^{x(y-1/y)/2} = \sum_{n=-\infty}^{\infty} J_n(x)\,y^n \tag{7.36}$$

Integraleigenschaften
Besselfunktionen verschiedener Indizes bilden keine orthogonalen Sätze von Funktionen

$$\int_0^\infty J_\mu(x)\,J_\nu(x)\,dx = \begin{cases} (-1)^p/2 & \text{für } \mu - \nu = 2p+1,\ p \text{ ganze Zahl} \\ \text{divergiert sonst} \end{cases} \tag{7.37}$$

Das Integral existiert nur für $\mu + \nu + 1 > 0$ und $\mu - \nu$ ungerade.

Besselfunktionen mit gleichem Index, aber verschiedenem Argument sind orthogonal im Intervall (0,1) mit der Gewichtsfunktion x

$$\int_0^1 x\,J_\mu(ax)\,J_\mu(bx)\,dx = \begin{cases} \dfrac{1}{2}J_{\mu+1}(a) & a = b \\ 0 & a \neq b \end{cases} \text{für} \tag{7.38}$$

Die einfachsten Besselfunktionen mit ganzzahligem Index sind in Abb. 7.6 dargestellt.
Die Besselfunktionen ganzzahliger Ordnung haben unendlich viele Knoten. Die Funktionen oszillieren mit abnehmender Amplitude und verschwinden für $x \to \infty$. Für negative ganzzahlige Indizes haben sie eine Singularität bei $x = 0$. Für positive ganzzahlige Indizes ist ihr Wert null für $x = 0$. Schließlich ist $J_0(0) = 1$.

Besselfunktionen halbzahliger Ordnung
Die Oszillationen der Besselfunktionen J_0 und J_1 lassen an Sinus- und Kosinusfunktion denken. Dieser Gedanke kann für Besselfunktionen halbzahliger Ordnung verifiziert werden. Wir leiten dies explizit für $J_{1/2}$ ab.

$$J_{1/2}(x) = \left(\frac{x}{2}\right)^{1/2} \sum_{i=0}^{\infty} \frac{(-1)^i}{2^{2i}\,i!\,\Gamma(\frac{3}{2}+i)}\,x^{2i}$$

Wir berechnen jetzt $\Gamma(\frac{3}{2}+i)$

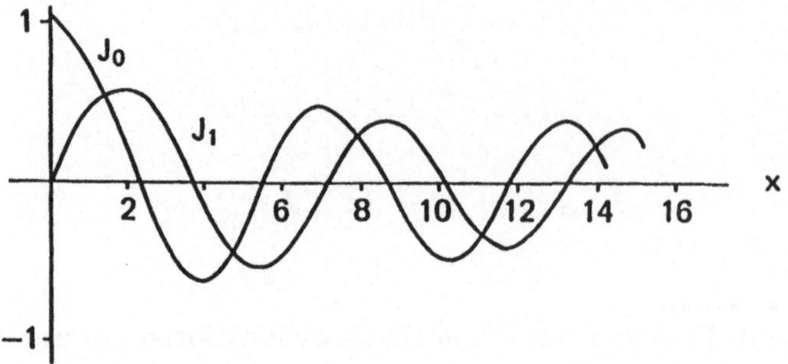

Abb. 7.6.

$$\Gamma\left(\frac{3}{2}+i\right) = \frac{2i+1}{2}\cdot\frac{2i-1}{2}\cdot\frac{2i-3}{2}\cdot\ldots\cdot\frac{3}{2}\cdot\frac{1}{2}\cdot\Gamma\left(\frac{1}{2}\right)$$

$$= \frac{2i+1}{2}\cdot\frac{2i}{2i}\cdot\frac{2i-1}{2}\cdot\frac{2(i-1)}{2(i-1)}\cdot\ldots\cdot\frac{3}{2}\cdot\frac{2}{2}\cdot\frac{1}{2}\cdot\Gamma\left(\frac{1}{2}\right)$$

$$= \frac{(2i+1)!}{2^{2i+1}\,i!}\sqrt{\pi}$$

Eingesetzt ergibt das

$$J_{1/2} = \left(\frac{x}{2}\right)^{1/2}\sum_{i=0}^{\infty}\frac{(-1)^i 2}{(2i+1)!\sqrt{\pi}}\,x^{2i}$$

$$= \left(\frac{2}{\pi x}\right)^{1/2}\sum_{i=0}^{\infty}\frac{(-1)^i}{(2i+1)!}\,x^{2i+1}$$

$$= \left(\frac{2}{\pi x}\right)^{1/2}\sin x$$

Analog berechnet man

$$J_{-1/2}(x) = \left(\frac{2}{\pi x}\right)^{1/2}\cos x$$

Mit Hilfe der Rekursionsformeln erhält man

$$J_{3/2}(x) = \left(\frac{2}{\pi x}\right)^{1/2} \left(\frac{\sin x}{x} - \cos x\right)$$

$$J_{-3/2}(x) = \left(\frac{2}{\pi x}\right)^{1/2} \left(-\sin x - \frac{\cos x}{x}\right)$$

$$J_{5/2}(x) = \left(\frac{2}{\pi x}\right)^{1/2} \left[\left(\frac{3}{x^2} - 1\right) \sin x - \frac{3}{x} \cos x\right]$$

$$J_{-5/2}(x) = \left(\frac{2}{\pi x}\right)^{1/2} \left[\frac{3}{x} \sin x + \left(\frac{3}{x^2} - 1\right) \cos x\right]$$

Bei $x = 0$ haben die Funktionen mit positiven Indizes eine Nullstelle und die mit negativen Indizes eine Singularität. Es ist zweckmäßig, Funktionen $j_n(x)$ folgendermaßen einzuführen

$$j_n(x) = \left(\frac{\pi}{2x}\right)^{1/2} J_{n+1/2}(x) \tag{7.39}$$

Die Darstellung dieser Funktionen ist in Abb. 7.7.

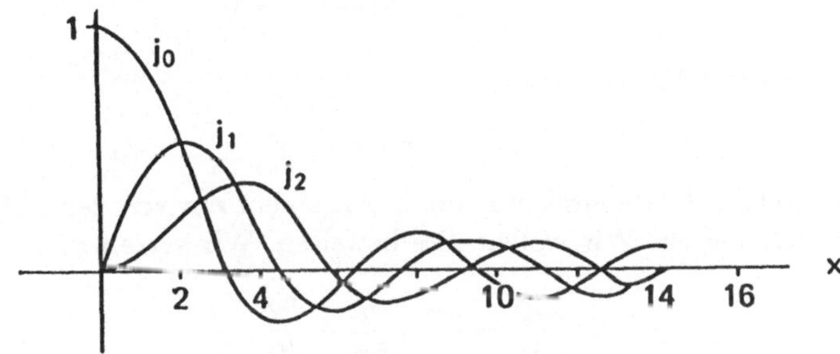

Abb. 7.7.

C. Partielle Differentialgleichungen

8. Eigenschaften

Partielle Differentialgleichungen enthalten mindestens zwei unabhängige Variable $x, y \ldots$ und eine abhängige Variable $f(x, y, \ldots)$, sowie beliebige Ableitungen von f nach den unabhängigen Variablen. Für zwei unabhängige Variable x, y stellen die Lösungen Flächen über der x, y-Ebene dar. Wie früher besprochen stellen die Lösungen gewöhnlicher Differentialgleichungen Kurven über der x-Achse dar. Bei gewöhnlichen Differentialgleichungen erster Ordnung ergab sich eine einparametrige Kurvenschar. Diese Kurven schneiden sich nicht, d.h. kein Punkt der Ebene ist zwei Kurven gemeinsam, wenn die erste Ableitung eindeutig ist. Es genügt oft, einen Punkt der Ebene als sogenannte Nebenbedingung vorzugeben, um den Parameter der Kurvenschar eindeutig festzulegen. Wir erhalten dann eine eindeutige partikuläre Lösung der Differentialgleichung erster Ordnung. Bei partiellen Differentialgleichungen sind die Verhältnisse wesentlich komplizierter. Man darf nicht etwa erwarten, daß eine Raumkurve die Lösungsfläche einer partikulären Lösung einer partiellen Differentialgleichung erster Ordnung eindeutig bestimmt. Zum Unterschied von gewöhnlichen Differentialgleichungen, wo bei Integration eine beliebige Konstante erzeugt wird, wird bei partieller Integration einer partiellen Differentialgleichung eine beliebige Funktion der komplementären Variablen erzeugt. Ein Beispiel dieser Art tritt bei der Lösung der exakten Differentialgleichungen erster Ordnung in Abschnitt 2.2 in ähnlicher Weise auf. Die Mannigfaltigkeit der Lösungen ist bei partiellen Differentialgleichungen deshalb unendlich viel größer als bei gewöhnlichen Differentialgleichungen. Entscheidend ist nun, daß in der Chemie und Physik Nebenbedingungen chemischer und physikalischer Natur die mathematische Lösungsmannigfaltigkeit drastisch einschränken.

Beispiel: Wir betrachten die partielle Differentialgleichung

$$\frac{\partial f(x,y)}{\partial x} + \frac{\partial f(x,y)}{\partial y} = 0 \tag{8.1}$$

Die Lösung hat folgende Gestalt

$$f(x,y) = \Phi(x - y)$$

Das bedeutet, daß jede Funktion, deren Argument nur von der Differenz $x - y$ abhängt, Lösung ist. Wir wollen dies beweisen. Wir setzen $z = x - y$. Dann folgt

$$\frac{\partial \Phi}{\partial x} = \frac{\partial \Phi}{\partial z} \cdot \frac{\partial z}{\partial x} = \frac{\partial \Phi}{\partial z}$$

$$\frac{\partial \Phi}{\partial y} = \frac{\partial \Phi}{\partial z} \cdot \frac{\partial z}{\partial y} = -\frac{\partial \Phi}{\partial z}$$

Dann ergibt sich

$$\frac{\partial \Phi}{\partial x} + \frac{\partial \Phi}{\partial y} = 0$$

d.h. Φ ist eine Lösung der Gleichung (8.1). Wir wollen jetzt systematische Lösungswege angeben.

8.1 Separation von Variablen

Der Weg der *Separation von Variablen* läßt sich am besten am Beispiel der bereits betrachteten Differentialgleichung (8.1) erläutern. Wir machen den Ansatz

$$f(x,y) = g(x)h(y) \tag{8.2}$$

d.h. wir schreiben die Lösung als Produkt von Funktionen, die nur von jeweils einer Variablen abhängen. Einsetzen von (8.2) in (8.1) ergibt

$$\frac{\partial g(x)}{\partial x}\,h(y) + g(x)\,\frac{\partial h(y)}{\partial y} = 0$$

woraus folgt

$$\frac{1}{g(x)}\frac{dg(x)}{dx} = -\frac{1}{h(y)}\frac{dh(y)}{dy} = \text{konst} \tag{8.3}$$

Die linke Seite hängt nämlich nur von x ab, die rechte Seite nur von y. Die Gleichung muß aber für alle x und y erfüllt sein. Die Konstante auf der rechten Seite wollen wir mit ik bezeichnen. i ist die imaginäre Einheit, k kann eine beliebige reelle oder komplexe Zahl sein. Wir erhalten aus (8.3) zwei gewöhnliche Differentialgleichungen erster Ordnung.
Die Lösungen kann man nach der Methode in Abschnitt 2.1 ermitteln.
Die spezielle Lösung des Ansatzes (8.2) ist dann

$$\frac{dg(x)}{dx} - i\,k\,g(x) = 0$$

$$\frac{dh(y)}{dy} + i\,k\,h(y) = 0$$

$$g(x) = c_g\,e^{ikx}$$
$$h(y) = c_h\,e^{-iky}$$

$$f(x,y) = c\,e^{ik(x-y)} \tag{8.4}$$

Die allgemeine Lösung ist entweder eine diskrete Linearkombination von Lösungen (8.4)

$$f(x,y) = \sum_{j=-\infty}^{\infty} c_j\,e^{ik_j(x-y)} \tag{8.5}$$

oder eine kontinuierliche Kombination in Integralform

$$f(x,y) = \int_{-\infty}^{\infty} c(k)\,e^{ik(x-y)}\,dk \tag{8.6}$$

Lösung (8.5) erinnert an die Fourierreihe und (8.6) an das Fourierintegral.

8.2 Substitution von Variablen

Wir gehen aus von einer Differentialgleichung folgender Form

$$\frac{\partial f(x,y)}{\partial x} = D\,\frac{\partial^2 f(x,y)}{\partial y^2} \tag{8.7}$$

Wir substituieren zunächst $u = \frac{y}{\sqrt{x}}$.

Mit Hilfe der Kettenregel erhalten wir daraus

$$\frac{\partial u}{\partial y} = \frac{1}{\sqrt{x}} \, , \quad \frac{\partial u}{\partial x} = -\frac{y}{2x\sqrt{x}} \tag{8.8}$$

Ebenso gilt nach der Kettenregel

$$\frac{\partial f}{\partial x} = \frac{\partial f}{\partial u}\frac{\partial u}{\partial x} = \frac{\partial f}{\partial u}\left(-\frac{y}{2x\sqrt{x}}\right) = -\frac{\partial f}{\partial u}\frac{u}{2x}$$

$$\frac{\partial f}{\partial y} = \frac{\partial f}{\partial u}\frac{\partial u}{\partial y} = \frac{\partial f}{\partial u}\frac{1}{\sqrt{x}}$$

$$\frac{\partial^2 f}{\partial y^2} = \frac{\partial^2 f}{\partial u^2}\left(\frac{\partial u}{\partial y}\right)^2 = \frac{\partial^2 f}{\partial u^2}\frac{1}{x} \tag{8.9}$$

Einsetzen von (8.9) in (8.7) ergibt

$$D\frac{\partial^2 f}{\partial u^2} + \frac{1}{2}u\frac{\partial f}{\partial u} = 0 \tag{8.10}$$

Dies ist eine gewöhnliche Differentialgleichung zweiter Ordnung, die man mit dem Ansatz $v = \frac{\partial f}{\partial u}$ durch Separation der Variablen v und u nach Abschnitt 2.1 lösen kann.

Die Lösung von v lautet

$$v = A\,e^{-\frac{1}{4D}u^2} \tag{8.11}$$

Durch weitere Integration wird daraus

$$f = A\int\limits_0^u e^{-\frac{1}{4D}u^2}\,du + B$$

$$= A\,2\sqrt{D}\,\mathrm{erf}\left(\frac{u}{2\sqrt{D}}\right) + B \tag{8.12}$$

Nach Integration kann wieder $u = \frac{y}{\sqrt{x}}$ eingesetzt werden.

$$f(x,y) = A'\,\mathrm{erf}\left(\frac{y}{2\sqrt{Dx}}\right) + B \tag{8.13}$$

Die zugrundeliegende Gleichung (8.7) ist die Diffusionsgleichung, die im folgenden noch ausführlicher behandelt wird. Die Integrationskonstanten werden dann durch Nebenbedingungen an chemische oder physikalische Systeme festgelegt.

8.3 Doppelreihenentwicklung

Wenn sich eine partielle Differentialgleichung nicht durch einen Produktansatz der Art (8.2) lösen läßt, führt manchmal eine *Doppelreihenentwicklung* zum Ziel.

Beispiel: Bei der Differentialgleichung

$$x \frac{\partial^2 y}{\partial x^2} + a \frac{\partial y}{\partial t} = b \tag{8.14}$$

macht man den Ansatz

$$y = \sum_{i=0}^{\infty} \sum_{j=0}^{\infty} c_{ij} \, x^i \, t^j \tag{8.15}$$

Einsetzen von (8.15) in (8.14) ergibt

$$b = x \sum_{i=0}^{\infty} \sum_{j=0}^{\infty} c_{ij} \, i(i-1) \, x^{i-2} \, t^j$$

$$+ a \sum_{i=0}^{\infty} \sum_{j=0}^{\infty} c_{ij} \, x^i \, t^{j-1}$$

Durch Umformen erhält man

$$\sum_{i=0}^{\infty} \sum_{j=0}^{\infty} \left[c_{i+1,j} \, (i+1) \, i + c_{i,j+1} \, (j+1) \, a \right] x^i \, t^j = b$$

Die Lösung besteht aus folgenden Beziehungen

$$c_{01} = b/a$$

$$c_{i+1,j} \, (i+1) \, i + c_{i,j+1} \, (j+1) \, a = 0 \quad \text{für } i+j > 0$$

9. Spezielle partielle Differentialgleichungen zweiter Ordnung

9.1 Laplacegleichung

Die Laplacegleichung lautet

$$\nabla^2 f = 0 \tag{9.1}$$

Wir wollen diese Gleichung in kartesischen und Polarkoordinaten lösen. In kartesischen Koordinaten ist ∇^2 aus Kapitel I, (2.13)

$$\nabla^2 = \frac{\partial^2}{\partial x^2} + \frac{\partial^2}{\partial y^2} + \frac{\partial^2}{\partial z^2}$$

(9.1) nimmt dann die Form an

$$\frac{\partial^2 f(x,y,z)}{\partial x^2} + \frac{\partial^2 f(x,y,z)}{\partial y^2} + \frac{\partial^2 f(x,y,z)}{\partial z^2} = 0 \tag{9.2}$$

Wir machen einen Ansatz zur Variablentrennung

$$f(x,y,z) = g(x)h(y)k(z) \tag{9.3}$$

Einsetzen von (9.3) in (9.2) ergibt

$$\frac{1}{g}\frac{d^2g}{dx^2} + \frac{1}{h}\frac{d^2h}{dy^2} + \frac{1}{k}\frac{d^2k}{dz^2} = 0$$

Alle drei Terme der obigen Gleichung müssen konstant sein, weil sie nur von jeweils einer der drei unabhängigen Variablen abhängen. Diese drei Konstanten nennen wir $\omega_x^2, \omega_y^2, \omega_z^2$. Dann folgen drei gewöhnliche Differentialgleichungen zweiter Ordnung

$$\frac{d^2g}{dx^2} - \omega_x^2\, g = 0$$

$$\frac{d^2h}{dy^2} - \omega_y^2\, h = 0 \qquad (9.4)$$

$$\frac{d^2k}{dz^2} - \omega_z^2\, k = 0$$

Deren Lösungen sind

$$\begin{aligned}
g(x) &= c_g\, e^{\pm\omega_x x}\\
h(x) &= c_h\, e^{\pm\omega_y x}\\
k(x) &= c_k\, e^{\pm\omega_z x}\\
\text{mit } &\ \omega_x^2 + \omega_y^2 + \omega_z^2 = 0
\end{aligned} \qquad (9.5)$$

Die Lösung für $f(x,y,z)$ ist somit

$$f(x,y,z) = c\, e^{\pm\omega_x x \pm\omega_y y \pm\omega_z z} \qquad (9.6)$$

In Polarkoordinaten kann man ∇^2 nach Kapitel I, (3.32) wie im dortigen Beispiel berechnen

$$\nabla^2 = \frac{1}{r^2}\frac{\partial}{\partial r}\left(r^2\frac{\partial}{\partial r}\right) + \frac{1}{r^2\sin\vartheta}\frac{\partial}{\partial\vartheta}\left(\sin\vartheta\frac{\partial}{\partial\vartheta}\right) + \frac{1}{r^2\sin^2\vartheta}\frac{\partial^2}{\partial\varphi^2} \qquad (9.7)$$

Die Differentialgleichung lautet dann

$$\frac{1}{r^2}\frac{\partial}{\partial r}\left(r^2\frac{\partial f}{\partial r}\right) + \frac{1}{r^2\sin\vartheta}\frac{\partial}{\partial\vartheta}\left(\sin\vartheta\frac{\partial f}{\partial\vartheta}\right) + \frac{1}{r^2\sin^2\vartheta}\frac{\partial^2 f}{\partial\varphi^2} = 0$$

Ein Separationsansatz führt hier zur Lösung

$$f(r,\vartheta,\varphi) = (ar^l + br^{-l-1})\, P_l^m(\cos\vartheta)\, e^{\pm im\varphi} \qquad (9.8)$$

Die kugelsymmetrische Laplacegleichung erzeugt die Kugelfunktionen $P_l^m(\cos\vartheta)e^{\pm im\varphi}$ als Winkelanteil.

9.2 Wellengleichung

Die Wellengleichung lautet

$$\nabla^2 f - \frac{1}{v^2}\frac{\partial^2 f}{\partial t^2} = 0 \tag{9.9}$$

t ist die Zeit und v die Phasengeschwindigkeit der Welle f. In kartesischen Koordinaten lautet (9.9)

$$\frac{\partial^2 f}{\partial x^2} + \frac{\partial^2 f}{\partial y^2} + \frac{\partial^2 f}{\partial z^2} - \frac{1}{v^2}\frac{\partial^2 f}{\partial t^2} = 0 \tag{9.10}$$

Wir substituieren $\xi = \omega_x x + \omega_y y + \omega_z z + vt$.
Eingesetzt in (9.10) ergibt sich

$$(\omega_x^2 + \omega_y^2 + \omega_z^2 - 1)\frac{\partial^2 f}{\partial \xi^2} = 0 \tag{9.11}$$

Diese Gleichung wird erfüllt für

$$\omega_x^2 + \omega_y^2 + \omega_z^2 = 1 \tag{9.12}$$

Man kann auch substituieren $\eta = \omega_x x + \omega_y y + \omega_z z - vt$.
Dann ergibt sich aus (9.10)

$$(\omega_x^2 + \omega_y^2 + \omega_z^2 - 1)\frac{\partial^2 f}{\partial \eta^2} = 0 \tag{9.13}$$

und damit ebenso die Bedingung (9.12) für diese Lösung.
Die allgemeine Lösung setzt sich also aus zwei Komponenten zusammen

$$\begin{aligned} f(x,y,z,t) &= g(\xi) + h(\eta)\\ &= g(\boldsymbol{\omega}\cdot\mathbf{r} + vt) + h(\boldsymbol{\omega}\cdot\mathbf{r} - vt) \end{aligned} \tag{9.14}$$

wobei $\boldsymbol{\omega} = (\omega_x, \omega_y, \omega_z)$. Die Lösungen sind ebene Wellen.
Wir nennen $\boldsymbol{\omega}$ den Wellenvektor, in dessen Richtung sich die Welle bewegt. Der erste Term g in (9.14) ist eine Welle, die sich mit konstanter Geschwindigkeit v in Richtung $-\boldsymbol{\omega}$ bewegt. Der zweite Term h stellt eine Welle in Richtung $\boldsymbol{\omega}$ dar. Es ist instruktiv zu konstatieren, daß unter Welle keine periodische Bewegung verstanden werden muß, sondern eine beliebige Verteilung, die sich in eine Richtung ausbreitet.
Abb. 9.1 stellt die Bewegung eines Wellenpakets dar. ζ ist ein Parameter der Ebene $\boldsymbol{\omega}\cdot\mathbf{r} = \zeta$, in der g bzw. h konstant sind. Periodische Bewegungen sind Spezialfälle von Wellen. Stehende Wellen entstehen durch Interferenz, d.h. Überlagerung fortschreitender periodischer Wellen g und h, die gewisse Phasenbeziehungen erfüllen.

9.3 Diffusionsgleichung

Die Diffusionsgleichung für die Änderung der Stoffkonzentration c in einem isotropen Medium lautet

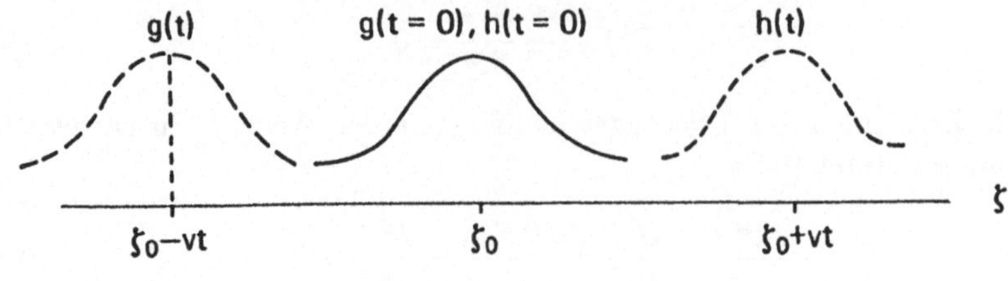

Abb. 9.1.

$$\nabla \cdot (D \, \nabla c) = \frac{\partial c}{\partial t} \tag{9.15}$$

D heißt Diffusionskoeffizient und ist im allgemeinen eine konzentrationsabhängige Größe. Wir wollen hier den Fall betrachten, daß D konstant ist. Dann vereinfacht sich (9.15) zu

$$D \, \nabla^2 c = \frac{\partial c}{\partial t} \tag{9.16}$$

Im folgenden soll die Diffusion in einer Kugel betrachtet werden. Der Laplaceoperator ist dann

$$\nabla^2 = \frac{\partial^2}{\partial r^2} + \frac{2}{r} \frac{\partial}{\partial r} + \frac{1}{r^2 \sin \vartheta} \frac{\partial}{\partial \vartheta} \left(\sin \vartheta \frac{\partial}{\partial \vartheta} \right) + \frac{1}{r^2 \sin^2 \vartheta} \frac{\partial^2}{\partial \varphi^2}$$

Wir wollen jetzt weiter voraussetzen, daß die Diffusion winkelunabhängig ist. Dann fallen die beiden letzten Terme des Laplaceoperators weg. Als Lösungsansatz wird folgender Produktansatz gewählt.

$$c(r, t) = R(r) T(t) \tag{9.17}$$

Einsetzen von (9.17) in (9.16) führt zu

$$\frac{1}{DT} \frac{dT}{dt} = \frac{1}{R} \nabla^2 R = -\omega^2 \tag{9.18}$$

Hier ist $-\omega^2$ die Separationskonstante. Es ergeben sich folgende beiden gewöhnlichen Differentialgleichungen

$$\frac{dT}{dt} + D \, \omega^2 T = 0 \tag{9.19}$$

$$\frac{d^2 R}{dr^2} + \frac{2}{r} \frac{dR}{dr} + \omega^2 R = 0 \tag{9.20}$$

Die Lösung von (9.19) lautet einfach

$$T = T_0 \, e^{-D\omega^2 t} \tag{9.21}$$

Die Gleichung (9.20) kann man durch folgende Substitution lösen.

$$R(r) = u(r)/r \tag{9.22}$$

Setzt man (9.22) in (9.20) ein, so ergibt sich zunächst

$$0 = \frac{1}{r}\frac{d^2u}{r^2} - \frac{2}{r^2}\frac{du}{dr} + \frac{2}{r^3}u$$

$$+ \frac{2}{r}\left(\frac{1}{r}\frac{du}{dr} - \frac{1}{r^2}u\right) + \omega^2\frac{1}{r}u$$

Die Gleichung vereinfacht sich zu

$$\frac{d^2u}{dr^2} + \omega^2 u = 0$$

Die allgemeine Lösung dieser Gleichung lautet

$$u(r) = a\sin\omega r + b\cos\omega r \tag{9.23}$$

Daraus ergibt sich $c(r,t)$ als

$$c(r,t) = \frac{1}{r}(a\sin\omega r + b\cos\omega r)e^{-D\omega^2 t}$$

Damit die Konzentration c für $r = 0$ endlich bleibt, muß $b = 0$ sein. Die allgemeine Lösung von (9.16) wird dann eine Linearkombination der Lösungen für verschiedene $\omega = \omega_i$

$$c(r,t) = \sum_i a_i\frac{\sin\omega_i r}{r}e^{-D\omega_i^2 t} \tag{9.24}$$

9.4 Schrödingergleichung

Das zeitliche und räumliche Wellenverhalten von Elektronen in Atomen und Molekülen wird durch die zeitabhängige Schrödingergleichung beschrieben. Für ein einzelnes Teilchen der Masse m, z.B. ein Elektron lautet sie

$$\left(-\frac{\hbar^2}{2m}\nabla^2 + V\right)\Psi = \frac{\hbar}{i}\frac{\partial\Psi}{\partial t} \tag{9.25}$$

Hier ist $\hbar$ die Plancksche Konstante h geteilt durch 2π, m die Masse des Elektrons und V die potentielle Energie des Elektrons. V soll nur von den Ortskoordinaten abhängen.

Man kann diese Gleichung durch einen Produktansatz in einen Orts- und Zeitanteil separieren. In kartesischen Koordinaten wäre dies

$$\Psi = \psi(x,y,z)\phi(t) \tag{9.26}$$

Durch Einsetzen von (9.26) in (9.25) erhält man

$$\frac{1}{\psi}\left(-\frac{\hbar^2}{2m}\nabla^2 + V(x,y,z)\right)\psi = \frac{\hbar}{i}\frac{1}{\phi}\frac{\partial\phi}{\partial t} \tag{9.27}$$

Da die beiden Seiten von (9.26) von verschiedenen Variablen abhängen, müssen sie konstant sein. Wir nennen diese Konstante E. Sie entspricht der Energie des Systems. Durch die Separation erhalten wir zwei gewöhnliche Differentialgleichungen

$$\frac{\hbar}{i}\frac{d\phi}{dt} = E\phi \tag{9.28}$$

$$\left(-\frac{\hbar^2}{2m}\nabla^2 + V\right)\psi = E\psi \tag{9.29}$$

Die erste Gleichung hat die Lösung

$$\phi(t) = A\,e^{iEt/\hbar} \tag{9.30}$$

Die Lösung der zweiten Gleichung ist im allgemeinen schwierig und hängt von der Form des Potentials V ab. Sie wird als zeitunabhängige Schrödingergleichung bezeichnet. Die Lösungen beschreiben stationäre Zustände.

10. Rand- und Eigenwertprobleme

Die Lösungen von Differentialgleichungen enthalten Parameter. Bei gewöhnlichen Differentialgleichungen zweiter Ordnung legen wir die beiden Parameter durch Anfangsbedingungen, etwa Lage und Geschwindigkeit eines sich bewegenden Teilchens zu einem Bezugszeitpunkt $t = t_0$, fest. Bei partiellen Differentialgleichungen ist die allgemeine Lösung wesentlich komplizierter. Häufig braucht man aber in der Chemie die Lösung nur unter einschränkenden Bedingungen. Auf diese Weise wird die Zahl und Art der Lösungen erheblich reduziert. Eine Randbedingung, die in der Chemie geläufig ist, ist die Forderung, daß die Lösung an den Grenzen, z.B. im Unendlichen, verschwindet. Randbedingungen dieser Art ergeben sich bei Wärmeleitung und Diffusion, wo Temperatur bzw. Konzentrationsgradient an den Grenzen null werden. Eine weitere Bedingung ist die Eindeutigkeit bei periodischen Koordinaten. Betrachten wir etwa die Gleichung mit dem Polarkoordinatenwinkel φ

$$\frac{d^2\Phi}{d\varphi^2} + m^2\Phi = 0 \tag{10.1}$$

deren Lösung

$$\Phi = A\,e^{\pm im\varphi} \tag{10.2}$$

ist, dann folgt aus der Periodizität

$$\Phi(\varphi + 2\pi) = \Phi(\varphi) \tag{10.3}$$

daß m ganzzahlig ist. Diese Nebenbedingung hat den Parameter m der Gleichung eingeschränkt. Wenn wir (10.1) umschreiben als

$$\frac{d^2\Phi}{d\varphi^2} = -m^2\Phi \tag{10.4}$$

so ist dies ein Spezialfall der allgemeinen Gleichung

$$O\Phi = \lambda\Phi \tag{10.5}$$

Wir nennen (10.5) eine Eigenwertgleichung des Operators O mit dem Eigenwert λ. Eigenfunktionen Φ eines Operators sind nur solche Funktionen, die nach Anwendung des Operators in Vielfache von sich übergehen. Ähnlich wie für hermitesche Matrizen in Kapitel I kann man zeigen, daß Eigenfunktionen hermitescher Operatoren für nicht entartete Eigenwerte orthogonal sind. Tabelle 10.1 enthält Eigenfunktionen, die wir schon kennengelernt, aber bisher nicht als solche bezeichnet haben.

Tabelle 10.1. Eigenfunktionen von Operatoren

Funktion	O	Φ	λ
Legendre	$(1-x^2)\dfrac{d^2}{dx^2} - 2x\dfrac{d}{dx}$	$P_l(x)$	$-l(l+1)$
Hermite	$\dfrac{d^2}{dx^2} - 2x\dfrac{d}{dx}$	$H_n(x)$	$-2n$
Laguerre	$x\dfrac{d^2}{dx^2} + (1-x)\dfrac{d}{dx}$	$L_n(x)$	$-n$
Bessel	$x^2\dfrac{d^2}{dx^2} + x\dfrac{d}{dx} + x^2$	$J_n(x)$	n^2

Die hypergeometrische Differentialgleichung ist in ihrer Form (7.1) keine Eigenwertgleichung, weil die Konstanten a und b auch in einem Term mit der ersten Ableitung vorkommen. Wir setzen also immer voraus, daß λ nicht im Operator O vorkommt.

Eine der wichtigsten Eigenwertgleichungen der Chemie ist die zeitunabhängige *Schrödingergleichung*. In ihrer einfachsten Form für ein Teilchen lautet sie gemäß (9.29)

$$H\psi = E\psi$$
$$\text{mit } H = -\frac{\hbar^2}{2m}\nabla^2 + V \tag{10.6}$$

Der Eigenwert E ist die Energie des Teilchens. Die Eigenfunktionen hängen vom Potential V ab. Die Quantelung der Eigenwerte E ist eine Folge von Randbedingungen an die Eigenfunktion, speziell Verschwinden der Funktion im Unendlichen.

Beispiel: Wasserstoffatom

Die Schrödingergleichung des Wasserstoffatoms lautet

$$\left(-\frac{\hbar^2}{2m}\nabla^2 - \frac{e^2}{r}\right)\psi = E\,\psi \tag{10.7}$$

m und e sind Masse und Ladung des Elektrons, $\hbar = h/2\pi$.

Da das Potential kugelsymmetrisch ist, soll eine Separation in Polarkoordinaten angesetzt werden. Nach Kapitel I, Abschnitt 3 kann (10.6) geschrieben werden als

$$\nabla^2\psi = \frac{1}{r^2}\frac{\partial}{\partial r}r^2\frac{\partial}{\partial r} + \frac{1}{r^2\sin\vartheta}\frac{\partial\psi}{\partial\vartheta}\sin\vartheta\frac{\partial\psi}{\partial\vartheta} + \frac{1}{r^2\sin^2\vartheta}\frac{\partial^2\psi}{\partial\varphi^2} \tag{10.8}$$

Wir machen nun den Ansatz

$$\psi(r,\vartheta,\varphi) = R(r)Y(\vartheta,\varphi) \tag{10.9}$$

Durch Einsetzen von (10.9) und (10.8) erhalten wir

$$\frac{1}{R}\frac{\partial}{\partial r}\left(r^2\frac{\partial R}{\partial r}\right) + \frac{2m}{\hbar^2}r^2\left(E + \frac{1}{r}\right) =$$
$$-\frac{1}{y}\left[\frac{1}{\sin\vartheta}\frac{\partial}{\partial\vartheta}\left(\sin\vartheta\frac{\partial Y}{\partial\vartheta}\right) + \frac{1}{\sin^2\vartheta}\frac{\partial^2 Y}{\partial\varphi^2}\right] = a$$

Da die linke Seite von r abhängt und rechte Seite von ϑ und φ müssen beide Seiten konstant sein. Wir nennen diese Konstante a. Es ergeben sich die Gleichungen

$$\frac{d}{dr}\left(r^2\frac{dR}{dr}\right) + \frac{2m}{\hbar^2}r^2\left(E + \frac{e^2}{r}\right)R - aR = 0 \tag{10.10}$$

$$\frac{1}{\sin\vartheta}\frac{\partial}{\partial\vartheta}\left(\sin\vartheta\frac{\partial Y}{\partial\vartheta}\right) + \frac{1}{\sin^2\vartheta}\frac{\partial^2 Y}{\partial\varphi^2} + aY = 0 \tag{10.11}$$

(10.11) wird durch eine weitere Separation zerlegt.

$$Y = P(\vartheta)Q(\varphi) \tag{10.12}$$

Dann ergibt sich

$$\frac{1}{P}\left[\sin\vartheta\frac{\partial}{\partial\vartheta}\left(\sin\vartheta\frac{\partial P}{\partial\vartheta}\right) + a\sin^2\vartheta\,P\right] = -\frac{1}{Q}\frac{\partial^2 Q}{\partial\varphi^2} = m^2 \tag{10.13}$$

Hier ist m^2 konstant, weil beide Seiten wieder von verschiedenen Variablen abhängen. Die Gleichungen lauten dann

$$\sin\vartheta\frac{d}{d\vartheta}\left(\sin\vartheta\frac{dP}{d\vartheta}\right) + a\sin^2\vartheta\,P - m^2 P = 0 \tag{10.14}$$

$$\frac{d^2 Q}{d\varphi^2} + m^2\,Q = 0 \tag{10.15}$$

Die Lösung von (10.15) ist einfach

$$Q(\varphi) = e^{im\varphi} \quad m \text{ ganzzahlig}$$

Die Ganzzahligkeit von m ergibt sich aus der Forderung der Periodizität von $Q(\varphi)$

$$Q(\varphi + 2\pi) = Q(\varphi)$$

$$\begin{aligned}
\implies \quad & e^{im(\varphi+2\pi)} = e^{im\varphi} \\
\implies \quad & e^{2m\pi i} = 1 \\
\implies \quad & \cos 2m\pi + i \sin 2m\pi = 1 \\
\implies \quad & m \text{ ganzzahlig}
\end{aligned} \tag{10.16}$$

Damit wird aus (10.14)

$$\sin^2 \vartheta \, \frac{d^2 P}{d\vartheta^2} + \sin \vartheta \cos \vartheta \, \frac{dP}{d\vartheta} + \left(a \sin^2 \vartheta - m^2 \right) P = 0 \tag{10.17}$$

Durch die Substitution $x = \cos \vartheta$ wird mit Hilfe von

$$\frac{dP}{d\vartheta} = \frac{dP}{dx} \frac{dx}{d\vartheta}$$

$$\frac{d^2 P}{d\vartheta^2} = \frac{d^2 P}{dx^2} \left(\frac{dx}{d\vartheta} \right)^2 + \frac{dP}{dx} \frac{d^2 x}{d\vartheta^2}$$

aus (10.17) die Gleichung

$$(1 - x^2) \frac{d^2 P}{dx^2} - 2x \frac{dP}{dx} + \left(a - \frac{m^2}{1 - x^2} \right) P = 0 \tag{10.18}$$

Dies ist die zugeordnete Legendresche Differentialgleichung mit $a = l(l+1)$. Damit wird

$$Y(\vartheta, \varphi) = P_l^m(\cos \vartheta) \, e^{im\varphi} \tag{10.19}$$

Durch Einsetzen von $a = l(l+1)$ in (10.10) ergibt sich

$$\frac{d^2 R}{dr^2} + \frac{2}{r} \frac{dR}{dr} + \left[\frac{2m}{\hbar^2} \left(E + \frac{e^2}{r} \right) - \frac{l(l+1)}{r^2} \right] R = 0$$

Man macht folgende Substitution

$$\alpha^2 = -\frac{2mE}{\hbar^2}$$

$$\beta = \frac{me^2}{\alpha \hbar^2}$$

$$\rho = 2\alpha r$$

und erhält schließlich

$$\frac{d^2 R}{d\rho^2} + \frac{2}{\rho} \frac{dR}{d\rho} - \left[\frac{1}{4} - \frac{\beta}{\rho} + \frac{l(l+1)}{\rho^2} \right] R(\rho) = 0 \tag{10.20}$$

Für große ρ wird daraus

$$\frac{d^2 R}{d\rho^2} - \frac{1}{4} R = 0$$

mit der Lösung

$$R = A\, e^{-\frac{1}{2}\rho}$$

Durch Variation der Konstante wird nun die Variable $A(\rho)$ bestimmt

$$R(\rho) = A(\rho)\, e^{-\frac{1}{2}\rho}$$

Einsetzen in (10.20) ergibt

$$\frac{d^2 A}{d\rho^2} + \left(\frac{2}{\rho} - 1\right)\frac{dA}{d\rho} + \left[\frac{\beta - 1}{\rho} - \frac{l(l+1)}{\rho^2}\right] A = 0$$

Um den letzten Term zu eliminieren, wird der Ansatz gemacht

$$A(\rho) = B(\rho)\, \rho^l$$

Daraus ergibt sich die weitere Differentialgleichung

$$\rho\, \frac{d^2 B}{d\rho^2} + (2l + 2 - \rho)\frac{dB}{d\rho} + (\beta - 1 - l)\, B = 0$$

Dies ist die Laguerresche Differentialgleichung (7.19) mit

$$m = 2l + 1$$

$$n = \beta - 1 - l$$

Daraus folgt

$$B(\rho) = L_{\beta + l}^{2l+1}(\rho)$$

Damit daraus Polynome werden, muß β ganzzahlig sein. Wir setzen deshalb $\beta = k$.

Die Lösungen dieser Gleichung sind also mit den zugeordneten Laguerreschen Polynomen verknüpft.

$$R(\rho) = \rho^l\, L_{k+l}^{2l+1}(\rho)\, e^{-\frac{1}{2}\rho} \tag{10.21}$$

Dabei wird die Energie

$$E = -\frac{1}{2}\frac{e^2}{k^2\, a_0} \tag{10.22}$$

a_0 ist der Bohrsche Radius.

11. Anwendungen

11.1 Reaktorsysteme

Wir gehen aus von folgendem in Abb. 11.1 schematisch dargestellten System von zwei Rührkesseln, die miteinander verbunden sind und von denen der zweite einen Abfluß hat

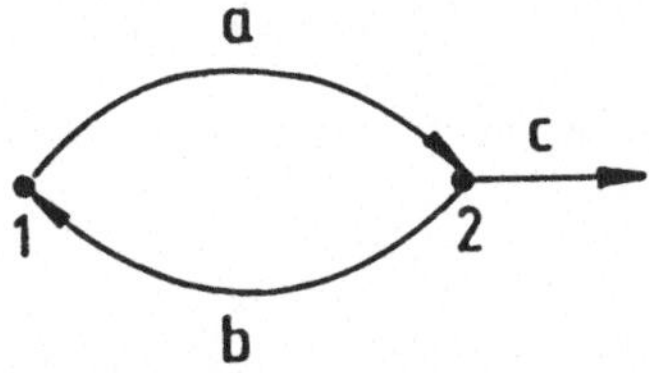

Abb. 11.1.

In den Kesseln befinden sich Spurenstoffe mit der Konzentration x_1 und x_2. Es findet ein Hinstrom charakterisiert durch die Konstante a vom ersten zum zweiten Kessel und ein Rückstrom vom zweiten Kessel zum ersten Kessel charakterisiert durch die Konstante b statt. Vom zweiten Kessel findet ein Abfluß charakterisiert durch eine Konstante c statt.

Das System ist charakterisiert durch folgende gekoppelte Differentialgleichungen

$$\frac{dx_1}{dt} = -a\,x_1 + b\,x_2$$

$$\frac{dx_2}{dt} = a\,x_1 - (b+c)\,x_2 \tag{11.1}$$

Wir wollen das Kesselverhalten studieren unter der Annahme, daß am Anfang nur Konzentration x_1 vorhanden ist, und die zeitliche Entwicklung der Konzentrationen berechnen.

In Matrixform lauten die Gleichungen unter Einführung einer Systemmatrix $\mathbf{A}$

$$\frac{d\mathbf{x}}{dt} = \mathbf{A}\mathbf{x} \tag{11.2}$$

oder explizit

$$\begin{pmatrix} dx_1/dt \\ dx_2/dt \end{pmatrix} = \begin{pmatrix} -a & b \\ a & -(b+c) \end{pmatrix} \begin{pmatrix} x_1 \\ x_2 \end{pmatrix} \tag{11.3}$$

Die Anfangsbedingung soll sein

$$\mathbf{x}_0 = \mathbf{x}(t=0) = \begin{pmatrix} 1 \\ 0 \end{pmatrix} \tag{11.4}$$

Wendet man die Laplacetransformation auf (11.2) an, ergibt sich

$$p\mathbf{X} - \mathbf{x}_0 = \mathbf{A}\mathbf{X} \tag{11.5}$$

Durch Umformung ergibt sich daraus

$$(p\mathbf{E} - \mathbf{A})\,\mathbf{X} = \mathbf{x}_0 \tag{11.6}$$

so daß die Laplacetransformierte $\mathbf{X}$ von $\mathbf{x}$ schließlich aus den Anfangsbedingungen und der Systemmatrix berechnet werden kann.

$$\mathbf{X} = (p\,\mathbf{E} - \mathbf{A})^{-1}\mathbf{x}_0 \tag{11.7}$$

Anwendung der inversen Laplacetransformation L^{-1} ergibt

$$\mathbf{x} = e^{\mathbf{A}t}\,\mathbf{x}_0 \tag{11.8}$$

Um das Differentialgleichungssystem (11.2) zu lösen, müssen also in Folge $(p\mathbf{E} - \mathbf{A}), (p\mathbf{E} - \mathbf{A})^{-1}$ und $L^{-1}[(p\mathbf{E} - \mathbf{A})^{-1}]$ gebildet werden.

$$p\,\mathbf{E} - \mathbf{A} = \begin{pmatrix} p+a & -b \\ -a & p+b+c \end{pmatrix}$$

$$(p\,\mathbf{E} - \mathbf{A})^{-1} = \frac{1}{(p+a)(p+b+c)-ab} \begin{pmatrix} p+b+c & b \\ a & p+a \end{pmatrix}$$

$$= \frac{1}{(p-p_1)(p-p_2)} \begin{pmatrix} p+b+c & b \\ a & p+a \end{pmatrix}$$

Hierbei sind p_1 und p_2 die Nullstellen des entsprechenden Polynoms

$$p_{1,2} = -\frac{a+b+c}{2} \pm \left[\left(\frac{a+b+c}{2}\right)^2 - ac\right]^{1/2} \tag{11.9}$$

Die Rücktransformation wird nun unter der Voraussetzung durchgeführt, daß keine Doppelwurzel vorliegt, d.h. $p_1 \neq p_2$ ist.
Mit Partialbruchzerlegung ergibt sich

$$(p\,\mathbf{E} - \mathbf{A})^{-1} = \frac{1}{(p-p_1)}\mathbf{A}_1 + \frac{1}{(p-p_2)}\mathbf{A}_2 \tag{11.10}$$

Dabei sind $\mathbf{A}_1$ und $\mathbf{A}_2$ gegeben als

$$\mathbf{A}_1 = \frac{1}{(p_1-p_2)} \begin{pmatrix} p_1+b+c & b \\ a & p_1+a \end{pmatrix}$$

$$\mathbf{A}_2 = \frac{1}{(p_2-p_1)} \begin{pmatrix} p_2+b+c & b \\ a & p_2+a \end{pmatrix} \tag{11.11}$$

Rücktransformation mit L^{-1} ergibt somit

$$L^{-1}\left[(p\,\mathbf{E} - \mathbf{A})^{-1}\right] = L^{-1}\left(\frac{1}{p-p_1}\mathbf{A}_1\right) + L^{-1}\left(\frac{1}{p-p_2}\mathbf{A}_2\right)$$

$$= \mathbf{A}_1 e^{p_1 t} + \mathbf{A}_2 e^{p_2 t} \tag{11.12}$$

Die zeitliche Entwicklung ist somit gegeben als

$$\mathbf{x}(t) = (\mathbf{A}_1 e^{p_1 t} + \mathbf{A}_2 e^{p_2 t})\,\mathbf{x}_0 \tag{11.13}$$

Die einzelnen Konzentrationen werden damit explizit zu

$$x_1(t) = \frac{p_1 + p_2 + 2b + 2c}{2(p_1 - p_2)} \left(e^{p_1 t} - e^{p_2 t}\right) + \frac{1}{2}\left(e^{p_1 t} + e^{p_2 t}\right)$$

$$x_2(t) = \frac{a}{p_1 - p_2}\left(e^{p_1 t} - e^{p_2 t}\right) \tag{11.14}$$

11.2 Wellenbewegung

Wir wollen als Beispiel die schwingende Saite betrachten, deren Bewegungsvorgang durch die Wellengleichung in einer Dimension x beschrieben wird.

$$\frac{\partial^2 y}{\partial x^2} - \frac{1}{v^2}\frac{\partial^2 y}{\partial t^2} = 0 \tag{11.15}$$

Die Lösung für die Auslenkung $y(x,t)$ lautet nach dem Separationsansatz

$$y(x,t) = g(x)h(t) \tag{11.16}$$

Daraus folgt durch Einsetzen in (11.15)

$$\frac{1}{g}\frac{d^2 g}{dx^2} = \frac{1}{v^2 h}\frac{d^2 h}{dt^2} = -k^2$$

und schließlich als Lösung

$$y = (c_1 e^{ikx} + c_2 e^{-ikx})(c_3 e^{ikvt} + c_4 e^{-ikvt}) \tag{11.17}$$

Weil die Saite bei $x = 0$ und $x = l$ eingespannt ist, folgt

$$y(0,t) = y(l,t) = 0 \tag{11.18}$$

(11.18) wird in (11.17) eingesetzt

$$(c_1 + c_2)(c_3 e^{ikvt} + c_4 e^{-ikvt}) = 0$$

$$(c_1 e^{ikl} + c_2 e^{-ikl})(c_3 e^{ikvt} + c_4 e^{-ikvt}) = 0 \tag{11.19}$$

Da (11.19) für alle Zeiten t gelten muß, bedeutet dies

$$c_1 + c_2 = 0$$
$$c_1 e^{ikl} + c_2 e^{-ikl} = 0 \tag{11.20}$$

Dies Gleichungssystem hat nur dann nicht triviale, d.h. von null verschiedene Lösungen für c_1 und c_2, wenn

$$\begin{vmatrix} 1 & 1 \\ e^{ikl} & e^{-ikl} \end{vmatrix} = 0 \tag{11.21}$$

Daraus folgt

$$\sin kl = 0 \tag{11.22}$$

oder

$$kl = n\pi \qquad n \text{ ganzzahlig} \tag{11.23}$$

und schließlich

$$k = \frac{n\pi}{l} \tag{11.24}$$

Die eingespannte Saite hat nun die Auslenkungen

$$y_n(x,t) = \sin\left(n\pi\frac{x}{l}\right)\left(c_{3n}e^{in\pi vt/l} + c_{4n}e^{-in\pi vt/l}\right) \tag{11.25}$$

Die Koeffizienten c_3 und c_4 werden durch die Anfangsbedingungen bestimmt.

Die Saite wird nun in der Mitte um h ausgelenkt und befindet sich zur Zeit $t = 0$ in dieser Lage in Ruhe (Abb. 11.2).

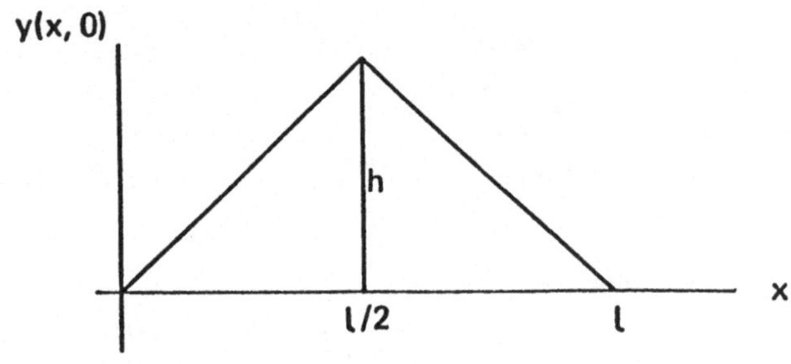

Abb. 11.2.

Die Anfangsbedingungen lauten

$$y(x,0) = \begin{cases} 2h\dfrac{x}{l} & 0 \leq x \leq 1/2 \\ -2h\left(\dfrac{x}{l} - 1\right) & 1/2 \leq x \leq 1 \end{cases} \quad \text{für}$$

$$\left[\frac{\partial y(x,t)}{\partial t}\right]_{t=0} = 0 \tag{11.26}$$

Um die Anfangsbedingungen berücksichtigen zu können, müssen wir von einer Linearkombination der Lösungen (11.25) ausgehen

$$y(x,t) = \sum_{n=1}^{\infty} \sin\left(n\pi\frac{x}{l}\right)\left(c_{3n}e^{in\pi vt/l} + c_{4n}e^{-in\pi vt/l}\right)$$

$$\frac{\partial y(x,t)}{\partial t} = \sum_{n=1}^{\infty} \sin\left(n\pi\frac{x}{l}\right)\frac{in\pi v}{l}\left(c_{3n}e^{in\pi vt/l} - c_{4n}e^{-in\pi vt/l}\right) \tag{11.27}$$

Wir setzen die Anfangsbedingungen (11.26) in (11.27) ein

$$y(x,0) = \sum_{n=1}^{\infty} \sin\left(n\pi\frac{x}{l}\right)(c_{3n} + c_{4n})$$

$$\left[\frac{\partial y(x,t)}{\partial t}\right]_{t=0} = \sum_{n=1}^{\infty} \sin\left(n\pi\frac{x}{l}\right)\frac{in\pi v}{l}(c_{3n} - c_{4n}) = 0 \qquad (11.28)$$

Aus der zweiten Gleichung (11.28) folgt

$$c_{3n} = c_{4n} \qquad (11.29)$$

Damit wird die erste Gleichung (11.27) zu

$$y(x,t) = \sum_{n=1}^{\infty} c_n \sin n\pi\frac{x}{l} \cos n\pi\frac{vt}{l} \qquad (11.30)$$

und

$$y(x,0) = \sum_{n=1}^{\infty} c_n \sin n\pi\frac{x}{l} \qquad (11.31)$$

(11.31) ist eine Fourierreihenentwicklung der ersten Gleichung (11.26). Aus der Theorie der Fourierreihen folgt

$$c_n = \frac{2}{l}\int_0^l y(x,0)\sin n\pi\frac{x}{l}\,dx$$

$$= \begin{cases} (-1)^{(n-1)/2}\dfrac{8h}{\pi^2 n^2} & n \text{ ungerade} \\[2mm] \qquad 0 & n \text{ gerade} \end{cases} \text{ für} \qquad (11.32)$$

Die Schwingung dieser Saite wird schließlich

$$y(x,t) = \frac{8h}{\pi^2}\sum_{n=0}^{\infty}(-1)^n\frac{1}{(2n+1)^2}\sin(2n+1)\pi\frac{x}{l}\cos(2n+1)\pi\frac{vt}{l} \qquad (11.33)$$

11.3 Wärmeleitung

Es soll die Temperatur des stationären Zustandes in einem Zylinder bestimmt werden. Wir gehen von einer speziellen Form der Diffusionsgleichung (9.15), nämlich der Wärmeleitungsgleichung ohne Wärmequellen im Innern aus

$$\nabla^2 T = \frac{1}{\alpha}\frac{\partial T}{\partial t} \qquad (11.34)$$

T ist die Temperaturverteilung, α der Thermodiffusionskoeffizient des Zylindermaterials. Für den stationären Zustand gilt

$$\frac{\partial T}{\partial t} = 0 \qquad (11.35)$$

Wir müssen nun die Laplacegleichung in Zylinderkoordinaten lösen.

$$\frac{\partial^2 T}{\partial \rho^2} + \frac{1}{\rho}\frac{\partial T}{\partial \rho} + \frac{1}{\rho^2}\frac{\partial^2 T}{\partial \varphi^2} + \frac{\partial^2 T}{\partial z^2} = 0 \qquad (11.36)$$

Der Separationsansatz lautet

$$T(\rho,\varphi,z) = R(\rho)\Phi(\varphi)Z(z) \qquad (11.37)$$

Die Lösung ergibt

$$T(\rho,\varphi,z) = c_m(\omega)\,J_m(i\omega\rho)\,e^{\pm i(\omega z \pm m\varphi)} \qquad (11.38)$$

Der betrachtete Zylinder (Abb. 11.3) sei halb unendlich mit einem Radius $\rho = 1$. An der Unterseite sei die konstante Temperatur auf $T = 100$ gehalten. An der Oberfläche und im Unendlichen sei $T = 0$. Die Randbedingungen lauten dann

$$T(\rho,\varphi,0) = 100$$
$$T(1,\varphi,z) = 0 \qquad (11.39)$$
$$T(\rho,\varphi,\infty) = 0$$

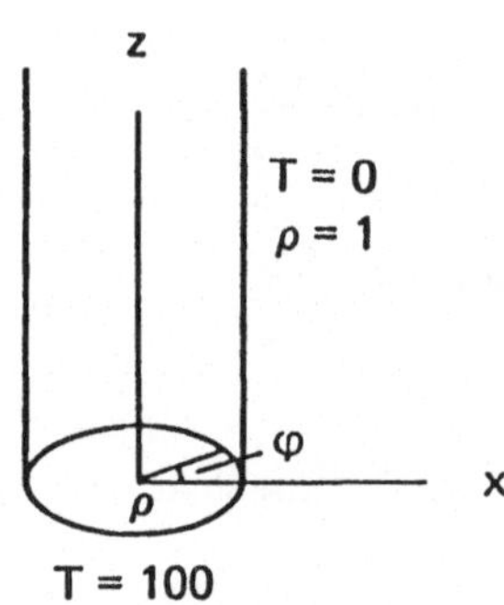

Abb. 11.3.

Um die dritte Randbedingung von (11.39) zu erfüllen, muß ω in (11.38) imaginär sein. Wir setzen

$$k = i\omega \qquad (11.40)$$

$Z(z)$ wird dann $e^{\pm kz}$. Nur e^{-kz} erfüllt die dritte Randbedingung. Wir setzen jetzt die zweite Randbedingung in (11.38) ein und erhalten

$$R(1) = J_m(k) = 0 \qquad (11.41)$$

Die möglichen Werte von k sind die Nullstellen der Besselfunktion J_m. Die erste Randbedingung liefert schließlich

$$\Phi(\varphi + \delta) = \Phi(\varphi) \qquad \delta \text{ beliebig}$$

d.h. Unabhängigkeit der Temperatur an der Unterseite vom Winkel φ.
Daraus folgt

$$e^{im(\varphi+\delta)} = e^{im\varphi}$$

$$e^{im\delta} = 1 \implies m = 0 \tag{11.42}$$

Damit ergeben sich die Werte für k als Nullstellen der Besselfunktion J_0. Die Temperaturverteilung wird

$$T(\rho,\varphi,z) = \sum_{n=0}^{\infty} c_n\, J_0(k_n\rho)\, e^{-k_n z} \tag{11.43}$$

und die erste Randbedingung liefert schließlich

$$T(\rho,\varphi,0) = \sum_{n=0}^{\infty} c_n\, J_0(k_n\rho) = 100 \tag{11.44}$$

Dies ist eine Entwicklung der konstanten Funktion $T = 100$ nach Besselfunktionen. Wir haben in (7.38) darauf hingewiesen, daß Besselfunktionen von verschiedenem Argument mit dem Gewichtsfaktor x versehen orthogonal im Intervall (0,1) sind. Wir benutzen dies zur Bestimmung der c_n von (11.44)
Daraus folgt

$$\int_0^1 \rho\, J_0(k_l\rho)\, T(\rho,\varphi,0)\, d\rho = \sum_{n=0}^{\infty} c_n \int_0^1 \rho\, J_0(k_l\rho)\, J_0(k_n\rho)\, d\rho$$

$$c_n = \frac{200}{J_1^2(k_n)} \int_0^1 \rho\, J_0(k_n\rho)\, d\rho \tag{11.45}$$

Aus der dritten Formel von (7.35) ergibt sich

$$\frac{d}{dx}\big(x\, J_{-1}(x)\big) = -x\, J_0(x)$$

Mit Hilfe von $J_{-1}(x) = -J_1(x)$ (siehe Aufgabe 30) wird daraus

$$\frac{d}{dx}\big(x\, J_1(x)\big) = x\, J_0(x)$$

Integration dieser Formel führt zu

$$\int_0^1 \rho\, J_0(k_n\rho)\, d\rho = \left[\frac{1}{k_n}\, \rho\, J_1(k_n\rho)\right]_0^1 = \frac{1}{k_n}\, J_1(k_n)$$

(11.45) wird so

$$c_n = \frac{200}{k_n\, J_1(k_n)} \tag{11.46}$$

und die Temperaturverteilung im Zylinder ist nun

$$T(\varrho, \varphi, z) = \sum_{n=0}^{\infty} \frac{200}{k_n \, J_1(k_n)} \, J_0(k_n \varrho) \, e^{-k_n z} \tag{11.47}$$

11.4 Harmonischer Oszillator

Die quantenchemische Beschreibung der Schwingungsbewegung des harmonischen Oszillators längs der x-Achse wird durch folgende Schrödingergleichung beschrieben.

$$-\frac{\hbar^2}{2m} \frac{d^2\psi}{dx^2} + \frac{1}{2} kx^2 \psi = E\psi \tag{11.48}$$

Hier ist k die Kraftkonstante des Potentials. Mit folgenden Substitutionen

$$\epsilon = \frac{2mE}{\hbar^2}$$

$$\beta = \frac{\sqrt{mk}}{\hbar} \tag{11.49}$$

$$\xi = \sqrt{\beta}\, x$$

wird daraus die Gleichung

$$\frac{d^2\psi}{d\xi^2} - \left(\frac{\epsilon}{\beta} - \xi^2 \psi\right) = 0 \tag{11.50}$$

Für große ξ wird daraus näherungsweise

$$\frac{d^2\psi}{d\xi^2} - \xi^2 \psi$$

Hier substituieren wir

$$\eta = \frac{1}{2} \xi^2$$

Wir erhalten unter Berücksichtigung von

$$\frac{d\psi}{d\xi} = \frac{d\psi}{d\eta} \frac{d\eta}{d\xi}$$

$$\frac{d^2\psi}{d\xi^2} = \frac{d^2\psi}{d\eta^2} \left(\frac{d\eta}{d\xi}\right)^2 + \frac{d\psi}{d\eta} \frac{d^2\eta}{d\xi^2}$$

die neue Gleichung

$$2\eta \frac{d^2\psi}{d\eta^2} + \frac{d\psi}{d\eta} - 2\eta\, \psi = 0$$

Hier kann man für große η den zweiten Term vernachlässigen und erhält

$$\psi = A\, e^{-\eta} = A\, e^{-\frac{1}{2}\xi^2}$$

Nach dem Prinzip der Variation von Konstanten macht man nun den Ansatz

$$\psi(\xi) = A(\xi)\, e^{-\frac{1}{2}\xi^2} \tag{11.51}$$

Einsetzen dieses Ansatzes in die modifizierte Schrödingergleichung (11.50) ergibt dann

$$\frac{d^2 A}{d\xi^2} - 2\xi\, \frac{dA}{d\xi} + \left(\frac{\epsilon}{\beta} - 1\right) A = 0$$

Dies ist die Hermitesche Differentialgleichung (7.18) mit dem Hermiteschen Polynomen $H_n(\xi)$ als Lösung, wenn gesetzt wird

$$\frac{\epsilon}{\beta} - 1 = 2n \tag{11.52}$$

Durch Rücksubstitution ergibt sich die Energie E als

$$E = \left(n + \frac{1}{2}\right) \hbar \sqrt{\frac{k}{m}} \tag{11.53}$$

$\sqrt{\frac{k}{m}}$ ist die Frequenz ω der Schwingung. Die Energie des harmonischen Oszillators kann sich also nicht kontinuierlich ändern, sondern nur durch konstante Quanten $\hbar\omega$.

D. Aufgaben

1. Geben Sie die Differentialgleichung für folgende Kurvenschar an.
   a) $x^2 + y^2 = c$
   b) $y - cx = x^3$
   c) $ax^2 + by = 1$

2. Lösen Sie folgende Differentialgleichung durch Separation von Variablen.
   $xy' - xy = y$

3. Die Halbwertszeit einer radioaktiven Substanz ist die Zeit, in der die Hälfte der Substanz zerfällt. Es sei eine radioaktive Probe gegeben, die aus zwei Komponenten A und B besteht. Die Halbwertszeit von A ist 2 Stunden, von B 3 Stunden. Wir nehmen an, daß die Zerfallsprodukte Gase sind, die sofort entweichen. Nach 12 Stunden wiegt die Probe 44 g, nach 18 Stunden 10 g. Wieviel Gramm A und B enthielt die Probe ursprünglich?

4. Bei der chemischen Reaktion A $\rightarrow$ B + C seien zum Zeitpunkt $t = 0$ a Moleküle A und jeweils null Moleküle B und C vorhanden. Die Anzahl der Moleküle A zu einem beliebigen späteren Zeitpunkt sei mit y bezeichnet. Es gilt dann

$$-\frac{dy}{dt} = k_1 y - k_2(a - y)$$

wobei k_1 und k_2 die Geschwindigkeitskonstanten der Hin- und Rückreaktion sind. Bestimmen Sie y als Funktion von t. Diskutieren Sie den Fall $t \to \infty$ für $k_1 << k_2$ und $k_1 >> k_2$.

5. Lösen Sie folgende Differentialgleichung

$$\left(\frac{dy}{dx}\right)^2 + 2(1 - y) = 0$$

und zeichnen Sie die Kurvenschar. Gibt es singuläre Lösungen?

6. Lösen Sie die homogene Differentialgleichung
$(x - y)y\,dx - x^2 dy = 0$

7. Klassifizieren Sie folgende Differentialgleichungen und lösen Sie sie
a) $xy^2 dx - yx^2 dy = 0$
b) $(x - y)dx - x\,dy = 0$
c) $(1 - 2xy^2)dx + (1 - 2x^2 y)dy = 0$

8. Lösen Sie die lineare Differentialgleichung durch Variation von Konstanten

$$\frac{dy}{dx} + \frac{y}{x} = e^x$$

9. Eine Lösung von 90% Alkohol in Wasser läuft mit einer Geschwindigkeit von 1 l/min in einen 100 l-Tank mit reinem Wasser, wo es dauernd gemischt wird. Die Mischung wird mit einer Geschwindigkeit von 1 l/min abgezogen. Die Änderung der Alkoholkonzentration ist proportional der Differenz aus zufließender und abfließender Konzentration. Wann besteht die Mischung aus 50% Alkohol?

10. Ist die folgende Schwingung oszillatorisch?
$y'' + 5y' + 4y = 0$

11. Lösen Sie die inhomogene lineare Differentialgleichung
$y'' - 4y' + 4y = e^x$
mit Hilfe der Operatorenmethode und Inspektionsmethode.

12. Lösen Sie die folgende Differentialgleichung
$xy' - (1 - 2x^2)y = 0$
durch Separation von Variablen und Reihenentwicklung.

13. Lösen Sie folgende Differentialgleichung
$y'' - 2xy' = 0$
durch Reihenentwicklung und durch eine Standardmethode. Zeigen Sie, daß die Reihenentwicklung die Taylorreihe der Standardlösung darstellt.

14. Lösen Sie folgende Differentialgleichung durch Reihenentwicklung.
$$y'' - x^2 y' - xy = 0$$

15. Lösen Sie mit der Frobenius-Methode die Differentialgleichung
$$xy'' + y' = 0$$
so erhalten Sie nur *eine* Lösung. Mit Hilfe des Fuchsschen Theorems kann man die allgemeine Lösung als $\ln x$ mal der erhaltenen Lösung plus eine zweite Frobenius-Reihe angeben. Wie lautet die allgemeine Lösung?

16. Lösen Sie $x^2 y'' + y' = 0$ mit Hilfe einer Reihenentwicklung, so finden Sie die Rekursionsformel
$$a_{i+1} = -\frac{i(i-1)}{i+1}\, a_i$$

Wenn Sie die Reihe auf Konvergenz prüfen, finden Sie

$$\lim_{i \to \infty} \frac{|a_{i+1}\, x^{i+1}|}{|a_i\, x^i|} = \infty$$

Daraus könnten Sie schließen, daß die Reihe divergiert und es keine Reihenentwicklung für die Gleichung gibt. a) Warum ist dieser Schluß falsch? b) Wie lautet die allgemeine Lösung?

17. Es sei $f(x) = \begin{cases} -1 & -1 < x < 0 \\ 1 & 0 < x < 1 \end{cases}$ für

a) Zeichnen Sie die periodische Funktion mit Periode 2, die gleich $f(x)$ im Intervall $(-1,1)$ ist. Entwickeln Sie diese Funktion in eine Sinus-Fourierreihe.
b) Zeichnen Sie die nicht periodische Funktion, die gleich $f(x)$ im Intervall $(-1,1)$ und null für $|x| > 1$ ist. Berechnen Sie die Fouriertransformierte von $f(x)$.

18. Mit Hilfe der Definition der Gammafunktion

$$\Gamma(p) = \int_0^\infty x^{p-1}\, e^{-x}\, dx \quad p > 0$$

verifizieren Sie

$$y = t^k\, e^{-at}\,, \quad k > -1 \implies L(y) = \frac{\Gamma(k+1)}{(p+a)^{k+1}} \ \text{mit}\ \mathrm{Re}(p+a) > 0$$

19. Lösen Sie das folgende System von Differentialgleichungen mit Hilfe der Laplacetransformation

$$\begin{aligned} y' + z &= 2\cos t & y_0 &= -1 \\ z' - y &= 1 & z_0 &= 1 \end{aligned}$$

20. Suchen Sie die allgemeine Lösung folgender Differentialgleichungen durch Nachschlagen im Werk von Kamke [K1].
    a) $y'' - (x^2 + 1)y = 0$
    b) $xy'' - y' + x^3(e^{x^2} - p^2)y = 0$
    c) $x^2 y'' - 2xy' + (9x^2 + 2)y = 0$

21. Drücken Sie das folgende Integral als Gammafunktion aus und berechnen Sie es mit Hilfe von Rekursionsformeln

$$\int_0^\infty x^2 e^{-x^2}\, dx$$

22. Beweisen Sie die Gültigkeit der folgenden Rekursionsformel für Legendresche Polynome mit der Rodriguesformel

$$P'_{l+1}(x) - P'_{l-1}(x) = (2l + 1)\, P_l(x)$$

23. Entwickeln Sie $y = (x - 2)^2$ im Intervall $(-1, 1)$ nach Legendreschen Polynomen. Zeigen Sie, daß die drei Polynome P_0, P_1, P_2 ausreichen, um y darzustellen. Welche Gerade ist die beste Lösung für y in diesem Intervall? Zeichnen Sie die Funktion y und die Näherungsgerade in diesem Intervall.

24. Zeigen Sie durch Taylorreihenentwicklung der erzeugenden Funktion, daß folgende Beziehung gilt.

$$G(x, y) = (1 - 2xy + y^2)^{-1/2} = \sum_{l=0}^\infty P_l(x)\, y^l$$

25. Leiten Sie folgende Rekursionsformel

$$x\, P'_l(x) - P'_{l-1} = l\, P_l(x)$$

mit Hilfe der erzeugenden Funktion $G(x, y)$ ab.

26. Folgende Differentialgleichung kommt bei der quantenmechanischen Behandlung des harmonischen Oszillators vor

$$y'' + (2n + 1 - x^2)y = 0$$

Zeigen Sie, daß $y = e^{-x^2/2} H_n(x)$ eine Lösung dieser Gleichung ist.

27. Zeigen Sie, daß die Hermiteschen Polynome $H_1(x)$ und $H_3(x)$ orthogonal über den ganzen Bereich der x-Achse sind, wenn sie mit der Funktion $e^{-x^2/2}$ gewichtet werden.

$$\int\limits_{-\infty}^{\infty} H_1(x)\,H_3(x)\,e^{-x^2}\,dx = 0$$

28. Berechnen Sie das Übergangsmoment $\int_{-\infty}^{\infty} h_1 x h_2 dx$ zwischen zwei Zuständen des harmonischen Oszillators, die durch Hermitesche Funktionen h_1 und h_2 charakterisiert sind.

29. Schreiben Sie die ersten vier Terme der Reihe für $J_0(x)$, $J_1(x)$ und $J_{-1}(x)$ auf.

30. Zeigen Sie, daß für ganzzahlige m gilt

$$J_{-m}(x) = (-1)^m\,J_m(x)$$

$$J_m(-x) = (-1)^m\,J_m(x)$$

31. Die Differentialgleichung für transversale Schwingungen einer Saite, deren Dichte von einem Ende zum andern linear zunimmt, lautet

$$y'' + (a + bx)y = 0$$

Suchen Sie die allgemeine Lösung über Besselfunktionen.

32. Lösen Sie die Laguerresche Differentialgleichung

$$xy'' + (1 - x)y' + py = 0$$

durch Reihenentwicklung. Zeigen Sie, daß die Reihe abbricht, wenn p ganzzahlig ist.

33. Zeigen Sie mit Hilfe der Definition von $j_n(x)$ und der Rekursionsformel für die Ableitung von $J_n(x)$, daß gilt

$$j_n(x) = x^n \left(-\frac{1}{x}\frac{d}{dx}\right)^n \left(\frac{\sin x}{x}\right)$$

34. Für welche Werte von k erfüllt die Eigenwertgleichung

$$Dy = ky$$

für den Operator $D = \frac{1}{2x}\frac{d}{dx}$ die Randbedingung $y = 0$ für $x \to \infty$?

35. Zeigen Sie, daß das elektrostatische Potential $V = -\frac{e}{r}$ einer Punktladung e eine Lösung der Laplacegleichung $\nabla^2 f = 0$ ist.

36. Die zeitunabhängige Schrödingergleichung in der Quantenmechanik lautet für ein freies Teilchen, das sich mit konstanter Geschwindigkeit bewegt,

$$-\frac{\hbar^2}{2m}\nabla^2\psi - E\psi = 0$$

wobei die Energie E konstant ist. Separieren Sie die Gleichung und ermitteln Sie die Eigenfunktionen.

37. Zeigen Sie, daß $u = f(x - ct) + g(x + ct)$ Lösung der Wellengleichung ist

$$\frac{\partial^2 u}{\partial x^2} - \frac{1}{c^2}\frac{\partial^2 u}{\partial t^2} = 0$$

38. Zeigen Sie, daß $u(x,t)$ als Lösung der Wellengleichung eine stehende Welle darstellt, wenn $f(x - ct)$ und $g(x + ct)$ Sinusfunktionen sind.

39. Suchen Sie eine spezielle Lösung zur linearen partiellen Differentialgleichung in zweidimensionalen Zylinderkoordinaten

$$r\frac{\partial u}{\partial r} + \frac{\partial^2 u}{\partial \varphi^2} = 0$$

nach der Methode der Variablentrennung. Beachten Sie die Eindeutigkeitsbedingung $u(r, \varphi + 2\pi) = u(r, \varphi)$.

40. Überzeugen Sie sich davon, daß die Lösungen der Laplacegleichung

$$\nabla^2 f = 0$$

kein Maximum oder Minimum haben.

41. Skizzieren Sie den Verlauf von $g(x + ct)$ und $h(x - ct)$ unter der Voraussetzung, daß $g(x)$ und $h(x)$ bekannt sind.

42. Suchen Sie für die Diffusion eines Stoffes der Konzentration c in einem Stab endlicher Länge l mit dem Diffusionskoeffizienten D aus der Diffusionsgleichung

$$\nabla^2 c - \frac{1}{D}\frac{\partial c}{\partial t} = 0$$

die Lösungen, die die Anfangsbedingung $c(x, 0) = c_0$ und die Randbedingung $c(0, t) = c(l, t) = 0$ erfüllen.

IV. Anhang

1. Komplexe Zahlen und Funktionen

1.1 Komplexe Zahlen

Im Rahmen der reellen Zahlen ist die Gleichung $x^2 = -1$ nicht lösbar. Man ist gezwungen, sogenannte *imaginäre* Zahlen einzuführen. Deren Einheit wird i genannt und hat die Eigenschaft $i^2 = -1$. Kombinationen von reellen und imaginären Zahlen ergeben *komplexe* Zahlen. Diese Zahlen stellt man zweckmäßig in einer Ebene dar, die durch ein kartesisches Koordinatensystem gekennzeichnet ist. Die x-Achse ist die reelle Achse und die y-Achse die imaginäre Achse. Eine komplexe Zahl ist ein Punkt dieser Ebene (Abb. 1.1).

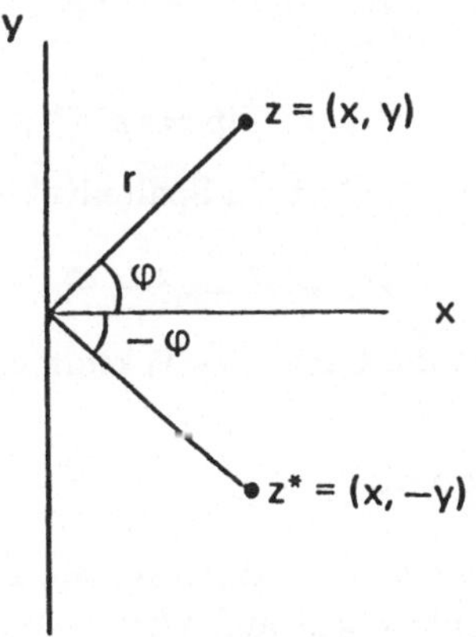

Abb. 1.1.

Wir erkennen sofort, daß die Darstellung der komplexen Zahl $z = (x, y)$ als geordnetes Punktepaar mit dem Anfangspunkt im Koordinatenursprung den Charakter von Ortsvektoren trägt. In kartesischen Koordinaten schreiben wir

$$z = x + iy \tag{1.1}$$

und implizieren, daß eine vektorielle Basis $\mathbf{i}$ für x und $\mathbf{j}$ für y vorhanden ist. Es ist dann leicht, in Polarkoordinaten umzurechnen

$$z = r\cos\varphi + ir\sin\varphi \tag{1.2}$$

Der Absolutwert der komplexen Zahl ist gleich der Länge des Vektors in der Zahlenebene

$$|z| = (x^2 + y^2)^{1/2} = r \tag{1.3}$$

Mit Hilfe der Eulerschen Formel

$$\cos\varphi + i\sin\varphi = e^{i\varphi} \tag{1.4}$$

kann man (1.2) auch schreiben als

$$z = re^{i\varphi} \tag{1.5}$$

(1.4) ergibt sich sofort, wenn wir die Reihenentwicklung von $\cos\varphi$ und $i\sin\varphi$ addieren.

Für die Addition komplexer Zahlen gelten die Regeln der Vektoraddition in kartesischen Koordinaten

$$z_1 + z_2 = (x_1, y_1) + (x_2, y_2) = (x_1 + x_2, y_1 + y_2)$$

$$= x_1 + iy_1 + x_2 + iy_2 = x_1 + x_2 + i(y_1 + y_2) \tag{1.6}$$

Für die Multiplikation verwendet man am besten die Polarkoordinatendarstellung (1.5)

$$z_1 z_2 = r_1 e^{i\varphi_1} r_2 e^{i\varphi_2} = r_1 r_2 e^{i(\varphi_1 + \varphi_2)} \tag{1.7}$$

Die Zahl

$$z^* = x - iy = re^{-i\varphi} \tag{1.8}$$

heißt *konjugiert komplex* zu z. z^* ist ein Spaltenvektor wenn z ein Zeilenvektor ist. Das Produkt

$$z^* z = x^2 + y^2 = r^2 \tag{1.9}$$

ist das Skalarprodukt, das die Länge des Vektors z zu berechnen gestattet.

1.2 Komplexe Funktionen

In Kapitel III, Abschnitt 4 traten bei der inversen Laplacetransformation Integrale in der komplexen Zahlenebene auf. Wir hatten diese Integrale aus Tabellenwerken der Laplacetransformation entnommen. Im folgenden soll näher auf die Berechnung solcher Integrale eingegangen werden. Eine komplexe Funktion $f(z)$ ist definiert in einem Gebiet der komplexen Zahlenebene, wenn jeder komplexen Zahl $z = x + iy$ dieses Gebietes als unabhängiger Variablen eine komplexe Zahl $f(z)$ als abhängige Variable zugeordnet ist. Man kann sich komplexe Funktionen in einen Realteil $u(x, y)$ und einen Imaginärteil $v(x, y)$ zerlegt denken

$$f(z) = u(x, y) + iv(x, y)$$

$$\text{mit}\quad z = x + iy \tag{1.10}$$

Beispiel:

$$f(z) = e^z$$
$$= e^{x+iy}$$
$$= e^x \cos y + i e^x \sin y$$

Bei der Fourierreihe und dem Fourierintegral treten Exponentialfunktionen mit imaginären Exponenten auf. Der Wertebereich von z umfaßt hier die imaginäre Achse und der von $f(z)$ den Einheitskreis.
Wir wollen nun analog zur Definition mit reellen Variablen die Ableitung der Funktion $f(z)$ nach z definieren.

Definition 1: Die Ableitung einer komplexen Funktion $f(z)$ ist der Grenzwert des Differenzenquotienten $\frac{\Delta f}{\Delta z}$

$$\frac{df(z)}{dz} = \lim_{\Delta z \to 0} \frac{\Delta f(z)}{\Delta z} = \lim_{\Delta z \to 0} \frac{\Delta f(z + \Delta z) - f(z)}{\Delta z} \tag{1.11}$$
$$\text{mit} \ \ \Delta z = \Delta x + i \Delta y$$

Die Ableitung ist unabhängig davon, auf welchem Weg Δz gegen null geht. Wir wollen eine komplexe Funktion *analytisch* oder *regulär* nennen, wenn sie in jedem Punkt des Definitionsgebietes eine eindeutige Ableitung hat. Wenn $f(z)$ differenzierbar sein soll, können die Funktionen $u(x, y)$ und $v(x, y)$ nicht unabhängig voneinander sein. Mit partieller Differentiation, d.h. längs der reellen und imaginären Achse, erhalten wir

$$\frac{\partial f(z)}{\partial x} = \frac{df(z)}{dz} \cdot \frac{\partial z}{\partial x} = \frac{df(z)}{dz}$$
$$\frac{\partial f(z)}{\partial y} = \frac{df(z)}{dz} \cdot \frac{\partial z}{\partial y} = i \frac{df(z)}{dz} \tag{1.12}$$

Andererseits gilt

$$\frac{\partial f(z)}{\partial x} = \frac{\partial u}{\partial x} + i \frac{\partial v}{\partial x}$$
$$\frac{\partial f(z)}{\partial y} = \frac{\partial u}{\partial y} + i \frac{\partial v}{\partial y} \tag{1.13}$$

Die Kombination von (1.12) und (1.13) ergibt die Bedingung für Differenzierbarkeit der Funktion $f(z)$ nach z.

Theorem 1: Eine Funktion $f(z)$ ist analytisch in einem Gebiet, wenn ihr Real- und Imaginärteil die Cauchy-Riemannschen Differentialgleichungen erfüllen.

$$\frac{\partial u}{\partial x} = \frac{\partial v}{\partial y}$$
$$\frac{\partial v}{\partial x} = -\frac{\partial u}{\partial y} \tag{1.14}$$

Durch Differentiation der Gleichungen (1.14) erhält man die Aussage, daß Real- und Imaginärteil von $f(z)$ die Laplacegleichung erfüllen.

$$\frac{\partial^2 u}{\partial x^2} + \frac{\partial^2 u}{\partial y^2} = 0$$
$$\frac{\partial^2 v}{\partial x^2} + \frac{\partial^2 v}{\partial y^2} = 0 \tag{1.15}$$

Wenn eine Funktion an einer Stelle z_0 nicht differenzierbar ist, so heißt die Stelle singulär.

Die Integration in der komplexen Zahlenebene verläuft analog der Vektorintegration in Kapitel I. Ein Integral über die Funktion $f(z)$ wird wie ein Linienintegral längs einer Kurve C in der komplexen Zahlenebene berechnet.

$$\int_C f(z)\,dz = \int_C (u + iv)(dx + i\,dy)$$
$$= \int_C (u\,dx - v\,dy) \tag{1.16}$$
$$+ i \int_C (v\,dx + u\,dy)$$

Wenn dieses Integral wegunabhängig sein soll, müssen die Integranden des Real- und Imaginärteils in Analogie zu Kapitel I, (2.17) totale Differentiale sein.

$$dw_1 = u\,dx - v\,dy$$
$$dw_2 = v\,dx + u\,dy \tag{1.17}$$

Daraus folgt mit Hilfe der Kettenregel

$$\frac{\partial w_1}{\partial x} = u\,, \quad \frac{\partial w_1}{\partial y} = -v$$
$$\frac{\partial w_2}{\partial x} = v\,, \quad \frac{\partial w_2}{\partial y} = u \tag{1.18}$$

und durch weitere Differentiation

$$\frac{\partial u}{\partial y} = -\frac{\partial v}{\partial x}$$
$$\frac{\partial v}{\partial y} = \frac{\partial u}{\partial x}$$

Aus den Bedingungen für die Wegunabhängigkeit ergeben sich also die Cauchy-Riemannschen Differentialgleichungen.

Wir formulieren damit das als Cauchyscher Integralsatz bekannte Theorem.

Theorem 2: Wenn die komplexe Funktion $f(z)$ in einem Gebiet analytisch ist, dann ist das Integral $\int_{z_0}^{z_1} f(z)\, dz$ in diesem Gebiet wegunabhängig und hängt nur von den Punkten z_0 und z_1 ab.

Aus Theorem 2 ergibt sich sofort, daß das Integral längs einer geschlossenen Kurve verschwindet, wenn die Kurve in einem Gebiet liegt, in dem $f(z)$ analytisch ist

$$\oint f(z)\, dz = 0 \tag{1.19}$$

Ist die Funktion nicht analytisch in dem von einer Kurve umschlossenen Gebiet, so ist das Integral längs der geschlossenen Kurve i.a. von null verschieden.

Beispiel: $f(z) = \frac{1}{z}$, $C : z = \cos\varphi + i\sin\varphi$, $0 \le \varphi \le 2\pi$

$f(z)$ ist singulär im Punkt $z = 0$. Die Integrationskurve ist der Einheitskreis.

$$\oint \frac{1}{z} = \int\limits_0^{2\pi} \frac{1}{\cos\varphi + i\sin\varphi}\,(-\sin\varphi + i\cos\varphi)\, d\varphi$$

$$= i \int\limits_0^{2\pi} d\varphi$$

$$= 2\pi i$$

Aus Theorem 2 kann man mit Hilfe des obigen Beispiels folgendes Theorem herleiten.

Theorem 3: Ist $f(z)$ in einem Gebiet analytisch, so gilt für jeden geschlossenen, doppelpunktfreien, positiv orientierten Weg und für jeden in diesem Innengebiet gelegenen Punkt z die Formel

$$f(z) = \frac{1}{2\pi i} \oint \frac{f(\zeta)}{\zeta - z}\, d\zeta \tag{1.20}$$

Aus diesem Theorem kann man für die Ableitungen von $f(z)$ folgende Formel herleiten

$$\frac{d^n f(z)}{dz^n} = \frac{n!}{2\pi i} \oint \frac{f(\zeta)}{(\zeta - z)^{n+1}}\, d\zeta \qquad n = 1, 2, 3 \ldots \tag{1.21}$$

Funktionen, die in einem Gebiet G analytisch sind, kann man in eine Taylorreihe entwickeln

$$f(z) = \sum_{n=0}^{\infty} a_n\,(z - z_0)^n \tag{1.22}$$

$$\text{mit } a_n = \frac{1}{2\pi i} \oint \frac{f(\zeta)}{(\zeta - z_0)^{n+1}}\, d\zeta$$

Die Reihe konvergiert mindestens innerhalb des größten Kreises um z_0, der nur Punkte des Gebietes G umschließt.

Wir wollen jetzt die Betrachtung auf solche Gebiete ausdehnen, in denen auch singuläre Stellen vorhanden sind. Man kann unter folgenden Bedingungen eine Entwicklung angeben, die als *Laurent-Reihe* bekannt ist.

Theorem 4: Ist $f(z)$ in einem Gebiet $G : 0 \leq r_1 < |z - z_0| < r_2 < \infty$ eindeutig und analytisch, so gibt es eine und nur eine Darstellung der Form

$$f(z) = \sum_{n=-\infty}^{\infty} a_n (z - z_0)^n \tag{1.23}$$

die für jedes z in G konvergiert.

Man kann zeigen, daß sich die Koeffizienten dieser Reihe darstellen lassen als

$$a_n = \frac{1}{2\pi i} \oint \frac{f(\zeta)}{(\zeta - z_0)^{n+1}} \, d\zeta \qquad n = 0, \pm 1, \ldots \tag{1.24}$$

Wir können jetzt die Singularitäten in wesentliche oder außerwesentliche einteilen. Eine wesentliche singuläre Stelle ist bei $z = z_0$ vorhanden, wenn der absteigende Teil der Entwicklung unendlich viele von null verschiedene Koeffizienten a_n hat. Die Funktion $\ln z$ hat für $z = 0$ eine wesentlich singuläre Stelle. Eine außerwesentlich singuläre Stelle oder ein Pol ist vorhanden, wenn die absteigende Entwicklung abbricht. Man nennt z_0 einen Pol m-ter Ordnung, wenn a_m für $m \leq -1$ der letzte von null verschiedene Koeffizient ist. Eine rationale Funktion, die ein Quotient zweier Polynome $P_1(z)/P_2(z)$ ist, hat einen Pol m-ter Ordnung, wenn m die Ordnung von P_2 ist. Ist $f(z)$ in der Umgebung von z analytisch, so gilt nach dem Cauchyschen Integralsatz

$$\oint f(z) \, dz = 0$$

wenn eine kleine, den Punkt z_0 umschließende Kurve als Weg gewählt wird. Ist $f(z)$ dagegen bei z_0 singulär, aber in der Umgebung von z_0 analytisch, so kann $f(z)$ um z_0 in eine Laurent-Reihe entwickelt werden. Aus (1.23) und (1.24) ergibt sich der Integralwert als

$$\frac{1}{2\pi i} \oint f(z) \, dz = a_{-1} \tag{1.25}$$

wobei die geschlossene Kurve um z_0 im Gegenuhrzeigersinn durchlaufen wird. Der Koeffizient a_{-1} heißt das Residuum von $f(z)$ in z_0. Der folgende *Residuensatz* stellt eine Erweiterung des Cauchyschen Integralsatzes dar.

Theorem 5: Die Funktion $f(z)$ sei in einem Gebiet G eindeutig und analytisch. Dann gilt für eine doppelpunktfreie, geschlossene, in G liegende Kurve C, in deren Innengebiet nur endlich viele isolierte singuläre Stellen liegen, daß das Integral $\frac{1}{2\pi i} \oint f(z) \, dz$ gleich der Summe der Residuen in den von C umschlossenen singulären Stellen ist.

Als Beispiel für den Residuensatz hatten wir die Funktion $f(z) = z^{-1}$ bereits kennengelernt. Als weiteres Beispiel wollen wir einen Fall der inversen Laplacetransformation betrachten.

Beispiel:

$$f(t) = \frac{1}{2\pi i} \int\limits_{x_0-i\infty}^{x_0+i\infty} \frac{a}{z^2 + a^2}\, e^{zt}\, dz$$

Der Integrand hat zwei einfache Pole bei $z = ia$ und $z = -ia$. Wir wählen jetzt einen Punkt $z = x_0 > 0$ und schlagen einen Halbkreis um den Punkt $z = x_0$ mit einem Radius r, der die Pole ia und $-ia$ einschließt und parallel zur imaginären Achse abgeschlossen wird (Abb. 1.2).

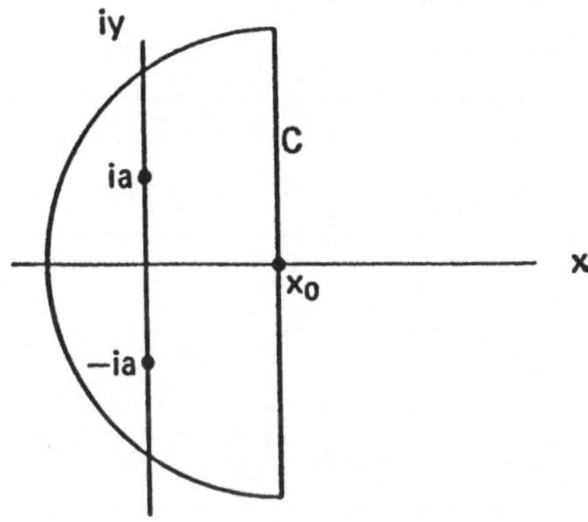

Abb. 1.2.

Bei Integration über diese geschlossene Kurve C ergibt sich für $r \to \infty$ das obige Integral. Andererseits kann man die Residuen der Funktion, kurz mit $\mathrm{Res}(f(z))$ bezeichnet, durch Zerlegung des Integrals bestimmen.

$$f(t) = \frac{1}{2\pi i} \int\limits_{x_0-i\infty}^{x_0+i\infty} \frac{1}{2i} \left(\frac{1}{z - ia} - \frac{1}{z + ia} \right) e^{zt}\, dz$$

$$= \frac{1}{2i} \left[\mathrm{Res}\left(\frac{1}{z - ia}\, e^{zt} \right) - \mathrm{Res}\left(\frac{1}{z + ia}\, e^{zt} \right) \right]$$

$$= \frac{1}{2i} \left[e^{iat}\, \mathrm{Res}\left(\frac{1}{z - ia}\, e^{(z-ia)t} \right) - e^{-iat}\, \mathrm{Res}\left(\frac{1}{z + ia}\, e^{(z+ia)t} \right) \right]$$

$$= \frac{1}{2i} \left(e^{iat} - e^{-iat} \right)$$

$$= \sin at$$

Dieses Ergebnis ist als dritte Formel in der Tabelle von Laplacetransformierten in Abschnitt 4 aufgeführt.

2. Charaktertabellen von Punktgruppen

2.1 Die Gruppen C_n

C_1	E
A	1 alle

C_2	E	C_2		
A	1	1	z, R_z	x^2, y^2, z^2, xy
B	1	-1	x, y, R_x, R_y	yz, xz

C_3	E	C_3	C_3^2	$\epsilon = \exp{(2\pi i/3)}$	
A	1	1	1	z, R_z	$x^2 + y^2, z^2$
E	$\begin{cases} 1 \\ 1 \end{cases}$	$\begin{matrix} \epsilon \\ \epsilon^* \end{matrix}$	$\begin{matrix} \epsilon^* \\ \epsilon \end{matrix}$	$(x, y); (R_x, R_y)$	$(x^2 - y^2, xy); (yz, xz)$

C_4	E	C_4	C_2	C_4^3	$i = \sqrt{-1}$	
A	1	1	1	1	z, R_z	$x^2 + y^2, z^2$
B	1	-1	1	-1		$x^2 - y^2, xy$
E	$\begin{cases} 1 \\ 1 \end{cases}$	$\begin{matrix} i \\ -i \end{matrix}$	$\begin{matrix} -1 \\ -1 \end{matrix}$	$\begin{matrix} -i \\ i \end{matrix}$	$(x, y); (R_x, R_y)$	(yz, xz)

C_5	E	C_5	C_5^2	C_5^3	C_5^4	$\epsilon = \exp{(2\pi i/5)}$	
A	1	1	1	1	1	z, R_z	$x^2 + y^2, z^2$
E_1	$\begin{cases} 1 \\ 1 \end{cases}$	$\begin{matrix} \epsilon \\ \epsilon^* \end{matrix}$	$\begin{matrix} \epsilon^2 \\ \epsilon^{2*} \end{matrix}$	$\begin{matrix} \epsilon^{2*} \\ \epsilon^2 \end{matrix}$	$\begin{matrix} \epsilon^* \\ \epsilon \end{matrix}$	$(x, y); (R_x, R_y)$	(yz, xz)
E_2	$\begin{cases} 1 \\ 1 \end{cases}$	$\begin{matrix} \epsilon^2 \\ \epsilon^{2*} \end{matrix}$	$\begin{matrix} \epsilon^* \\ \epsilon \end{matrix}$	$\begin{matrix} \epsilon \\ \epsilon^* \end{matrix}$	$\begin{matrix} \epsilon^{2*} \\ \epsilon^2 \end{matrix}$		$(x^2 - y^2, xy)$

C_6	E	C_6	C_3	C_2	C_3^2	C_6^5	$\epsilon = \exp{(2\pi i/6)}$	
A	1	1	1	1	1	1	z, R_z	$x^2 + y^2, z^2$
B	1	-1	1	-1	1	-1		
E_1	$\begin{cases} 1 \\ 1 \end{cases}$	$\begin{matrix} \epsilon \\ \epsilon^* \end{matrix}$	$\begin{matrix} -\epsilon^* \\ -\epsilon \end{matrix}$	$\begin{matrix} -1 \\ -1 \end{matrix}$	$\begin{matrix} -\epsilon \\ -\epsilon^* \end{matrix}$	$\begin{matrix} \epsilon^* \\ \epsilon \end{matrix}$	$(x, y); (R_x, R_y)$	(xz, yz)
E_2	$\begin{cases} 1 \\ 1 \end{cases}$	$\begin{matrix} -\epsilon^* \\ -\epsilon \end{matrix}$	$\begin{matrix} -\epsilon \\ -\epsilon^* \end{matrix}$	$\begin{matrix} 1 \\ 1 \end{matrix}$	$\begin{matrix} -\epsilon^* \\ -\epsilon \end{matrix}$	$\begin{matrix} -\epsilon \\ -\epsilon^* \end{matrix}$		$(x^2 - y^2, xy)$

2.2 Die Gruppen C_{nv}

C_{2v}	E	C_2	$\sigma_v(xz)$	$\sigma_v'(yz)$		
A_1	1	1	1	1	z	x^2, y^2, z^2
A_2	1	1	-1	-1	R_z	xy
B_1	1	-1	1	-1	x, R_y	xz
B_2	1	-1	-1	1	y, R_x	yz

C_{3v}	E	$2C_3$	$3\sigma_v$		
A_1	1	1	1	z	$x^2 + y^2, z^2$
A_2	1	1	-1	R_z	
E	2	-1	0	$(x,y); (R_x, R_y)$	$(x^2 - y^2, xy); (xz, yz)$

C_{4v}	E	$2C_4$	C_2	$2\sigma_v$	$2\sigma_d$		
A_1	1	1	1	1	1	z	$x^2 + y^2, z^2$
A_2	1	1	1	-1	-1	R_z	
B_1	1	-1	1	1	-1		$x^2 - y^2$
B_2	1	-1	1	-1	1		xy
E	2	0	-2	0	0	$(x,y); (R_x, R_y)$	(xz, yz)

C_{5v}	E	$2C_5$	$2C_5^2$	$5\sigma_v$		
A_1	1	1	1	1	z	$x^2 + y^2, z^2$
A_2	1	1	1	-1	R_z	
E_1	2	$2\cos 72°$	$2\cos 144°$	0	$(x,y); (R_x, R_y)$	(xz, yz)
E_2	2	$2\cos 144°$	$2\cos 72°$	0		$(x^2 - y^2, xy)$

C_{6v}	E	$2C_6$	$2C_3$	C_2	$3\sigma_v$	$3\sigma_d$		
A_1	1	1	1	1	1	1	z	$x^2 + y^2, z^2$
A_2	1	1	1	1	-1	-1	R_z	
B_1	1	-1	1	-1	1	-1		
B_2	1	-1	1	-1	-1	1		
E_1	2	1	-1	-2	0	0	$(x,y); (R_x, R_y)$	(xz, yz)
E_2	2	-1	-1	2	0	0		$(x^2 - y^2, xy)$

2.3 Die Gruppen C_{nh}

C_s	E	σ_h		
A'	1	1	x,y,R_z	x^2,y^2,z^2,xy
A''	1	-1	z,R_x,R_y	yz,xz

C_{2h}	E	C_2	i	σ_h		
A_g	1	1	1	1	R_z	x^2,y^2,z^2,xy
B_g	1	-1	1	-1	R_x,R_y	xz,yz
A_u	1	1	-1	-1	z	
B_u	1	-1	-1	1		

C_{3h}	E	C_3	C_3^2	σ_h	S_3	S_3^5	$\epsilon = \exp(2\pi i/3)$	
A'	1	1	1	1	1	1	R_z	x^2+y^2,z^2
E'	$\begin{cases}1\\1\end{cases}$	$\begin{matrix}\epsilon\\\epsilon^*\end{matrix}$	$\begin{matrix}\epsilon^*\\\epsilon\end{matrix}$	$\begin{matrix}1\\1\end{matrix}$	$\begin{matrix}\epsilon\\\epsilon^*\end{matrix}$	$\begin{matrix}\epsilon^*\\\epsilon\end{matrix}$	(x,y)	(x^2-y^2,xy)
A''	1	1	1	-1	-1	-1	z	
E''	$\begin{cases}1\\1\end{cases}$	$\begin{matrix}\epsilon\\\epsilon^*\end{matrix}$	$\begin{matrix}\epsilon^*\\\epsilon\end{matrix}$	$\begin{matrix}-1\\-1\end{matrix}$	$\begin{matrix}-\epsilon\\-\epsilon^*\end{matrix}$	$\begin{matrix}-\epsilon^*\\-\epsilon\end{matrix}$	(R_x,R_y)	(xz,yz)

C_{4h}	E	C_4	C_2	C_4^3	i	S_4^3	σ_h	S_4	$i=\sqrt{-1}$	
A_g	1	1	1	1	1	1	1	1	R_z	x^2+y^2,z^2
B_g	1	-1	1	-1	1	-1	1	-1		x^2-y^2,xy
E_g	$\begin{cases}1\\1\end{cases}$	$\begin{matrix}i\\-i\end{matrix}$	$\begin{matrix}-1\\-1\end{matrix}$	$\begin{matrix}-i\\i\end{matrix}$	$\begin{matrix}1\\1\end{matrix}$	$\begin{matrix}i\\-i\end{matrix}$	$\begin{matrix}-1\\-1\end{matrix}$	$\begin{matrix}-i\\i\end{matrix}$	(R_x,R_y)	(xz,yz)
A_u	1	1	1	1	-1	-1	-1	-1	z	
B_u	1	-1	1	-1	-1	1	-1	1		
E_u	$\begin{cases}1\\1\end{cases}$	$\begin{matrix}i\\-i\end{matrix}$	$\begin{matrix}-1\\-1\end{matrix}$	$\begin{matrix}-i\\i\end{matrix}$	$\begin{matrix}-1\\-1\end{matrix}$	$\begin{matrix}-i\\i\end{matrix}$	$\begin{matrix}1\\1\end{matrix}$	$\begin{matrix}i\\-i\end{matrix}$	(x,y)	

C_{5h}	E	C_5	C_5^2	C_5^3	C_5^4	σ_h	S_5	S_5^7	S_5^3	S_5^9	$\epsilon = \exp(2\pi i/5)$	
A'	1	1	1	1	1	1	1	1	1	1	R_z	x^2+y^2,z^2
E_1'	$\begin{cases}1\\1\end{cases}$	$\begin{matrix}\epsilon\\\epsilon^*\end{matrix}$	$\begin{matrix}\epsilon^2\\\epsilon^{2*}\end{matrix}$	$\begin{matrix}\epsilon^{2*}\\\epsilon^2\end{matrix}$	$\begin{matrix}\epsilon^*\\\epsilon\end{matrix}$	$\begin{matrix}1\\1\end{matrix}$	$\begin{matrix}\epsilon\\\epsilon^*\end{matrix}$	$\begin{matrix}\epsilon^2\\\epsilon^{2*}\end{matrix}$	$\begin{matrix}\epsilon^{2*}\\\epsilon^2\end{matrix}$	$\begin{matrix}\epsilon^*\\\epsilon\end{matrix}$	(x,y)	
E_2'	$\begin{cases}1\\1\end{cases}$	$\begin{matrix}\epsilon^2\\\epsilon^{2*}\end{matrix}$	$\begin{matrix}\epsilon^*\\\epsilon\end{matrix}$	$\begin{matrix}\epsilon\\\epsilon^*\end{matrix}$	$\begin{matrix}\epsilon^{2*}\\\epsilon^2\end{matrix}$	$\begin{matrix}1\\1\end{matrix}$	$\begin{matrix}\epsilon^2\\\epsilon^{2*}\end{matrix}$	$\begin{matrix}\epsilon^*\\\epsilon\end{matrix}$	$\begin{matrix}\epsilon\\\epsilon^*\end{matrix}$	$\begin{matrix}\epsilon^{2*}\\\epsilon^2\end{matrix}$		(x^2-y^2,xy)
A''	1	1	1	1	1	-1	-1	-1	-1	-1	z	
E_1''	$\begin{cases}1\\1\end{cases}$	$\begin{matrix}\epsilon\\\epsilon^*\end{matrix}$	$\begin{matrix}\epsilon^2\\\epsilon^{2*}\end{matrix}$	$\begin{matrix}\epsilon^{2*}\\\epsilon^2\end{matrix}$	$\begin{matrix}\epsilon^*\\\epsilon\end{matrix}$	$\begin{matrix}-1\\-1\end{matrix}$	$\begin{matrix}-\epsilon\\-\epsilon^*\end{matrix}$	$\begin{matrix}-\epsilon^2\\-\epsilon^{2*}\end{matrix}$	$\begin{matrix}-\epsilon^{2*}\\-\epsilon^2\end{matrix}$	$\begin{matrix}-\epsilon^*\\-\epsilon\end{matrix}$	(R_x,R_y)	(xz,yz)
E_2''	$\begin{cases}1\\1\end{cases}$	$\begin{matrix}\epsilon^2\\\epsilon^{2*}\end{matrix}$	$\begin{matrix}\epsilon^*\\\epsilon\end{matrix}$	$\begin{matrix}\epsilon\\\epsilon^*\end{matrix}$	$\begin{matrix}\epsilon^{2*}\\\epsilon^2\end{matrix}$	$\begin{matrix}-1\\-1\end{matrix}$	$\begin{matrix}-\epsilon^2\\-\epsilon^{2*}\end{matrix}$	$\begin{matrix}-\epsilon^*\\-\epsilon\end{matrix}$	$\begin{matrix}-\epsilon\\-\epsilon^*\end{matrix}$	$\begin{matrix}-\epsilon^{2*}\\-\epsilon^2\end{matrix}$		

C_{6h}	E	C_6	C_3	C_2	C_3^2	C_6^5	i	S_3^5	S_6^5	σ_h	S_6	S_3	$\epsilon = \exp(2\pi i/6)$	
A_g	1	1	1	1	1	1	1	1	1	1	1	1	R_z	x^2+y^2, z^2
B_g	1	-1	1	-1	1	-1	1	-1	1	-1	1	-1		
E_{1g}	1	ϵ	$-\epsilon^*$	-1	$-\epsilon$	ϵ^*	1	ϵ	$-\epsilon^*$	-1	$-\epsilon$	ϵ^*	(R_x, R_y)	(xz, yz)
	1	ϵ^*	$-\epsilon$	-1	$-\epsilon^*$	ϵ	1	ϵ^*	$-\epsilon$	-1	$-\epsilon^*$	ϵ		
E_{2g}	1	$-\epsilon^*$	$-\epsilon$	1	$-\epsilon^*$	$-\epsilon$	1	$-\epsilon^*$	$-\epsilon$	1	$-\epsilon^*$	$-\epsilon$		(x^2-y^2, xy)
	1	$-\epsilon$	$-\epsilon^*$	1	$-\epsilon$	$-\epsilon^*$	1	$-\epsilon$	$-\epsilon^*$	1	$-\epsilon$	$-\epsilon^*$		
A_u	1	1	1	1	1	1	-1	-1	-1	-1	-1	-1	z	
B_u	1	-1	1	-1	1	-1	-1	1	-1	1	-1	1		
E_{1u}	1	ϵ	$-\epsilon^*$	-1	$-\epsilon$	ϵ^*	-1	$-\epsilon$	ϵ^*	1	ϵ	$-\epsilon^*$	(x, y)	
	1	ϵ^*	$-\epsilon$	-1	$-\epsilon^*$	ϵ	-1	$-\epsilon^*$	ϵ	1	ϵ^*	$-\epsilon$		
E_{2u}	1	$-\epsilon^*$	$-\epsilon$	1	$-\epsilon^*$	$-\epsilon$	-1	ϵ^*	ϵ	-1	ϵ^*	ϵ		
	1	$-\epsilon$	$-\epsilon^*$	1	$-\epsilon$	$-\epsilon^*$	-1	ϵ	ϵ^*	-1	ϵ	ϵ^*		

2.4 Die Gruppen S_n

C_i	E	i		
A_g	1	1	R_x, R_y, R_z	$x^2, y^2, z^2, xy, xz, yz$
A_u	1	-1	x, y, z	

S_4	E	S_4	C_2	S_4^2	$i = \sqrt{-1}$	
A	1	1	1	1	R_z	$x^2 + y^2, z^2$
B	1	-1	1	-1	z	$x^2 - y^2, xy$
E	$\left\{\begin{matrix}1 \\ 1\end{matrix}\right.$	$\begin{matrix}i \\ -i\end{matrix}$	$\begin{matrix}-1 \\ -1\end{matrix}$	$\left.\begin{matrix}-i \\ i\end{matrix}\right\}$	$(x, y); (R_x, R_y)$	(xz, yz)

S_6	E	C_3	C_3^2	i	S_6^5	S_6	$\epsilon = \exp(2\pi i/3)$	
A_g	1	1	1	1	1	1	R_z	$x^2 + y^2, z^2$
E_g	$\left\{\begin{matrix}1 \\ 1\end{matrix}\right.$	$\begin{matrix}\epsilon \\ \epsilon^*\end{matrix}$	$\begin{matrix}\epsilon^* \\ \epsilon\end{matrix}$	$\begin{matrix}1 \\ 1\end{matrix}$	$\begin{matrix}\epsilon \\ \epsilon^*\end{matrix}$	$\left.\begin{matrix}\epsilon^* \\ \epsilon\end{matrix}\right\}$	(R_x, R_y)	$(x^2 - y^2, xy); (xz, yz)$
A_u	1	1	1	-1	-1	-1	z	
E_u	$\left\{\begin{matrix}1 \\ 1\end{matrix}\right.$	$\begin{matrix}\epsilon \\ \epsilon^*\end{matrix}$	$\begin{matrix}\epsilon^* \\ \epsilon\end{matrix}$	$\begin{matrix}-1 \\ -1\end{matrix}$	$\begin{matrix}-\epsilon \\ -\epsilon^*\end{matrix}$	$\left.\begin{matrix}-\epsilon^* \\ -\epsilon\end{matrix}\right\}$	(x, y)	

S_8	E	S_8	C_4	S_8^3	C_2	S_8^5	C_4^3	S_8^7	$\epsilon = \exp(2\pi i/8)$	
A	1	1	1	1	1	1	1	1	R_z	$x^2 + y^2, z^2$
B	1	-1	1	-1	1	-1	1	-1	z	
E_1	$\left\{\begin{matrix}1 \\ 1\end{matrix}\right.$	$\begin{matrix}\epsilon \\ \epsilon^*\end{matrix}$	$\begin{matrix}i \\ -i\end{matrix}$	$\begin{matrix}-\epsilon^* \\ -\epsilon\end{matrix}$	$\begin{matrix}-1 \\ -1\end{matrix}$	$\begin{matrix}-\epsilon \\ -\epsilon^*\end{matrix}$	$\begin{matrix}-i \\ i\end{matrix}$	$\left.\begin{matrix}\epsilon^* \\ \epsilon\end{matrix}\right\}$	$(x, y); (R_x, R_y)$	
E_2	$\left\{\begin{matrix}1 \\ 1\end{matrix}\right.$	$\begin{matrix}i \\ -i\end{matrix}$	$\begin{matrix}-1 \\ -1\end{matrix}$	$\begin{matrix}-i \\ i\end{matrix}$	$\begin{matrix}1 \\ 1\end{matrix}$	$\begin{matrix}i \\ -i\end{matrix}$	$\begin{matrix}-1 \\ -1\end{matrix}$	$\left.\begin{matrix}-i \\ i\end{matrix}\right\}$		$(x^2 - y^2, xy)$
E_3	$\left\{\begin{matrix}1 \\ 1\end{matrix}\right.$	$\begin{matrix}-\epsilon^* \\ -\epsilon\end{matrix}$	$\begin{matrix}-i \\ i\end{matrix}$	$\begin{matrix}\epsilon \\ \epsilon^*\end{matrix}$	$\begin{matrix}-1 \\ -1\end{matrix}$	$\begin{matrix}\epsilon^* \\ \epsilon\end{matrix}$	$\begin{matrix}i \\ -i\end{matrix}$	$\left.\begin{matrix}-\epsilon \\ -\epsilon^*\end{matrix}\right\}$		(xz, yz)

2.5 Die Gruppen $\mathbf{D}_n$

$\mathbf{D}_2$	E	$C_2(z)$	$C_2(y)$	$C_2(x)$		
A	1	1	1	1		x^2, y^2, z^2
B_1	1	1	-1	-1	z, R_z	xy
B_2	1	-1	1	-1	y, R_y	xz
B_3	1	-1	-1	1	x, R_x	yz

$\mathbf{D}_3$	E	$2C_3$	$3C_2$		
A_1	1	1	1		$x^2 + y^2, z^2$
A_2	1	1	-1	z, R_z	
E	2	-1	0	$(x, y); (R_x, R_y)$	$(x^2 - y^2, xy); (xz, yz)$

$\mathbf{D}_4$	E	$2C_4$	C_2	$2C_2'$	$2C_2''$		
A_1	1	1	1	1	1		$x^2 + y^2, z^2$
A_2	1	1	1	-1	-1	z, R_z	
B_1	1	-1	1	1	-1		$x^2 - y^2$
B_2	1	-1	1	-1	1		xy
E	2	0	-2	0	0	$(x, y); (R_x, R_y)$	(xz, yz)

$\mathbf{D}_5$	E	$2C_5$	$2C_5^2$	$5C_2$		
A_1	1	1	1	1		$x^2 + y^2, z^2$
A_2	1	1	1	-1	z, R_z	
E_1	2	$2\cos 72°$	$2\cos 144°$	0	$(x, y); (R_x, R_y)$	(xz, yz)
E_2	2	$2\cos 144°$	$2\cos 72°$	0		$(x^2 - y^2, xy)$

$\mathbf{D}_6$	E	$2C_6$	$2C_3$	C_2	$3C_2'$	$3C_2''$		
A_1	1	1	1	1	1	1		$x^2 + y^2, z^2$
A_2	1	1	1	1	-1	-1	z, R_z	
B_1	1	1	1	-1	1	-1		
B_2	1	-1	1	-1	-1	1		
E_1	2	1	-1	-2	0	0	$(x, y); (R_x, R_y)$	(xz, yz)
E_2	2	-1	-1	2	0	0		$(x^2 - y^2, xy)$

2.6 Die Gruppen D_{nd}

D_{2d}	E	$2S_4$	C_2	C_2'	$2\sigma_d$		
A_1	1	1	1	1	1		x^2+y^2, z^2
A_2	1	1	1	−1	−1	R_z	
B_1	1	−1	1	1	−1		x^2-y^2
B_2	1	−1	1	−1	1	z	xy
E	2	0	−2	0	0	$(x,y); (R_x, R_y)$	(xz, yz)

D_{3d}	E	$2C_3$	$3C_2$	i	$2S_6$	$3\sigma_d$		
A_{1g}	1	1	1	1	1	1		x^2+y^2, z^2
A_{2g}	1	1	−1	1	1	−1	R_z	
E_g	2	−1	0	2	−1	0	(R_x, R_y)	$(x^2-y^2, xy); (xz, yz)$
A_{1u}	1	1	1	−1	−1	−1		
A_{2u}	1	1	−1	−1	−1	1	z	
E_u	2	−1	0	−2	1	0	(x,y)	

D_{4d}	E	$2S_8$	$2C_4$	$2S_8^3$	C_2	$4C_2'$	$4\sigma_d$		
A_1	1	1	1	1	1	1	1		x^2+y^2, z^2
A_2	1	1	1	1	1	−1	−1	R_z	
B_1	1	−1	1	−1	1	1	−1		
B_2	1	−1	1	−1	1	−1	1	z	
E_1	2	$\sqrt{2}$	0	$-\sqrt{2}$	−2	0	0	(x,y)	
E_2	2	0	−2	0	2	0	0		(x^2-y^2, xy)
E_3	2	$-\sqrt{2}$	0	$\sqrt{2}$	−2	0	0	(R_x, R_y)	(xz, yz)

D_{5d}	E	$2C_5$	$2C_5^2$	$5C_2$	i	$2S_{10}^3$	$2S_{10}$	$5\sigma_d$		
A_{1g}	1	1	1	1	1	1	1	1		x^2+y^2, z^2
A_{2g}	1	1	1	-1	1	1	1	-1	R_z	
E_{1g}	2	$2\cos 72°$	$2\cos 144°$	0	2	$2\cos 72°$	$2\cos 144°$	0	(R_x, R_y)	(xz, yz)
E_{2g}	2	$2\cos 144°$	$2\cos 72°$	0	2	$2\cos 144°$	$2\cos 72°$	0		(x^2-y^2, xy)
A_{1u}	1	1	1	1	-1	-1	-1	-1		
A_{2u}	1	1	1	-1	-1	-1	-1	1	z	
E_{1u}	2	$2\cos 72°$	$2\cos 144°$	0	-2	$-2\cos 72°$	$-2\cos 144°$	0	(x, y)	
E_{2u}	2	$2\cos 144°$	$2\cos 72°$	0	-2	$-2\cos 144°$	$-2\cos 72°$	0		

D_{6d}	E	$2S_{12}$	$2C_6$	$2S_4$	$2C_3$	$2S_{12}^5$	C_2	$6C_2'$	$6\sigma_d$		
A_1	1	1	1	1	1	1	1	1	1		x^2+y^2, z^2
A_2	1	1	1	1	1	1	1	-1	-1	R_z	
B_1	1	-1	1	-1	1	-1	1	1	-1		
B_2	1	-1	1	-1	1	-1	1	-1	1	z	
E_1	2	$\sqrt{3}$	1	0	-1	$-\sqrt{3}$	-2	0	0	(x, y)	
E_2	2	1	-1	-2	-1	1	2	0	0		(x^2-y^2, xy)
E_3	2	0	-2	0	2	0	-2	0	0		
E_4	2	-1	-1	2	-1	-1	2	0	0		
E_5	2	$-\sqrt{3}$	1	0	-1	$\sqrt{3}$	-2	0	0	(R_x, R_y)	(xz, yz)

2.7 Die Gruppen $\mathbf{D}_{nh}$

$\mathbf{D}_{2h}$	E	$C_2(z)$	$C_2(y)$	$C_2(x)$	i	$\sigma(xy)$	$\sigma(xz)$	$\sigma(yz)$		
A_g	1	1	1	1	1	1	1	1		x^2, y^2, z^2
B_{1g}	1	1	-1	-1	1	1	-1	-1	R_z	xy
B_{2g}	1	-1	1	-1	1	-1	1	-1	R_y	xz
B_{3g}	1	-1	-1	1	1	-1	-1	1	R_x	yz
A_u	1	1	1	1	-1	-1	-1	-1		
B_{1u}	1	1	-1	-1	-1	-1	1	1	z	
B_{2u}	1	-1	1	-1	-1	1	-1	1	y	
B_{3u}	1	-1	-1	1	-1	1	1	-1	x	

$\mathbf{D}_{3h}$	E	$2C_3$	$3C_2$	σ_h	$2S_3$	$3\sigma_v$		
A_1'	1	1	1	1	1	1		$x^2 + y^2, z^2$
A_2'	1	1	-1	1	1	-1	R_z	
E'	2	-1	0	2	-1	0	(x, y)	$(x^2 - y^2, xy)$
A_1''	1	1	1	-1	-1	-1		
A_2''	1	1	-1	-1	-1	1	z	
E''	2	-1	0	-2	1	0	(R_x, R_y)	(xz, yz)

$\mathbf{D}_{4h}$	E	$2C_4$	C_2	$2C_2'$	$2C_2''$	i	$2S_4$	σ_h	$2\sigma_v$	$2\sigma_d$		
A_{1g}	1	1	1	1	1	1	1	1	1	1		$x^2 + y^2, z^2$
A_{2g}	1	1	1	-1	-1	1	1	1	-1	-1	R_z	
B_{1g}	1	-1	1	1	-1	1	-1	1	1	-1		$x^2 - y^2$
B_{2g}	1	-1	1	-1	1	1	-1	1	-1	1		xy
E_g	2	0	-2	0	0	2	0	-2	0	0	(R_x, R_y)	(xz, yz)
A_{1u}	1	1	1	1	1	-1	-1	-1	-1	-1		
A_{2u}	1	1	1	-1	-1	-1	-1	-1	1	1	z	
B_{1u}	1	-1	1	1	-1	-1	1	-1	-1	1		
B_{2u}	1	-1	1	-1	1	-1	1	-1	1	-1		
E_u	2	0	-2	0	0	-2	0	2	0	0	(x, y)	

D_{5h}	E	$2C_5$	$2C_5^2$	$5C_2$	σ_h	$2S_5$	$2S_5^3$	$5\sigma_v$		
A_1'	1	1	1	1	1	1	1	1		x^2+y^2, z^2
A_2'	1	1	1	-1	1	1	1	-1	R_z	
E_1'	2	$2\cos 72°$	$2\cos 144°$	0	2	$2\cos 72°$	$2\cos 144°$	0	(x,y)	
E_2'	2	$2\cos 144°$	$2\cos 72°$	0	2	$2\cos 144°$	$2\cos 72°$	0		(x^2-y^2, xy)
A_1''	1	1	1	1	-1	-1	-1	-1		
A_2''	1	1	1	-1	-1	-1	-1	1	z	
E_1''	2	$2\cos 72°$	$2\cos 144°$	0	-2	$-2\cos 72°$	$-2\cos 144°$	0	(R_x, R_y)	(xz, yz)
E_2''	2	$2\cos 144°$	$2\cos 72°$	0	-2	$-2\cos 144°$	$-2\cos 72°$	0		

D_{6h}	E	$2C_6$	$2C_3$	C_2	$3C_2'$	$3C_2''$	i	$2S_3$	$2S_6$	σ_h	$3\sigma_d$	$3\sigma_v$		
A_{1g}	1	1	1	1	1	1	1	1	1	1	1	1		x^2+y^2, z^2
A_{2g}	1	1	1	1	-1	-1	1	1	1	1	-1	-1	R_z	
B_{1g}	1	-1	1	-1	1	-1	1	-1	1	-1	1	-1		
B_{2g}	1	-1	1	-1	-1	1	1	-1	1	-1	-1	1		
E_{1g}	2	1	-1	-2	0	0	2	1	-1	-2	0	0	(R_x, R_y)	(xz, yz)
E_{2g}	2	-1	-1	2	0	0	2	-1	-1	2	0	0		(x^2-y^2, xy)
A_{1u}	1	1	1	1	1	1	-1	-1	-1	-1	-1	-1		
A_{2u}	1	1	1	1	-1	-1	-1	-1	-1	-1	1	1	z	
B_{1u}	1	-1	1	-1	1	-1	-1	1	-1	1	-1	1		
B_{2u}	1	-1	1	-1	-1	1	-1	1	-1	1	1	-1		
E_{1u}	2	1	-1	-2	0	0	-2	-1	1	2	0	0	(x,y)	
E_{2u}	2	-1	-1	2	0	0	-2	1	1	-2	0	0		

2.8 Die Tetraeder- und Oktaedergruppen

T	E	$4C_3$	$4C_3^2$	$2C_2$		$\epsilon = \exp(2\pi i/3)$	
A	1	1	1	1			$x^2 + y^2 + z^2$
E	$\begin{Bmatrix} 1 \\ 1 \end{Bmatrix}$	$\begin{matrix} \epsilon \\ \epsilon^* \end{matrix}$	$\begin{matrix} \epsilon^* \\ \epsilon \end{matrix}$	$\begin{matrix} 1 \\ 1 \end{matrix}$			$(2z^2 - x^2 - y^2, x^2 - y^2)$
T	3	0	0	-1		$(R_x, R_y, R_z); (x, y, z)$	(xy, xz, yz)

T_h	E	$4C_3$	$4C_3^2$	$3C_2$	i	$4S_6^5$	$4S_6$	$3\sigma_h$		$\epsilon = \exp(2\pi i/3)$	
A_g	1	1	1	1	1	1	1	1			$x^2 + y^2 + z^2$
A_u	1	1	1	1	-1	-1	-1	-1			
E_g	$\begin{Bmatrix} 1 \\ 1 \end{Bmatrix}$	$\begin{matrix} \epsilon \\ \epsilon^* \end{matrix}$	$\begin{matrix} \epsilon^* \\ \epsilon \end{matrix}$	$\begin{matrix} 1 \\ 1 \end{matrix}$	$\begin{matrix} 1 \\ 1 \end{matrix}$	$\begin{matrix} \epsilon \\ \epsilon^* \end{matrix}$	$\begin{matrix} \epsilon^* \\ \epsilon \end{matrix}$	$\begin{matrix} 1 \\ 1 \end{matrix}$			$(2z^2 - x^2 - y^2, x^2 - y^2)$
E_u	$\begin{Bmatrix} 1 \\ 1 \end{Bmatrix}$	$\begin{matrix} \epsilon \\ \epsilon^* \end{matrix}$	$\begin{matrix} \epsilon^* \\ \epsilon \end{matrix}$	$\begin{matrix} 1 \\ 1 \end{matrix}$	$\begin{matrix} -1 \\ -1 \end{matrix}$	$\begin{matrix} -\epsilon \\ -\epsilon^* \end{matrix}$	$\begin{matrix} -\epsilon^* \\ -\epsilon \end{matrix}$	$\begin{matrix} -1 \\ -1 \end{matrix}$			
T_g	3	0	0	-1	3	0	0	-1		(R_x, R_y, R_z)	(xz, yz, xy)
T_u	3	0	0	-1	-3	0	0	1		(x, y, z)	

T_d	E	$8C_3$	$3C_2$	$6S_4$	$6\sigma_d$			
A_1	1	1	1	1	1			$x^2 + y^2 + z^2$
A_2	1	1	1	-1	-1			
E	2	-1	2	0	0			$(2z^2 - x^2 - y^2, x^2 - y^2)$
T_1	3	0	-1	1	-1		(R_x, R_y, R_z)	
T_2	3	0	-1	-1	1		(x, y, z)	

O	E	$8C_3$	$6C_2'$	$6C_4$	$3C_2$		
A_1	1	1	1	1	1		$x^2 + y^2 + z^2$
A_2	1	1	-1	-1	1		
E	2	-1	0	0	2		$(2z^2 - x^2 - y^2, x^2 - y^2)$
T_1	3	0	-1	1	-1	$(R_x, R_y, R_z); (x, y, z)$	
T_2	3	0	1	-1	-1		(xy, xz, yz)

O_h	E	$8C_3$	$6C_2'$	$6C_4$	$3C_2$	i	$8S_6$	$6\sigma_d$	$6S_4$	$3\sigma_h$		
A_{1g}	1	1	1	1	1	1	1	1	1	1		$x^2 + y^2 + z^2$
A_{2g}	1	1	-1	-1	1	1	1	-1	-1	1		
E_g	2	-1	0	0	2	2	-1	0	0	2		$(2z^2 - x^2 - y^2, x^2 - y^2)$
T_{1g}	3	0	-1	1	-1	3	0	-1	1	-1	(R_x, R_y, R_z)	
T_{2g}	3	0	1	-1	-1	3	0	1	-1	-1		(xz, yz, xy)
A_{1u}	1	1	1	1	1	-1	-1	-1	-1	-1		
A_{2u}	1	1	-1	-1	1	-1	-1	1	1	-1		
E_u	2	-1	0	0	2	-2	1	0	0	-2		
T_{1u}	3	0	-1	1	-1	-3	0	1	-1	1	(x, y, z)	
T_{2u}	3	0	1	-1	-1	-3	0	-1	1	1		

2.9 Die Ikosaedergruppen

I	E	$12C_5$	$12C_5^2$	$20C_3$	$15C_2$		
A	1	1	1	1	1		$x^2 + y^2 + z^2$
T_1	3	$\frac{1}{2}(1+\sqrt{5})$	$\frac{1}{2}(1-\sqrt{5})$	0	-1	$(R_x, R_y, R_z); (x,y,z)$	
T_2	3	$\frac{1}{2}(1-\sqrt{5})$	$\frac{1}{2}(1+\sqrt{5})$	0	-1		
G	4	-1	-1	1	0		
H	5	0	0	-1	1		$(2z^2 - x^2 - y^2, x^2 - y^2,$ $xy, xz, yz)$

I_h	E	$12C_5$	$12C_5^2$	$20C_3$	$15C_2$	i	$12S_{10}$	$12S_{10}^3$	$20S_6$	15σ		
A_g	1	1	1	1	1	1	1	1	1	1		$x^2 + y^2 + z^2$
T_{1g}	3	$\frac{1}{2}(1+\sqrt{5})$	$\frac{1}{2}(1-\sqrt{5})$	0	-1	3	$\frac{1}{2}(1-\sqrt{5})$	$\frac{1}{2}(1+\sqrt{5})$	0	-1	(R_x, R_y, R_z)	
T_{2g}	3	$\frac{1}{2}(1-\sqrt{5})$	$\frac{1}{2}(1+\sqrt{5})$	0	-1	3	$\frac{1}{2}(1+\sqrt{5})$	$\frac{1}{2}(1-\sqrt{5})$	0	-1		
G_g	4	-1	-1	1	0	4	-1	-1	1	0		
H_g	5	0	0	-1	1	5	0	0	-1	1		$(2z^2 - x^2 - y^2,$ $x^2 - y^2,$ $xy, yz, xz)$
A_u	1	1	1	1	1	-1	-1	-1	-1	-1		
T_{1u}	3	$\frac{1}{2}(1+\sqrt{5})$	$\frac{1}{2}(1-\sqrt{5})$	0	-1	-3	$-\frac{1}{2}(1-\sqrt{5})$	$-\frac{1}{2}(1+\sqrt{5})$	0	1	(x,y,z)	
T_{2u}	3	$\frac{1}{2}(1-\sqrt{5})$	$\frac{1}{2}(1+\sqrt{5})$	0	-1	-3	$-\frac{1}{2}(1+\sqrt{5})$	$-\frac{1}{2}(1-\sqrt{5})$	0	1		
G_u	4	-1	-1	1	0	-4	1	1	-1	0		
H_u	5	0	0	-1	1	-5	0	0	1	-1		

2.10 Die Gruppen linearer Moleküle

$C_{\infty v}$	E	$2C_\infty^\varphi$	$\ldots$	$\infty\sigma_v$		
$A_1 \equiv \Sigma^+$	1	1	$\ldots$	1	z	x^2+y^2, z^2
$A_2 \equiv \Sigma^-$	1	1	$\ldots$	-1	R_z	
$E_1 \equiv \Pi$	2	$2\cos\varphi$	$\ldots$	0	$(x,y); (R_x, R_y)$	(xz, yz)
$E_2 \equiv \Delta$	2	$2\cos 2\varphi$	$\ldots$	0		(x^2-y^2, xy)
$E_3 \equiv \Phi$	2	$2\cos 3\varphi$	$\ldots$	0		
$\ldots\ldots$	$\ldots$	$\ldots\ldots$	$\ldots$	$\ldots$		

$D_{\infty h}$	E	$2C_\infty^\varphi$	$\ldots$	$\infty\sigma_v$	i	$2S_\infty^\varphi$	$\ldots$	∞C_2		
Σ_g^+	1	1	$\ldots$	1	1	1	$\ldots$	1		x^2+y^2, z^2
Σ_g^-	1	1	$\ldots$	-1	1	1	$\ldots$	-1	R_z	
Π_g	2	$2\cos\varphi$	$\ldots$	0	2	$-2\cos\varphi$	$\ldots$	0	(R_x, R_y)	(xz, yz)
Δ_g	2	$2\cos 2\varphi$	$\ldots$	0	2	$2\cos 2\varphi$	$\ldots$	0		(x^2-y^2, xy)
$\ldots$	$\ldots$	$\ldots\ldots$	$\ldots$	$\ldots$	$\ldots$	$\ldots\ldots$	$\ldots$	$\ldots$		
Σ_u^+	1	1	$\ldots$	1	-1	-1	$\ldots$	-1	z	
Σ_u^-	1	1	$\ldots$	-1	-1	-1	$\ldots$	1		
Π_u	2	$2\cos\varphi$	$\ldots$	0	-2	$2\cos\varphi$	$\ldots$	0	(x,y)	
Δ_u	2	$2\cos 2\varphi$	$\ldots$	0	-2	$-2\cos 2\varphi$	$\ldots$	0		
$\ldots$	$\ldots$	$\ldots\ldots$	$\ldots$	$\ldots$	$\ldots$	$\ldots\ldots$	$\ldots$	$\ldots$		

3. Korrelationstabellen von Punktgruppen

3.1 Die Gruppen C_n

C_4	C_2
A	A
B	A
E	$2B$

C_6	C_3	C_2
A	A	A
B	A	B
E_1	E	$2B$
E_2	E	$2A$

3.2 Die Gruppen C_{nv}

C_{2v}	C_2	$\sigma(xz)$ C_s	$\sigma(yz)$ C_s
A_1	A	A'	A'
A_2	A	A''	A''
B_1	B	A'	A''
B_2	B	A''	A'

C_{3v}	C_3	C_s
A_1	A	A'
A_2	A	A''
E	E	$A' \oplus A''$

C_{4v}	C_4	σ_v C_{2v}	σ_d C_{2v}
A_1	A	A_1	A_1
A_2	A	A_2	A_2
B_1	B	A_1	A_2
B_2	B	A_2	A_1
E	E	$B_1 \oplus B_2$	$B_1 \oplus B_2$

C_{5v}	C_5	C_s
A_1	A	A'
A_2	A	A''
E_1	E_1	$A' \oplus A''$
E_2	E_2	$A' \oplus A''$

C_{6v}	C_6	σ_v C_{3v}	σ_d C_{3v}	$\sigma_v \to \sigma(xz)$ C_{2v}
A_1	A	A_1	A_1	A_1
A_2	A	A_2	A_2	A_2
B_1	B	A_1	A_2	B_1
B_2	B	A_2	A_1	B_2
E_1	E_1	E	E	$B_1 \oplus B_2$
E_2	E_2	E	E	$A_1 \oplus A_2$

3.3 Die Gruppen C_{nh}

C_{2h}	C_2	C_s	C_i
A_g	A	A'	A_g
B_g	B	A''	A_g
A_u	A	A''	A_u
B_u	B	A'	A_u

C_{3h}	C_3	C_s
A'	A	A'
E'	E	$2A'$
A''	A	A''
E''	E	$2A''$

C_{4h}	C_4	S_4	C_{2h}
A_g	A	A	A_g
B_g	B	B	A_g
E_g	E	E	$2B_g$
A_u	A	B	A_u
B_u	B	A	A_u
E_u	E	E	$2B_u$

C_{5h}	C_5	C_s
A'	A	A'
E_1'	E_1	$2A'$
E_2'	E_2	$2A'$
A''	A	A''
E_1''	E_1	$2A''$
E_2''	E_2	$2A''$

C_{6h}	C_6	C_{3h}	S_6	C_{2h}
A_g	A	A'	A_g	A_g
B_g	B	A''	A_g	B_g
E_{1g}	E_1	E''	E_g	$2B_g$
E_{2g}	E_2	E'	E_g	$2A_g$
A_u	A	A''	A_u	A_u
B_u	B	A'	A_u	B_u
E_{1u}	E_1	E'	E_u	$2B_u$
E_{2u}	E_2	E''	E_u	$2A_u$

3.4 Die Gruppen S_n

S_4	C_2
A	A
B	A
E	$2B$

S_6	C_3	C_i
A_g	A	A_g
E_g	E	$2A_g$
A_u	A	A_u
E_u	E	$2A_u$

S_8	C_4
A	A
B	A
E_1	E
E_2	$2B$
E_3	E

3.5 Die Gruppen D_n

D_2	$C_2(z)$	$C_2(y)$	$C_2(x)$
A	A	A	A
B_1	A	B	B
B_2	B	A	B
B_3	B	B	A

D_3	C_3	C_2
A_1	A	A
A_2	A	B
E	E	$A \oplus B$

D_4	C_4	C_2	C_2'	C_2''
A_1	A	A	A	A
A_2	A	A	B	B
B_1	B	A	A	B
B_2	B	A	B	A
E	E	$2B$	$A \oplus B$	$A \oplus B$

D_6	C_6	D_3 (C_2')	D_3 (C_2'')	D_2
A_1	A	A_1	A_1	A
A_2	A	A_2	A_2	B_1
B_1	B	A_1	A_2	B_2
B_2	B	A_2	A_1	B_3
E_1	E_1	E	E	$B_2 \oplus B_3$
E_2	E_2	E	E	$A \oplus B_1$

3.6 Die Gruppen D_{nd}

$$C_2 \rightarrow C_2(z)$$

$\mathbf{D}_{2d}$	$\mathbf{S}_4$	$\mathbf{D}_2$	$\mathbf{C}_{2v}$
A_1	A	A	A_1
A_2	A	B_1	A_2
B_1	B	A	A_2
B_2	B	B_1	A_1
E	A	$B_2 \oplus B_3$	$B_1 \oplus B_2$

$\mathbf{D}_{3d}$	$\mathbf{D}_3$	$\mathbf{C}_{3v}$	$\mathbf{S}_6$	$\mathbf{C}_3$	$\mathbf{C}_{2h}$
A_{1g}	A_1	A_1	A_g	A	A_g
A_{2g}	A_2	A_2	A_g	A	B_g
E_g	E	E	E_g	E	$A_g \oplus B_g$
A_{1u}	A_1	A_2	A_u	A	A_u
A_{2u}	A_2	A_1	A_u	A	B_u
E_u	E	E	E_u	E	$A_u \oplus B_u$

$\mathbf{D}_{4d}$	$\mathbf{D}_4$	$\mathbf{C}_{4v}$	$\mathbf{S}_8$
A_1	A_1	A_1	A
A_2	A_2	A_2	A
B_1	A_1	A_2	B
B_2	A_2	A_1	B
E_1	E	E	E_1
E_2	$B_1 \oplus B_2$	$B_1 \oplus B_2$	E_2
E_3	E	E	E_3

$\mathbf{D}_{5d}$	$\mathbf{D}_5$	$\mathbf{C}_{5v}$
A_{1g}	A_1	A_1
A_{2g}	A_2	A_2
E_{1g}	E_1	E_1
E_{2g}	E_2	E_2
A_{1u}	A_1	A_2
A_{2u}	A_2	A_1
E_{1u}	E_1	E_1
E_{2u}	E_2	E_2

$\mathbf{D}_{6d}$	$\mathbf{D}_6$	$\mathbf{C}_{6v}$	$\mathbf{D}_{2d}$
A_1	A_1	A_1	A_1
A_2	A_2	A_2	A_2
B_1	A_1	A_2	B_1
B_2	A_2	A_1	B_2
E_1	E_1	E_1	E
E_2	E_2	E_2	$B_1 \oplus B_2$
E_3	$B_1 \oplus B_2$	$B_1 \oplus B_2$	E
E_4	E_2	E_2	$A_1 \oplus A_2$
E_5	E_1	E_1	E

3.7 Die Gruppen D_{nh}

D_{2h}	D_2	$C_2(z)$ C_{2v}	$C_2(y)$ C_{2v}	$C_2(x)$ C_{2v}	$C_2(z)$ C_{2h}	$C_2(y)$ C_{2h}	$C_2(x)$ C_{2h}
A_g	A	A_1	A_1	A_1	A_g	A_g	A_g
B_{1g}	B_1	A_2	B_2	B_1	A_g	B_g	B_g
B_{2g}	B_2	B_1	A_2	B_2	B_g	A_g	B_g
B_{3g}	B_3	B_2	B_1	A_2	B_g	B_g	A_g
A_u	A	A_2	A_2	A_2	A_u	A_u	A_u
B_{1u}	B_1	A_1	B_1	B_2	A_u	B_u	B_u
B_{2u}	B_2	B_2	A_1	B_1	B_u	A_u	B_u
B_{3u}	B_3	B_1	B_2	A_1	B_u	B_u	A_u

D_{3h}	C_{3h}	D_3	C_{3v}	$\sigma_h \to \sigma_v(zy)$ C_{2v}
A_1'	A'	A_1	A_1	A_1
A_2'	A'	A_2	A_2	B_2
E'	E'	E	E	$A_1 \oplus B_2$
A_1''	A''	A_1	A_2	A_2
A_1''	A''	A_2	A_1	B_1
E''	E''	E	E	$A_2 \oplus B_1$

D_{4h}	D_4	$C_2' \to C_2'$ D_{2d}	$C_2'' \to C_2'$ D_{2d}	C_{4v}	C_{4h}	C_2' D_{2h}	C_2'' D_{2h}
A_{1g}	A_1	A_1	A_1	A_1	A_g	A_g	A_g
A_{2g}	A_2	A_2	A_2	A_2	A_g	B_{1g}	B_{1g}
B_{1g}	B_1	B_1	B_2	B_1	B_g	A_g	B_{1g}
B_{2g}	B_2	B_2	B_1	B_2	B_g	B_{1g}	A_g
E_g	E	E	E	E	E_g	$B_{2g} \oplus B_{3g}$	$B_{2g} \oplus B_{3g}$
A_{1u}	A_1	B_1	B_1	A_2	A_u	A_u	A_u
A_{2u}	A_2	B_2	B_2	A_1	A_u	B_{1u}	B_{1u}
B_{1u}	B_1	A_1	A_2	B_2	B_u	A_u	B_{1u}
B_{2u}	B_2	A_2	A_1	B_1	B_u	B_{1u}	A_u
E_u	E	E	E	E	E_u	$B_{2u} \oplus B_{3u}$	$B_{2u} \oplus B_{3u}$

D_{5h}	D_5	C_{5v}	C_{5h}	C_5	$\sigma_h \to \sigma(xz)$ C_{2v}
A_1'	A_1	A_1	A'	A	A_1
A_2'	A_2	A_2	A'	A	B_1
E_1'	E_1	E_1	E_1'	E_1	$A_1 \oplus B_1$
E_2'	E_2	E_2	E_2'	E_2	$A_1 \oplus B_1$
A_1''	A_1	A_2	A''	A	A_2
A_2''	A_2	A_1	A''	A	B_2
E_1''	E_1	E_1	E_1''	E_1	$A_2 \oplus B_2$
E_2''	E_2	E_2	E_2''	E_2	$A_2 \oplus B_2$

D_{6h}	D_6	D_{3h} (C_2')	D_{3h} (C_2'')	C_{6v}	C_{6h}	D_{3d} (C_2'')	D_{3d} (C_2')	D_{2h} $\begin{array}{l}\sigma_h\to\sigma(xy)\\\sigma_v\to\sigma(yz)\end{array}$	C_{2v} $\begin{array}{l}\sigma_v'=\sigma_v\\\sigma_v=\sigma_h\\C_2=C_2'\end{array}$
A_{1g}	A_1	A_1'	A_1'	A_1	A_g	A_{1g}	A_{1g}	A_g	A_1
A_{2g}	A_2	A_2'	A_2'	A_2	A_g	A_{2g}	A_{2g}	B_{1g}	B_1
B_{1g}	B_1	A_1''	A_2''	B_2	B_g	A_{2g}	A_{1g}	B_{2g}	A_2
B_{2g}	B_2	A_2''	A_1''	B_1	B_g	A_{1g}	A_{2g}	B_{3g}	B_2
E_{1g}	E_1	E''	E''	E_1	E_{1g}	E_g	E_g	$B_{2g}\oplus B_{3g}$	$A_2\oplus B_2$
E_{2g}	E_2	E'	E'	E_2	E_{2g}	E_g	E_g	$A_g\oplus B_{1g}$	$A_1\oplus B_1$
A_{1u}	A_1	A_1''	A_1''	A_2	A_u	A_{1u}	A_{1u}	A_u	A_2
A_{2u}	A_2	A_2''	A_2''	A_1	A_u	A_{2u}	A_{2u}	B_{1u}	B_2
B_{1u}	B_1	A_1'	A_2'	B_1	B_u	A_{2u}	A_{1u}	B_{2u}	A_1
B_{2u}	B_2	A_2'	A_1'	B_2	B_u	A_{1u}	A_{2u}	B_{3u}	B_1
E_{1u}	E_1	E'	E'	E_1	E_{1u}	E_u	E_u	$B_{2u}\oplus B_{3u}$	$A_1\oplus B_1$
E_{2u}	E_2	E''	E''	E_2	E_{2u}	E_u	E_u	$A_u\oplus B_{1u}$	$A_2\oplus B_2$

3.8 Die Tetraeder- und Oktaedergruppen

T	D_2	C_3
A	A	A
E	$2A$	E
T	$B_1\oplus B_2\oplus B_3$	$A\oplus E$

T_h	T	D_{2h}	S_6
A_g	A	A_g	A_g
E_g	E	$2A_g$	E_g
T_g	T	$B_{1g}\oplus B_{2g}\oplus B_{3g}$	$A_g\oplus E_g$
A_u	A	A_u	A_u
E_u	E	$2A_u$	E_u
T_u	T	$B_{1u}\oplus B_{2u}\oplus B_{3u}$	$A_u\oplus E_u$

T_d	T	D_{2d}	C_{3v}	S_4
A_1	A	A_1	A_1	A
A_2	A	B_1	A_2	B
E	E	$A_1\oplus B_1$	E	$A\oplus B$
T_1	T	$A_2\oplus E$	$A_2\oplus E$	$A\oplus E$
T_2	T	$B_2\oplus E$	$A_1\oplus E$	$B\oplus E$

O	T	D_4	D_3
A_1	A	A_1	A_1
A_2	A	B_1	A_2
E	E	$A_1\oplus B_1$	E
T_1	T	$A_2\oplus E$	$A_2\oplus E$
T_2	T	$B_2\oplus E$	$A_1\oplus E$

O_h	O	T_d	T_h	D_{4h}	D_{3d}
A_{1g}	A_1	A_1	A_g	A_{1g}	A_{1g}
A_{2g}	A_2	A_2	A_g	B_{1g}	A_{2g}
E_g	E	E	E_g	$A_{1g}\oplus B_{1g}$	E_g
T_{1g}	T_1	T_1	T_g	$A_{2g}\oplus E_g$	$A_{2g}\oplus E_g$
T_{2g}	T_2	T_2	T_g	$B_{2g}\oplus E_g$	$A_{1g}\oplus E_g$
A_{1u}	A_1	A_2	A_u	A_{1u}	A_{1u}
A_{2u}	A_2	A_1	A_u	B_{1u}	A_{2u}
E_u	E	E	E_u	$A_{1u}\oplus B_{1u}$	E_u
T_{1u}	T_1	T_2	T_u	$A_{2u}\oplus E_u$	$A_{2u}\oplus E_u$
T_{2u}	T_2	T_1	T_u	$B_{2u}\oplus E_u$	$A_{1u}\oplus E_u$

4. Laplacetransformierte

	$f(t)$	$c(p)$	Bedingungen
1.	1	$\dfrac{1}{p}$	$\operatorname{Re} p > 0$
2.	e^{-at}	$\dfrac{1}{p+a}$	$\operatorname{Re}(p+a) > 0$
3.	$\sin at$	$\dfrac{a}{p^2+a^2}$	$\operatorname{Re} p > |\operatorname{Im} a|$
4.	$\cos at$	$\dfrac{p}{p^2+a^2}$	$\operatorname{Re} p > |\operatorname{Im} a|$
5.	t^k	$\dfrac{\Gamma(k+1)}{p^{k+1}}$	$\operatorname{Re} k > -1,\ \operatorname{Re} p > 0$
6.	$t^k e^{-at}$	$\dfrac{\Gamma(k+1)}{(p+a)^{k+1}}$	$\operatorname{Re} k > -1,\ \operatorname{Re}(p+a) > 0$
7.	$\sin at\, e^{-bt}$	$\dfrac{a}{(p+b)^2+a^2}$	$\operatorname{Re}(p+b) > |\operatorname{Im} a|$
8.	$\cos at\, e^{-bt}$	$\dfrac{p+b}{(p+b)^2+a^2}$	$\operatorname{Re}(p+b) > |\operatorname{Im} a|$
9.	$t \sin at$	$\dfrac{2ap}{(p^2+a^2)^2}$	$\operatorname{Re} p > |\operatorname{Im} a|$
10.	$t \cos at$	$\dfrac{p^2-a^2}{(p^2+a^2)^2}$	$\operatorname{Re} p > |\operatorname{Im} a|$
11.	$\sinh at$	$\dfrac{a}{p^2-a^2}$	$\operatorname{Re} p > |\operatorname{Re} a|$
12.	$\cosh at$	$\dfrac{p}{p^2-a^2}$	$\operatorname{Re} p > |\operatorname{Re} a|$
13.	$\sinh at\, e^{-bt}$	$\dfrac{a}{(p+b)^2-a^2}$	$\operatorname{Re}(p+b) > \operatorname{Re} a$
14.	$\cosh at\, e^{-bt}$	$\dfrac{p+b}{(p+b)^2-a^2}$	$\operatorname{Re}(p+b) > \operatorname{Re} a$
15.	$t \sinh at$	$\dfrac{2ap}{(p^2-a^2)^2}$	$\operatorname{Re} p > \operatorname{Re} a$
16.	$t \cosh at$	$\dfrac{p^2+a^2}{(p^2-a^2)^2}$	$\operatorname{Re} p > \operatorname{Re} a$
17.	$t^2 \sin at$	$\dfrac{2a\,(3p^2-a^2)}{(p^2+a^2)^3}$	$\operatorname{Re} p > |\operatorname{Im} a|$

18.	$t^2 \cos at$	$\dfrac{2\,(p^3 - 3a^2 p)}{(p^2 + a^2)^3}$	$\operatorname{Re} p > |\operatorname{Im} a|$
19.	$t^3 \sin at$	$\dfrac{24a\,(p^3 - a^2 p)}{(p^2 + a^2)^4}$	$\operatorname{Re} p > |\operatorname{Im} a|$
20.	$t^3 \cos at$	$\dfrac{6\,(p^4 - 6a^2 p^2 + a^4)}{(p^2 + a^2)^4}$	$\operatorname{Re} p > |\operatorname{Im} a|$
21.	$t^2 \sinh at$	$\dfrac{2a\,(3p^2 + a^2)}{(p^2 - a^2)^3}$	$\operatorname{Re} p > \operatorname{Re} a$
22.	$t^2 \cosh at$	$\dfrac{2\,(p^3 + 3a^2 p)}{(p^2 - a^2)^3}$	$\operatorname{Re} p > \operatorname{Re} a$
23.	$t^3 \sinh at$	$\dfrac{24a\,(p^3 + a^2 p)}{(p^2 - a^2)^4}$	$\operatorname{Re} p > \operatorname{Re} a$
24.	$t^3 \cosh at$	$\dfrac{6\,(p^4 + 6a^2 p^2 + a^4)}{(p^2 - a^2)^4}$	$\operatorname{Re} p > \operatorname{Re} a$
25.	$\dfrac{\sin at}{t}$	$\arctan(a/p)$	$\operatorname{Re} p > |\operatorname{Im} a|$
26.	$\ln t$	$-\dfrac{(\gamma + \ln p)}{p}\,,\ \gamma = 0.5772$	$\operatorname{Re} p > 0$
27.	$J_0(at)$	$\dfrac{1}{\sqrt{p^2 + a^2}}$	$\operatorname{Re} p > |\operatorname{Im} a|$
28.	$J_n(at)$	$a^{-n}\dfrac{(\sqrt{p^2 + a^2} - p)^n}{\sqrt{p^2 + a^2}}$	$\operatorname{Re} p > |\operatorname{Im} a|\,, n > -1$
29.	$\delta(t)$	1	
30.	$\delta(t - a)$	e^{-ap}	

5. Aufgabenlösungen

5.1 Lösungen zu Kapitel I

1. In einem Würfel wird zunächst die Flächendiagonale in der xy-Ebene gezeichnet und berechnet, dann die Raumdiagonale.

2. Seien die Seiten des Parallelogramms $\mathbf{A}$ und $\mathbf{B}$, die Diagonalen $\mathbf{C}+\mathbf{D}$ und $\mathbf{E}+\mathbf{F}$. Dann gilt $\mathbf{C}+\mathbf{F}=\mathbf{A}$, $\mathbf{E}+\mathbf{D}=\mathbf{A}$, $\mathbf{D}=a\,\mathbf{C}$, $\mathbf{F}=b\,\mathbf{E}$. Daraus folgt $(1-b)\,\mathbf{A}=(1-ab)\,\mathbf{C}$. Da $\mathbf{A}$ und $\mathbf{C}$ nicht parallel sind, muß gelten $a=b=1$.

3. Aus $\mathbf{A}+\mathbf{B}=4\mathbf{j}-\mathbf{i}$, $\mathbf{A}-\mathbf{B}=\mathbf{i}+3\mathbf{j}$ folgt algebraisch $2\mathbf{A}=7\mathbf{j}$, $2\mathbf{B}=-2\mathbf{i}+\mathbf{j}$. Geometrisch konstruiert man ein Parallelogramm mit den Seiten $\mathbf{A}+\mathbf{B}$ und $\mathbf{A}-\mathbf{B}$, dessen Diagonalen gerade $2\mathbf{A}$ und $2\mathbf{B}$ sind.

4. $\mathbf{D}=q_\mathrm{O}(\mathbf{r}_{\mathrm{O}_1}+\mathbf{r}_{\mathrm{O}_2})+q_\mathrm{H}(\mathbf{r}_{\mathrm{H}_1}+\mathbf{r}_{\mathrm{H}_2})$

   Wir wählen folgendes Koordinatensystem: O_1 liegt im Koordinatenursprung, O_2 auf der x-Achse, H_2 in der xy-Ebene benachbart zu O_2, H_1 ist gebunden an O_1 und wird um den Winkel φ um die OO-Achse gedreht. Es folgt

   $$\mathbf{r}_{\mathrm{O}_1}=\mathbf{0}$$
   $$\mathbf{r}_{\mathrm{O}_2}=r_{\mathrm{OO}}\,\mathbf{i}$$
   $$\mathbf{r}_{\mathrm{H}_1}=r_{\mathrm{OH}}\left[-\cos(180°-\vartheta_{\mathrm{OOH}})\,\mathbf{i}+\sin(180°-\vartheta_{\mathrm{OOH}})(\cos\varphi\,\mathbf{j}+\sin\varphi\,\mathbf{k})\right]$$
   $$\mathbf{r}_{\mathrm{H}_2}=r_{\mathrm{OO}}\,\mathbf{i}+r_{\mathrm{OH}}\left[\cos(180°-\vartheta_{\mathrm{OOH}})\,\mathbf{i}+\sin(180°-\vartheta_{\mathrm{OOH}})\,\mathbf{j}\right]$$

   Wegen $q_\mathrm{O}=-q_\mathrm{H}$ wird das Dipolmoment

   $$\begin{aligned}\mathbf{D}&=q_\mathrm{H}r_{\mathrm{OH}}\,\sin(180°-\vartheta_{\mathrm{OOH}})\left[(1+\cos\varphi)\,\mathbf{j}+\sin\varphi\,\mathbf{k}\right]\\&=A\left[(1+\cos\varphi)\,\mathbf{j}+\sin\varphi\,\mathbf{k}\right]\end{aligned}$$

   $$\text{mit } A=0.916 \text{ Debye}$$

5. Zwei Raumdiagonalen im Würfel mit der Kantenlänge a werden durch die Vektoren $\mathbf{A}=a\,\mathbf{i}+a\,\mathbf{j}+a\,\mathbf{k}$ und $\mathbf{B}=-a\,\mathbf{i}+a\,\mathbf{j}+a\,\mathbf{k}$ beschrieben. Der Winkel ϑ zwischen $\mathbf{A}$ und $\mathbf{B}$ ist

   $$\vartheta=\arccos\frac{\mathbf{A}\cdot\mathbf{B}}{|\mathbf{A}||\mathbf{B}|}=70.5°$$

6. a) $\mathbf{E}=\dfrac{\mathbf{A}}{|\mathbf{A}|}=\dfrac{2}{3}\mathbf{i}-\dfrac{1}{3}\mathbf{j}+\dfrac{2}{3}\mathbf{k}$

b) $9\,\mathbf{E} = 6\,\mathbf{i} - 3\,\mathbf{j} + 6\,\mathbf{k}$

c) $\mathbf{B} = a\,\mathbf{i} + b\,\mathbf{j} + c\,\mathbf{k}$

   Aus $\mathbf{A} \cdot \mathbf{B} = 0$ folgt $2a - b + 2c = 0$

7. $\left[-\nabla\Phi\right]_{P=(1,1)} = -\left[(2x + 2y)\,\mathbf{i} + (2x - 2y)\,\mathbf{j}\right]_{P=(1,1)} = -4\,\mathbf{i}$

8. $\left[\nabla\Phi\right]_{P=(-1,1,0)} = \left[y^2\,\mathbf{i} + (2xy + z)\,\mathbf{j} + y\,\mathbf{k}\right]_{P=(-1,1,0)} = \mathbf{i} - 2\,\mathbf{j} + \mathbf{k}$

   $\mathbf{e}_s = \frac{2}{3}\,\mathbf{i} - \frac{1}{3}\,\mathbf{j} + \frac{2}{3}\,\mathbf{k}$

   $\dfrac{d\Phi}{ds} = \nabla\Phi \cdot \mathbf{e}_s = 2$

9. a) $\operatorname{div}\mathbf{r} = 3$

   $\operatorname{rot}\mathbf{r} = \mathbf{0}$

   b) $\operatorname{div}\mathbf{A} = 0$

   $\operatorname{rot}\mathbf{A} = -\mathbf{i} - \mathbf{j} - \mathbf{k}$

   c) $\operatorname{div}\mathbf{A} = 2x + 2y + 2z$

   $\operatorname{rot}\mathbf{A} = \mathbf{0}$

   d) $\operatorname{div}\mathbf{A} = 5xy$

   $\operatorname{rot}\mathbf{A} = xz\,\mathbf{i} + yz\,\mathbf{j} + (y^2 - x^2)\,\mathbf{k}$

10. $\nabla \times (\nabla \times \mathbf{E}) = \nabla(\nabla \cdot \mathbf{E}) - \nabla^2\mathbf{E}$

$\Longrightarrow -\nabla \times \dfrac{\partial\mathbf{H}}{\partial t} = -\nabla^2\mathbf{E}$

$\Longrightarrow \nabla^2\mathbf{E} = \nabla \times \dfrac{\partial\mathbf{H}}{\partial t} = \dfrac{\partial}{\partial t}(\nabla \times \mathbf{H}) = \dfrac{\partial^2\mathbf{E}}{\partial t^2}$

   analog für $\mathbf{H}$

11. $\mathbf{A} = (2x - y)\,\mathbf{i} + (2y - x)\,\mathbf{j}$

   a) $x(t) = t\,,\ y(t) = t^2$

   $t_1 = 0\,,\ t_2 = 1$

$\Longrightarrow \displaystyle\int_{t_1}^{t_2} \left(\mathbf{A} \cdot \dfrac{d\mathbf{r}}{dt}\right) dt = \int_0^1 (2t - t^2 + 4t^3 - 2t^2)\,dt = 1$

   b) $x(t) = 2t^2 - t\,,\ y(t) = t$

   $t_1 = 0\,,\ t_2 = 1$

$\Longrightarrow \displaystyle\int_{t_1}^{t_2} \left(\mathbf{A} \cdot \dfrac{d\mathbf{r}}{dt}\right) dt = \int_0^1 (16t^3 - 18t^2 + 6t)\,dt = 1$

Das Integral ist wegunabhängig, weil $\mathbf{A} = \nabla(x^2 - xy + y^2)$, also als Gradient darstellbar ist.

12. $\quad \mathbf{A} = (x + 2y)\,\mathbf{i} - 2x\,\mathbf{j}$

$\nabla \times \mathbf{A} = -4\,\mathbf{k}$

$$\Longrightarrow \quad \oint \mathbf{A} \cdot d\mathbf{r} = \iint_S (\nabla \times \mathbf{A})\,d\mathbf{S}$$

$$\iint_S (-4\,\mathbf{k}) \cdot \mathbf{k}\,dS = -4 \iint_S dS = -4S$$

a) $\quad S = \pi \quad \Longrightarrow \quad -4S = -4\pi$

b) $\quad S = 4 \quad \Longrightarrow \quad -4S = -16$

13. a)
$$\sum_{i=1}^{6} \iint_{S_i} (x^2\,\mathbf{i} + y^2\,\mathbf{j} + z^2\,\mathbf{k}) \cdot \mathbf{n}_i\,dS_i$$

$$= [-x^2]_{x=0} + [x^2]_{x=1} + [-y^2]_{y=0} + [y^2]_{y=1} + [-z^2]_{z=0} + [z^2]_{z=1}$$

$$= 3$$

b) $\mathbf{A} = x^2\,\mathbf{i} + y^2\,\mathbf{j} + z^2\,\mathbf{k}$

$\nabla \cdot \mathbf{A} = 2x + 2y + 2z$

$$\oiint \mathbf{A} \cdot d\mathbf{S} = \iiint_V \nabla \cdot \mathbf{A}\,dV$$

$$= \int_0^1\int_0^1\int_0^1 (2x + 2y + 2z)\,dx\,dy\,dz = 3$$

14. $\quad h_\varrho = 1, \; h_\varphi = \varrho, \; h_z = 1$

$\mathbf{e}_\varrho = \cos\varphi\,\mathbf{i} + \sin\varphi\,\mathbf{j}$

$\mathbf{e}_\varphi = \;\sin\varphi\,\mathbf{i} + \cos\varphi\,\mathbf{j}$

$\mathbf{e}_z = \mathbf{k}$

$d\mathbf{r} = \mathbf{e}_\varrho\,d\varrho + \varrho\,\mathbf{e}_\varphi\,d\varphi + \mathbf{e}_z\,dz$

$ds = (d\varrho^2 + \varrho^2 d\varphi^2 + dz^2)^{1/2}$

$dV = \varrho\,d\varrho\,d\varphi\,dz$

15. a) $\quad u = \text{konst} \quad \Longrightarrow \quad y = u\sqrt{u^2 - 2x} \qquad$ parabolischer Zylinder

$\quad v = \text{konst} \quad \Longrightarrow \quad y = v\sqrt{2x + v^2} \qquad$ parabolischer Zylinder

$\quad z = \text{konst} \qquad\qquad\qquad\qquad\qquad\qquad$ Ebene

b)

$$u = \text{konst} \quad \Longrightarrow \quad z = +\frac{1}{2}\left(u^2 - \frac{x^2+y^2}{u^2}\right) \qquad \text{Paraboloid}$$

$$v = \text{konst} \quad \Longrightarrow \quad z = -\frac{1}{2}\left(v^2 - \frac{x^2+y^2}{v^2}\right) \qquad \text{Paraboloid}$$

$$z = \text{konst} \qquad\qquad\qquad\qquad\qquad\qquad\qquad\qquad \text{Halbebene}$$

16. $\quad \mathbf{A} = \varrho^2\, \mathbf{e}_\varrho$

17. $\quad \Phi = z^2 = r^2 \cos^2 \vartheta$

$$\mathbf{A} = z\,\mathbf{k} = r\cos^2\vartheta\,\mathbf{e}_r - r\cos\vartheta\sin\vartheta\,\mathbf{e}_\vartheta$$

$$\nabla\Phi = \sum_i \mathbf{e}_i \frac{1}{h_i}\frac{\partial\Phi}{\partial q_i} = 2r\cos^2\vartheta\,\mathbf{e}_r - 2r\cos\vartheta\sin\vartheta\,\mathbf{e}_\vartheta$$

$$\nabla\cdot\mathbf{A} = \frac{1}{h_1 h_2 h_3}$$
$$\left[\frac{\partial}{\partial q_1}(h_2 h_3 A_1) + \frac{\partial}{\partial q_2}(h_3 h_1 A_2) + \frac{\partial}{\partial q_3}(h_1 h_2 A_3)\right]$$
$$= \frac{1}{r^2\sin\vartheta}\left[\frac{\partial}{\partial r}(r^3\sin\vartheta\cos^2\vartheta) + \frac{\partial}{\partial\vartheta}(-r^2\cos\vartheta\sin^2\vartheta)\right]$$
$$= \frac{1}{r^2\sin\vartheta}\left[(3r^2\sin\vartheta\cos^2\vartheta) - r^2(-\sin^3\vartheta + 2\sin\vartheta\cos\vartheta)\right]$$
$$= 1$$

$$\nabla\times\mathbf{A} = \frac{1}{h_1 h_2 h_3}
\begin{vmatrix}
h_1\mathbf{e}_1 & h_2\mathbf{e}_2 & h_3\mathbf{e}_3 \\
\frac{\partial}{\partial q_1} & \frac{\partial}{\partial q_2} & \frac{\partial}{\partial q_3} \\
h_1 A_1 & h_2 A_2 & h_3 A_3
\end{vmatrix}$$

$$= \frac{1}{r^2\sin\vartheta}
\begin{vmatrix}
\mathbf{e}_r & r\,\mathbf{e}_\vartheta & r\sin\vartheta\,\mathbf{e}_\varphi \\
\frac{\partial}{\partial r} & \frac{\partial}{\partial\vartheta} & \frac{\partial}{\partial\varphi} \\
r\cos^2\vartheta & -r\cos\vartheta\sin\vartheta & 0
\end{vmatrix}
= \cos\vartheta\sin\vartheta\left(2 - \frac{1}{r}\right)\mathbf{e}_\varphi$$

$$\nabla^2\Phi = \frac{1}{h_1 h_2 h_3}$$
$$\left[\frac{\partial}{\partial q_1}\left(\frac{h_2 h_3}{h_1}\frac{\partial\Phi}{\partial q_1}\right) + \frac{\partial}{\partial q_2}\left(\frac{h_3 h_1}{h_2}\frac{\partial\Phi}{\partial q_2}\right) + \frac{\partial}{\partial q_3}\left(\frac{h_1 h_2}{h_3}\frac{\partial\Phi}{\partial q_3}\right)\right]$$
$$= \frac{1}{r^2\sin\vartheta}\left[\frac{\partial}{\partial r}\left(r^2\sin\vartheta\frac{\partial z^2}{\partial r}\right) + \frac{\partial}{\partial\vartheta}\left(\sin\vartheta\frac{\partial z^2}{\partial\vartheta}\right)\right]$$
$$= 2$$

18. Die Tabelle der Ca^{2+}-Konzentration wird in Matrix $\mathbf{A}$ zusammengefaßt, die der SO_4^{2-}-Konzentration in Matrix $\mathbf{B}$.

a) Die Konzentration an $CaCO_3$ ergibt sich zu $\mathbf{C} = \mathbf{A} - \mathbf{B}$.
1 mmol/l Ca^{2+} entspricht 5.608 mg CaO in 100 cm^3.
Für die temporäre Härte erhält man

$$\mathbf{D} = 5.608\,\mathbf{C} = \begin{pmatrix} 1.890 & 1.750 & 2.109 \\ 2.271 & 2.350 & 2.053 \\ 2.580 & 2.630 & 1.968 \end{pmatrix}$$

b) Sulfathärte

$$\mathbf{E} = 5.608\,\mathbf{B} = \begin{pmatrix} 4.318 & 4.228 & 3.970 \\ 3.612 & 3.359 & 3.450 \\ 4.430 & 4.240 & 4.632 \end{pmatrix}$$

c) Gesamthärte

$$\mathbf{F} = \mathbf{D} + \mathbf{E} = \begin{pmatrix} 6.208 & 5.978 & 6.079 \\ 5.883 & 5.709 & 5.501 \\ 7.010 & 6.870 & 6.601 \end{pmatrix}$$

19. Die Reaktionsgleichungen lassen sich in Form eines linearen Gleichungssystems darstellen

$$\begin{pmatrix} 1 & \frac{1}{2} & -1 & 0 \\ 0 & \frac{1}{2} & 1 & -1 \\ 1 & 1 & 0 & -1 \\ 1 & 0 & -2 & 1 \end{pmatrix} \begin{pmatrix} C \\ O_2 \\ CO \\ CO_2 \end{pmatrix} = \begin{pmatrix} 0 \\ 0 \\ 0 \\ 0 \end{pmatrix}$$

Elementare Zeilentransformationen der Koeffizientenmatrix führen zu

$$\begin{pmatrix} 1 & \frac{1}{2} & -1 & 0 \\ 0 & \frac{1}{2} & 1 & -1 \\ 0 & 0 & 0 & 0 \\ 0 & 0 & 0 & 0 \end{pmatrix}$$

Der Rang dieser Matrix beträgt 2. Es gibt also nur zwei unabhängige Reaktionsgleichungen.

20. a) $\mathbf{A}^2 = \mathbf{B}^2 = \mathbf{C}^2 = \mathbf{E}$

   b) $\mathbf{AB} = -\mathbf{BA}$

   $\mathbf{AC} = -\mathbf{CA}$ nicht vertauschbar

   $\mathbf{BC} = -\mathbf{CB}$

   c) $\mathbf{A}^\dagger = \mathbf{A}$, $\mathbf{B}^\dagger = \mathbf{B}$, $\mathbf{C}^\dagger = \mathbf{C}$ hermitesch

21. $\tilde{\mathbf{A}} = \begin{pmatrix} 1 & 0 \\ -1 & i \end{pmatrix}$ $\mathbf{A}^* = \begin{pmatrix} 1 & -1 \\ 0 & -i \end{pmatrix}$ $\mathbf{A}^\dagger = \begin{pmatrix} 1 & 0 \\ -1 & -i \end{pmatrix}$

$$\mathbf{AB} = \begin{pmatrix} 2 & -2 & -6 \\ 0 & 3i & 5i \end{pmatrix} \quad \tilde{\mathbf{B}}\tilde{\mathbf{A}} = \begin{pmatrix} 2 & 0 \\ -2 & 3i \\ -6 & 5i \end{pmatrix}$$

$$\mathbf{\tilde{B}AC} = \begin{pmatrix} 2 & 2 \\ 1-3i & 1 \\ -1-5i & -1 \end{pmatrix} \quad \mathbf{\tilde{B}C} = \begin{pmatrix} 0 & 2 \\ -3 & 1 \\ -5 & -1 \end{pmatrix}$$

$$\mathbf{\tilde{A}B}, \ \mathbf{B\tilde{A}}, \ \mathbf{ABC}, \ \mathbf{A\tilde{B}C}, \ \mathbf{C\tilde{B}} \qquad \text{nicht definiert}$$

22.
$$\mathbf{C} = \mathbf{AB} \qquad (c_{ij}) = \left(\sum_k a_{ik} b_{kj} \right)$$

$$\implies \quad \mathbf{\tilde{C}} = (c_{ji}) = \left(\sum_k a_{jk} b_{ki} \right) = \left(\sum_k \tilde{b}_{ik} \tilde{a}_{kj} \right)$$

$$= \mathbf{\tilde{B}\tilde{A}}$$

Speziell $\mathbf{B} = \mathbf{\tilde{A}}$

$$\mathbf{C} = \mathbf{A\tilde{A}}, \ \mathbf{\tilde{C}} = \mathbf{\tilde{\tilde{A}}\tilde{A}} = \mathbf{A\tilde{A}}$$

23. a)
$$\begin{vmatrix} 1 & 1 & 1 & 1 \\ 1 & 2 & 3 & 4 \\ 1 & 3 & 6 & 10 \\ 1 & 4 & 10 & 20 \end{vmatrix} = \begin{vmatrix} 2 & 3 & 4 \\ 3 & 6 & 10 \\ 4 & 10 & 20 \end{vmatrix} - \begin{vmatrix} 1 & 3 & 4 \\ 1 & 6 & 10 \\ 1 & 10 & 20 \end{vmatrix}$$

$$+ \begin{vmatrix} 1 & 2 & 4 \\ 1 & 3 & 10 \\ 1 & 4 & 20 \end{vmatrix} - \begin{vmatrix} 1 & 2 & 3 \\ 1 & 3 & 6 \\ 1 & 4 & 10 \end{vmatrix} \qquad \text{etc.}$$

b)
$$\begin{vmatrix} 1 & 1 & 1 & 1 \\ 1 & 2 & 3 & 4 \\ 1 & 3 & 6 & 10 \\ 1 & 4 & 10 & 20 \end{vmatrix} = \begin{vmatrix} 1 & 1 & 1 & 1 \\ 0 & 1 & 2 & 3 \\ 0 & 0 & 1 & 3 \\ 0 & 0 & 0 & 0 \end{vmatrix} = 1$$

24. a) $\quad D = 1$, weil unteres Dreieck null ist

b) $\quad D = 0$, weil $D = |\mathbf{A}| = |\mathbf{\tilde{A}}| = (-1)^5 |\mathbf{A}|$

25. Nachdem die erste Zeile zur zweiten Zeile addiert wurde, hat sich die zweite Zeile geändert. Diese neue Zeile muß im nächsten Schritt verwendet werden.

26. a)
$$\begin{vmatrix} 1 & a & bc \\ 1 & b & ac \\ 1 & c & ab \end{vmatrix} = \begin{vmatrix} 1 & a & bc \\ 0 & b-a & (a-b)c \\ 0 & c-a & (a-c)b \end{vmatrix}$$

$$= (b-a)(c-a) \begin{vmatrix} 1 & a & bc \\ 0 & 1 & -c \\ 0 & 1 & -b \end{vmatrix}$$

$$= (b-a)(c-a) \begin{vmatrix} 1 & a & bc \\ 0 & 1 & -c \\ 0 & 0 & c-b \end{vmatrix}$$

$$= (b-a)(c-a)(c-b) \begin{vmatrix} 1 & a & bc \\ 0 & 1 & -c \\ 0 & 0 & 1 \end{vmatrix}$$

$$= (b-a)(c-a)(c-b)$$

b) $$\begin{vmatrix} 1 & a & bc \\ 1 & b & ac \\ 1 & c & ab \end{vmatrix} = \begin{vmatrix} 1 & a & bc+a(a+b+c) \\ 1 & b & ac+b(a+b+c) \\ 1 & c & ab+c(a+b+c) \end{vmatrix} = \begin{vmatrix} 1 & a & a^2 \\ 1 & b & b^2 \\ 1 & c & c^2 \end{vmatrix}$$

27. a) $$\begin{pmatrix} 1 & 1 & 2 \\ 2 & 4 & 6 \\ 3 & 2 & 5 \end{pmatrix} \sim \begin{pmatrix} 1 & 0 & 0 \\ 2 & 2 & 2 \\ 3 & -1 & -1 \end{pmatrix} \quad \text{Rang 2}$$

b) $$\begin{pmatrix} 2 & -3 & 5 & 3 \\ 4 & -1 & 1 & 1 \\ 3 & -2 & 3 & 4 \end{pmatrix} \sim \begin{pmatrix} -18 & 0 & 0 & 0 \\ 4 & -5 & 0 & 0 \\ 3 & -15 & 2 & 0 \end{pmatrix} \quad \text{Rang 3}$$

c) $$\begin{pmatrix} 1 & 0 & 1 & 0 \\ -1 & -2 & -1 & 0 \\ 2 & 2 & 5 & 3 \\ 2 & 4 & 8 & 6 \end{pmatrix} \sim \begin{pmatrix} 1 & 0 & 0 & 0 \\ -1 & -2 & 0 & 0 \\ 2 & 2 & 3 & 3 \\ 2 & 4 & 6 & 6 \end{pmatrix} \quad \text{Rang 3}$$

28.
$$0 = \begin{vmatrix} a_i & a_j & a_k \\ b_i & b_j & b_k \\ c_i & c_j & c_k \end{vmatrix} = \begin{vmatrix} a_i & a_j & a_k \\ 0 & b_j - la_j & b_k - la_k \\ 0 & 0 & c_k - ma_k - n(b_k - la_k) \end{vmatrix}$$

$$\implies \quad c_k = (m-l)a_k + nb_k$$

29. $D = |\mathbf{A}| = (-1)^3 |\mathbf{A}| = 0 \implies \mathbf{A}$ singulär

Es gibt eine zweireihige Unterdeterminante, die von null verschieden ist. Deshalb ist $r = 2$.

30.
$$\mathbf{A}^{-1} = -\frac{1}{6} \begin{pmatrix} -2 & -2 & 1 \\ -4 & -4 & 5 \\ -8 & -2 & 4 \end{pmatrix}, \quad \mathbf{B}^{-1} = \begin{pmatrix} 1 & 1 & -1 \\ -2 & 0 & 1 \\ 0 & -1 & 1 \end{pmatrix}$$

$$\mathbf{B}^{-1}\mathbf{A}\mathbf{B} = \begin{pmatrix} 3 & 1 & 2 \\ -2 & -2 & -2 \\ -2 & -1 & 0 \end{pmatrix} \neq \mathbf{A}$$

$\mathbf{A}$ und $\mathbf{B}$ sind äquivalent, weil sie den gleichen Rang $r = 3$ haben.

31. a)

$$\Psi(1,2) = \begin{vmatrix} \psi_1(1)\alpha(1) & \psi_2(1)\alpha(1) \\ \psi_1(2)\alpha(2) & \psi_2(2)\alpha(2) \end{vmatrix}$$

$$= \Big(\psi_1(1)\psi_2(2) - \psi_2(1)\psi_1(2)\Big)\alpha(1)\alpha(2)$$

Die Raumorbitale müssen verschieden sein.

b)

$$\Psi(1,2) = \begin{vmatrix} \psi_1(1)\alpha(1) & \psi_2(1)\beta(1) \\ \psi_1(2)\alpha(2) & \psi_2(2)\beta(2) \end{vmatrix}$$

$$= \psi_1(1)\psi_2(2)\alpha(1)\beta(2) - \psi_2(1)\psi_1(2)\beta(1)\alpha(2)$$

32. a) linear unabhängig   b) linear abhängig

c) linear unabhängig   d) linear unabhängig

33.

$$W = \begin{vmatrix} f_1 & f_2 \\ f_1' & f_2' \end{vmatrix} = 0 \quad \Longrightarrow \quad f_1 f_2' = f_2 f_1'$$

$$\frac{f_1}{f_1'} = \frac{f_2}{f_2'} \quad \Longrightarrow \quad \ln f_1 = \ln f_2 + c \Rightarrow f_1 = a f_2$$

34. a) Rang $\mathbf{A} = 2$, Rang $\mathbf{AH} = 3$ nicht lösbar

b) Rang $\mathbf{A} = $ Rang $\mathbf{AH} = 4$ $\Longrightarrow x = y = z = w = 0$

35.

$$ax_1 + by_1 + cz_1 = d$$
$$ax_2 + by_2 + cz_2 = d$$
$$ax_3 + by_3 + cz_3 = d$$
$$ax_4 + by_4 + cz_4 = d$$

$$\begin{pmatrix} x_1 & y_1 & z_1 & -1 \\ x_2 & y_2 & z_2 & -1 \\ x_3 & y_3 & z_3 & -1 \\ x_4 & y_4 & z_4 & -1 \end{pmatrix} \begin{pmatrix} a \\ b \\ c \\ d \end{pmatrix} = \begin{pmatrix} 0 \\ 0 \\ 0 \\ 0 \end{pmatrix}$$

Nichttriviale Lösung für

$$\begin{vmatrix} x_1 & y_1 & z_1 & -1 \\ x_2 & y_2 & z_2 & -1 \\ x_3 & y_3 & z_3 & -1 \\ x_4 & y_4 & z_4 & -1 \end{vmatrix} = \begin{vmatrix} x_2 - x_1 & y_2 - y_1 & z_2 - z_1 \\ x_3 - x_1 & y_3 - y_1 & z_3 - z_1 \\ x_4 - x_1 & y_4 - y_1 & z_4 - z_1 \end{vmatrix} = 0$$

36. $\mathbf{Y} = \mathbf{A}\,\mathbf{X}$

$$|\mathbf{A}| = \begin{vmatrix} 1 & 1 & 0 \\ 2 & 3 & 1 \\ -2 & 3 & 5 \end{vmatrix} = 0$$

$$\begin{pmatrix} 1 & 1 & 0 \\ 2 & 3 & 1 \\ -2 & 3 & 5 \end{pmatrix} \begin{pmatrix} 1 & 2 & 1 \\ 1 & 1 & 2 \\ 1 & 2 & 3 \end{pmatrix} = \begin{pmatrix} 2 & 3 & 3 \\ 6 & 9 & 11 \\ 6 & 9 & 19 \end{pmatrix} \sim \begin{pmatrix} 2 & 0 & 3 \\ 6 & 0 & 11 \\ 6 & 0 & 19 \end{pmatrix}$$

linear abhängig

37.
$$\begin{pmatrix} x_{1W} \\ x_{2W} \\ x_{3W} \end{pmatrix} = \frac{1}{2} \begin{pmatrix} 15 \\ 9 \\ -1 \end{pmatrix}$$

38.
$$\mathbf{Y}_1 = \mathbf{i} + 2\,\mathbf{j} + \mathbf{k}$$
$$\mathbf{Y}_2 = 4\,\mathbf{i} - 4\,\mathbf{k}$$
$$\mathbf{Y}_3 = -\mathbf{i} + \mathbf{j} - \mathbf{k}$$

39.
$$\mathbf{Y}_1 = \frac{\sqrt{3}}{2}\,\mathbf{i} - \frac{1}{2}\,\mathbf{j}$$
$$\mathbf{Y}_2 = \frac{1}{2}\,\mathbf{i} + \frac{\sqrt{3}}{2}\,\mathbf{j}$$

40.
$$\lambda = \frac{1}{2}(\alpha_a + \alpha_b) \pm \left[\beta_{ab}^2 + \frac{1}{4}(\alpha_a - \alpha_b)^2 \right]^{1/2}$$

a) $\lambda_1 = \alpha_a + \beta_{ab}, \ \lambda_2 = \alpha_a - \beta_{ab}$

b)
$$\lambda_1 - \alpha_a = \frac{1}{2}(\alpha_b - \alpha_a) - \left[\beta_{ab}^2 + \frac{1}{4}(\alpha_b - \alpha_a)^2 \right]^{1/2} < 0$$
$$\lambda_2 - \alpha_b = \frac{1}{2}(\alpha_a - \alpha_b) + \left[\beta_{ab}^2 + \frac{1}{4}(\alpha_a - \alpha_b)^2 \right]^{1/2} > 0$$

41.
$$\mathbf{A} = \begin{pmatrix} 4 & 0 & 3 \\ 0 & 2 & 0 \\ 3 & 0 & -4 \end{pmatrix} \qquad \mathbf{P} = \begin{pmatrix} \frac{1}{\sqrt{10}} & 0 & \frac{3}{\sqrt{10}} \\ 0 & 1 & 0 \\ -\frac{3}{\sqrt{10}} & 0 & \frac{1}{\sqrt{10}} \end{pmatrix}$$
$$\lambda_1 = -5, \ \lambda_2 = 2, \ \lambda_3 = 5$$

42. $|\mathbf{A} - \lambda\,\mathbf{E}| = 0$
$$\implies \quad (\cos\varphi - \lambda)^2(1 - \lambda) + \sin^2\varphi(1 - \lambda) = 0$$
$$\lambda_1 = 1, \ \lambda_{2,3} = \cos\varphi \pm i\sin\varphi$$

Es gibt zwei imaginäre Eigenwerte, weil es sich um eine schiefsymmetrische Matrix handelt.

5.2 Lösungen zu Kapitel II

1. Es werden die vier Gruppenbedingungen überprüft.

   a) Abgeschlossenheit
   $$z_1 + z_2 = x_1 + iy_1 + x_2 + iy_2 = (x_1 + x_2) + i(y_1 + y_2) = z_3$$

   b) Assoziatives Gesetz
   $$(z_1 + z_2) + z_3 = (x_1 + x_2) + i(y_1 + y_2) + x_3 + iy_3 =$$
   $$x_1 + iy_1 + (x_2 + x_3) + i(y_2 + y_3) = z_1 + (z_2 + z_3)$$

   c) Neutralelement
   $$z = 0$$

   d) Inverses Element
   $$z + (-z) = 0$$

2. Nein; für $a = -1$ existiert kein Inverses

3. Nein; für alle Zahlen außer 0 existiert kein Inverses

4. a) $(1, -1)$, b) ja, z. B. $(1, -1, i, -i)$

5. Durch Multiplikation mit a^{-1} von links folgt $x = a^{-1}$, durch Multiplikation von rechts $y = a^{-1}$. Dagegen erhält man auf die gleiche Weise $x = a^{-1}b$ und $y = ba^{-1}$. Die Gleichheit besteht nur, wenn a und b kommutieren.

6. Aus $xz = b$ und $yz = b$ folgt $x = bz^{-1}$, $y = bz^{-1}$, also $x = y$.

7. Die Multiplikationstabelle ist $\mathbf{G}_4^{(2)}$; das Neutralelement ist eine Drehung um 360° um jede der drei Achsen.

8. Aus $a + c = e$ folgt $c + a = e$. Damit gibt $b = c + (a + b) = c + c$ und $b + a = c + (c + a) = c$. Hieraus leitet man ab $b + (a + c) = c + b = b + c$. Dies kann nicht gleich b oder c sein, weil diese Elemente nicht neutral sind, und auch nicht gleich e, weil b nicht zu c invers ist. Es folgt $b + c = c + b = a$. Die restlichen Kombinationen ergeben sich als fehlende Elemente für jede Zeile. Dies ist die Tabelle $\mathbf{G}_4^{(1)}$ nach Vertauschung von b und c.

9. a) Multiplikationstabelle beweist Gruppeneigenschaften

	E	A	B	C	D	F	G	H
E	E	A	B	C	D	F	G	H
A	A	E	C	B	F	D	H	G
B	B	C	A	E	H	G	D	F
C	C	B	E	A	G	H	F	D
D	D	F	H	G	E	A	B	C
F	F	D	G	H	A	E	C	B
G	G	H	D	F	B	C	E	A
H	H	G	F	D	C	B	A	E

b) $\mathbf{A}^2 = \mathbf{D}^2 = \mathbf{F}^2 = \mathbf{G}^2 = \mathbf{H}^2 = \mathbf{E}$, $\mathbf{B}^4 = \mathbf{E}$

Zyklische Untergruppen sind $\{\mathbf{E},\mathbf{A}\}$, $\{\mathbf{E},\mathbf{D}\}$, $\{\mathbf{E},\mathbf{F}\}$, $\{\mathbf{E},\mathbf{G}\}$, $\{\mathbf{E},\mathbf{H}\}$ und $\{\mathbf{E},\mathbf{B},\mathbf{A},\mathbf{C}\}$;

nichtzyklische Untergruppen sind $\{\mathbf{E},\mathbf{A},\mathbf{D},\mathbf{F}\}$ und $\{\mathbf{E},\mathbf{A},\mathbf{G},\mathbf{H}\}$.

10. Durch Multiplikation zweier Matrizen $\mathbf{A}_{\varphi_1}$ und $\mathbf{A}_{\varphi_2}$ ergibt sich $\mathbf{A}_{\varphi_1+\varphi_2}$, also Abgeschlossenheit. Das assoziative Gesetz gilt für Matrizen. Das Neutralelement ist $\mathbf{A}_0$. Das inverse Element zu $\mathbf{A}_\varphi$ ist $\mathbf{A}_{-\varphi}$. Die Gruppe hat unendlich viele Elemente. Sie enthält alle Untergruppen, die von Elementen $\mathbf{A}_{2\pi/n}$ zyklisch erzeugt werden.

11. Für unitäre Matrizen gilt $\mathbf{A}^{-1} = \mathbf{A}^\dagger$ und $\mathbf{B}^{-1} = \mathbf{B}^\dagger$.

a) Abgeschlossenheit: $\mathbf{C}^{-1} = (\mathbf{AB})^{-1} = \mathbf{B}^{-1}\mathbf{A}^{-1} = \mathbf{B}^\dagger\mathbf{A}^\dagger = \mathbf{C}^\dagger$

b) Assoziatives Gesetz gilt für Matrizen

c) Neutralelement $\mathbf{E}$ ist unitär

d) Inverse Elemente existieren aufgrund der Definition

Matrizen mit der Determinante $+1$ sind orthogonale Matrizen, bei denen alle Elemente reell sind und für die gilt $\mathbf{A}^{-1} = \tilde{\mathbf{A}}$.

12. Untergruppe: $ee = e$ ist abgeschlossen, assoziativ, neutral und invers.
Klasse: $e = xex^{-1}$
Es gibt keine weiteren Klassen, die Untergruppen sind, weil diese das Neutralelement nicht enthalten können.

13. Untergruppen $\{e,a\}$, $\{e,b\}$, $\{e,c\}$, $\{e,d,f\}$
Klassen $\{e\}$, $\{d,f\}$, $\{a,b,c\}$

14. $xax^{-1} = axx^{-1} = a$

15. Die Ordnung einer Gruppe ist ein ganzzahliges Vielfaches der Ordnung ihrer Untergruppen. Es kann also nur das Neutralelement mit der Ordnung 1 als eigentliche Untergruppe auftreten.

16. Die Determinanten bilden eine Gruppe.
    a) Abgeschlossenheit
       Aus $\mathbf{A}_k = \mathbf{A}_i\,\mathbf{A}_j$ folgt $|\mathbf{A}_k| = |\mathbf{A}_i\,\mathbf{A}_j| = |\mathbf{A}_i|\,|\mathbf{A}_j|$.
    b) Assoziatives Gesetz gilt für Zahlen
    c) Neutralelement
       Aus $\mathbf{E}$ folgt $|\mathbf{E}| = 1$
    d) Inverse Elemente
       Aus $\mathbf{E} = \mathbf{A}\,\mathbf{A}^{-1}$ folgt $1 = |\mathbf{A}\,\mathbf{A}^{-1}| = |\mathbf{A}|\,|\mathbf{A}^{-1}| = |\mathbf{A}|\,|\mathbf{A}|^{-1}$. Die
       Gruppe $\mathbf{H}$ ist i. a. homomorph zu $\mathbf{G}$, weil mehrere Matrizen die gleiche
       Determinante haben können, es in $\mathbf{H}$ also weniger Elemente als in $\mathbf{G}$
       geben kann.

17. $\mathbf{G}_1$ und $\mathbf{G}_3$ sind isomorph, was durch Vertauschung von a und c ersichtlich
    ist. $\mathbf{G}_2$ ist weder zu $\mathbf{G}_1$ noch zu $\mathbf{G}_3$ isomorph, weil in $\mathbf{G}_2$ für alle Elemente
    $x^2 = e$ gilt, nicht aber in $\mathbf{G}_1$ und $\mathbf{G}_3$.

18.
$$e^{n\pi i} = \cos n\pi + i\sin n\pi = \begin{cases} +1 \\ -1 \end{cases} \text{für} \quad \begin{matrix} n \text{ gerade} \\ n \text{ ungerade} \end{matrix}$$

   Da $\mathbf{G}_1$ unendliche viele Elemente hat, $\mathbf{G}_2$ dagegen nur zwei Elemente,
   handelt es sich um einen Homomorphismus.

19. Eine Folge von wiederholten Drehungen mit $\varphi = 360°/n$ darf nicht über
    $360°$ herausführen, ohne $360°$ exakt zu erreichen. Dies wäre bei nicht
    ganzzahligem n der Fall.

20. a) Für Koordinaten x_i, y_i, z_i gilt $ix_i = -x_i$, $iy_i = -y_i$, $iz_i = -z_i$. Für
       Produkte von Koordinaten gilt $if(x_i, y_i, z_i) = \pm f(x_i, y_i, z_i)$. Die Darstel-
       lungsmatrix ist also eine Diagonalmatrix mit $+1$ und -1 als Diagonalele-
       menten. Eine solche Matrix ist mit jeder anderen Matrix vertauschbar.

    b) Dies gilt wegen $xix^{-1} = ixx^{-1} = i$

21. $S_n = C_n\sigma_h \implies S_n^2 = (C_n\sigma_h)^2 = C_n^2\sigma_h^2 = C_n^2 = C_{n/2}$
    C_n^2 ist eine Drehung um $4\pi/n = 2\pi/(n/2)$.

22. Symmetrieelemente C_2, σ_v, σ_v' mit entsprechenden Symmetrieoperatio-
    nen.
    $C_2^2 = \sigma_v^2 = \sigma_v'^2 = E$, $C_2\sigma_v' = \sigma_v$, $C_2\sigma_v' = \sigma_v$, $\sigma_v\sigma_v' = C_2$. Die Gruppe
    ist kommutativ.

23. Symmetrieelemente sind C_5-Achse, 5 C_2-Achsen, 5 σ_d-Ebenen, i Inver-
    sion, S_{10}-Drehspiegelachse. C_5 erzeugt C_5^2, C_5^3, C_5^4, E; S_{10} erzeugt dazu
    S_{10}^3, S_{10}^5, S_{10}^7, S_{10}^9.

24. a) $\mathbf{C}_{2v}$ b) $\mathbf{D}_{3d}$ c) $\mathbf{D}_{2d}$

25. a) $\mathbf{D}_{3h}$ b) $\mathbf{D}_{3h}$ c) $\mathbf{D}_3$ d) $\mathbf{C}_{3v}$

26. a) $\mathbf{C}_{2v}$ b) $\mathbf{C}_{2h}$ c) $\mathbf{D}_{2h}$ d) $\mathbf{D}_{3h}$ e) $\mathbf{D}_{2d}$ f) $\mathbf{T}_d$ g) $\mathbf{C}_s$
h) $\mathbf{C}_2$ i) $\mathbf{D}_{3h}$ j) $\mathbf{T}_d$ k) $\mathbf{O}_h$

27. Für die angegebenen Strukturen gilt a) ja, b) ja, c) ja, d) nein, e) nein,
f) ja. Für Fall a) und c) wird jedoch im Experiment keine optische Aktivität gefunden, weil sich eine Gleichverteilung von Enantiomeren durch Rotation einstellt.

28. a) In $\mathbf{C}_5$ bilden alle Elemente $C_5, C_5^2, C_5^3, C_5^4, E$ eine Klasse für sich, weil die Gruppe abelsch ist.

   b) $\mathbf{D}_5$ ist eine nicht abelsche Gruppe mit folgenden Klassen:
   $\{E\}$, $\{C_5, C_5^{-1}\}$, $\{C_5^2, C_5^3\}$, $\{5C_2\}$.
   Durch die Hinzunahme der Elemente C_2 verändern sich die alten Klassen von $\mathbf{C}_5$, da die C_2 mit den aus C_5 resultierenden Elementen nicht kommutieren.

29. $\mathbf{C}_6, \mathbf{C}_{3h}, \mathbf{S}_6$ sind zyklische abelsche Gruppen; $\mathbf{C}_{3v}$ und $\mathbf{P}_3$ sind nicht abelsch mit der gleichen Multiplikationstabelle. Deshalb sind $\mathbf{C}_{3v}$ und $\mathbf{P}_3$ isomorph.

30.
$$\mathbf{C}_n^{(z)} = \begin{pmatrix} \cos 2\pi/n & -\sin 2\pi/n & 0 \\ \sin 2\pi/n & \cos 2\pi/n & 0 \\ 0 & 0 & 1 \end{pmatrix}$$

$$\sigma_{xy} = \begin{pmatrix} 1 & 0 & 0 \\ 0 & 1 & 0 \\ 0 & 0 & -1 \end{pmatrix} \qquad i = \begin{pmatrix} -1 & 0 & 0 \\ 0 & -1 & 0 \\ 0 & 0 & -1 \end{pmatrix}$$

$$\mathbf{S}_n^{(z)} = \mathbf{C}_n^{(z)} \sigma_{xy} = \begin{pmatrix} \cos 2\pi/n & -\sin 2\pi/n & 0 \\ \sin 2\pi/n & \cos 2\pi/n & 0 \\ 0 & 0 & -1 \end{pmatrix}$$

31. Mit der Konvention, daß die 4-zählige Achse die z-Achse ist und die x- und y-Achse jeweils durch zwei äquivalente gegenüberliegende Atome oder Atomgruppen geht, erhält man folgende Matrizen zur Basis x^2, y^2, xy

$$\mathbf{E} = \begin{pmatrix} 1 & 0 & 0 \\ 0 & 1 & 0 \\ 0 & 0 & 1 \end{pmatrix} \qquad \mathbf{C}_4 = \begin{pmatrix} 0 & 1 & 0 \\ 1 & 0 & 0 \\ 0 & 0 & -1 \end{pmatrix}$$

$$\mathbf{C}_2 = \begin{pmatrix} 1 & 0 & 0 \\ 0 & 1 & 0 \\ 0 & 0 & 1 \end{pmatrix} \qquad \mathbf{C}_4^{-1} = \begin{pmatrix} 0 & 1 & 0 \\ 1 & 0 & 0 \\ 0 & 0 & -1 \end{pmatrix}$$

$$\sigma_v = \begin{pmatrix} 1 & 0 & 0 \\ 0 & 1 & 0 \\ 0 & 0 & -1 \end{pmatrix} \qquad \sigma_v' = \begin{pmatrix} 1 & 0 & 0 \\ 0 & 1 & 0 \\ 0 & 0 & -1 \end{pmatrix}$$

$$\sigma_d = \begin{pmatrix} 0 & 1 & 0 \\ 1 & 0 & 0 \\ 0 & 0 & 1 \end{pmatrix} \quad \sigma'_d = \begin{pmatrix} 0 & 1 & 0 \\ 1 & 0 & 0 \\ 0 & 0 & 1 \end{pmatrix}$$

Die Darstellungsmatrizen sind nicht isomorph zur Gruppe C_{4v}. Alle Matrizen kommutieren. Dies ist nicht der Fall, wenn man x, y, z als Basis wählt. Deshalb ist C_{4v} keine kommutative Gruppe.

32. Eine abelsche Gruppe hat n Elemente, die alle kommutieren. Deshalb existieren ebenso viele Klassen wie Elemente. Andererseits entspricht die Zahl der irreduziblen Darstellungen der Zahl der Klassen. Daraus folgt, daß es ebenso viele irreduzible Darstellungen wie Elemente gibt. Nun kann aber die Quadratsumme von n Termbeiträgen der Dimensionen nur dann gleich n sein, wenn jedes Quadrat und damit jede Dimension gleich 1 ist.

33. Symmetrieoperationen lassen sich durch orthogonale Matrizen beschreiben. Diese sind homomorph zur Gruppe ihrer Determinanten, die nur die Werte $+1$ oder -1 annehmen können. Bildet man Drehungen auf $+1$ ab und Spiegelungen, Inversion und Drehspiegelungen auf -1, bleibt die Gruppentabelle erhalten.

34. Zur gleichen irreduziblen Darstellung

35. $\quad \Gamma = A + B_1 + B_2 + B_3$

Die Basis spannt die ganze Gruppe auf.

36. Der Charakter von E ist immer gleich der Dimension der Darstellung.

37. Äquivalente Darstellungen gehen durch Ähnlichkeitstransformationen auseinander hervor. Hierbei wird die Spur und somit der Charakter der Darstellung nicht verändert.

38. $\quad$ Basis $\quad \begin{pmatrix} g \\ u \end{pmatrix}$

$$E = \begin{pmatrix} 1 & 0 \\ 0 & 1 \end{pmatrix}, \; i = \begin{pmatrix} 1 & 0 \\ 0 & -1 \end{pmatrix}$$

Die Basis ist reduzibel.

39. Die C_2-Achse ist z-Achse, und die x-Achse ist senkrecht zur Molekülebene.

$$E = \begin{pmatrix} 1 & 0 & 0 \\ 0 & 1 & 0 \\ 0 & 0 & 1 \end{pmatrix} \quad C_2 = \begin{pmatrix} -1 & 0 & 0 \\ 0 & -1 & 0 \\ 0 & 0 & 1 \end{pmatrix}$$

$$\sigma_{yz} = \begin{pmatrix} -1 & 0 & 0 \\ 0 & 1 & 0 \\ 0 & 0 & 1 \end{pmatrix} \quad \sigma_{xz} = \begin{pmatrix} 1 & 0 & 0 \\ 0 & -1 & 0 \\ 0 & 0 & 1 \end{pmatrix}$$

$$\Gamma_1 = (1, -1, -1, 1), \ \Gamma_2 = (1, -1, 1, -1), \ \Gamma_3 = (1, 1, 1, 1)$$

a) $\quad \Gamma_1 \cdot \Gamma_2 = 1 + 1 - 1 - 1 = 0 \quad \Gamma_1 \cdot \Gamma_1 = 4$
$\quad \Gamma_1 \cdot \Gamma_3 = 1 - 1 - 1 + 1 = 0 \quad \Gamma_2 \cdot \Gamma_2 = 4$
$\quad \Gamma_2 \cdot \Gamma_3 = 1 - 1 + 1 - 1 = 0 \quad \Gamma_3 \cdot \Gamma_3 = 4$

b) $\quad \Gamma_4 = (a, b, c, d)$
$\quad \Gamma_1 \cdot \Gamma_4 = a - b - c + d = 0$
$\quad \Gamma_2 \cdot \Gamma_4 = a - b + c - d = 0$
$\quad \Gamma_3 \cdot \Gamma_4 = a + b + c + d = 0$
$\quad \Gamma_4 \cdot \Gamma_4 = a^2 + b^2 + c^2 + d^2 = 4$
$\quad \Longrightarrow \quad a = b, \ c = d, \ a = -c$
$\quad \Longrightarrow \quad \Gamma_4 = (1, 1, -1, -1)$

Da $\Gamma_4 = \Gamma_1 \otimes \Gamma_2$ ist, folgt als Basis $xy = x \cdot y$

40. a) $\quad \mathbf{C}_{4v} : E \otimes E = A_1 + A_2 + B_1 + B_2$
   b) $\quad \mathbf{C}_{4h} : E_g \otimes E_g = 2A_g + 2B_g$

41. $A_1 \rightarrow A_1, \ A_1 \rightarrow B_1, \ A_1 \rightarrow B_2, \ A_2 \rightarrow A_2,$
$A_2 \rightarrow B_1, \ A_2 \rightarrow B_2, \ B_1 \rightarrow B_1, \ B_2 \rightarrow B_2$

42. Aus Symmetriegründen müssen die Komponenten des Dipolmoments senkrecht zur Drehachse verschwinden. Bei zwei oder mehr Drehachsen folgt daraus das Verschwinden des Gesamtmoments. Bei Punktspiegelung gibt es keine Richtung, die ein von null verschiedenes Dipolmoment haben kann, weil die Punktspiegelung das Vorzeichen des Dipolmoments für jede Richtung umkehren kann.

5.3 Lösungen zu Kapitel III

1. a) $y = (c - x^2)^{1/2}$

$$\frac{dy}{dx} = \frac{-x}{(c - x^2)^{1/2}} = -\frac{x}{y} \quad \Longrightarrow \quad \frac{dy}{dx} + \frac{x}{y} = 0$$

   b) $\dfrac{dy}{dx} - \dfrac{y}{x} - 2x^2 = 0$ c) $x\dfrac{d^2y}{dx^2} - \dfrac{dy}{dx} = 0$

2. $\dfrac{y'}{y} = \dfrac{1}{x} + 1$

$$\Longrightarrow \frac{dy}{y} = \left(\frac{1}{x} + 1\right) dx$$

$$\Longrightarrow y = A\, x\, e^x$$

3. $m_A(t) = a$
     $m_A(0) = a_0$

$$\frac{da}{dt} = k_A a \quad \Longrightarrow \quad a = a_0 e^{-k_A t}$$

$k_A = \ln 2/t_A$ analog für B

$$\left(\frac{1}{2}\right)^{12/t_A} a_0 + \left(\frac{1}{2}\right)^{12/t_B} b_0 = m(12)$$

$$\left(\frac{1}{2}\right)^{18/t_A} a_0 + \left(\frac{1}{2}\right)^{18/t_B} b_0 = m(18)$$

$$m(0) = a_0 + b_0 = 512 + 576 = 1088$$

4. $$\frac{dy}{k_2 a - (k_1 + k_2)y} = dt$$

$$\Longrightarrow y = \frac{k_2}{k_1 + k_2} a - \frac{1}{k_1 + k_2} e^{-(k_1 + k_2)(t + c)}$$

$$\lim_{t \to \infty} y = \frac{k_2}{k_1 + k_2} a$$

$$= \begin{cases} a \\ 0 \end{cases} f\ddot{u}r \quad \begin{array}{l} k_1 \ll k_2 \quad \text{Rückreaktion überwiegt} \\ k_1 \gg k_2 \quad \text{Rückreaktion vernachlässigbar} \end{array}$$

5.
$$\frac{dy}{(y-1)^{1/2}} = \sqrt{2}\,dx$$

$$\implies \quad y = \frac{1}{2}(x+c)^2 + 1$$

$$y = 1 \qquad \text{singuläre Lösung}$$

6. Nach Substitution $y/x = u$ ergibt sich

$$-\frac{du}{u^2} = \frac{dx}{x} \quad \implies \quad u = \frac{1}{\ln x + c} \quad \implies \quad y = \frac{x}{\ln x + c}$$

7. a) Separation von Variablen, $y = ax$

   b) Homogen und exakt, $y = \frac{1}{2}x - ax^{-1}$

   c) Exakt, $x^2 y^2 - y - x = a$

8.
$$y = e^{-\int \frac{1}{x}\,dx} \int \left(e^x\, e^{\int \frac{1}{x}\,dx} \right)\,dx + c\, e^{-\int \frac{1}{x}\,dx}$$

$$= \frac{1}{x}\left(e^x (x-1) + c \right)$$

9. Die Differentialgleichung lautet

$$\frac{dy}{dt} = k(y_0 - y) \quad \implies \quad y = y_0 - e^{-(kt+c)}$$

$$\implies \quad y = y_0 \left(1 - e^{-kt}\right) \qquad \text{wegen } y(0) = 0$$

y vorhandene Alkoholkonzentration

$y_0 = 9/10$ zufließende Alkoholkonzentration

$k = 1/100 \ \text{min}^{-1}$

$$\frac{1}{2} = y_0 \left(1 - e^{-kt_{1/2}}\right)$$

$$\implies \quad t_{1/2} = 81\,\text{min}$$

10. Lösung der Differentialgleichung durch Operatorenmethode

$$y'' + 5y' + 4y = 0$$

$$\implies \quad \left(D^2 + 5D + 4\right) y = 0$$

$$\implies \quad r^2 + 5r + 4 = 0$$

$$r_1 = -4, \ r_2 = -1$$

$$y = A\, e^{-4x} + B\, e^{-x}$$

11. Lösung der homogenen Differentialgleichung durch Operatorenmethode

$$(D^2 - 4D + 4)\, y = 0$$

$$\Longrightarrow \quad r^2 - 4r + 4 = 0$$

$$r_1 = r_2 = 2$$

Wegen Entartung lautet die Lösung

$$y = (a + bx)\, e^{2x}$$

Eine spezielle Lösung $y = e^x$ der inhomogenen Differentialgleichung erhält man durch die Inspektionsmethode. Die allgemeine Lösung lautet also $y = (a + bx)\, e^{2x} + e^x$

12. Separation von Variablen

$$\frac{dy}{y} = \frac{dx}{x} - 2x\,dx \quad \Longrightarrow \quad y = xe^{-x^2+c} = A\,x\,e^{-x^2}$$

Reihenentwicklung

$$y = \sum_{i=0}^{\infty} a_i x^i, \ y' = \sum_{i=0}^{\infty} i a_i x^{i-1}$$

$$\Longrightarrow \quad \sum_{i=0}^{\infty} i a_i x^i + \sum_{i=0}^{\infty} 2 a_i x^{i+2} - \sum_{i=0}^{\infty} a_i x^i = 0$$

$$\Longrightarrow \quad a_1 x + \sum_{i=2}^{\infty} i a_i x^i + \sum_{i=2}^{\infty} 2 a_{i-2} x^i - a_0 - a_1 x - \sum_{i=2}^{\infty} a_i x^i = 0$$

$$\Longrightarrow \quad - a_0 + \sum_{i=2}^{\infty} (i a_i + 2 a_{i-2} - a_i)\, x^i = 0$$

$$\Longrightarrow \quad a_0 = 0, \ a_1 \text{ beliebig}, \ a_{i+2} = \frac{2}{1+i}\, a_i$$

$$\Longrightarrow \quad y = a_1 \left(x - x^3 + \frac{1}{2}\, x^5 - \frac{1}{6}\, x^7 + \dots \right)$$

13. Reihenentwicklung

$$\sum_{i=2}^{\infty} i\,(i-1)\, a_i x^{i-2} - 2 \sum_{i=0}^{\infty} i\, a_i x^i = 0$$

Nach Umformung folgt

$$a_2 = 0, \ a_{j+2} = \frac{2j}{(j+1)(j+2)}\, a_j$$

$$y = a_0 + a_1 \left(x + \frac{1}{3}\, x^3 + \frac{1}{10}\, x^5 + \dots \right)$$

Standardmethode ist Substitutionsmethode

$$F = \frac{dy}{dx} \quad \Longrightarrow \quad y = \int F\,dx + c$$

Substitution ergibt neue Differentialgleichung

$$\frac{dF}{dx} - 2x\,F = 0 \quad \Longrightarrow \quad F = d\,e^{x^2}$$

$$y = d \int e^{x^2}\,dx + c$$

Taylorreihe $\quad y = c + d\left(x + \frac{2}{3!}\,x^3 + \frac{12}{5!}\,x^5 + \dots\right)$

$$c = a_0\,, \ d = a_1$$

14.
$$\sum_{n=0}^{\infty} n(n+1)\,a_n x^{n-2} - x^2\left(\sum_{n=0}^{\infty} n\,a_n x^{n-1}\right) - x \sum_{n=0}^{\infty} a_n x^n = 0$$

$$\Longrightarrow \quad 2a_2 + \sum_{n=0}^{\infty}\left[(n+3)(n+2)\,a_{n+3} - (n+1)\,a_n\right] x^{n+1} = 0$$

$$\Longrightarrow \quad a_0\,, \ a_1 \text{ beliebig}\,, \ a_2 = 0$$

$$a_{n+3} = \frac{n+1}{(n+2)(n+3)}\,a_n$$

$$y = a_0\left(1 + \frac{1^2}{3!}\,x^3 + \frac{4^2}{6!}\,x^6 + \dots\right)$$

$$+a_1\left(x + \frac{2^2}{4!}\,x^4 + \frac{2\cdot 5^2}{7!}\,x^7 + \dots\right)$$

15. $\quad x\,y'' + y' = 0$

Frobenius-Methode: $\quad y = \sum_{i=0}^{\infty} a_i x^{k+i} \quad a_0 \neq 0$

$$\Longrightarrow \quad \sum_{i=0}^{\infty}(k+i)(k+i-1)\,a_i x^{k+i-1} + \sum_{i=0}^{\infty}(k+i)\,a_i x^{k+i-1} = 0$$

$$\Longrightarrow \quad \sum_{i=0}^{\infty}(k+i)^2 a_i x^{k+i-1} = 0$$

$$\Longrightarrow \quad k = 0\,, \ a_i = 0 \ \text{ für } \ i > 0$$

$$\Longrightarrow \quad y = a_0$$

Fuchssches Theorem:

$$y = b_0 \ln x + \sum_{j=0}^{\infty} a_j x^{k+j} \qquad a_0 \neq 0$$

analog ergibt sich $k = 0$, $a_j = 0$ für $j > 0$

$$\implies y = b_0 \ln x + a_0$$

16. a) Reihenentwicklung ergibt

$$\sum_{i=0}^{\infty} \left[(k+i)(k+i-1)\,a_i + (k+i+1)\,a_{i+1} \right] x^{k+i} + k\,a_0 x^{k-1} = 0$$

$$\implies \quad k = 0 , \ a_{i+1} = \frac{i(i-1)}{i+1}\,a_i , \ a_0 \neq 0$$

$$\implies \quad a_i = 0 \ \text{ für } \ i > 0$$

Die Reihe divergiert nicht, weil die Reihe endlich ist: $y = a_0$

b) allgemeine Lösung

$$\frac{y''}{y'} = -\frac{1}{x^2}$$

$$\ln y' = \frac{1}{x} + a$$

$$y' = e^{\frac{1}{x}+a}$$

$$y = a_1 + a_2 \int e^{\frac{1}{x}}\, dx$$

Die allgemeine Lösung kann hier nicht durch eine Taylorreihe erhalten werden, weil negative Potenzen auftreten. Eine Laurent-Reihe wäre besser geeignet.

17.

$$\text{a)} \qquad c_n = \frac{2}{\pi}(1 - \cos \pi n) \quad \text{für Sinusreihe}$$

$$\text{b)} \qquad c(k) = \frac{2}{\pi}(1 - \cos k) \qquad \text{für Sinusreihe}$$

18.

$$L(y) = \int_0^{\infty} e^{-pt}\, t^k\, e^{-at}\, dt$$

$$= \int_0^{\infty} t^k\, e^{-(p+a)t}\, dt$$

$$= \frac{1}{(p+a)^{k+1}} \int_0^{\infty} x^k\, e^{-x}\, dx$$

$$= \frac{\Gamma(k+1)}{(p+a)^{k+1}}$$

19.

$$y' + z = 2\cos t \qquad\qquad y_0 = -1$$
$$z' - y = 1 \qquad\qquad z_0 = 1$$

$$pY - y_0 + Z = \frac{2p}{p^2 + 1}$$

$$pZ - z_0 - Y = \frac{1}{p}$$

$$Z = \frac{p}{p^2 + 1} + \frac{2p}{(p^2 + 1)^2}$$

$$Y = \frac{1}{p^2 + 1} - \frac{2}{(p^2 + 1)^2} - \frac{1}{p}$$

$$z = \cos t + t\sin t$$

$$y = \sin t - (\sin t - t\cos t) - 1$$
$$= -1 + t\cos t$$

20. a) Kamke [K1], Gleichung 2.11

$$y = e^{x^2/2}\left(c_1 + c_2 \int e^{-x^2}\, dx\right)$$

b) Kamke [K1], Gleichung 2.99 → 2.162

$$y = Z_p\left(e^{x^2/2}\right)$$

c) Kamke [K1], Gleichung 2.179 mit $a = 3$

$$y = c_1 x \cos 3x + c_2 x \sin 3x$$

21. Substitution $\quad x^2 = u\,,\ du = 2x\,dx$

$$\int_0^\infty x^2 e^{-x^2}\, dx = \frac{1}{2}\int_0^\infty u^{1/2} e^{-u}\, du = \frac{1}{2}\Gamma\left(\frac{3}{2}\right) = \frac{1}{4}\sqrt{\pi}$$

22.

$$P_l(x) = \frac{1}{2^l l!}\frac{d^l}{dx^l}(x^2 - 1)^l$$

$$P'_{l+1}(x) = \frac{1}{2^{l+1}(l+1)!}\frac{d^{l+2}}{dx^{l+2}}(x^2 - 1)^{l+1}$$

$$= \frac{1}{2^l l!}\frac{d^l}{dx^l}\left[(2l+1)(x^2-1)^l - 2l(x^2-1)^{l-1}\right]$$

$$P'_{l-1}(x) = \frac{1}{2^{l-1}(l-1)!}\frac{d^l}{dx^l}(x^2 - 1)^{l-1}$$

23. Bestimmung der a_l durch die Formel

$$a_l = \frac{2l+1}{2} \int\limits_{-1}^{1} f(x)\, P_l(x)\, dx$$

oder besser durch Koeffizientenvergleich

$$x^2 - 2x + 4 = a_0 + a_1 x + a_2 \left(\frac{3}{2}x^2 - \frac{1}{2}\right)$$

$$\implies \quad a_0 = \frac{13}{3}\,,\ a_1 = -2\,,\ a_2 = \frac{2}{3}$$

24. Taylorreihenentwicklung

$$G(x,y) = (1 - 2xy + y^2)^{-1/2} = \sum_{l=0}^{\infty} a_l\, y^l$$

$$a_l = \frac{1}{l!} \left[\frac{\partial^l G}{\partial y^l}\right]_{y=0}$$

25. Es gilt $(x - y)\dfrac{\partial G}{\partial x} = y\,\dfrac{\partial G}{\partial y}$

Einsetzen von $G(x,y) = \sum\limits_{l=0}^{\infty} P_l(x)\, y^l$ liefert

$$\sum_{l=1}^{\infty} \left(x\,\frac{d\,P_l(x)}{dx} - \frac{d\,P_{l-1}(x)}{dx} - l\,P_l(x)\right) y^l = 0$$

Für $y \neq 0$ folgt die Rekursionformel

26. Unter Verwendung von $H_n'(x) = 2n\, H_{n-1}(x)$ erhält man

$$y'' = \left[4n\,(n-1)\,H_{n-2} - 4n\,x\,H_{n-1} + (x^2 - 1)\,H_n\right] e^{-x^2/2}$$

Einsetzen in die Differentialgleichung liefert

$$H_n - 2x\,H_{n-1} + 2(n-1)\,H_{n-2} = 0$$

Dies ist die Rekursionformel für Hermitesche Polynome.

27.

$$\int\limits_{0}^{\infty} 2x\,(8x^3 - 12x)\,e^{-x^2}\,dx$$

$$= 16 \int\limits_{0}^{\infty} x^4\, e^{-x^2}\,dx - 24 \int\limits_{0}^{\infty} x^2\, e^{-x^2}\,dx$$

$$= 16\,\frac{3!}{2^5}\sqrt{\pi} - 24\,\frac{1}{2^3}\sqrt{\pi}$$

$$= 0$$

28.
$$h_1 = \left(2\sqrt{\pi}\right)^{-1/2} 2x\, e^{-x^2/2}$$
$$h_2 = \left(8\sqrt{\pi}\right)^{-1/2} \left(4x^2 - 2\right) e^{-x^2/2}$$

$$\int_0^\infty h_1\, x\, h_2\, dx$$

$$= \frac{1}{\sqrt{\pi}} \left[2 \int_0^\infty x^4\, e^{-x^2}\, dx - \int_0^\infty x^2\, e^{-x^2}\, dx \right]$$

$$= \frac{1}{\sqrt{\pi}} \left[2\, \frac{3!}{2^4}\, \sqrt{\pi} - \frac{1}{2^2}\, \sqrt{\pi} \right]$$

$$= \frac{1}{2}$$

29.
$$J_0(x) = \sum_{i=0}^\infty (-1)^i \frac{1}{\Gamma(i+1)\Gamma(i+1)} \left(\frac{x}{2}\right)^{2i}$$

$$= \sum_{i=0}^\infty (-1)^i \frac{1}{(i!)^2} \left(\frac{x}{2}\right)^{2i}$$

$$= 1 - \left(\frac{x}{2}\right)^2 + \frac{1}{4} \left(\frac{x}{2}\right)^4 - \frac{1}{36} \left(\frac{x}{2}\right)^6 + \ldots$$

$$J_1(x) = \sum_{i=0}^\infty (-1)^i \frac{1}{\Gamma(i+1)\Gamma(i+2)} \left(\frac{x}{2}\right)^{2i+1}$$

$$= \frac{x}{2} - \frac{1}{2} \left(\frac{x}{2}\right)^3 + \frac{1}{12} \left(\frac{x}{2}\right)^5 - \frac{1}{144} \left(\frac{x}{2}\right)^7 + \ldots$$

$$J_{-1}(x) = \sum_{i=0}^\infty (-1)^i \frac{1}{\Gamma(i+1)\Gamma(i)} \left(\frac{x}{2}\right)^{2i-1}$$

$$= -\frac{x}{2} + \frac{1}{2} \left(\frac{x}{2}\right)^3 - \frac{1}{12} \left(\frac{x}{2}\right)^5 + \frac{1}{144} \left(\frac{x}{2}\right)^7 - \ldots$$

30.
$$J_{-m}(x) = \sum_{i=0}^\infty (-1)^i \frac{1}{\Gamma(i+1)\,\Gamma(i-m+1)} \left(\frac{x}{2}\right)^{2i-m}$$

$$= \sum_{j=0}^\infty (-1)^{j+m} \frac{1}{\Gamma(j+m+1)\,\Gamma(j+1)} \left(\frac{x}{2}\right)^{2j+m}$$

$$+ \sum_{j=-m}^{-1} (-1)^{j+m} \frac{1}{\Gamma(j+m+1)\,\Gamma(j+1)} \left(\frac{x}{2}\right)^{2j+m}$$

Die zweite Summe verschwindet

$$J_m(-x) = \sum_{i=0}^{\infty}(-1)^i \frac{1}{\Gamma(i+1)\,\Gamma(i+m+1)}\left(\frac{-x}{2}\right)^{2i+m}$$

$$= \sum_{i=0}^{\infty}(-1)^{3i+m}\frac{1}{\Gamma(i+1)\,\Gamma(i+m+1)}\left(\frac{x}{2}\right)^{2i+m}$$

$$= (-1)^m \sum_{i=0}^{\infty}(-1)^i \frac{1}{\Gamma(i+1)\,\Gamma(i+m+1)}\left(\frac{x}{2}\right)^{2i+m}$$

31. Durch Substitution $u = x + \dfrac{a}{b}$ erhält man

$$\frac{d^2y}{du^2} + b\,u\,y = 0$$

Durch Vergleich mit der verallgemeinerten Besselschen Differentialgleichung

$$\frac{d^2y}{du^2} + \frac{1}{u}(1-2\alpha)\frac{dy}{du} + \left[\beta^2\gamma^2 u^{2(\beta-1)} + \frac{1}{u^2}(\alpha^2 - \nu^2\beta^2)\right]y = 0$$

ergibt sich $\quad \alpha = \dfrac{1}{2},\ \beta = \dfrac{3}{2},\ \gamma = \dfrac{2}{3}\sqrt{b},\ \nu = \dfrac{1}{3}$

Die Lösung lautet demnach

$$y = x^\alpha J_\nu(\gamma u^\beta) = x^{1/2} J_{1/3}\left(\frac{2}{3}\sqrt{b}\,u^{3/2}\right)$$

$$= \left(\frac{a}{b} + x\right)^{1/2} J_{1/3}\left(\frac{2}{3}\sqrt{b}\left(\frac{a}{b} + x\right)^{3/2}\right)$$

32. Einsetzen der Taylorreihe $y = \displaystyle\sum_{i=0}^{\infty} a_i x^i$ in die Differentialgleichung

$$x\,y'' + (1-x)\,y' + p\,y = 0$$

ergibt nach Einsetzen und Umformen

$$\sum_{i=0}^{\infty}\left[a_{i+1}(i^2 + 2i + 1) + a_i(p - i)\right]x^i = 0$$

$$\Longrightarrow \quad a_{i+1} = \frac{i-p}{(i+1)^2}\,a_i$$

$$\Longrightarrow \quad a_i = 0 \quad \text{für} \quad i = p+1,\ p+2,\ \dots$$

33. Mit Hilfe der Rekursionsformel

$$J_{p+1}(x) = -x^p \frac{d}{dx}\left(x^{-p} J_p(x)\right)$$

und der Definition von $j_n(x)$ ergibt sich

$$j_n(x) = x^n \left(-\frac{1}{x}\frac{d}{dx}\right)\left(x^{-(n-1)}j_{n-1}\right)$$

$$= x^n \left(-\frac{1}{x}\frac{d}{dx}\right)^2 \left(x^{-(n-2)}j_{n-2}\right)$$

$$= x^n \left(-\frac{1}{x}\frac{d}{dx}\right)^n j_0$$

$$= x^n \left(-\frac{1}{x}\frac{d}{dx}\right)^n \left(\frac{\sin x}{x}\right)$$

34.

$$Dy = ky \quad , \qquad D = \frac{1}{2x}\frac{d}{dx}$$

$$\frac{dy}{y} = k\,2x\,dx$$

$$\Longrightarrow y = a\,e^{kx^2}$$

$$\lim_{x\to\infty} e^{kx^2} = 0 \quad \text{gilt nur für} \quad k < 0$$

35.

$$\left(\frac{\partial^2}{\partial x^2} + \frac{\partial^2}{\partial y^2} + \frac{\partial^2}{\partial z^2}\right)\left(\frac{-e}{r}\right)$$

$$= -e\left(\frac{3x^2 - r^2}{r^5} + \frac{3y^2 - r^2}{r^5} + \frac{3z^2 - r^2}{r^5}\right) = 0$$

36.

$$\psi(x,y,z) = g(x)\,h(y)\,k(z)$$

$$g(x) = A_x\,e^{i\sqrt{2mE_x}\,x/\hbar} + B_x\,e^{-i\sqrt{2mE_x}\,x/\hbar}$$

$$\text{analog} \qquad h(y)\,, \; k(z)$$

37.

$$\frac{\partial^2 u}{\partial x^2} = \frac{\partial^2 f}{\partial \xi^2}\left(\frac{\partial \xi}{\partial x}\right)^2 + \frac{\partial f}{\partial \xi}\frac{\partial^2 \xi}{\partial x^2} + \frac{\partial^2 g}{\partial \eta^2}\left(\frac{\partial \eta}{\partial x}\right)^2 + \frac{\partial g}{\partial \eta}\frac{\partial^2 \eta}{\partial x^2}$$

$$= \frac{\partial^2 f}{\partial \xi^2} + \frac{\partial^2 g}{\partial \eta^2}$$

$$\frac{\partial^2 u}{\partial t^2} = \left(\frac{\partial^2 f}{\partial \xi^2} + \frac{\partial^2 g}{\partial \eta^2}\right)c^2$$

$$\xi = x - ct\,, \; \eta = x + ct$$

38. Bedingung für stehende Welle

$$u(x,t) \;=\; g(x)\,h(t)$$
$$f(x-ct) \;=\; \sin(x-ct)\,,\; g(x+ct) \;=\; \sin(x+ct)$$
$$\implies\;\; u(x,t) \;=\; \sin(x-ct)+\sin(x+ct)$$
$$= \; 2\,\sin x\,\cos ct$$

39.

$$u(r,\varphi) \;=\; \sum_m b_m\, r^{m^2} e^{im\varphi}$$

40. Bedingung für Maximum

$$\frac{\partial f}{\partial x} \;=\; 0\,,\;\; \frac{\partial^2 f}{\partial x^2} \;<\; 0 \qquad \text{analog für } y\,,\, z$$

$$\text{Laplacegleichung} \quad \frac{\partial^2 f}{\partial x^2}+\frac{\partial^2 f}{\partial y^2}+\frac{\partial^2 f}{\partial z^2} \;=\; 0$$

Beweis für Minimum analog.

41. $g(x+ct)$ zeigt eine zeitliche Verschiebung der Phase in die negative x-Richtung, $h(x-ct)$ in die positive x-Richtung.

42.

$$\frac{\partial^2 c}{\partial x^2}-\frac{1}{D}\,\frac{\partial c}{\partial t} \;=\; 0$$

$$\text{Ansatz} \qquad c(x,t) \;=\; g(x)\,h(t)$$

$$\implies\;\; \frac{1}{D\,h}\,\frac{dh}{dt} \;=\; \frac{1}{g}\,\frac{d^2 g}{dx^2} \;=\; -\omega^2$$

$$\implies\;\; \frac{dh}{dt}+D\,\omega^2 h \;=\; 0$$

$$\frac{d^2 g}{dx^2}+\omega^2 g \;=\; 0$$

$$\implies\;\; h \;=\; e^{-D\omega^2 t}$$

$$g \;=\; a\,\sin\omega x + b\,\cos\omega x$$

$$\text{Wegen}\quad c(0,t) \;=\; c(l,t) \;=\; 0$$

$$\implies\;\; b \;=\; 0\,,\;\; \sin\omega l \;=\; 0$$

$$\implies\;\; \omega_n \;=\; \frac{n\,\pi}{l}$$

$$c(x,t) \;=\; \sum_{n=1}^{\infty} a_n \sin\frac{n\,\pi}{l}\,x\; e^{-Dn^2\pi^2 t/l^2}$$

$$\text{Wegen Anfangsbedingung}\quad c(x,0) \;=\; c_0$$

$$\Longrightarrow \quad c_0 = \sum_{n=1}^{\infty} a_n \sin \frac{n\,\pi}{l}\,x$$

$$\Longrightarrow \quad a_n = \frac{2}{l} \int_0^l c_0 \sin \frac{n\,\pi}{l}\,x\,dx$$

$$= \frac{2}{n\,\pi}\left(1 - \cos n\,\pi\right)$$

Literaturverzeichnis

[A1] Abramowitz, M., Stegun, I.A.: Handbook of Mathematical Functions, Dover: New York 1965 (Kap. III)

[A2] Ayres, Jr., F.: Matrizen, Schaum's Überblicke, McGraw-Hill: New York (1978) (Kap. I)

[B1] Bishop, D.M.: Group Theory and Chemistry, Clarendon Press: Oxford 1973 (Kap. II)

[B2] Boas, M.L.: Mathematical Methods in the Physical Sciences, 2nd Edition, Wiley: New York 1983 (Kap. I, III)

[B3] Braun, M.: Differentialgleichungen und ihre Anwendungen, Springer: Heidelberg 1979 (Kap. III)

[B4] Bronstein, I.N., Semendjajev, K.A.: Taschenbuch der Mathematik, Nachdruck 20. Auflage, Herausg. G. Grosche, V. Ziegler, Verlag Harri Deutsch, Thun–Frankfurt/M. 1979 (Kap. III)

[C1] Carnahan, B., Luther, H.A., Wilkes, J.O.: Applied Numerical Methods, Wiley: New York 1969

[C2] Cotton, F.A.: Chemical Applications of Group Theory, Third Edition, Wiley-Interscience: New York 1990 (Kap. III)

[F1] Flurry, Jr., R.L.: Symmetry Groups, Prentice Hall, Englewood Cliffs 1980 (Kap. II)

[G1] Glaeske, H.J., Reinhold, J., Volkmer, P.: Quantenchemie, Bd. 5, Ausgewählte mathematische Methoden der Chemie, Hüthig, Heidelberg 1987 (Kap. I–III)

[G2] Großmann, S.: Mathematischer Einführungskurs in die Physik, Teubner, Stuttgart 1984 (Kap. I)

[H1] Hanna, M.W.: Quantenmechanik in der Chemie, Steinkopff: Darmstadt 1976

[K1] Kamke, E.: Differentialgleichungen, Lösungsmethoden und Lösungen, I. Gewöhnliche Differentialgleichungen, 6. Auflage, Akademische Verlagsgesellschaft Geest & Portig KG: Leipzig 1959 (Kap. III)

[K2] Klessinger, M.: Elektronenstruktur organischer Moleküle, Verlag Chemie: Weinheim 1982

[K3] Kutzelnigg, W.: Einführung in die Theoretische Chemie, Band 1: Quantenchemische Grundlagen, Verlag Chemie: Weinheim 1975

[L1] Levine, I.N.: Quantum Chemistry, Third Edition, Allyn and Bacon, Boston-London-Sydney-Toronto 1983

[P1] Primas, H., Müller-Herold, U.: Elementare Quantenchemie, Teubner, Stuttgart 1984

[R1] Rainville, E.D., Bedient, P.E.: Elementary Differential Equations, 5th Edition, Macmillan: New York 1974 (Kap. III)

[S1] Spiegel, M.R.: Vektoranalysis, Schaum's Überblicke, McGraw-Hill: New York 1984 (Kap. I)

[S2] Spiegel, M.R.: Handbuch für Mathematik, Schaum's Überblicke, McGraw-Hill: New York 1980 (Kap. III)

[W1] Weast, R.C., Astle, M.J., Beyer, W.H.: CRC Handbook of Chemistry and Physics, 67th Edition, CRC Press, Boca Raton 1986 (Kap. III)
[W2] Wedler, G.: Lehrbuch der Physikalischen Chemie, Zweite Auflage, VCH, Weinheim 1985

Symbolverzeichnis

1. Vektoren und Matrizen

1.1 Buchstaben

$\mathbf{A}, \mathbf{B}, \mathbf{C}$	Vektoren, Matrizen
$\mathbf{A}(x, y, z)$	Vektorfunktion
$|\mathbf{A}|$	Länge eines Vektors, Determinante einer Matrix
C	Kurve
$\mathbf{e}, \mathbf{E}$	Einheitsvektoren
$\mathbf{i}, \mathbf{j}, \mathbf{k}$	kartesische Einheitsvektoren
$\mathbf{n}$	Normalenvektor
$\mathbf{r}$	Ortsvektor
P, Q	Punkte
$\mathbf{P}, \mathbf{Q}, \mathbf{T}$	Transformationsmatrizen
$\mathbf{R}(t)$	Vektorfunktion
S	Fläche
V	Volumen
δ_{ij}	Kronecker-Delta
λ	Eigenwert
$\mathbf{\Lambda}$	Eigenwertmatrix
Φ	Skalarfunktion

1.2 Symbole

$\sim$	äquivalent
$\cdot$	Skalarprodukt
$\times$	Vektorprodukt
∇	Vektoroperator Nabla
∇^2	Laplaceoperator
det	Determinante
div	Divergenz
grad	Gradient
rot	Rotation
$\oint$	Linienintegral über geschlossenen Weg
$\oiint$	Flächenintegral über geschlossene Fläche

1.3 Bezeichnungen

$\tilde{\mathbf{A}}$	transponierte Matrix
$\mathbf{A}^*$	konjugiert komplexe Matrix
$\mathbf{A}^\dagger$	adjungierte Matrix
$\mathbf{A}^{-1}$	inverse Matrix

2. Gruppentheorie

2.1 Buchstaben

a, b, c	Elemente einer Menge oder Gruppe
A, B, E, T	irreduzible Darstellungen
e, E	Neutralelement einer Gruppe
C_n	Drehung
$\mathbf{C}_n$	zyklische Drehgruppe
$\mathbf{D}_n$	Diedergruppe
g	Ordnung einer Gruppe
$\mathbf{G}, \mathbf{H}$	Gruppen
i	Inversion
$\mathbf{I}$	Ikosaedergruppe
O	Symmetrieoperation
$\mathbf{O}$	Oktaedergruppe
P	Projektionsoperator
$\mathbf{R}$	Matrix einer Symmetrieoperation
R_x, R_y, R_z	infinitesimale Drehungen um x-, y-, z-Achse
S_n	Drehspiegelung
$\mathbf{T}$	Tetraedergruppe
x, y, z	Elemente einer Gruppe
α, β	Abbildungen
Γ	Darstellung einer Gruppe
σ	Spiegelung
σ_i	Atomorbitale
ϕ_i	Atomorbitale
$\chi(\mathbf{R})$	Charakter einer Symmetrieoperation
χ_i	Atomorbitale
ψ_i	Molekülorbitale

2.2 Symbole

$\{a, b, ...\}$	Menge von $a, b, \ldots$
$\{\}$	leere Menge
$\emptyset$	leere Menge
$\in$	Element von
$\notin$	nicht Element von
$\subset$	Menge enthalten in

$\cup$	Vereinigung von Mengen
$\cap$	Durchschnitt von Mengen
$\rightarrow$	Abbildung in oder auf
$\circ$	Gruppenoperation "Kreis"
$\times$	direktes Produkt von Matrizen oder Gruppen
$\otimes$	Produkt von Darstellungen
$\oplus$	Summe von irreduziblen Darstellungen

2.3 Bezeichnungen

x^{-1}	inverses Element in einer Gruppe

3. Differentialgleichungen und spezielle Funktionen

3.1 Buchstaben

D	Differentialoperator
$F(y)$	Fouriertransformierte von y
h_n	Hermitesche Funktionen
H_n	Hermitesche Polynome
j_n	modifizierte Besselfunktionen
J_n	Besselfunktionen
$L(y)$	Laplacetransformierte von y
l_n	Laguerresche Funktionen
L_n	Laguerresche Polynome
L_n^m	zugeordnete Laguerresche Polynome
O	Operator
P_l	Legendresche Polynome
P_l^m	zugeordnete Legendresche Funktionen
t	Zeit
x, y, z	Ortskoordinaten
$x(t), y(t), z(t)$	Funktionen
γ	Eulersche Konstante
δ_{ij}	Kronecker-Delta
$\delta(x)$	Diracsche Deltafunktion
Γ	Gammafunktion
λ	Eigenwert

3.2 Symbole

dx	totales Differential
erf	Fehlerfunktion
$\frac{d}{dx}$	totale Ableitung
$\frac{\partial}{\partial x}, \frac{\partial}{\partial y}, \frac{\partial}{\partial z}$	partielle Ableitungen
$\int$	Integral

3.3 Bezeichnungen

y'	erste Ableitung
y''	zweite Ableitung

4. Anhang

4.1 Buchstaben

C	Kurve im komplexer Zahlenebene
G	Gebiet in komplexer Zahlenebene
$f(z)$	komplexe Funktionen
z	komplexe Zahl
z^*	konjugiert komplexe Zahl

4.2 Symbole

$\frac{d}{dz}$	Ableitung einer komplexen Funktion
$\oint$	Integral über geschlossenen Weg in komplexer Zahlenebene
Im	Imaginärteil
Re	Realteil
Res	Residuum

4.3 Bezeichnungen

a_{-1}	Residuum

Sachverzeichnis

Abbildung 87, 88, 102, 103
- auf eine Menge 87
-, Bild 102, 103
-, eineindeutige 88
- eines Vektorraumes 88
- in eine Menge 87
-, lineare 88
-, Kern einer 104
-, Urbild 102
Abgeschlossenheit
  einer Binäroperation 88
- einer Menge 57
- eines Vektorraumes 57
Ähnlichkeitstransformation 64, 68
Äquivalenzrelationen 100
Äquivalenztransformationen 63
Aktivität, optische 160
Anfangsbedingungen 164, 186, 229,
  232
Arbeit bei Kreisprozessen 75–76
assoziatives Gesetz für Matrizen 36,
  37
- für Vektoren 3
Auswahlregeln 146

Basis für Darstellung 126, 129, 132,
  133, 144
- eines Vektorraums 58
Basistransformation 59
Besselfunktionen 207, 212 ff, 225
-, graphische Darstellung 214, 215
- halbzahliger Ordnung 213–215
Besselsche Differentialgleichung 207,
  208, 212
Binäroperation 88, 89, 92
Bogenmaß 12

Cauchy-Riemannsche
  Differentialgleichungen 245
Cauchyscher Integralsatz 246–247
Charakter einer Darstellung 139
- eines direkten Produktes 145
- von Elementen einer Klasse 139
charakteristisches Polynom 67
Charaktertabellen 250 ff
Cramersche Regel 55

Darstellung, Basis einer 126, 129,
  132, 133, 144
-, Charakter einer 139
- einer Drehung $C_\varphi^{(z)}$ 87, 138
- der Gruppe C_{2v} 130–131,
  133–134
-, irreduzible 132, 134
-, Matrix einer 126 ff
-, reduzible 132
-, reduzierte 132
Determinante 41 ff
-, Ordnung einer 42
- eines Produkts von Matrizen 45
-, Vektorprodukt als 6, 32
Diagonalelement einer Matrix 35
Diagonalisierung von Matrizen 69, 70
Differentialgleichung, Besselsche 207,
  208
-, exakte 168
-, gewöhnliche 163 ff
-, Hermitesche 207
-, homogene 169
-, hypergeometrische 200
-, Kummersche 206–207
-, Laguerresche 207
-, Legendresche 175, 200

–, numerische Lösung 191 ff
–, partielle 163, 215 ff
–, partikuläre Lösung 164
–, singuläre Lösung 165
Differentialgleichungen,
  Inspektionsmethode 174
–, numerische Lösungen 191 ff
–, Operatorenmethode 171 ff
–, Potenzreihenentwicklung 175 ff,
  218–219
–, Separation von Variablen 166 ff,
  216–217
–, Substitutionsmethode 192, 208,
  217–218, 222, 236
–, sukzessive Integration 174–175
–, unbestimmte Koeffizientenmethode
  174
–, Variation von Konstanten 170–171
Differentialoperator 168, 171–172
Dimension eines Vektors 35, 57
– – Vektorraums 57
Diffusionsgleichung 221 ff, 233 ff
Dipolmoment 162
Dipolstrahlung 162
Diracsche Deltafunktion 182–184
Direktes Produkt 122, 145
– – von Gruppen 122–123
– – von Matrizen 144–145
distributives Gesetz für Vektoren 3, 5
–, für Matrizen 37
Divergenz 10
– in kartesischen Koordinaten 14
– in krummlinigen Koordinaten 31
– in Polarkoordinaten 31
– in Zylinderkoordinaten 32
Divergenztheorem 22
Doppelreihenentwicklung 218–219
Doppelwurzel 67
Drehspiegelung 106
Drehung 106, 108
Dreiecksungleichung 64
Durchschnitt 87

Eigenfunktionen 168, 225
–, Orthogonalität von 225
– von Symmetrieoperationen 150

Eigenvektoren 66–68
– hermitescher Matrizen 68, 69
–, Orthogonalität von 69
Eigenwert 66, 67, 168, 225
– hermitescher Matrizen 68
– von Symmetrieoperationen 150
Eigenwertgleichung von Operatoren
  167–168, 172, 225
– von Matrizen 66
Einheitsmatrix 38
Einheitsvektor 3, 26, 28, 30
Einheitsvektoren
  in kartesischen Koordinaten 3
– in krummlinigen Koordinaten 26, 30
– in Polarkoordinaten 28
Entartung von Eigenwerten 67
Entwicklung nach Legendreschen
  Polynomen 203–204
Entwicklungstheorem
  von Darstellungen 141–142
Erzeugende Funktion
  von Besselfunktionen 213
– – von Hermiteschen Polynomen 209
– – von Laguerreschen Polynomen
  210–211
– – von Legendreschen Polynomen
  201–202
Eulersche Formel 244
– – Konstante 198, 266

Faltungssatz 189 ff
Fehlerfunktion 198–200, 207
Felder, skalare 10
–, Vektor- 10
Feldlinien 10
Flächenintegral 20, 22
Flußdiagramm 124, 125
Fourierreihe 177 ff
Fouriertransformation 181 ff
Freie Energie 76–77
Frobenius-Methode 175, 239
Fuchssches Theorem 239
Funktionaldeterminante 27, 33, 62
Funktionalmatrix 62
Funktionen, analytische 245
–, Bessel- 207–208, 212 ff

-, Gamma- 197–198, 200
-, hypergeometrische 200
-, konfluente hypergeometrische 207
-, reguläre 245

Gammafunktion 197–198, 200
Gaußfunktion 199
Gauß-Jordan-Eliminierung 50
Gaußsches Eliminierungsverfahren 53
Gaußscher Integralsatz 22
Generator 99, 112 ff, 122–123
Gewöhnliche Differentialgleichungen
  163 ff
– –, allgemeine Lösung 164
– – erster Ordnung 166 ff
– –, Grad 163
– – höherer Ordnung 171 ff
– –, Kurvenschar 164
– –, lineare 164
– –, Operatorenmethode 171 ff
– –, Ordnung 163
– –, partikuläre Lösung 164
– –, Potenzreihenentwicklung 175 ff
– –, Separation von Variablen 166 ff
– –, singuläre Lösung 165
– –, Variation von Konstanten
  170–171
Givens-Householder-Verfahren 69
Gradient 10
– in kartesischen Koordinaten 10
– in krummlinigen Koordinaten 29
Gradientenfeld 30
Gram-Schmidt-Orthogonalisierung
  von Vektoren 70–72
Greensche Theoreme 24
Gruppe 89
-, abelsche 91, 95
-, kommutative 91
-, zyklische 96–97

Halbwertszeit 167
Hauptachse 106
Hermitesche Differentialgleichung
  207, 208
Hermitesche Funktionen 209
– –, graphische Darstellung 210

Hermitesche Matrizen,
  Diagonalisierung 69–70
– –, Eigenwerte 68
– –, Eigenvektoren 68–69
Hermitescher Operator 146
Hermitesche Polynome 207, 208, 225
– –, Tabelle 209
Homomorphismus 102–104
-, Kern eines 104
Hückel-Methode 78–79, 85, 152
– für Benzol 78–79
-, Näherungen 78

Identität bei Symmetrieoperationen
  106
Imaginäre Zahl 243
Inspektionsmethode
  bei Differentialgleichungen 174
Integraltheoreme von Gauß 22
– von Green 24
– von Stokes 22
Integraloperator 186
Integraltransformation,
  Fouriertransformation 181 ff
-, Laplacetransformation 186 ff
Inverses einer diagonalen Matrix 49
– einer Matrix 47, 49, 50
– eines Produktes von Matrizen 48
– eines Gruppenelements 90
Inversion 41
Irreduzible Darstellung 132 ff, 136 ff
– –, Anzahl in reduzibler Darstellung
  142
– – in einem direkten Produkt 145
Isomorphismus 104–105

Jacobi-Determinante 27
Jacobi-Verfahren 69, 70

kartesische Koordinaten
  des Ortsvektors 3
– für Skalarprodukt 4
– für Vektorprodukt 5
– eines Vektors 1
Kern eines Homomorphismus 104
Kettenregel 10, 76

Klasse 100
- von Symmetrieoperationen 139
Knoten 152, 203, 210
Koeffizientenmatrix 53, 54
Kofaktor 44, 47
Kofaktormatrix, transponierte
    47–48
Kommutatives Gesetz für Vektoren
    3, 4
Kommutator 37, 40
Komplexe Funktion 244 ff
– –, analytische 245
– –, Differentiation 245–246
– –, Integration 247
– –, reguläre 245
– –, singuläre Stellen 247–249
Komplexe Zahl 243
– –, Absolutwert 244
– –, konjugiert komplex 244
– – in Polarkoordinaten 244
Komponenten eines Vektors 1
–, kontravariante 30, 62
–, kovariante 30, 62
Konjugierte Elemente 100
Kontravariante Komponenten 30, 62
Koordinaten, krummlinige 25 ff
–, orthogonale 26
– eines Vektorraums 58
Koordinatenachse 25
Koordinatenflächen 25, 26, 30
Koordinatenlinien 25, 26
Koordinatensystem, gedrehtes 127
– in Punktgruppen 110–111
–, raumfestes 127–128
Korrelationstabellen 264–268
Kovariante Komponenten 30, 62
Kreisprozesse, thermodynamische
    74 ff
Kronecker-Delta 38, 178, 184
Krummlinige Koordinaten 25 ff
Kugelfunktionen 220
Kummersche Differentialgleichung
    206
Kurvenintegral 17
Lagevektoren 127
Laguerresche Differentialgleichung 207

Laguerresche Funktionen 211
– –, graphische Darstellung 212
Laguerresche Polynome 207, 210, 225
– –, Tabelle 212
–, zugeordnete 211
Laplaceentwicklung 45
Laplacegleichung 219–220, 246
– in kartesischen Koordinaten
    219–220
– in Polarkoordinaten 220
Laplaceoperator
    in kartesischen Koordinaten 16, 17
– – krummlinigen Koordinaten 31
– – Polarkoordinaten 32
Laplacetransformation 186 ff, 229 ff
–, Tabelle 269–270
Laurent-Reihe 177, 248
Legendresche Funktionen,
    zugeordnete 201, 205
– –, graphische Darstellung 206
– –, Tabelle 206
Legendresche Polynome 175, 200,
    225
– –, graphische Darstellung 204
– –, Tabelle 203
lineare Abhängigkeit von Funktionen 52
– – von Vektoren 50–51
lineare Differentialgleichungen 164,
    170
– –, homogene 170
– – inhomogene 170
– –, Inspektionsmethode 174
– – mit konstanten Koeffizienten
    171 ff
– –, Methode der unbestimmten
    Koeffizienten 174
– –, Methode der sukkessizen
    Integration 174–175
– –, Operatorenmethode 171 ff
lineare Gleichungen 52 ff
– –, homogene 55
– –, inhomogene 54
– –, konsistente 53, 54
lineare Transformationen 59 ff
Linearität von Matrizen 36

308   Sachverzeichnis

Linienintegral 17–19
Löwdin-Orthogonalisierung 73–74

Matrix, adjungierte 39
–, antihermitesche 40
–, diagonale 38
–, Diagonalelemente 35
–, Elemente 35
–, erweiterte 53
–, hermitesche 40, 68
–, idempotente 38
–, inverse 38, 47 ff
–, konjugiert komplexe 39
–, Negatives 36
–, nilpotente 38
–, Ordnung 35, 45–48, 51
–, orthogonale 40, 41, 65
–, periodische 38
–, quadratische 35
–, Rang 45
–, regulär 46
–, schiefsymmetrische 39
–, singuläre 46
–, skalare 38
–, skalares Vielfaches 35
–, Spalte 35
–, Spur 35
–, symmetrische 39
–, transponierte 38
–, unitäre 41, 65
–, Zeile 35
Matrizen, Addition 35
– äquivalente 46–47
–, antikommutative 38
–, direktes Produkt 144–145
–, kommutative 38
– Produkt 36, 37
– Summe 35
– Menge 86
–, Element 86
–, leere 87
Mengen, Durchschnitt von 87
–, Vereinigung von 87
Molekülorbitale 78
– von Benzol 79, 149–152
– von $[Co(NH_3)_6]^{3+}$ 153–154

Multiplikationstabelle 89, 93, 95, 96
– von irreduziblen Darstellungen 145

Nabla 10
Nebenklasse 88–99, 102
Neutralelement 89, 106, 107
Niveaufläche 11
Normale einer Fläche 20
Normalteiler 102
Normierung
    einer irreduziblen Darstellung 141
– von Funktionen 209, 211
– von Vektoren 4
Nullmatrix 36
Nullvektor 3
Numerische Lösung
    von Differentialgleichungen 191 ff

Operand 10
Operator 10, 225
–, hermitescher 146
–, linearer 127, 186–187
Operatorenmethode
    bei Differentialgleichungen 171 ff
Ordnung einer Determinante 42
– einer Differentialgleichung 163
– einer Gruppe 90, 99
– einer Klasse 101
– einer Matrix 35, 45–48, 51
– einer Unterdeterminante 44, 45
– eines Gruppenelements 97, 101
– von zugeordneten Legendreschen
    Funktionen 205
Orthogonalisierung, Gram-Schmidt-
    70–72
– Löwdin- 73–74
Orthogonalität von Besselfunktionen
    213
– von Eigenfunktionen 225
– von Eigenvektoren 68–69
– von Exponentialfunktionen 178
– von irreduziblen Darstellungen 141
– von Hermiteschen Funktionen 209
– von Laguerreschen Funktionen 211
– von Legendreschen Polynomen
    203–204

– von zugeordneten Legendreschen
  Funktionen 206
– von Vektoren 4
Orthogonalitätstheorem 141
Ortsvektor 2
– in kartesischen Koordinaten 3
– in krummlinigen Koordinaten 25
– in Polarkoordinaten 28

Partialbruchzerlegung 188–189, 230
Partielle Differentialgleichungen,
  Doppelreihenentwicklung 218–219
– –, Eigenschaften 215–216
– –, Separation von Variablen
  216–217
–, Substitution von Variablen
  217–218
Permutation 41, 107
–, gerade 41
–, konjugierte 41
–, ungerade 41
Permutationsgruppen 107–108
Pol einer komplexen Funktion 248
Polarkoordinaten 25–29
Projektion eines Vektors 1
Projektionsoperator 142, 154
Pseudovektor 4, 140
Punktgruppen 106, 112 ff
–, C_i 116
–, C_n 113
–, C_{nh} 115
–, C_{nv} 114
–, $C_{\infty v}$ 121
–, C_s 115
–, D_n 117
–, D_{nd} 118
–, D_{nh} 119
–, $D_{\infty h}$ 121
–, I 121
–, I_h 121
–, K_h 121
–, O 120
–, O_h 120
–, $R(3)$ 121
–, S_{2n} 116
–, T 120

–, T_d 120
–, T_h 120
Punktspiegelung 106, 112
–, Äquivalenz zu S_2 109–110

Quelle 14
Quellenfeld 16

Randwertproblem 224–225, 234
Raumintegral 21, 22, 24, 33
Raumkurve 8–9, 12–14
Rechtssystem 4
Reduktion einer Darstellung 142
Reflexivität 100
Rekursionsformeln
  für Besselfunktionen 212–213
– für Hermitesche Polynome 209
– für Laguerresche Polynome 210
– für Legendresche Polynome 201
Residuensatz 248
Residuum 248, 249
Richtungsableitung 11
Rodriguesformel
  für Hermitesche Polynome 209
– für Laguerresche Polynome 211
– für Legendresche Polynome 202
Rotation 10
–, in kartesischen Koordinaten 14
– in krummlinigen Koordinaten 30
– in Polarkoordinaten 31, 32
Runge-Kutta-Methoden 194 ff

Schrödingergleichung 225
– des harmonischen Oszillators
  236–237
– des Wasserstoffatoms 226–228
Schwarzsche Ungleichung 64
Schursches Lemma 138
Schwingung, gedämpfte 173–174
Senke 14
Separation von Variablen 166–167,
  216, 218, 219, 222, 223, 224
Singuläre Lösung einer Differential-
  gleichung 165
Singuläre Stellen
  einer komplexen Funktion 247–249

Skalar 1, 6
Skalarfunktion 7
Skalarprodukt 3, 4, 64
Skalenfaktor 26–28
Slater-Determinante 83, 146
Spaltenvektoren 35, 58–59
Spatprodukt 6
Spiegelebene 106, 109
–, diagonale 109
–, diedrische 109
–, horizontale 109
–, vertikale 109
Spiegelung 106, 108, 111
Spinzustände 156–157
Spur einer Matrix 35
– eines Matrizenprodukts 37
Stokessches Theorem 22
Substitutionsmethode
  bei Differentialgleichungen 192,
  208, 217–218, 222, 236
Sukzessive Integration bei Differentialgleichungen 174–175
Summe der irreduziblen
  Darstellungen eines Produkts 145
– von Mengen 87
Symmetrie als Äquivalenzrelation
  100
Symmetrieelemente, C_n 106
–, i 106
–, S_n 106, 110
–, σ 106
–, σ_d 109–110
–, σ_h 109
–, σ_v 109
Symmetrieoperationen 105 ff
–, sukzessive 111–112
–, vertauschbare 111–112 Taylorreihe
  175, 193
– einer komplexen Funktion 247
Transformation, Äquivalenz- 63
–, Ähnlichkeits- 64
–, elementare 45
–, kongruente 64
–, konjunktive 64
–, Koordinaten- 25, 59, 60
–, lineare 59 ff

–, orthogonale 64, 65
–, unitäre 64, 65
– von Zylinderkoordinaten
  in Polarkoordinaten 34
Transitivität 100

Unterdeterminante 44
–, Ordnung 44, 45
Untergruppe 96 ff
–, abelsche 98
–, eigentliche 96
–, invariante 102
–, zyklische 97
Untermenge 60
Unterraum eines Vektorraums 57

Variation von Konstanten 170–171
Vektor 1
–, axialer 4, 139
–, invarianter 66
–, Komponenten 1
–, Länge 1
–, polarer 5
–, Richtung 1
Vektoraddition 1 ff
Vektoralgebra 1 ff
Vektoranalysis 6 ff
Vektormultiplikation 3 ff
Vektoren, Addition 2
–, Differentiation 7 ff
–, Gleichheit 1, 2
–, Integration 17 ff
–, Orthogonalität 4
–, parallele 6
–, Skalarprodukt 3, 4
–, Summe 2
–, Vektorprodukt 4
–, Vielfaches 2
Vektorfeld 10
–, konservatives 19
Vektorfunktion 7
Vektoroperator 10
– in kartesischen Koordinaten 10
– in krummlinigen Koordinaten 29
Vektorprodukt 4
Vektorraum 57 ff

–, Abgeschlossenheit 57
–, Basis 57
–, Dimension 57
Vereinigungsmenge 87
Volumenelement 26–27
–, Transformation 34
Volumenintegral 21

Wärmeleitungsgleichung 233
–, Temperatur in einem Zylinder
  233 ff
Wellenfunktion 146, 153–154

Wellengleichung 220–221
– für schwingende Saite 231 ff
Wirbelfeld 16
Wronski-Determinante 52, 172–173,
  177

Zeilenvektoren 35, 59
Zugeordnete Laguerresche Polynome
  211, 228
– Legendresche Funktionen 205, 227
Zylinderkoordinaten 26, 27

Springer-Verlag und Umwelt

Als internationaler wissenschaftlicher Verlag sind wir uns unserer besonderen Verpflichtung der Umwelt gegenüber bewußt und beziehen umweltorientierte Grundsätze in Unternehmensentscheidungen mit ein.

Von unseren Geschäftspartnern (Druckereien, Papierfabriken, Verpackungsherstellern usw.) verlangen wir, daß sie sowohl beim Herstellungsprozeß selbst als auch beim Einsatz der zur Verwendung kommenden Materialien ökologische Gesichtspunkte berücksichtigen.

Das für dieses Buch verwendete Papier ist aus chlorfrei bzw. chlorarm hergestelltem Zellstoff gefertigt und im ph-Wert neutral.